信息科学技术专著丛书

最优化方法在通信系统中的应用

尹斯星 著

U0291085

北京邮电大学出版社
www.buptpress.com

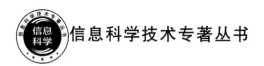

内容简介

最优化理论是一个重要的数学分支，旨在讨论如何在解决实际问题的众多方案中选取最优方案。在通信系统设计中诸如功率控制、资源分配、传输调度等问题都可以建模成最优化问题并应用相关的理论与技术进行求解。因此，基于最优化理论与技术解决通信系统中的实际问题受到了工业界和学术界的广泛关注，具有很高的研究和应用价值。

全书共分为3个部分：第1部分主要介绍最优化理论与算法，包括凸优化涉及的相关概念与理论，以及惩罚函数法、动态规划等最优化算法；第2部分主要讲解了主流最优化问题求解工具的使用方法；第3部分则通过问题描述、数学建模、算法设计等步骤详述了最优化技术在通信系统设计中的应用。

本书可作为工程领域科研工作者的参考书，特别适用于从事通信系统设计研究的高校研究生。

图书在版编目(CIP)数据

最优化方法在通信系统中的应用 / 尹斯星著. -- 北京：北京邮电大学出版社，2020.8(2021.9重印)
ISBN 978-7-5635-6195-7

Ⅰ. ①最… Ⅱ. ①尹… Ⅲ. ①最优化算法—应用—通信系统—研究 Ⅳ. ①TN914

中国版本图书馆CIP数据核字(2020)第158691号

策划编辑：姚 顺 刘纳新 **责任编辑：**刘 颖 **封面设计：**七星博纳

出版发行：北京邮电大学出版社
社 址：北京市海淀区西土城路10号
邮政编码：100876
发 行 部：电话：010-62282185 传真：010-62283578
E-mail：publish@bupt.edu.cn
经 销：各地新华书店
印 刷：北京九州迅驰传媒文化有限公司
开 本：787 mm×1 092 mm 1/16
印 张：17
字 数：440千字
版 次：2020年8月第1版
印 次：2020年8月第1次印刷 2021年9月第2次印刷

ISBN 978-7-5635-6195-7 定价：58.00元

·如有印装质量问题，请与北京邮电大学出版社发行部联系·

前　　言

最优化是应用数学的一个重要分支，旨在解决经济、工程、军事、管理等领域的决策问题，具有广泛的应用。在最优化问题的数学规划中通常用一组变量来表示实际问题中需进行优化的决策，用一组约束条件来对其进行限制使其符合实际需求，并将所关注的性能指标作为目标，从而通过某种方法（如理论推导、算法设计等）找到能够使目标最佳（通常为最大或最小）的决策变量。

随着近些年智能设备的飞速发展及其计算能力的不断提升，最优化方法在通信系统中，发挥着越来越重要的作用，与线性和非线性规划相关的方法在通信系统中的多个领域得到了广泛的应用。特别是对于无线和移动通信，最优化方法的应用为新协议的设计以及现有业务质量的增强提供便利条件。为通信系统提供高效可靠的业务质量一直被认为是极具挑战性的技术性问题，因为这其中涉及多种因素和限制，通常包括受限的带宽和能量资源、终端用户的移动性、无线信道的动态变化性、系统内干扰、系统公平性、系统传输速率、系统覆盖率等。

最优化方法被认为是处理通信系统中各种实际问题（如资源分配、功率控制等）的有效工具。尽管最优化方法并不局限于凸优化，凸优化仍因其成熟的理论体系在无线通信和信号处理领域的多种问题中广泛应用。在过去十余年间，在国内外大多数涉及无线通信系统算法设计与性能分析的研究工作中，都可以发现凸优化技术的身影。这是因为用于求解凸问题的算法能够被有效应用于通信系统的实际问题，并且凸优化的部分理论有助于加强对通信系统中控制问题的理解和系统性能的分析。

然而，实际应用中的问题在进行数学规划后往往为非凸问题，无法直接套用凸优化中的经典理论，需要对其进行变化（如引入松弛变量）或转换思路（如建模为经典的算法类问题）进行求解，其中可能涉及算法、决策论、运筹学等多个应用数学分析中的理论与技术。此外，已经有不少关于凸优化理论的书籍，如 Stephen Boyd 所著的 *Convex Optimization*。这类关于凸优化理论的书籍往往涉及大量数学定义和推导，对读者的数学基础要求较高，由于并非面向某一特定领域，结合实际应用的例子相对较少，不便于读者理解。此外，与从事科研工作的读者不同，从事工程工作的读者，在了解最优化原理的同时更应该关注相关工具的使用，即能够通过这类工具快速解决实际问题。

因此，作者根据自己在无线通信系统设计领域多年的研究经验，以满足实际应用需要为原则，针对以上问题对本书的内容进行了精心挑选。全书共分为 3 个部分：第 1 部分为最优化方法的相关理论部分，作者仅收纳实际应用中涉及较多的概念与重要结论的推导过程，加强对数学公式实际意义的解释；第 2 部分主要介绍了主流最优化工具及其使用方法，这部分内容主要针对工程类工作需求，即仅对实际问题定义并进行快速求解而无须了解最优化方法的技术细节;第 3 部分主要基于作者近些年来在无线通信系统设计领域的研究工作,从研究出发点、系统模型、问题规划、求解方法设计几个方面进行详述,以加深读者对最优化方法理论与技术处理实际问题的理解。

本书主要面向通信工程专业从事系统优化设计工作的科研人员和工程师,对于工作在统计学、数据分析、经济学、计算科学等工程领域中借助最优化方法这一工具解决实际问题的科技工作者也具有一定的借鉴意义。在阅读本书之前,读者应掌握高等数学分析和线性代数中的相关基础知识,便于理解本书第 1 部分中的重要推导和结论。如果读者为通信工程专业,或具有一定的相关知识背景,则对于本书第 3 部分中涉及的问题理解起来较为容易。当然,对于不具备相关理论基础的读者,作者希望其能够通过本书第 2 部分掌握主流最优化工具的使用方法并应用到实际问题中。

本书的完成历时数月,这期间收到了来自学生、同行、审稿人的不少建设性意见和建议。由于篇幅有限,无法一一表达谢意,仅列出下述名单来表达作者诚挚的谢意:

韩雅梦、李雨晴、梁雪、田宇光、万里洋。

此外,作者还要特别感谢 Rui Zhang 教授和 F. Richard Yu 教授,两位教授的帮助使作者受益匪浅。Rui Zhang 教授的科研工作为作者提供了很多灵感,并且在最优化问题的求解技巧方面对作者本人的科研工作帮助很大。F. Richard Yu 教授则从科研方法和成果呈现方面给与了作者大力指导,显著拓展了作者的科研思路。

作 者

目　　录

第1部分　最优化理论与算法

第3部分 应用案例

第 1 部分　最优化理论与算法

第1章 数学基础

在本节中，我们将介绍本书中使用的符号和一些数学基础知识。我们的符号是标准的，这些符号广泛应用于凸优化的信号处理，其定义如下：

$\mathbb{R}$, $\mathbb{R}^n$, $\mathbb{R}^{m\times n}$	实数集，n 维向量，$m\times n$ 矩阵
$\mathbb{C}$, $\mathbb{C}^n$, $\mathbb{C}^{m\times n}$	复数集，n 维向量，$m\times n$ 矩阵
$\mathbb{R}_+$, $\mathbb{R}_+^n$, $\mathbb{R}_+^{m\times n}$	非负实数集，n 维向量，$m\times n$ 矩阵
$\mathbb{R}_{++}$, $\mathbb{R}_{++}^n$, $\mathbb{R}_{++}^{m\times n}$	正实数集，n 维向量，$m\times n$ 矩阵
$\mathbb{Z}$, $\mathbb{Z}_+$, $\mathbb{Z}_{++}$	整数集，非负整数，正整数
$\boldsymbol{S}^n$, $\boldsymbol{S}_+^n$, $\boldsymbol{S}_{++}^n$	$n\times n$ 实对称矩阵，半正定矩阵，正定矩阵
$\boldsymbol{H}^n$, $\boldsymbol{H}_+^n$, $\boldsymbol{H}_{++}^n$	$n\times n$ Hermitian 矩阵，半正定矩阵，正定矩阵
$\{x_i\}_{i=1}^N$	集合 $\{x_1,\cdots,x_N\}$
$\boldsymbol{x}=[x_1,\cdots,x_n]^{\mathrm{T}}$	
$=(x_1,\cdots,x_n)$	n 维列向量 $\boldsymbol{X}$
$[\boldsymbol{x}]_i$	向量 $\boldsymbol{x}$ 的第 i 个分量
$[\boldsymbol{x}]_{i:j}$	向量 $\boldsymbol{x}$ 的部分元素 $[x]_i$，$[x]_{i+1}$，…，$[x]_j$ 组成的列向量
$\mathrm{card}(\boldsymbol{x})$	向量 $\boldsymbol{x}$ 的基数（非零元素的数量）
$\mathrm{Diag}(\boldsymbol{x})$	对角方阵，其第 i 个对角元素为向量 $\boldsymbol{x}$ 的第 i 个元素
$\boldsymbol{X}=\{x_{ij}\}_{M\times N}=\{[\boldsymbol{X}]_{ij}\}_{M\times N}$	$M\times N$ 矩阵 $\boldsymbol{X}$，第 i 行 j 列的元素 $[\boldsymbol{X}]_{ij}=x_{ij}$
$\boldsymbol{X}^*$	矩阵 $\boldsymbol{X}$ 的复共轭
$\boldsymbol{X}^{\mathrm{T}}$	矩阵 $\boldsymbol{X}$ 的转置
$\boldsymbol{X}^{\mathrm{H}}=(\boldsymbol{X}^*)^{\mathrm{T}}$	矩阵 $\boldsymbol{X}$ 的 Hermitian（共轭转置）
$\mathrm{Re}\{\cdot\}$	幅角的实部
$\mathrm{Im}\{\cdot\}$	幅角的虚部
$\boldsymbol{X}^{\dagger}$	矩阵 $\boldsymbol{X}$ 的伪逆
$\mathrm{Tr}(\boldsymbol{X})$	方阵 $\boldsymbol{X}$ 的迹
$\mathrm{vec}(\boldsymbol{X})$	按序排列方阵 $\boldsymbol{X}$ 所有列构成的列向量
$\mathrm{vecdiag}(\boldsymbol{X})$	方阵 $\boldsymbol{X}$ 对角线元素构成的列向量
$\mathrm{DIAG}(\boldsymbol{X}_1,\cdots,\boldsymbol{X}_n)$	矩阵$\boldsymbol{X}_1$，…，$\boldsymbol{X}_n$在对角线上的分块对角矩阵（不一定是方阵），且$\boldsymbol{X}_1$，…，$\boldsymbol{X}_n$也可能不是方阵
$\mathrm{rank}(\boldsymbol{X})$	矩阵 $\boldsymbol{X}$ 的秩
$\det(\boldsymbol{X})$	矩阵 $\boldsymbol{X}$ 的行列式
$\lambda_i(\boldsymbol{X})$	实对称（或 Hermitian）矩阵 $\boldsymbol{X}$ 的第 i 个特征值（或指定好的第 i 个主特征值）
$R(\boldsymbol{X})$	矩阵 $\boldsymbol{X}$ 的值域空间

$N(\boldsymbol{X})$	矩阵 $\boldsymbol{X}$ 的零空间
$\dim(V)$	子空间 V 的维数
$\|\cdot\|$	范数
$\mathrm{span}[\boldsymbol{v}_1,\cdots,\boldsymbol{v}_n]$	向量 $\boldsymbol{v}_1,\cdots,\boldsymbol{v}_n$ 构成的子空间
$\mathbf{1}_n$	n 维全1的列向量
$\mathbf{0}_m$	m 维全零的列向量
$\mathbf{0}_{m\times n}$	$m\times n$ 阶全零矩阵
$\boldsymbol{I}_n$	$n\times n$ 阶单位矩阵
e_i	第 i 项为1的特定维数的单位列向量
$\boldsymbol{f}$	从$\mathbb{R}^n\to\mathbb{R}^m$定义的函数
f	从$\mathbb{R}^n\to\mathbb{R}$或$\mathbb{R}\to\mathbb{R}$定义的函数
$\mathrm{dom}\ f$	函数 f 的定义域
$\mathrm{epi}\ f$	函数 f 的上境图
$\|C\|$	有限集 C 的大小(即集合 C 中元素的总数)
$\sup C$	集合 C 的最小上界
$\inf C$	集合 C 的最大下界
$\mathrm{int}\ C$	集合 C 的内部
$\mathrm{cl}\ C$	集合 C 的闭包
$\mathrm{bd}\ C$	集合 C 的边界
$\mathrm{relint}\ C$	集合 C 的相对内点
$\mathrm{relbd}\ C$	集合 C 的相对边界
$\mathrm{aff}\ C$	集合 C 的仿射包
$\mathrm{conv}\ C$	集合 C 的凸包
$\mathrm{conic}\ C$	集合 C 的锥包
$\mathrm{affdim}(C)$	集合 C 的仿射维数
K	真锥
K^*	与真锥相关的对偶锥
$\succeq K$	定义在真锥 K 上的广义不等式
$\succeq$	向量比较的分量不等式(即,真锥 $K=\mathbb{R}_+^n$);对称矩阵比较的广义不等式(即,真锥 $K=\boldsymbol{S}_+^n$)
$E\{\cdot\}$	期望算子
$\mathrm{Prob}\{\cdot\}$	概率函数
$N(\mu,\Sigma)$	均值为μ、协方差矩阵为Σ的实高斯分布
$CN(\mu,\Sigma)$	均值为μ、协方差矩阵为Σ的复高斯分布
$\Leftrightarrow$	当且仅当
$\Rightarrow$	表明
$\nRightarrow$	不能表明
$\triangleq$	被定义为
$:=$	更新为

$\equiv$	具有相同解但目标函数不同的两个优化问题的等价性
$\log x$	x 的自然对数函数(即,$\ln x$)
$\operatorname{sgn} x$	x 的符号函数
$[x]^+$	x 和 0 比,取最大值
$\lceil x \rceil$	大于或等于 x 的最小整数

注　以上所列的符号贯穿全书。我们想要说明一下,尽管其中一些符号看起来非常相似,但不同的符号代表不同的变量。

1.1 向量范数

在线性代数、泛函分析和数学的相关领域中,范数是一个函数,它为向量空间中的所有向量(零向量除外)分配一个严格正的长度或大小。具有范数的向量空间称为赋范向量空间。一个简单的例子是具有欧几里得范数或 2-范数的二维欧几里得空间"$\mathbb{R}^2$"。这个向量空间中的元素通常用以原点$\mathbf{0}_2$ 开始的二维笛卡尔坐标系中的箭头来表示。欧几里得范数赋予每个向量从原点到向量末端的长度。因此,欧几里得范数通常被称为向量的大小。

给定实数域(或复数域)的子域 F 上的一个向量空间 V,V 中向量的范数是一个函数 $\|\cdot\|:V\to\mathbb{R}_+$,公理如下:对于 F 中的所有 a 以及所有 $\boldsymbol{u}$ 和 $\boldsymbol{v}\in V$,

- $\|a\boldsymbol{v}\|=|a|\cdot\|\boldsymbol{v}\|$(正尺度性)
- $\|\boldsymbol{u}+\boldsymbol{v}\|\leqslant\|\boldsymbol{u}\|+\|\boldsymbol{v}\|$(三角不等式)
- $\|\boldsymbol{v}\|=0$ 当且仅当 $\boldsymbol{v}$ 为零向量时(正定性)

前两个公理(正尺度性和三角形不等式)可得到一个简单结论是$\|\mathbf{0}\|=0$,因此$\|\boldsymbol{v}\|\geqslant 0$(非负性)。

向量 $\boldsymbol{v}$ 的 p-范数记作$\|\boldsymbol{v}\|_p$,定义如下:

$$\|\boldsymbol{v}\|_p=\left(\sum_{i=1}^{n}|v_i|^p\right)^{1/p}\tag{1.1.1}$$

$p\geqslant 1$。当 $0<p<1$ 时,上述公式是 $\boldsymbol{v}$ 的一个很好的定义函数,但是它不是 $\boldsymbol{v}$ 的范数,因为它违背了三角不等式。对于 $p=1$ 和 $p=2$,

$$\|\boldsymbol{v}\|_1=\sum_{i=1}^{n}|v_i|\tag{1.1.2}$$

$$\|\boldsymbol{v}\|_2=\left(\sum_{i=1}^{n}|v_i|^2\right)^{1/2}\tag{1.1.3}$$

当 $p=\infty$时,范数称为极大范数或无穷范数、一致范数或上确界范数,可以表示为

$$\|\boldsymbol{v}\|_\infty=\max\{|v_1|,|v_2|,\cdots,|v_n|\}\tag{1.1.4}$$

注意,1-范数、2-范数(也称为欧几里得范数)和∞-范数被广泛应用于各种科学和工程问题中,而对于 p 的其他值(如 $p=3,4,5,\cdots$),p-范数仍然是理论的,还不能解决实际问题。

注 1.1.1　每个范数都是一个凸函数(将在第 2 章中介绍),因此,寻找一个基于范数的目标函数的全局最优解往往是容易处理的。

1.2 矩阵范数

在数学中,矩阵范数是向量范数概念在矩阵上的自然扩展。接下来将介绍一些本书中有

用的矩阵范数。

定义 $m\times n$ 矩阵 $\boldsymbol{A}$ 的弗洛贝尼乌斯范数为

$$\|\boldsymbol{A}\|_F = \Big(\sum_{i=1}^{m}\sum_{j=1}^{n} |[\boldsymbol{A}]_{ij}|^2\Big)^{1/2} = \sqrt{\mathrm{Tr}(\boldsymbol{A}^{\mathrm{T}}\boldsymbol{A})} \tag{1.2.1}$$

其中，

$$\mathrm{Tr}(\boldsymbol{X}) = \sum_{i=1}^{n} [\boldsymbol{X}]_{ii} \tag{1.2.2}$$

表示 n 阶方阵 $\boldsymbol{X}$ 的迹。当 $n=1$ 时，$\boldsymbol{A}$ 成为 m 维的列向量，其 Frobenius 范数也变为向量的 2-范数。

另一类范数称为诱导范数或算子范数。假设 $\|\cdot\|_a$ 和 $\|\cdot\|_b$ 分别是 $\mathbb{R}^m$ 和 $\mathbb{R}^n$ 上的范数，则由范数 $\|\cdot\|_a$ 和 $\|\cdot\|_b$ 推导出的 $m\times n$ 阶矩阵 $\boldsymbol{A}$ 的算子/诱导范数定义为

$$\|\boldsymbol{A}\|_{a,b} = \sup\{\|\boldsymbol{Au}\|_a \mid \|\boldsymbol{u}\|_b \leqslant 1\} \tag{1.2.3}$$

其中，$\sup(C)$ 表示集合 C 的最小上界。当 $a=b$ 时，我们简单地表示 $\|\boldsymbol{A}\|_{a,b}$ 为 $\|\boldsymbol{A}\|_a$。

常用的 $m\times n$ 阶矩阵

$$\boldsymbol{A} = \{a_{ij}\}_{m\times n} = [a_1, \cdots, a_n]$$

的诱导范数如下：

$$\begin{aligned}\|\boldsymbol{A}\|_1 &= \max_{\|\boldsymbol{u}\|_1\leqslant 1}\Big\|\sum_{j=1}^{n} u_j\boldsymbol{a}_j\Big\|_1, \ (a=b=1) \\ &\leqslant \max_{\|\boldsymbol{u}85\|_1\leqslant 1}\sum_{j=1}^{n}|u_j|\cdot\|\boldsymbol{a}_j\|_1, \ (\text{三角不等式}) \\ &= \max_{1\leqslant j\leqslant n}\|\boldsymbol{a}_j\|_1 = \max_{1\leqslant j\leqslant n}\sum_{i=1}^{m}|a_{ij}|\end{aligned} \tag{1.2.4}$$

（当 $\boldsymbol{u}=\boldsymbol{e}_l$，$l=\arg\max\limits_{1\leqslant j\leqslant n}\|\boldsymbol{a}_j\|_1$ 时，等号成立），即是矩阵的最大绝对列和。

$$\begin{aligned}\|\boldsymbol{A}\|_\infty &= \max_{\|\boldsymbol{u}\|_\infty\leqslant 1}\Big\{\max_{1\leqslant i\leqslant m}\Big|\sum_{j=1}^{n} a_{ij}u_j\Big|\Big\}, \ (a=b=\infty) \\ &= \max_{1\leqslant i\leqslant m}\Big\{\max_{\|\boldsymbol{u}\|_\infty\leqslant 1}\Big|\sum_{j=1}^{n} a_{ij}u_j\Big|\Big\} \\ &= \max_{1\leqslant i\leqslant m}\sum_{j=1}^{n}|a_{ij}|, \ (\text{即 } u_j = \mathrm{sgn}\{a_{ij}\}\ \forall j)\end{aligned} \tag{1.2.5}$$

也就是矩阵的最大绝对行和。

特殊情况，当 $a=b=2$ 时，诱导范数也被称为谱范数或 ℓ_2 范数。矩阵 $\boldsymbol{A}$ 的谱范数是 $\boldsymbol{A}$ 的最大奇异值或半正定矩阵 $\boldsymbol{A}^{\mathrm{T}}\boldsymbol{A}$ 的最大特征值的平方根，即

$$\|\boldsymbol{A}\|_2 = \sup\{\|\boldsymbol{Au}\|_2 \mid \|\boldsymbol{u}\|_2 \leqslant 1\} = \sigma_{\max}(\boldsymbol{A}) = \sqrt{\lambda_{\max}(\boldsymbol{A}^{\mathrm{T}}\boldsymbol{A})} \tag{1.2.6}$$

矩阵 $\boldsymbol{A}$ 奇异值的定义以及与 $\boldsymbol{A}^{\mathrm{T}}\boldsymbol{A}$（或 $\boldsymbol{A}\boldsymbol{A}^{\mathrm{T}}$）特征值的关系将在参考文献中给出。

1.3 内　　积

两个 n 维实向量 $\boldsymbol{x}$ 和 $\boldsymbol{y}$ 的内积是一个实数，定义为：

$$\langle\boldsymbol{x},\boldsymbol{y}\rangle = \boldsymbol{y}^{\mathrm{T}}\boldsymbol{x} = \sum_{i=1}^{n} x_i y_i \tag{1.3.1}$$

如果 $\boldsymbol{x}$ 和 $\boldsymbol{y}$ 是复向量，那么上式中的转置将被 Hermitian 替换。注意，向量 $\boldsymbol{x}$ 与自身内积的平方根给出了该向量的欧氏范数。

柯西-施瓦茨不等式：对于$\mathbb{R}^n$中的任意两个向量 $\boldsymbol{x}$ 和 $\boldsymbol{y}$，柯西-施瓦茨不等式如下

$$|\langle \boldsymbol{x},\boldsymbol{y}\rangle| \leqslant \|\boldsymbol{x}\|_2 \cdot \|\boldsymbol{y}\|_2 \tag{1.3.2}$$

此外，当且仅当对于某些 $\alpha\in\mathbb{R}$，$\boldsymbol{x}=\alpha\boldsymbol{y}$ 时，等号成立。

勾股定理：如果两个 n 维向量 $\boldsymbol{x}$ 和 $\boldsymbol{y}$ 是正交的，即$\langle \boldsymbol{x},\boldsymbol{y}\rangle=0$，那么

$$\|\boldsymbol{x}+\boldsymbol{y}\|_2^2=(\boldsymbol{x}+\boldsymbol{y})^{\mathrm{T}}(\boldsymbol{x}+\boldsymbol{y})=\|\boldsymbol{x}\|_2^2+2\langle \boldsymbol{x},\boldsymbol{y}\rangle+\|\boldsymbol{y}\|_2^2 \tag{1.3.3}$$

同样，两个 $m\times n$ 阶实矩阵 $\boldsymbol{X}$ 和 $\boldsymbol{Y}$ 的内积可以定义为：

$$\langle \boldsymbol{X},\boldsymbol{Y}\rangle = \sum_{i=1}^{m}\sum_{j=1}^{n} x_{ij}y_{ij} = \mathrm{Tr}(\boldsymbol{X}^{\mathrm{T}}\boldsymbol{Y}) = \mathrm{Tr}(\boldsymbol{Y}^{\mathrm{T}}\boldsymbol{X}) \tag{1.3.4}$$

注意，$\langle \boldsymbol{X},\boldsymbol{Y}\rangle=\langle \mathrm{vec}(\boldsymbol{X}),\mathrm{vec}(\boldsymbol{Y})\rangle$，即两个 mn 维列向量 $\mathrm{vec}(\boldsymbol{X})$和 $\mathrm{vec}(\boldsymbol{Y})$的内积（实矩阵 $\boldsymbol{X}$ 的列和 $\boldsymbol{Y}$ 的列分别进行对应元素的相乘相加）。

注 1.3.1 内积空间是增添了一个额外结构的向量空间，这个额外结构称作内积，该结构将空间中的每对向量与标量相关联，该标量被称为两个向量的内积。

注 1.3.2 一个涉及谱范数〔见式(1.2.6)〕的不等式如下所示，其类似于柯西-施瓦茨不等式

$$\|\boldsymbol{A}\boldsymbol{x}\|_2=\left\|\boldsymbol{A}\frac{\boldsymbol{x}}{\|\boldsymbol{x}\|_2}\right\|_2 \cdot \|\boldsymbol{x}\|_2 \leqslant \|\boldsymbol{A}\|_2 \cdot \|\boldsymbol{x}\|_2=\sigma_{\max}(\boldsymbol{A}) \cdot \|\boldsymbol{x}\|_2 \tag{1.3.5}$$

当 $\boldsymbol{x}=\alpha\boldsymbol{v}$，$\boldsymbol{v}$ 是与 $\boldsymbol{A}$ 的主奇异值相关的右奇异向量时，不等式的等号成立。

1.4 范 数 球

点 $\boldsymbol{x}\in\mathbb{R}^n$的范式球定义如下：

$$B(\boldsymbol{x},r)=\{\boldsymbol{y}\in\mathbb{R}^n \mid \|\boldsymbol{y}-\boldsymbol{x}\|\leqslant r\} \tag{1.4.1}$$

其中，r 为半径，$\boldsymbol{x}$ 为范式球的中心，它也称为点 $\boldsymbol{x}$ 的邻域。当 $n=2$、$\boldsymbol{x}=\boldsymbol{0}_2$、$r=1$ 时，2-范数球是 $B(\boldsymbol{x},r)=\{\boldsymbol{y}|y_1^2+y_2^2\leqslant 1\}$（半径为 1 的圆盘），1-范数球是 $B(\boldsymbol{x},r)=\{\boldsymbol{y}||y_1|+|y|_2\leqslant 1\}$（面积等于 2 的二维交叉多面体），$\infty$-范数球是 $B(\boldsymbol{x},r)=\{\boldsymbol{y}||y_1|\leqslant 1,\ |y_2|\leqslant 1\}$（面积的平方等于 4）（如图 1.4.1所示）。注意，范数球是关于原点对称的、凸的、闭合的、有界的、内部是非空的。此外，1-范数球是 2-范数球的子集，而 2-范数球是∞-范数球的子集，这是由于下列不等式：

$$\|\boldsymbol{v}\|_p\leqslant\|\boldsymbol{v}\|_q \tag{1.4.2}$$

其中，$\boldsymbol{v}\in\mathbb{R}^n$，$p$ 和 q 是实数，并且 $p>q\geqslant 1$，当 $\boldsymbol{v}=r\boldsymbol{e}_i$，即所有半径为 r 的 p-范数球在 $r\boldsymbol{e}_i$ 处都有交点，$i=1,\cdots,n$。例如，在图 1.4.1 中，对于所有的 $p\geqslant 1$ 且 $\|\boldsymbol{x}_2\|_\infty=1<\|\boldsymbol{x}_2\|_2=\sqrt{2}<\|\boldsymbol{x}_2\|_1=2$ 都有 $\|\boldsymbol{x}_1\|_p=1$。不等式(1.4.2)证明如下。

由图 1.4.1 可以看出，对于所有的 $p\geqslant 1$ 且 $\|\boldsymbol{x}_2\|_\infty=1<\|\boldsymbol{x}_2\|_2=\sqrt{2}<\|\boldsymbol{x}_2\|_1=2$ 都有 $\|\boldsymbol{x}_1\|_p=1$。

不等式(1.4.2)的证明：假设 $\boldsymbol{v}\neq\boldsymbol{0}_n$，令 $\beta=\|\boldsymbol{v}\|_\infty=\max\{|v_1|,\cdots,|v_n|\}>0$，那么对于所有的 i 都有 $|v_i|/\beta\leqslant 1$。对于 $p>q\geqslant 1$，可以很容易推导出：

$$1\leqslant\sum_{i=1}^{n}|v_i/\beta|^p\leqslant\sum_{i=1}^{n}|v_i/\beta|^q \tag{1.4.3}$$

可直接推导出：

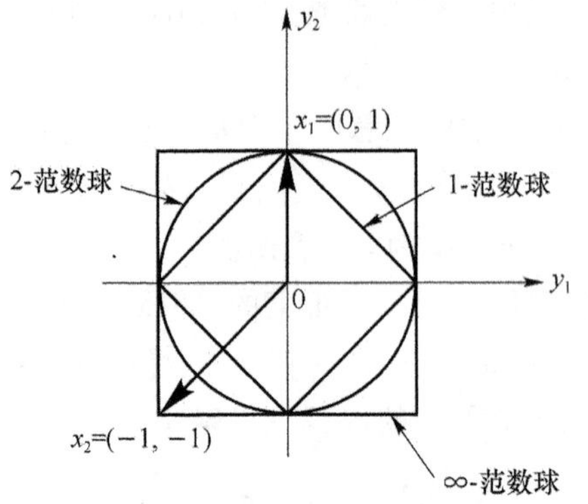

图 1.4.1 当 $n=2$、$\boldsymbol{x}=\boldsymbol{0}_2$，且半径 $r=1$
（在概念上对应于每个球的不同单位，如厘米、分米和米）
时对于 1-范数球、2-范数球和∞-范数球的说明

$$\left\{\sum_{i=1}^{n}|v_i/\beta|^p\right\}^{1/p}\leqslant\left\{\sum_{i=1}^{n}|v_i/\beta|^q\right\}^{1/q}\tag{1.4.4}$$

去掉式(1.4.4)两侧的公共项 β 即变成不等式(1.4.2)。

注 1.4.1 不等式(1.4.2)可以解释为通过一个不同单位的测量装置 $\|\cdot\|_p$(例如，当 p 较大时单位可以是米或千克，当 p 较小时单位为英尺或磅)后的一个人(对应于向量 $\boldsymbol{v}$)的身高或体重，所以当 p 越大时 $\|\boldsymbol{v}\|_p$ 越小。从图 1.4.1 可以观察到，对于任意的正交矩阵 $\boldsymbol{U}$(即 $\boldsymbol{U}\boldsymbol{U}^{\mathrm{T}}=\boldsymbol{U}^{\mathrm{T}}\boldsymbol{U}=\boldsymbol{I}$)，有 $\|\boldsymbol{U}\boldsymbol{v}\|_p=\|\boldsymbol{v}\|_p$，对于 $p=2$，在此情况下可以推导出 $\|\boldsymbol{v}\|_p$ 是方向不变的，此性质不适用于 $p\neq2$ 的情况。

注 1.4.2 式(1.2.3)中定义的诱导范数可以从几何角度进行说明。考虑线性函数

$$f(\boldsymbol{x})=\boldsymbol{A}\boldsymbol{x},\quad \boldsymbol{A}=[a_1\quad a_2]=\begin{bmatrix}5 & 11\\ 7 & 3\end{bmatrix}$$

当 $p=1$、2、∞时，图 1.5.1 是对 $\|\boldsymbol{A}\|_p$ 的说明，图 1.4.1 显示了函数 f 映射在∞-范数球，2-范数球和 1-范数球(均是相同的单位半径)，分别包含了 $\boldsymbol{y}_1=\boldsymbol{a}_1+\boldsymbol{a}_2$ 的平行四边形，包含 $\|\boldsymbol{y}_2\|_2=\max\{\|f(\boldsymbol{u})\|_2\,|\,\boldsymbol{u}\in B(\boldsymbol{0}_2,1)\}$(前者的一个子集)的椭圆和包含 $\boldsymbol{a}_1$ 和 $\boldsymbol{a}_2$(椭圆的一个子集)的平行四边形。由式(1.2.3)可知：

$$\|\boldsymbol{A}\|_1=\|\boldsymbol{a}_2\|_1=14\quad〔参见式(1.2.4)〕$$
$$\|\boldsymbol{A}\|_2=\sigma_{\max}(\boldsymbol{A})=\|\boldsymbol{y}_2\|_2\approx13.5275\quad〔参见式(1.2.6)〕$$
$$\|\boldsymbol{A}\|_\infty=\|\boldsymbol{y}_1\|_\infty=16\quad〔参见式(1.2.5)〕$$

注意，$\mathbb{R}^n$ 中的椭球体可以用 n 个半轴的长度来表示(与 $\boldsymbol{A}$ 的奇异值相同)，稍后将在 2.1.6 小节详细介绍。

1.5 内 点

如果存在 $\varepsilon>0$，$B(\boldsymbol{x},\varepsilon)\subseteq C$，则集合 $C\subseteq\mathbb{R}^n$ 中的点 $\boldsymbol{x}$ 是集合 C 的内点。换句话说，如果集合 C 包含 $\boldsymbol{x}$ 的一些邻点，也就是说，如果 $\boldsymbol{x}$ 的某个邻域内的所有点都在 C 中，那么称点 $\boldsymbol{x}\in C$ 是集合 C 的内点。

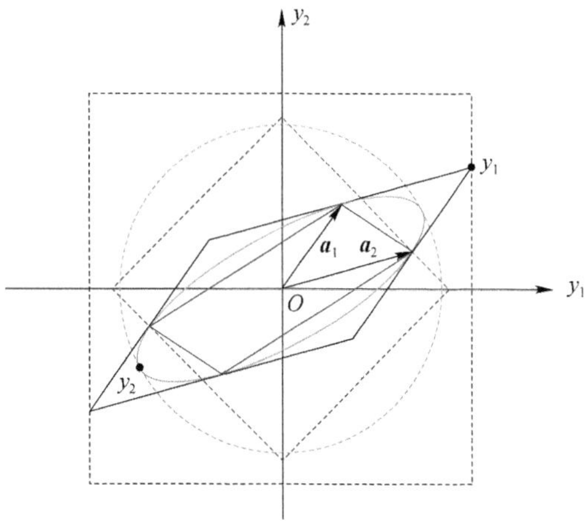

图 1.5.1 对 $\boldsymbol{A}\in\mathbb{R}^{2\times 2}$ 的诱导范数的说明

$$\boldsymbol{A}=[\boldsymbol{a}_1 \quad \boldsymbol{a}_2]=\begin{bmatrix}5 & 11\\ 7 & 3\end{bmatrix}$$

图 1.5.1 是对 $\boldsymbol{A}\in\mathbb{R}^{2\times 2}$ 的诱导范数的说明，其中，$\|\boldsymbol{A}\|_1=\|\boldsymbol{a}_2\|_1$、$\|\boldsymbol{A}\|_2=\|\boldsymbol{y}_2\|_2$(椭球的最大半轴)和 $\|\boldsymbol{A}\|_\infty=\|\boldsymbol{y}_1\|_\infty$，平行四边形和椭圆形(用实线表示)是通过线性变换 $\boldsymbol{Ax}$ 和半径分别为 $\|\boldsymbol{A}\|_1$、$\|\boldsymbol{A}\|_2$、$\|\boldsymbol{A}\|_\infty$ 的相关的范数球(用虚线表示)后的单位半径的 1-范数，2-范数和 ∞-范数球的图像(如图 1.4.1 所示)。

注 1.5.1 C 的所有内点的集合称为 C 的内部，并表示为 int C，也可以表示为

$$\operatorname{int} C=\{\boldsymbol{x}\in C \mid B(\boldsymbol{x},r)\subseteq C,\ r>0\} \tag{1.5.1}$$

1.6 闭包和边界

集合 C 的闭包定义为集合 C 中收敛序列的所有极限点的集合，也可以表示为

$$\operatorname{cl} C=\mathbb{R}^n\setminus\operatorname{int}(\mathbb{R}^n\setminus C) \tag{1.6.1}$$

点 $\boldsymbol{x}$ 在 C 的闭包中，如果对于每个 $\varepsilon>0$，存在 $\boldsymbol{y}\in C$ 且 $\boldsymbol{y}\neq\boldsymbol{x}$，那么 $\|\boldsymbol{x}-\boldsymbol{y}\|\leqslant\varepsilon$。

如果点 $\boldsymbol{x}$ 的每个邻域都包含一个在 C 中的点和一个不在 C 中的点，则点 $\boldsymbol{x}$ 被称为集合 C 的边界点。注意，C 的边界点可以是 C 的元素，也可以不是 C 的元素。C 的所有边界点的集合称为 C 的边界。集合 C 的边界可以表示为

$$\operatorname{bd} C=\operatorname{cl} C\setminus\operatorname{int} C \tag{1.6.2}$$

集合的闭包和边界的概念在图 1.6.1 中阐述。

如果集合 C 包含它的每个点的邻域，也就是说，如果 C 中的每个点都是一个内点，或者说，如果 C 不包含边界点，那么集合 C 就是开集。换句话说，int $C=C$ 或者 $C\cap\operatorname{bd} C=\varnothing$(空集)，那么集合 C 是开集。例如，集合 $C=(a,b)=\{x\in\mathbb{R}\mid a<x<b\}$ 是开集，并且 int $C=C$；$C=(a,b]=\{x\in\mathbb{R}\mid a<x\leqslant b\}$ 不是开集；$C=[a,b]=\{x\in\mathbb{R}\mid a\leqslant x\leqslant b\}$ 不是开集；$C=\{a,b,c\}$ 不是开集。

如果集合包含它的边界，那么称集合 C 是闭合的。可以证明，当且仅当 C 的补集 $\mathbb{R}^n\setminus C$ 是开集时集合 C 是闭集。当且仅当集合 C 包含每个收敛序列的极限点时，集合是闭合的；并且如果 bd $C\subseteq C$，集合 C 是闭合的。例如，$C=[a,b]$ 是闭集；$C-(a,b]$ 既不是开集也不是闭集；

空集∅和$\mathbb{R}^n$既是开集也是闭集。对于两个闭集C_1、C_2，$C_1\cup C_2$也是闭集，而它们的交集是空集，此外，$\{1\}$和$\mathbb{Z}_+$也是闭集。

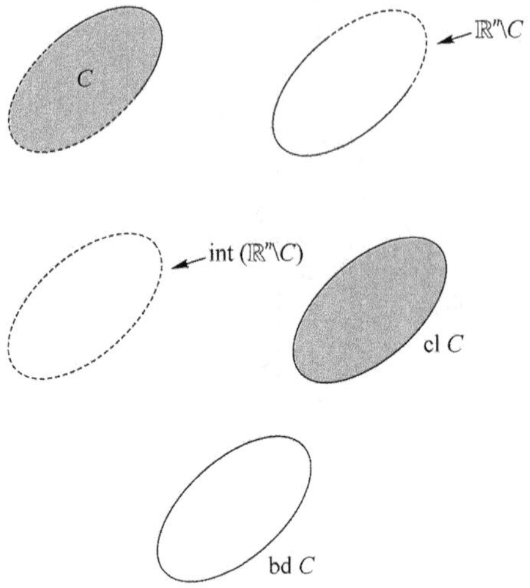

图1.6.1 集合C的闭包和边界

包含在有限半径的球中的集合称为有界集合。如果一个集合既是闭的又是有界的，那么它就是紧的。例如，范数球$B(\boldsymbol{x},r)$是紧集，$\mathbb{R}_+$是无界的，$C=(a,b]$是有界的但不是紧集。

1.7 上确界和下确界

在数学中，给定一个偏序集T的子集S，如果S的上确界(sup)存在，那么它是T中大于或等于子集S中所有元素的最小元素。因此，上确界也被称为最小上界lub或LUB。如果上确界存在，它可能属于S也可能不属于S。另一方面，S的下确界是T中最大的元素，它不必在S中，它小于或等于S中所有的元素。因此，术语最大下界(也被缩写为glb或GLB)也经常被使用。

考虑一个子集$C\subseteq\mathbb{R}$。

- 如果对于每一个$x\in C$，$x\leqslant a$ ($x\geqslant a$)，那么数a是集合C的一个上界。
- 如果

  (i) b是集合C的一个上界(下界)

  (ii) 对于集合C的每一个上界(下界)a都有$b\leqslant a$ ($b\geqslant a$)

那么，数b是集合C的最小上界(最大下界)或者上确界(下确界)。

注1.7.1 在精确意义上，下确界和上确界的概念是双重的，反之亦然。例如，如果集合C没有上界，则$\sup C=\infty$，如果集合C没有下界，则$\inf C=-\infty$。

注1.7.2 如果$C=\phi$，则$\sup C=-\infty$(对于任意的非空集合C，"$-\infty$"可以被看作为$\sup C$向$+\infty$递增的起始点)，$\inf C=+\infty$(对于任意的非空集合C，"$+\infty$"可以被看作为$\inf C$向$-\infty$递减的起始点)。

1.8 函 数

符号 $f: X \to Y$ 表示 f 是一个定义域为 X，值域为 Y 的函数。例如，$f(x)=\log x$，那么函数 f 的定义域为 $X=\operatorname{dom} f=\mathbb{R}_{++}$，值域 $Y=\mathbb{R}$。

1.9 连 续 性

函数 $f:\mathbb{R}^n \to \mathbb{R}^m$ 在 $\boldsymbol{x}\in\operatorname{dom} f$ 是连续的，如果对于任何的 $\varepsilon>0$，存在一个 $\delta>0$，那么

$$\boldsymbol{y}\in\operatorname{dom} f\cap B(\boldsymbol{x},\delta)\Rightarrow\|f(\boldsymbol{y})-f(\boldsymbol{x})\|_2\leqslant\varepsilon \tag{1.9.1}$$

如果 f 在定义域的每个点都是连续的，那么函数 f 连续。假定 f 是连续的，无论任何时候，在 $\operatorname{dom} f$ 中的序列 $\boldsymbol{x}_1,\boldsymbol{x}_2,...$ 收敛于点 $\boldsymbol{x}\in\operatorname{dom} f$，则序列 $f(\boldsymbol{x}_1),f(\boldsymbol{x}_2),\cdots$，收敛于 $f(\boldsymbol{x})$，即

$$\lim_{i\to\infty} f(\boldsymbol{x}_i)=f(\lim_{i\to\infty}\boldsymbol{x}_i)=f(\boldsymbol{x}) \tag{1.9.2}$$

连续函数的一个例子和非连续函数的一个例子在图 1.9.1 中显示。

$$\operatorname{sgn}(x)\triangleq\begin{cases}1, & x>0\\ 0, & x=0\\ -1, & x<0\end{cases} \tag{1.9.3}$$

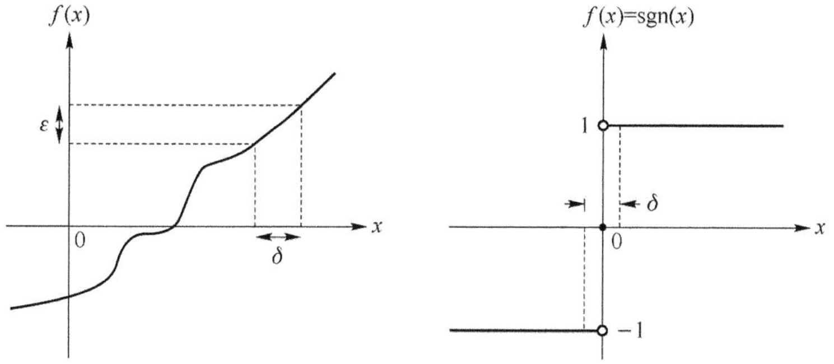

图 1.9.1　连续函数的一个例子(左图)和非连续函数的一个例子(右图)

如果存在一个有限正数 L，使得

$$\|f(\boldsymbol{x}_1)-f(\boldsymbol{x}_2)\|_2\leqslant L\,\|\boldsymbol{x}_1-\boldsymbol{x}_2\|_2 \quad \forall\,\boldsymbol{x}_1,\boldsymbol{x}_2\in\operatorname{dom} f \tag{1.9.4}$$

那么函数 $f:\mathbb{R}^n\to\mathbb{R}$是利普希茨连续。

任何具有有界的一阶导数的函数都是利普希茨连续的。如果

$$\lim_{\boldsymbol{x}\to\boldsymbol{x}_0}\sup f(\boldsymbol{x})\leqslant f(\boldsymbol{x}_0),\ \forall\,\boldsymbol{x}_0 \tag{1.9.5}$$

那么函数是上半连续。如果

$$\lim_{\boldsymbol{x}\to\boldsymbol{x}_0}\inf f(\boldsymbol{x})\geqslant f(\boldsymbol{x}_0),\ \forall\,\boldsymbol{x}_0 \tag{1.9.6}$$

那么函数是下半连续。

当且仅当它既是上半连续又是下半连续时，函数是连续的。

1.10　导数和梯度

因为向量极限是通过取每个坐标函数的极限来计算的，对于点 $\boldsymbol{x}\in\mathbb{R}^n$ 我们可以表示函数 $f:\mathbb{R}^n\rightarrow\mathbb{R}^m$ 如下：

$$f(\boldsymbol{x})=\begin{bmatrix}f_1(\boldsymbol{x})\\f_2(\boldsymbol{x})\\\vdots\\f_m(\boldsymbol{x})\end{bmatrix}=(f_1(\boldsymbol{x}),f_2(\boldsymbol{x}),\cdots,f_m(x)) \tag{1.10.1}$$

这里，每一个 $f_i(x)$ 都是 $\mathbb{R}^n\rightarrow\mathbb{R}$ 的函数。现在，$\frac{\partial f(x)}{\partial x_j}$ 可以被定义为

$$\frac{\partial f(\boldsymbol{x})}{\partial x_j}=\begin{bmatrix}\frac{\partial f_1(\boldsymbol{x})}{\partial x_j}\\\frac{\partial f_2(\boldsymbol{x})}{\partial x_j}\\\vdots\\\frac{\partial f_m(\boldsymbol{x})}{\partial x_j}\end{bmatrix}=\left(\frac{\partial f_1(\boldsymbol{x})}{\partial x_j},\frac{\partial f_2(\boldsymbol{x})}{\partial x_j},\cdots,\frac{\partial f_m(\boldsymbol{x})}{\partial x_j}\right) \tag{1.10.2}$$

上述向量是曲线 f 在点 $\boldsymbol{x}$ 处的切向量，通过只改变 x_j（$\boldsymbol{x}$ 的第 j 个坐标）和对于所有的 $i\neq j$，固定 x_i 来获得。

可微函数 $f:\mathbb{R}^n\rightarrow\mathbb{R}^m$ 的导数可以用 $\mathrm{Df}(\boldsymbol{x})$ 来表示，$\mathrm{Df}(\boldsymbol{x})$ 是一个 $m\times n$ 的矩阵，定义为

$$\mathrm{Df}(\boldsymbol{x})=\begin{bmatrix}\frac{\partial f(\boldsymbol{x})}{\partial x_1} & \frac{\partial f(\boldsymbol{x})}{\partial x_2} & \cdots & \frac{\partial f(\boldsymbol{x})}{\partial x_n}\end{bmatrix}=\begin{bmatrix}\nabla f_1\ (\boldsymbol{x})^{\mathrm{T}}\\\nabla f_2\ (\boldsymbol{x})^{\mathrm{T}}\\\vdots\\\nabla f_m\ (\boldsymbol{x})^{\mathrm{T}}\end{bmatrix}$$

$$=\begin{bmatrix}\frac{\partial f_1(\boldsymbol{x})}{\partial x_1} & \cdots & \frac{\partial f_1(\boldsymbol{x})}{\partial x_n}\\\vdots & \vdots & \vdots\\\frac{\partial f_m(\boldsymbol{x})}{\partial x_1} & \cdots & \frac{\partial f_m(\boldsymbol{x})}{\partial x_n}\end{bmatrix}\in\mathbb{R}^{m\times n} \tag{1.10.3}$$

$\nabla f_i(\boldsymbol{x})$ 的定义参见下面。上述矩阵 $\mathrm{Df}(\boldsymbol{x})$ 是函数 f 在点 $\boldsymbol{x}$ 处的雅可比矩阵或导数矩阵。

如果函数 $f:\mathbb{R}^n\rightarrow\mathbb{R}$ 是可微的，那么它在点 x 处的梯度可以被定义为

$$\nabla f(x)=\mathrm{Df}\ (\boldsymbol{x})^{\mathrm{T}}=\begin{bmatrix}\frac{\partial f(\boldsymbol{x})}{\partial x_1}\\\frac{\partial f(\boldsymbol{x})}{\partial x_2}\\\vdots\\\frac{\partial f(\boldsymbol{x})}{\partial x_n}\end{bmatrix}\in\mathbb{R}^n \tag{1.10.4}$$

注意，$\nabla f(\boldsymbol{x})$ 和 $\boldsymbol{x}$ 维数相同，即都是 n 维的列向量。此外，如果函数 $f:\mathbb{R}^{n\times m}\rightarrow\mathbb{R}$ 是可微的，那么它在点 $\boldsymbol{X}$ 处的梯度 $\nabla f(\boldsymbol{X})$ 可以被定义为

$$\nabla f(\boldsymbol{X})=\mathrm{D}f(\boldsymbol{X})^{\mathrm{T}}=\begin{bmatrix}\frac{\partial f(\boldsymbol{X})}{\partial x_{1,1}} & \cdots & \frac{\partial f(\boldsymbol{X})}{\partial x_{1,m}}\\ \vdots & \vdots & \vdots\\ \frac{\partial f(\boldsymbol{X})}{\partial x_{n,1}} & \cdots & \frac{\partial f(\boldsymbol{X})}{\partial x_{n,m}}\end{bmatrix}\in\mathbb{R}^{n\times m} \tag{1.10.5}$$

它和 $\boldsymbol{X}\in \mathrm{dom}\, f$ 也具有相同的维数。

注 1.10.1 考虑一个可微函数 $f:\mathbb{R}^n\rightarrow\mathbb{R}$,并且 $\boldsymbol{x}=(x_1,\cdots,x_m)$,$x_i\in\mathbb{R}^{n_i}$,$n=n_1+\cdots+n_m$。关于 $\boldsymbol{x}$ 的梯度和导数可以精确地表示为:

$$\begin{aligned}\nabla_{\boldsymbol{x}}f(\boldsymbol{x})&=[\nabla_{x_1}f(\boldsymbol{x})^{\mathrm{T}},\cdots,\nabla_{x_m}f(\boldsymbol{x})^{\mathrm{T}}]^{\mathrm{T}}\\&=[D_{x_1}f(\boldsymbol{x}),\cdots,D_{x_m}f(\boldsymbol{x})]^{\mathrm{T}}=D_{\boldsymbol{x}}f(\boldsymbol{x})^{\mathrm{T}}\end{aligned} \tag{1.10.6}$$

同样地,对于可微函数 $f:\mathbb{R}^{n\times m}\rightarrow\mathbb{R}$,并且 $\boldsymbol{X}=[\boldsymbol{x}_1,\cdots\boldsymbol{x}_m]\in\mathbb{R}^{n\times m}$,关于 $\boldsymbol{X}$ 的梯度和导数也可以被表示为:

$$\begin{aligned}\nabla_{\boldsymbol{X}}f(X)&=[\nabla_{x_1}f(\boldsymbol{X}),\cdots,\nabla_{x_m}f(\boldsymbol{X})]\\&=[D_{x_1}f(\boldsymbol{X})^{\mathrm{T}},\cdots,D_{x_m}f(\boldsymbol{X})^{\mathrm{T}}]=D_{\boldsymbol{X}}f(\boldsymbol{X})^{\mathrm{T}}\end{aligned} \tag{1.10.7}$$

注 1.10.2 在 $\boldsymbol{x}$ 和 $\boldsymbol{X}$ 中所有元素都是独立变量的前提条件下,梯度矩阵的定义见式(1.10.5),函数导数的定义见式(1.10.3)。如果它们是相关的〔例如,$\boldsymbol{X}\in\mathbb{R}^{n\times m}$是对称矩阵($\boldsymbol{X}=\boldsymbol{X}^{\mathrm{T}}$),或者是反对称矩阵($\boldsymbol{X}=-\boldsymbol{X}^{\mathrm{T}}$),或是托普利兹矩阵(对于所有的 i、j,$[\boldsymbol{X}]_{i,j}=[\boldsymbol{X}]_{i+1,j+1}$)〕,独立变量的总数确实在减少,这就违背了前提条件。为了满足前提条件,$\boldsymbol{x}$ 和 $\boldsymbol{X}$ 需要被重新定义,这样它们只包含独立变量。相反地,我们仍需保持式(1.10.5)和式(1.10.3)满足上述前提条件,而相应的梯度矩阵将被视为由式(1.10.5)或式(1.10.3)定义的一个特殊例子,其 $\boldsymbol{x}$ 和 $\boldsymbol{X}$ 中所有元素在相关的情况下可以取任何值。

对于一个给定的函数 $f:\mathbb{R}^n\rightarrow\mathbb{R}$(或者 $f:\mathbb{R}^{n\times m}\rightarrow\mathbb{R}$),求它的梯度的间接方式〔不是通过式(1.10.5)或者式(1.10.3)求得〕是通过找到相应的$\nabla f(\boldsymbol{x})$(或者$\nabla f(\boldsymbol{X})$)来找到它的一阶泰勒级数的近似值。这种方法将在后面的章节中被证明是有用的。

对于 f 是复变量的复可微函数的情况,

$$\boldsymbol{x}=\boldsymbol{u}+\mathrm{j}\boldsymbol{v}=\mathrm{Re}\{\boldsymbol{x}\}+\mathrm{j}\mathrm{Im}\{\boldsymbol{x}\}$$

这里,Re{·}和 Im{·}分别表示幅角的实部和虚部,并且 $\boldsymbol{u}$ 和 $\boldsymbol{v}$ 都是实向量。那么柯西-黎曼方程必须满足如下条件[Sch10]:

$$\begin{cases}\nabla_{\boldsymbol{u}}\mathrm{Re}\{f(\boldsymbol{x})\}=\nabla_{\boldsymbol{v}}\mathrm{Im}\{f(\boldsymbol{x})\}\\\nabla_{\boldsymbol{v}}\mathrm{Re}\{f(\boldsymbol{x})\}=-\nabla_{\boldsymbol{u}}\mathrm{Im}\{f(\boldsymbol{x})\}\end{cases}\quad\text{或者}\quad\nabla_{\boldsymbol{u}}f(\boldsymbol{x})=-\mathrm{j}\,\nabla_{\boldsymbol{v}}f(\boldsymbol{x})=\nabla_{\boldsymbol{x}}f(\boldsymbol{x}) \tag{1.10.8}$$

关于 $\boldsymbol{x}$ 和 $\boldsymbol{x}^*$,f 的梯度也可以被定义为:

$$\nabla_{\boldsymbol{x}}f(\boldsymbol{x})\triangleq\frac{1}{2}(\nabla_{\boldsymbol{u}}f(\boldsymbol{x})-\mathrm{j}\,\nabla_{\boldsymbol{v}}f(\boldsymbol{x})) \tag{1.10.9}$$

$$\nabla_{\boldsymbol{x}^*}f(\boldsymbol{x})\triangleq\frac{1}{2}(\nabla_{\boldsymbol{u}}f(\boldsymbol{x})+\mathrm{j}\,\nabla_{\boldsymbol{v}}f(\boldsymbol{x})) \tag{1.10.10}$$

$\boldsymbol{x}$ 和它的共轭复数 $\boldsymbol{x}^*$ 都被看作是独立变量。注意当 $f(\boldsymbol{x})$是分析函数〔即满足式(1.10.8)〕时,$\nabla_{\boldsymbol{x}}f(\boldsymbol{x})$等于 f 的梯度,就像 $\boldsymbol{x}$ 是实数的情况〔参见式(1.10.4)〕,并且$\nabla_{\boldsymbol{x}^*}f(\boldsymbol{x})=\boldsymbol{0}$;当 $f(\boldsymbol{x})$不是分析函数时,$\nabla_{\boldsymbol{x}}f(\boldsymbol{x})=\boldsymbol{0}$。例如,对于 $\boldsymbol{x},\boldsymbol{a}\in\mathbb{C}^n$,且 $\boldsymbol{X},\boldsymbol{C}\in\mathbb{C}^{m\times n}$,

$$\begin{aligned}&\nabla_{\boldsymbol{x}}\boldsymbol{a}^{\mathrm{T}}\boldsymbol{x}=\boldsymbol{a},\quad\nabla_{\boldsymbol{X}}\mathrm{Tr}(\boldsymbol{C}^{\mathrm{T}}\boldsymbol{X})=\boldsymbol{C}\\&\nabla_{\boldsymbol{x}}\boldsymbol{a}^{\mathrm{T}}\boldsymbol{x}^*=\boldsymbol{0},\quad\nabla_{\boldsymbol{X}^*}\mathrm{Tr}(\boldsymbol{C}\boldsymbol{X}^{\mathrm{H}})=\boldsymbol{C}\end{aligned} \tag{1.10.11}$$

对于 $f:\mathbb{C}^n\to\mathbb{R}$(是 $\boldsymbol{x}$ 和 $\boldsymbol{x}^*$ 的函数,并且在 $\boldsymbol{x}$ 中不解析,但是当 $\boldsymbol{x}^*$ 被视为独立变量时,f 在 $\boldsymbol{x}$ 中是解析的,反之亦然[Bra83],[Hay96]),f 的梯度被定为:

$$\nabla_x f(\boldsymbol{x}) \triangleq \nabla_u f(\boldsymbol{x}) + \mathrm{j}\,\nabla_v f(\boldsymbol{x}) = 2\,\nabla_{x^*} f(\boldsymbol{x}) \tag{1.10.12}$$

它实际上是由式(1.10.9)和式(1.10.10)解出来的。例如,对于复向量变量 $\boldsymbol{x}\in\mathbb{C}^n$ 和一个常向量 $\boldsymbol{a}\in\mathbb{C}^n$,一个常数矩阵 $\boldsymbol{A}\in\boldsymbol{H}^n$,则很容易可以证明:

$$\nabla_x \boldsymbol{x}^H\boldsymbol{A}\boldsymbol{x} = 2A\boldsymbol{x},\quad \nabla_x(\boldsymbol{x}^H\boldsymbol{a}+\boldsymbol{a}^H\boldsymbol{x}) = 2\boldsymbol{a} \tag{1.10.13}$$

而且,对于复矩阵变量 $\boldsymbol{X}\in\mathbb{C}^{m\times n}$,$\boldsymbol{Y}\in\boldsymbol{H}^n$,

$$\nabla_{\boldsymbol{X}}\mathrm{Tr}(\boldsymbol{X}\boldsymbol{A}\boldsymbol{X}^H) = 2\boldsymbol{X}\boldsymbol{A},\quad \nabla_{\mathrm{Y}}(\mathrm{Tr}(\boldsymbol{A}\boldsymbol{Y})+\mathrm{Tr}(\boldsymbol{A}^*\boldsymbol{Y}^*)) = 2\boldsymbol{A} \tag{1.10.14}$$

1.11　海森矩阵

假定 $f:\mathbb{R}^n\to\mathbb{R}$是二阶可微的,并且它的二阶偏导数存在,并在定义域上连续,那么 f 的海森矩阵$\nabla^2 f(\boldsymbol{x})$定义如下:

$$\nabla^2 f(\boldsymbol{x}) = D(\nabla f(\boldsymbol{x})) = \left\{\frac{\partial^2 f(\boldsymbol{x})}{\partial x_i \partial x_j}\right\}_{n\times n}$$

$$= \begin{bmatrix} \dfrac{\partial^2 f(\boldsymbol{x})}{\partial x_1^2} & \dfrac{\partial^2 f(\boldsymbol{x})}{\partial x_1\partial x_2} & \cdots & \dfrac{\partial^2 f(\boldsymbol{x})}{\partial x_1\partial x_n} \\ \dfrac{\partial^2 f(\boldsymbol{x})}{\partial x_2\partial x_1} & \dfrac{\partial^2 f(\boldsymbol{x})}{\partial x_2^2} & \cdots & \dfrac{\partial^2 f(\boldsymbol{x})}{\partial x_2\partial x_n} \\ \vdots & \vdots & & \vdots \\ \dfrac{\partial^2 f(\boldsymbol{x})}{\partial x_n\partial x_1} & \dfrac{\partial^2 f(\boldsymbol{x})}{\partial x_n\partial x_2} & \cdots & \dfrac{\partial^2 f(\boldsymbol{x})}{\partial x_n^2} \end{bmatrix} \in S^n \tag{1.11.1}$$

函数的海森矩阵可以被用来证实一个二阶可微函数的凸性,所以该公式经常被用到。例如,假设

$$f(\boldsymbol{x}) = \boldsymbol{x}^{\mathrm{T}}\boldsymbol{P}\boldsymbol{x} + \boldsymbol{x}^{\mathrm{T}}\boldsymbol{q} + c$$

其中,$\boldsymbol{P}\in\mathbb{R}^{n\times n}$,$\boldsymbol{q}\in\mathbb{R}^n$,$c\in\mathbb{R}$,可以很容易得到

$$\nabla f(\boldsymbol{x}) = (\boldsymbol{P}+\boldsymbol{P}^{\mathrm{T}})\boldsymbol{x}+\boldsymbol{q},\quad \nabla^2 f(\boldsymbol{x}) = D(\nabla f(\boldsymbol{x})) = \boldsymbol{P}+\boldsymbol{P}^{\mathrm{T}}$$

对于 $\boldsymbol{P}=\boldsymbol{P}^{\mathrm{T}}\in\boldsymbol{S}^n$,

$$\nabla f(\boldsymbol{x}) = 2\boldsymbol{P}\boldsymbol{x}+\boldsymbol{q},\quad \nabla^2 f(\boldsymbol{x}) = D(\nabla f(\boldsymbol{x})) = 2\boldsymbol{P}$$

考虑另一个例子如下:

$$\boldsymbol{g}(\boldsymbol{y}) = \|\boldsymbol{A}\boldsymbol{x}-\boldsymbol{z}\|_2^2,\quad \boldsymbol{y}=(\boldsymbol{x},\boldsymbol{z})\in\mathbb{R}^{n+m},\quad \boldsymbol{A}\in\mathbb{R}^{m\times n}$$

$$\Rightarrow \nabla\boldsymbol{g}(\boldsymbol{y}) = \begin{bmatrix}\nabla_x\boldsymbol{g}(\boldsymbol{y})\\ \nabla_z\boldsymbol{g}(\boldsymbol{y})\end{bmatrix} = \begin{bmatrix}2\,\boldsymbol{A}^{\mathrm{T}}\boldsymbol{A}\boldsymbol{x}-2\,\boldsymbol{A}^{\mathrm{T}}\boldsymbol{z}\\ 2\boldsymbol{z}-2\boldsymbol{A}\boldsymbol{x}\end{bmatrix}\in\mathbb{R}^{n+m}$$

$$\Rightarrow \nabla^2\boldsymbol{g}(\boldsymbol{y}) = \begin{bmatrix}D(\nabla_x\boldsymbol{g}(\boldsymbol{y}))\\ D(\nabla_z\boldsymbol{g}(\boldsymbol{y}))\end{bmatrix} = \begin{bmatrix}\nabla_x^2\boldsymbol{g}(\boldsymbol{y}) & D_z(\nabla_x\boldsymbol{g}(\boldsymbol{y}))\\ D_x(\nabla_z\boldsymbol{g}(\boldsymbol{y})) & \nabla_z^2\boldsymbol{g}(\boldsymbol{y})\end{bmatrix}$$

$$= \begin{bmatrix}2\,\boldsymbol{A}^{\mathrm{T}}\boldsymbol{A} & -2\,\boldsymbol{A}^{\mathrm{T}}\\ -2\boldsymbol{A} & 2\,\boldsymbol{I}_m\end{bmatrix}\in\boldsymbol{S}^{n+m}$$

对于 $\boldsymbol{X}\in\boldsymbol{S}_{++}^n$(正定矩阵的集合),$f(\boldsymbol{X})=\log\det(\boldsymbol{X})$的梯度是什么呢?

注 1.11.1　一个二阶可微实函数 f 的拉普拉斯算子是它的海森矩阵的迹,即 $\mathrm{Tr}(\nabla^2 f(\boldsymbol{x})) = \sum_{i=1}^n \partial^2 f(\boldsymbol{x})/\partial x_i^{\,2}$。

1.12 泰勒级数

假定函数 $f:\mathbb{R}\to\mathbb{R}$是 m 阶连续可微。那么

$$f(x+h)=f(x)+\frac{h}{1!}f^{(1)}(x)+\frac{h^2}{2!}f^{(2)}(x)+\cdots+\frac{h^{m-1}}{(m-1)!}f^{(m-1)}(x)+R_m \tag{1.12.1}$$

被称作泰勒级数展开,这里 $f^{(i)}$ 是 f 的第 i 阶导数,并且

$$R_m=\frac{h^m}{m!}f^{(m)}(x+\theta h) \tag{1.12.2}$$

是余数,$\theta\in[0,1]$。如果 $x=0$,那么该级数被称作麦克劳林级数。

另一方面,如果函数被定义为 $f:\mathbb{R}^n\to\mathbb{R}$,并且如果 f 是 m 阶连续可导的,那么泰勒级数展开为:

$$f(\boldsymbol{x}+\boldsymbol{h})=f(\boldsymbol{x})+\frac{df(\boldsymbol{x})}{1!}+\frac{1}{2!}d^2f(\boldsymbol{x})+\cdots+\frac{1}{(m-1)!}d^{(m-1)}f(\boldsymbol{x})+R_m \tag{1.12.3}$$

这里

$$d^rf(\boldsymbol{x})=\underbrace{\sum_{i=1}^{n}\sum_{j=1}^{n}\cdots\sum_{k=1}^{n}}_{r\ \text{terms}}h_ih_j\cdots h_k\underbrace{\frac{\partial^r f(\boldsymbol{x})}{\partial x_i\partial x_j\cdots\partial x_k}}_{r\ \text{terms}}$$

(h_i 和 x_i 分别表示 $\boldsymbol{h}$ 和 $\boldsymbol{x}$ 的第 i 个元素),并且

$$R_m=\frac{1}{m!}d^mf(\boldsymbol{x}+\theta\boldsymbol{h}) \tag{1.12.4}$$

$\theta\in[0,1]$。

注 1.12.1 函数 $f:\mathbb{R}^n\to\mathbb{R}$的一阶和二阶泰勒级数展开为:

$$f(\boldsymbol{x}+\boldsymbol{h})=f(\boldsymbol{x})+\nabla f(\boldsymbol{x}+\theta_1\boldsymbol{h})^{\mathrm{T}}\boldsymbol{h}=f(\boldsymbol{x})+Df(\boldsymbol{x}+\theta_1\boldsymbol{h})\boldsymbol{h} \tag{1.12.5}$$

$$=f(\boldsymbol{x})+\nabla f(\boldsymbol{x})^{\mathrm{T}}\boldsymbol{h}+\frac{1}{2}\boldsymbol{h}^{\mathrm{T}}\nabla^2 f(\boldsymbol{x}+\theta_2\boldsymbol{h})\boldsymbol{h} \tag{1.12.6}$$

$\theta_1,\theta_2\in[0,1]$。当 $f:\mathbb{R}^{n\times m}\to\mathbb{R}$,让 $\boldsymbol{X}=\{x_{ij}\}_{n\times m}=[\boldsymbol{x}_1,\cdots,\boldsymbol{x}_m]$和 $\boldsymbol{H}=[\boldsymbol{x}_1,\cdots,\boldsymbol{x}_m]\in\mathbb{R}^{n\times m}$,那么函数 f 一阶和二阶泰勒级数展开为:

$$f(\boldsymbol{X}+\boldsymbol{H})=f(\boldsymbol{X})+\mathrm{Tr}(\nabla f(\boldsymbol{X}+\theta_1\boldsymbol{H})^{\mathrm{T}}\boldsymbol{H}) \tag{1.12.7}$$

$$=f(\boldsymbol{X})+\mathrm{Tr}(Df(\boldsymbol{X}+\theta_1\boldsymbol{H})\boldsymbol{H})$$

$$=f(\boldsymbol{X})+\mathrm{Tr}(\nabla f(\boldsymbol{X})^{\mathrm{T}}\boldsymbol{H})+\sum_{j=1}^{m}\sum_{l=1}^{m}\boldsymbol{h}_j^{\mathrm{T}}D_{\boldsymbol{x}_l}(\nabla_{\boldsymbol{x}_j}f(\boldsymbol{X}+\theta_2\boldsymbol{H}))\boldsymbol{h}_l$$

$$=f(\boldsymbol{X})+\mathrm{Tr}(\nabla f(\boldsymbol{X})^{\mathrm{T}}\boldsymbol{H})+\sum_{j=1}^{m}\sum_{l=1}^{m}\boldsymbol{h}_j^{\mathrm{T}}\left\{\frac{\partial^2 f(\boldsymbol{X}+\theta_2\boldsymbol{H})}{\partial x_{ij}\partial x_{kl}}\right\}_{n\times n}\boldsymbol{h}_l \tag{1.12.8}$$

$\theta_1,\theta_2\in[0,1]$。此外,如果 θ_1,θ_2 为 0 时,式(1.12.5)和式(1.12.7)是对应的一阶泰勒级数的近似值,式(1.12.6)和式(1.12.8)是对应的二阶泰勒级数的近似值。

对于可微函数 $f:\mathbb{R}^n\to\mathbb{R}^m$,一阶泰勒级数展开为:

$$f(\boldsymbol{x}+\boldsymbol{h})=f(\boldsymbol{x})+(\boldsymbol{D}f(\boldsymbol{x}+\theta\boldsymbol{h}))\boldsymbol{h} \tag{1.12.9}$$

$\theta\in[0,1]$,如果 θ 为 0 时,上式是 $f(\boldsymbol{x})$对应的一阶泰勒级数的近似值。

注 1.12.2 一个变量是复数的实函数 $f:\mathbb{C}^n\to\mathbb{R}$的泰勒级数是非常复杂的,通常复变量用

$\boldsymbol{x}=\boldsymbol{u}+\mathrm{j}\boldsymbol{v}\in\mathbb{C}^n$来表示，一阶泰勒级数的近似值如下表示为：

$$f(\boldsymbol{x}+\boldsymbol{h})\approx f(\boldsymbol{x})+\mathrm{Re}\{\nabla f(\boldsymbol{x})^H\boldsymbol{h}\}\tag{1.12.10}$$

除此之外，类似地，当变量为复矩阵时，一阶泰勒级数的近似值如下表示为

$$f(\boldsymbol{X}+\boldsymbol{H})\approx f(\boldsymbol{X})+\mathrm{Tr}(\mathrm{Re}\{\nabla f(\boldsymbol{X})^H\boldsymbol{H}\})\tag{1.12.11}$$

然而，一般情况下，f的海森矩阵非常复杂，这样，二阶泰勒级数的近似值在应用中将受到限制。一个可行的方法是把f看作一个变量为$\boldsymbol{x}=(\boldsymbol{u},\boldsymbol{v})\in\mathbb{R}^{2n}$的实函数，那么前面的泰勒级数就很容易被使用。

第 2 章　凸集、凸函数与凸问题

2.1　仿射集和凸集

2.1.1　直线和线段

在数学中，在空间$\mathbb{R}^n$中过两点 $\boldsymbol{x}_1, \boldsymbol{x}_2$ 的直线 $L(\boldsymbol{x}_1, \boldsymbol{x}_2)$被定义为：

$$L(\boldsymbol{x}_1, \boldsymbol{x}_2)=\{\theta\boldsymbol{x}_1+(1-\theta)\boldsymbol{x}_2,\ \theta\in\mathbb{R}\},\quad \boldsymbol{x}_1, \boldsymbol{x}_2\in\mathbb{R}^n \tag{2.1.1}$$

如果 $0\leqslant\theta\leqslant1$，那么上式是连接 $\boldsymbol{x}_1$、$\boldsymbol{x}_2$ 的线段。注意点 $\boldsymbol{x}_1$、$\boldsymbol{x}_2$ 的线性组合 $\theta\boldsymbol{x}_1+(1-\theta)\boldsymbol{x}_2$ 中系数和为 1，这在定义仿射集和凸集中发挥了至关重要的作用，当 $\theta\in\mathbb{R}$时，上述线性组合被称为仿射组合，当 $\theta\in[0,1]$时，上述线性组合被称为凸组合。仿射组合和凸组合可以以相同的方式扩展到两个以上的点。

2.1.2　仿射集和仿射包

如果对于任意的 $\boldsymbol{x}_1$，$\boldsymbol{x}_2\in C$，θ_1，$\theta_2\in\mathbb{R}$，并且 $\theta_1+\theta_2=1$，点 $\theta_1\boldsymbol{x}_1+\theta_2\boldsymbol{x}_2$ 也属于集合 C，那么称集合 C 为仿射集。例如，式(2.1.1)中定义的直线就是一个仿射集。这个概念可以被扩展到两个点以上，我们将在下面的例子中进行说明。

例 2.1.1　如果集合 C 是仿射集，$\boldsymbol{x}_1, \boldsymbol{x}_2, \cdots, \boldsymbol{x}_k\in C$，对于每一个 $\theta=[\theta_1,\cdots,\theta_k]^{\mathrm{T}}\in\mathbb{R}^k$满足 $\sum_{i=1}^k\theta_i=1$，那么 $\sum_{i=1}^k\theta_i\boldsymbol{x}_i\in C$。

证明：假设 $\boldsymbol{x}_1$、$\boldsymbol{x}_2$ 和 $\boldsymbol{x}_3\in C$。那么，必有

$$\boldsymbol{x}_2=\theta_2\boldsymbol{x}_2+(1-\theta_2)\boldsymbol{x}_3\in C,\quad \theta_2\in\mathbb{R} \tag{2.1.2}$$

和 $\boldsymbol{x}=\theta_1\boldsymbol{x}_1+(1-\theta_1)\boldsymbol{x}_2\in C$，$\theta_1\in\mathbb{R}$。因此，

$$\begin{aligned}\boldsymbol{x}&=\theta_1\boldsymbol{x}_1+(1-\theta_1)\theta_2\boldsymbol{x}_2+(1-\theta_1)(1-\theta_2)\boldsymbol{x}_3\in C\\&=\alpha_1\boldsymbol{x}_1+\alpha_2\boldsymbol{x}_2+\alpha_3\boldsymbol{x}_3\end{aligned} \tag{2.1.3}$$

其中，$\alpha_1=\theta_1$，$\alpha_2=(1-\theta_1)\theta_2$，$\alpha_3=(1-\theta_1)(1-\theta_2)\in\mathbb{R}$，并且 $\alpha_1+\alpha_2+\alpha_3=1$。通过归纳，这可以扩展至集合 C 中的任意 k 个点。证毕。

仿射集包含了所有在其中的点的仿射组合(点与和为 1 的实系数的线性组合)。值得一提的是仿射集不需要包含原点，而子集必须要包含原点。事实上，很容易证明下列集合是一个子集：

$$V=C-\{\boldsymbol{x}_0\}=\{\boldsymbol{x}-\boldsymbol{x}_0\mid x\in C\} \tag{2.1.4}$$

这里 C 是一个仿射集，并且 $x_0\in C$。同时需要注意的是 V 和 C 有相同的维度(参见图 2.1.1)。此外，仿射集 C 的维度表示为 $\mathrm{affdim}(C)$，定义为式(2.1.4)中给出的相关子集 V 的维度，即

$$\mathrm{affdim}(C)\triangleq\dim(V) \tag{2.1.5}$$

给定一组向量$\{\boldsymbol{s}_1,\cdots,\boldsymbol{s}_n\}\subset\mathbb{R}^\ell$,这个集合的仿射包被定义为:

$$\operatorname{aff}\{\boldsymbol{s}_1,\cdots,\boldsymbol{s}_n\}=\left\{\boldsymbol{x}=\sum_{i=1}^{n}\theta_i\boldsymbol{s}_i \mid (\theta_1,\cdots,\theta_n)\in\mathbb{R}^n,\ \sum_{i=1}^{n}\theta_i=1\right\} \tag{2.1.6}$$

两个典型的仿射集在图 2.1.2 中说明,这里 $\operatorname{aff}\{\boldsymbol{s}_1,\boldsymbol{s}_2\}$是一条过 $\boldsymbol{s}_1$、$\boldsymbol{s}_2$ 的直线,$\operatorname{aff}\{\boldsymbol{s}_1,\boldsymbol{s}_2,\boldsymbol{s}_3\}$是过 $\boldsymbol{s}_1$、$\boldsymbol{s}_2$、$\boldsymbol{s}_3$ 的二维超平面。

$\{\boldsymbol{s}_1,\cdots,\boldsymbol{s}_n\}\subset\mathbb{R}^\ell$的仿射包也是包含向量$\boldsymbol{s}_1,\cdots,\boldsymbol{s}_n$ 的最小的仿射集,而且可以被表示为

$$\operatorname{aff}\{\boldsymbol{s}_1,\cdots,\boldsymbol{s}_n\}=\{\boldsymbol{x}=\boldsymbol{C}\alpha+\boldsymbol{d}\mid\alpha\in\mathbb{R}^p\}\subseteq\mathbb{R}^\ell \tag{2.1.7}$$

这里,$\boldsymbol{d}\in\operatorname{aff}\{\boldsymbol{s}_1,\cdots,\boldsymbol{s}_n\}$(不唯一),列满秩矩阵 $\boldsymbol{C}\in\mathbb{R}^{\ell\times p}$(也不唯一),$p\geqslant0$。注意式(2.1.7)给出的仿射包的表达式不唯一,即仿射集的参数$(\boldsymbol{C},\boldsymbol{d})$不唯一,并且

$$\boldsymbol{P}_C^\perp x=\boldsymbol{P}_C^\perp\boldsymbol{d}\ (\text{一个常向量}),\ \forall\,\boldsymbol{x}\in\operatorname{aff}\{\boldsymbol{s}_1,\cdots,\boldsymbol{s}_n\} \tag{2.1.8}$$

对于与同一仿射包相关的全部$(\boldsymbol{C},\boldsymbol{d})$都是不变的。式(2.1.7)中给出的对于$\{\boldsymbol{s}_1,\cdots,\boldsymbol{s}_n\}$的仿射集表达式也可以在图 2.1.1 中说明,$\operatorname{aff}\{\boldsymbol{s}_1,\cdots,\boldsymbol{s}_n\}$对应于仿射集 C,$R(C)$对应于子集 V,$\boldsymbol{P}_C^\perp\boldsymbol{x}$对应于向量$\boldsymbol{d}$(一个常向量)。注意

$$\operatorname{affdim}(\operatorname{aff}\{\boldsymbol{s}_1,\cdots,\boldsymbol{s}_n\})=\operatorname{rank}(\boldsymbol{C})=p\leqslant\min\{n-1,\ell\} \tag{2.1.9}$$

表示了仿射包的有效维度。注意当 $p=\ell$ 时,$\operatorname{aff}\{\boldsymbol{s}_1,\cdots,\boldsymbol{s}_n\}=\mathbb{R}^\ell$。

式(2.1.6)中给出的仿射包可以被改写成与式(2.1.7)相同的形式,

$$\begin{gathered}\boldsymbol{d}=\boldsymbol{s}_n,\quad \boldsymbol{C}=[\boldsymbol{s}_1-\boldsymbol{s}_n,\boldsymbol{s}_2-\boldsymbol{s}_n,\cdots,\boldsymbol{s}_{n-1}-\boldsymbol{s}_n]\in\mathbb{R}^{\ell\times(n-1)}\\ p=n-1,\quad \alpha=(\alpha_1,\cdots,\alpha_{n-1})=(\theta_1,\cdots,\theta_{n-1})\end{gathered} \tag{2.1.10}$$

然而,矩阵$\boldsymbol{C}$可能不是列满秩矩阵,因此 $p=n-1$ 可能不代表仿射包的仿射维度,同时说明了由 n 个不同向量构成的仿射包的仿射维数 p 必须小于或等于 $n-1$。仿射包有最大仿射维数的一个充分条件是要满足下列性质。

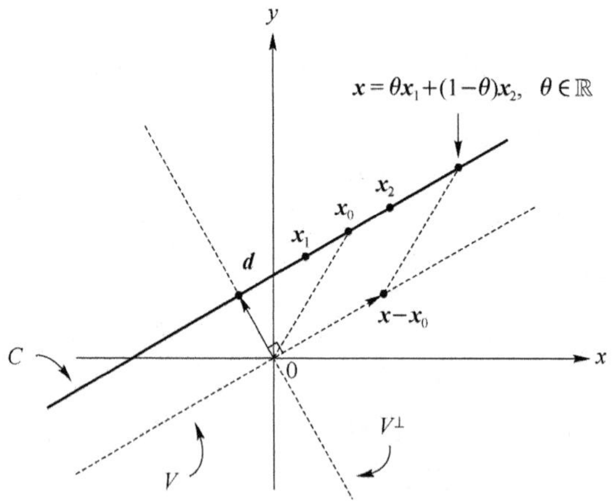

图 2.1.1 在$\mathbb{R}^2$中,一个仿射集 C 和相关的子集 V,对于任何 $\boldsymbol{x}_0\in C$,$V=C-\{\boldsymbol{x}_0\}$,并且 $\boldsymbol{d}$ 是 $V^\perp$ 上任意 $\boldsymbol{x}\in C$ 的正交投影,即 $C\cap V^\perp=\{\boldsymbol{d}\}$

性质 2.1.1 如果$\{\boldsymbol{s}_1,\cdots,\boldsymbol{s}_n\}$是一个仿射无关组(这意味着$\{\boldsymbol{s}_1-\boldsymbol{s}_n,\cdots,\boldsymbol{s}_{n-1}-\boldsymbol{s}_n\}$是线性无关的),那么 $\operatorname{affdim}(\operatorname{aff}\{\boldsymbol{s}_1,\cdots,\boldsymbol{s}_n\})=n-1$。

对于任何给定的向量$\boldsymbol{x}_1$、$\boldsymbol{x}_2\in\mathbb{R}^n$和一个线性无关的集合$\{\boldsymbol{s}_1,\cdots,\boldsymbol{s}_n\}\subseteq\mathbb{R}^\ell$,当且仅当$\boldsymbol{x}_1=\boldsymbol{x}_2$时,$[\boldsymbol{s}_1,\cdots,\boldsymbol{s}_n]\boldsymbol{x}_1=[\boldsymbol{s}_1,\cdots,\boldsymbol{s}_n]\boldsymbol{x}_2$ 才成立。类似的性质也适用于仿射无关组,如下所示。

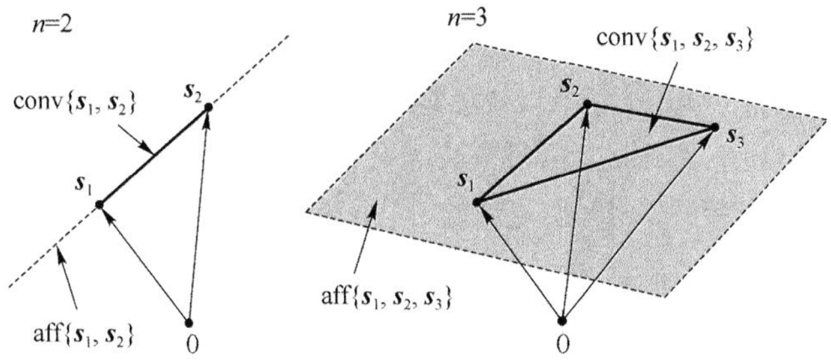

图 2.1.2 $\mathbb{R}^2$ 的仿射包和凸包(左图) $\mathbb{R}^3$ 的仿射包和凸包(右图)

性质 2.1.2 给定 $\boldsymbol{x}_1$、$\boldsymbol{x}_2\in\mathbb{R}^n$ 满足 $\boldsymbol{1}_n^{\mathrm{T}}\boldsymbol{x}_1=\boldsymbol{1}_n^{\mathrm{T}}\boldsymbol{x}_2$。如果 $\{\boldsymbol{s}_1,\cdots,\boldsymbol{s}_n\}\subseteq\mathbb{R}^\ell$ 是一个仿射无关组,那么下式成立:

$$[\boldsymbol{s}_1,\cdots,\boldsymbol{s}_n]\boldsymbol{x}_1=[\boldsymbol{s}_1,\cdots,\boldsymbol{s}_n]\boldsymbol{x}_2\Leftrightarrow\boldsymbol{x}_1=\boldsymbol{x}_2 \tag{2.1.11}$$

证明:因为充分性的证明是不重要的,我们只需要证明必要性。当 $\boldsymbol{1}_n^{\mathrm{T}}\boldsymbol{x}_1=\boldsymbol{1}_n^{\mathrm{T}}\boldsymbol{x}_2$,$[\boldsymbol{s}_1,\cdots,\boldsymbol{s}_n]\boldsymbol{x}_1=[\boldsymbol{s}_1,\cdots,\boldsymbol{s}_n]\boldsymbol{x}_2$ 可以被表示为:

$$[\boldsymbol{s}_1-\boldsymbol{s}_n,\cdots,\boldsymbol{s}_{n-1}-\boldsymbol{s}_n][\boldsymbol{x}_1]_{1:n-1}=[\boldsymbol{s}_1-\boldsymbol{s}_n,\cdots,\boldsymbol{s}_{n-1}-\boldsymbol{s}_n][\boldsymbol{x}_2]_{1:n-1} \tag{2.1.12}$$

这里,对于任何给定的向量 $\boldsymbol{x}=[x_1,\cdots,x_n]^{\mathrm{T}}\in\mathbb{R}^n$

$$[\boldsymbol{x}]_{i:j}\triangleq[x_i,\cdots,x_n]^{\mathrm{T}}\in\mathbb{R}^{j-i+1}$$

然后,因为集合 $\{\boldsymbol{s}_1,\cdots,\boldsymbol{s}_n\}\subseteq\mathbb{R}^\ell$ 的仿射无关性(参见性质 2.1.1),所以矩阵 $[\boldsymbol{s}_1-\boldsymbol{s}_n,\cdots,\boldsymbol{s}_{n-1}-\boldsymbol{s}_n]$ 是列满秩矩阵,这结合式(2.1.12)可表明 $[\boldsymbol{x}_1]_{1:n-1}=[\boldsymbol{x}_2]_{1:n-1}$。因此,在 $\boldsymbol{1}_n^{\mathrm{T}}\boldsymbol{x}_1=\boldsymbol{1}_n^{\mathrm{T}}\boldsymbol{x}_2$ 的前提下,我们可以得出 $\boldsymbol{x}_1=\boldsymbol{x}_2$。证毕。

一个任意集合 $C\subset\mathbb{R}^n$(连续或者离散)的仿射包被定义为包含 C 的最小的仿射集,这恰好是 C 的所有元素的仿射组合的集合,可以被表示为:

$$\operatorname{aff} C=\left\{\sum_{i=1}^{k}\theta_i\boldsymbol{x}_i\ \middle|\ \{\boldsymbol{x}_i\}_{i=1}^{k}\subset C,\ \{\theta_i\}_{i=1}^{k}\subset\mathbb{R},\ \sum_{i=1}^{k}\theta_i=1,\ k\in\mathbb{Z}_{++}\right\} \tag{2.1.13}$$

C 的仿射维度(可能不是仿射集)被定义为它的仿射包的仿射维度,即

$$\operatorname{affdim} C\triangleq\operatorname{affdim}(\operatorname{aff} C)=\dim((\operatorname{aff} C)-\{\boldsymbol{x}_0\}) \tag{2.1.14}$$

这里 $\boldsymbol{x}_0\in\operatorname{aff} C$。例如,$C=(0,1]$ 或者 $C=\{0,1\}$ 时,$\operatorname{aff} C=\mathbb{R}$,$\operatorname{affdim} C=1$;$C=\{(1,0,0),(0,1,0),(0,0,1)\}$ 或者 $C=\{(x,y,z)\in\mathbb{R}^3\mid x+y+z=1,\ 0<x<1,\ 0<y<1,\ 0<z<1\}$ 时,$\operatorname{aff} C=\{(x,y,z)\in\mathbb{R}^3\mid x+y+z=1\}$,$\operatorname{affdim} C=2$;$C=\{(0,0,0),(1,0,0),(0,1,0),(0,0,1)\}$ 时,$\operatorname{aff} C=\mathbb{R}^3$,$\operatorname{affdim} C=3$。

假定 $\operatorname{affdim} C=p$,那么 $\operatorname{aff} C$ 可以表示为:

$$\begin{aligned}\operatorname{aff} C&=\left\{\sum_{i=1}^{p+1}\theta_i\boldsymbol{x}_i\ \middle|\ \{\boldsymbol{x}_i\}_{i=1}^{p+1}\subset C,\{\theta_i\}_{i=1}^{p+1}\subset\mathbb{R},\sum_{i=1}^{p+1}\theta_i=1\right\}\\&=\{\boldsymbol{x}=\boldsymbol{C}\alpha+\boldsymbol{d}\mid\alpha\in\mathbb{R}^p\}\quad\text{〔根据式(2.1.7)〕}\end{aligned} \tag{2.1.15}$$

对于 $(\boldsymbol{C},\boldsymbol{d})$,这里,$\boldsymbol{d}\in\operatorname{aff} C$,$\operatorname{rank}(C)=p$。

式(2.1.13)和式(2.1.15)给出的两个仿射包的表达式可以被证明是一样的,因为存在一个仿射无关组 $\{\boldsymbol{y}_1,\cdots,\boldsymbol{y}_{p+1}\}\subseteq C$,$\operatorname{affdim} C=p$,那么 $\operatorname{aff}\{\boldsymbol{y}_1,\cdots,\boldsymbol{y}_{p+1}\}=\operatorname{aff} C$。因此,式(2.1.13)给出的仿射包中的每个元素 $\boldsymbol{x}$ 可以被表示为 $\boldsymbol{y}_1,\cdots,\boldsymbol{y}_{p+1}$ 的仿射组合,这表明了 $\boldsymbol{x}$ 属于式(2.1.15)给出的仿射包。另一方面,很容易可以看出式(2.1.15)中的每个元素也属于式(2.1.13)。因此,它们代表了相同的仿射包 $\operatorname{aff} C$。

2.1.3　相对内部和相对边界

式(2.1.13)定义的仿射包和式(2.1.14)定义的集合的仿射维度在凸几何分析中发挥了至关重要的作用，并且已经应用在很多信号的降维处理中。为了进一步阐明它们的特性，找到一个与集合相关仿射包的内部和边界是重要的，这分别称作相对内部和相对边界，它们的定义如下。

$C\subseteq\mathbb{R}^n$ 的相对内部的定义为：

$$\begin{aligned}\text{relint } C &= \{\boldsymbol{x}\in C \mid \boldsymbol{B}(\boldsymbol{x},r)\cap \text{aff } C\subseteq C,\ \text{for some } r>0\} \\ &= \text{int } C \text{ if aff } C=\mathbb{R}^n,\quad \text{〔参见式(1.5.1)〕}\end{aligned} \tag{2.1.16}$$

这里，$B(\boldsymbol{x},r)$ 是一个中心在 $\boldsymbol{x}$，半径为 r 的2-范数球。我们可以从式(2.1.16)推导出

$$\text{int } C=\begin{cases}\text{relint } C, & \text{affdim } C=n \\ \varphi, & \text{其他}\end{cases} \tag{2.1.17}$$

集合 C 的相对边界定义为：

$$\text{relbd } C=\text{cl } C\backslash \text{relint } C \tag{2.1.18}$$

集合的相对内部和相对边界有时可能分别和集合的内部和边界是一样的，有时也有可能不相同。例如，对于 $C=\{\boldsymbol{x}\in\mathbb{R}^n \mid \|\boldsymbol{x}\|_\infty\leqslant 1\}$（无限范数球），它的内部和相对内部相同，边界和相对边界也相同；对于 $C=\{\boldsymbol{x}_0\}\subset\mathbb{R}^n$（一个单元素集合），$\text{int } C=\varnothing$，$\text{bd } C=C$，但是 $\text{relint } C=C$，$\text{relbd } C=\varnothing$。需要注意的是对于前者的情况 $\text{affdim}(C)=n$，而后者的情况 $\text{affdim}(C)=0\neq n$，从而提供一组接下来要讨论的区分内部（边界）和相对内部（相对边界）的信息。

仿射维数小于 n 的集合 $C\subset\mathbb{R}^n$ 的内部总是为空，但是可能有非空的相对内部。从上面对集合的相对内部的定义中可以明显看出，当 $\text{affdim}(C)=n$ 时，即当 $\text{aff } C=\mathbb{R}^n$ 时，C 的相对内部（边界）与内部（边界）相同，如以下实例所示。

例 2.1.2　令 $C=\{\boldsymbol{x}\in\mathbb{R}^3 \mid x_1^2+x_3^2\leqslant 1,\ x_2=0\}=\text{cl } C$。那么 $\text{relint } C=\{\boldsymbol{x}\in\mathbb{R}^3 \mid x_1^2+x_3^2<1,\ x_2=0\}$，并且 $\text{relbd } C=\{\boldsymbol{x}\in\mathbb{R}^3 \mid x_1^2+x_3^2=1, x_2=0\}$，如图2.1.3所示。需要注意的是由于 $\text{affdim}(C)=2<3$，则 $\text{int } C=\varnothing$，而 $\text{bd } C=\text{cl } C\backslash\text{int } C=C$。

例 2.1.3　令 $C_1=\{\boldsymbol{x}\in\mathbb{R}^3 \mid \|\boldsymbol{x}\|_2\leqslant 1\}$，$C_2=\{\boldsymbol{x}\in\mathbb{R}^3 \mid \|\boldsymbol{x}\|_2=1\}$。由于 $\text{affdim}(C_1)=\text{affdim}(C_2)=3$，那么 $\text{int } C_1=\{\boldsymbol{x}\in\mathbb{R}^3 \mid \|\boldsymbol{x}\|_2<1\}=\text{relint } C_1$，并且 $\text{int } C_2=\text{relint } C_2=\varnothing$。

2.1.4　凸集和凸包

如果对于任意的 $\boldsymbol{x}_1$、$\boldsymbol{x}_2\in C$，θ_1、$\theta_2\in\mathbb{R}_+$，使得 $\theta_1+\theta_2=1$，并且点 $\theta_1\boldsymbol{x}_1+\theta_2\boldsymbol{x}_2$ 也属于集合 C，则称集合 C 为凸集。对于所有的 $\boldsymbol{x}_1\neq\boldsymbol{x}_2\in C$，并且 $0<\theta<1$，如果 $\theta\boldsymbol{x}_1+(1-\theta)\boldsymbol{x}_2\in\text{int } C$，那么称集合 C 是严格凸的，严格凸集合 C 表示为：

$$\text{int } C=\{\theta\boldsymbol{x}_1+(1-\theta)\boldsymbol{x}_2 \mid \boldsymbol{x}_1\neq\boldsymbol{x}_2,\ \boldsymbol{x}_1,\boldsymbol{x}_2\in C,\ 0<\theta<1\}$$

简单地说，如果集合中的任意两个点之间都能连成一条畅通无阻的直线，并且该直线位于集合中，那么集合就是凸的。具有非空内部的凸紧集如果它的边界不包含任何线段，那么称它是严格凸的。例如，在$\mathbb{R}$中的线段是严格凸的；在$\mathbb{R}^n$中的2-范数球是严格凸的，而在$\mathbb{R}^n$中，当 $n=1$ 时，1-范数球和∞-范数球是严格凸的（一条线段），当 $n\geqslant 2$ 时，它们是凸的但不是严格凸的；在$\mathbb{R}^3$中，半球是凸的但不是严格凸的。

仿射集可以很容易被证明是凸的。此外，下面将阐述一个非常有用的性质。

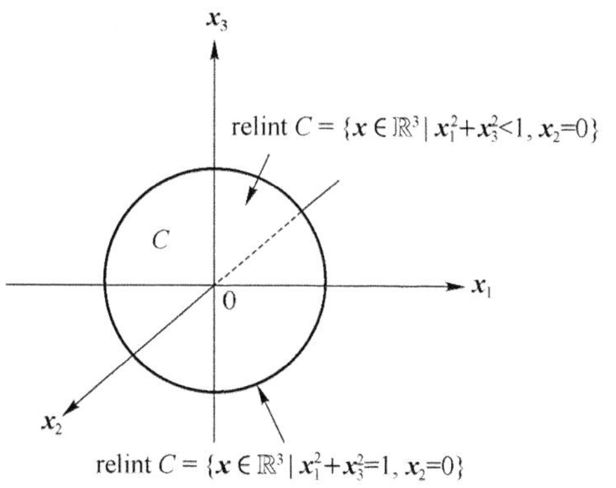

图 2.1.3 集合 $C=\{\boldsymbol{x}\in\mathbb{R}^3 \mid x_1^2+x_3^2\leqslant 1,\ x_2=0\}$的相对边界和相对内部

（注意 int $C=\varphi$，bd $C=$ cl $C=C$。）

性质 2.1.3 令

$$L(\boldsymbol{x}_0,\boldsymbol{v})=\{\boldsymbol{x}_0+\alpha\boldsymbol{v} \mid \alpha\in\mathbb{R}\} \tag{2.1.19}$$

如果 $C\cap L(\boldsymbol{x}_0,\boldsymbol{v})$是凸的，对于所有的 $\boldsymbol{x}_0$、$\boldsymbol{v}\neq 0$，那么 C 是凸的。相反地，如果 C 是凸的，对于所有的 $\boldsymbol{x}_0$、$\boldsymbol{v}\neq 0$，那么集合

$$G=\{\alpha\in\mathbb{R} \mid \boldsymbol{x}_0+\alpha\boldsymbol{v}\in C\} \tag{2.1.20}$$

是凸的，即对于所有的 $\boldsymbol{x}_0$、$\boldsymbol{v}\neq 0$，$C\cap L(\boldsymbol{x}_0,\boldsymbol{v})$是凸的。换句话说，当且仅当该集合与通过它的任何直线（或线段或射线）的交点是凸的时，该集合才是凸的。

证明：我们先证明充分性再证明必要性。

- 充分性：假定 C 是非凸的。存在 $\boldsymbol{x}_1,\ \boldsymbol{x}_2\in C$，$\theta\in(0,1)$，使得 $\boldsymbol{y}=\theta\boldsymbol{x}_1+(1-\theta)x_2=\boldsymbol{x}_2+\theta(\boldsymbol{x}_1-\boldsymbol{x}_2)\notin C$。令 $\boldsymbol{x}_0=\boldsymbol{x}_2$，$\boldsymbol{v}=\boldsymbol{x}_1-\boldsymbol{x}_2$，这表明 $\boldsymbol{x}_1,\ \boldsymbol{x}_2\in L(\boldsymbol{x}_0,v)$，因此 $\boldsymbol{x}_1,\ \boldsymbol{x}_2\in C\cap L(\boldsymbol{x}_0,\boldsymbol{v})$。由于 $\boldsymbol{x}_1,\ \boldsymbol{x}_2\in C\cap L(\boldsymbol{x}_0,\boldsymbol{v})$和 $C\cap L(\boldsymbol{x}_0,\boldsymbol{v})$是凸的，那么由 $y=\theta\boldsymbol{x}_1+(1-\theta)\boldsymbol{x}_2\in C\cap L(\boldsymbol{x}_0,\boldsymbol{v})$可以推导出 $y\in C$（这与 $y\notin C$ 矛盾）。
- 必要性：假定 G 不是凸的。那么 G 中存在 α_1、α_2，对于 $\theta\in(0,1)$，使得 $\theta\alpha_1+(1-\theta)\alpha_2\notin G$。因此，

$$\begin{aligned}&\boldsymbol{x}_0+(\theta\alpha_1+(1-\theta)\alpha_2)\boldsymbol{v}\notin C\\ \Rightarrow\ &\theta\boldsymbol{x}_0+(1-\theta)\boldsymbol{x}_0+\theta\alpha_1\boldsymbol{v}+(1-\theta)\alpha_2\boldsymbol{v}\notin C\\ \Rightarrow\ &\theta(\boldsymbol{x}_0+\alpha_1\boldsymbol{v})+(1-\theta)(\boldsymbol{x}_0+\alpha_2\boldsymbol{v})\notin C\end{aligned}$$

所以 C 是一个非凸集合（由于 $\alpha_2\in G$，$\alpha_1\in G$，$x_0+\alpha_2 v\in C$，那么 $\boldsymbol{x}_0+\alpha_1\boldsymbol{v}\in C$），这与假设 C 是凸集相矛盾。因此，G 是凸集。

事实上，(2.1.19)中 $L(\boldsymbol{x}_0,\boldsymbol{v})$可以很容易被证明是凸的，并且凸集 C 和 $L(\boldsymbol{x}_0,\boldsymbol{v})$的交点肯定也是凸的（这是在 2.2 节中将要介绍的一个保持凸集凸性的操作）。

给定一组向量$\{\boldsymbol{s}_1,\cdots,\boldsymbol{s}_n\}\subset\mathbb{R}^\ell$，包含这些向量的最小凸集称为凸包，可以被定义为：

$$\operatorname{conv}\{\boldsymbol{s}_1,\cdots,\boldsymbol{s}_n\}=\{\boldsymbol{x}=\sum_{i=1}^n\theta_i\boldsymbol{s}_i \mid (\theta_1,\cdots,\theta_n)\in\mathbb{R}_+^n,\ \sum_{i=1}^n\theta_i=1\} \tag{2.1.21}$$

需要注意的是 conv$\{\boldsymbol{s}_1,\cdots,\boldsymbol{s}_n\}$是凸的，紧的，但是不是严格凸集。凸包在 $n=2$ 时是一条线段，在 $n=3$ 时，其内部假如$\{\boldsymbol{s}_1,\cdots,\boldsymbol{s}_n\}$是仿射独立的，那么凸包是一个三角形。图 2.1.2 中展示了一个示例，说明了仿射包和凸包的概念。

一个任意集合 $C\subset\mathbb{R}^n$（连续或者离散）的凸包被定义为包含 C 的最小凸集，这恰好是 C 中

元素所有凸组合的集合，可以表示为：

$$\mathrm{conv}\ C = \left\{ \sum_{i=1}^{k} \theta_i \boldsymbol{x}_i \mid \{\boldsymbol{x}_i\}_{i=1}^{k} \subset C,\ \{\theta_i\}_{i=1}^{k} \subset \mathbb{R}_+,\ \sum_{i=1}^{k} \theta_i = 1, k \in \mathbb{Z}_{++} \right\} \quad (2.1.22)$$

如果没有两个不同的点 $\boldsymbol{x}_1$、$\boldsymbol{x}_2$ 使得 $0<\theta<1$ 时 $\boldsymbol{x}=\theta\boldsymbol{x}_1+(1-\theta)\boldsymbol{x}_2$，则凸集 C 中的点 $\boldsymbol{x}$ 被称为 C 的极点，这也表明了一个集合的极点必须在集合的边界上，不能在边界上任何线段的内部。

在图 2.1.4 中，阐述了两个例子，集合 C、B 都是非凸集合，并且 conv C、conv B 都是凸的但不是严格凸的，并且 $C\subset \mathrm{conv}\ C$，$B\subset \mathrm{conv}\ B$。在图 2.1.4 中，conv C 的极点是拐角点 $\boldsymbol{a}_1,\cdots,\boldsymbol{a}_5$，而 conv B 的极点包括了所有它的边界点，不包括连接边界上两个极点 $\boldsymbol{y}_1$ 和 $\boldsymbol{y}_2$ 的线段。另外，凸集的凸包正是凸集本身。

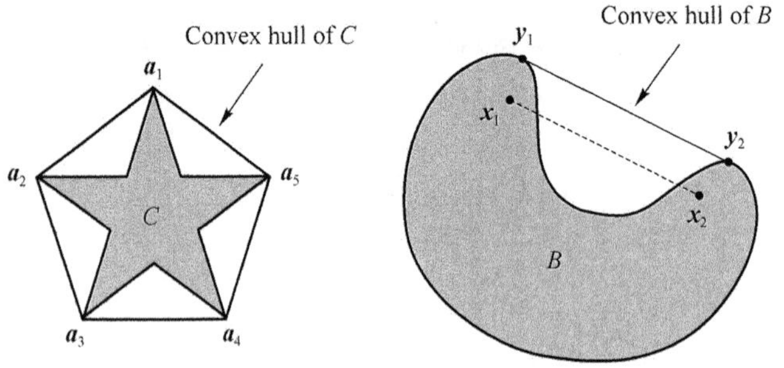

图 2.1.4　非凸集合 C(左图)和 B(右图)的凸包

由式(2.1.21)定义的 conv $\{\boldsymbol{s}_1,\cdots,\boldsymbol{s}_n\}$ 的极点也是它的顶点，或者"拐角点"。同样地，如果用一种复杂的方式，$\boldsymbol{x}$ 都不可能是 $\boldsymbol{s}_1,\cdots,\boldsymbol{s}_n$ 的凸组合，那么点 $\boldsymbol{x}\in \mathrm{conv}\{\boldsymbol{s}_1,\cdots,\boldsymbol{s}_n\}$ 是一个极点；即对于所有的 $\theta\in\mathbb{R}_+^n$，$\sum_{i=1}^{n}\theta_i=1$，并且对于任何 i，$\theta\neq\boldsymbol{e}_i$ 时，

$$\boldsymbol{x} \neq \sum_{i=1}^{n} \theta_i \boldsymbol{s}_i \quad (2.1.23)$$

例如，在图 2.1.2 中，当 $n=2$ 时，$\{\boldsymbol{s}_1,\boldsymbol{s}_2\}$ 是 conv$\{\boldsymbol{s}_1,\boldsymbol{s}_2\}$ 的极点，当 $n=3$ 时，$\{\boldsymbol{s}_1,\boldsymbol{s}_2,\boldsymbol{s}_3\}$ 是 conv$\{\boldsymbol{s}_1,\boldsymbol{s}_2,\boldsymbol{s}_3\}$ 的极点。关于极点的一个有趣的性质如下：

性质 2.1.4　conv$\{\boldsymbol{s}_1,\cdots,\boldsymbol{s}_n\}$ 的极点集合一定是 $\{\boldsymbol{s}_1,\cdots,\boldsymbol{s}_n\}$ 的全集或者子集。

假定 $\{\boldsymbol{s}_1,\cdots,\boldsymbol{s}_p\}$ 是凸集 $C\subset\mathbb{R}^n$ 的所有极点的集合。由性质 2.1.4 可以得出 conv $C=$ conv$\{\boldsymbol{s}_1,\cdots,\boldsymbol{s}_p\}$(affdim$(C)\leqslant p-1$)。找到有限集 C 的凸包的所有极点，尤其是当 $|C|$(集合 C 中元素数)很大但是 conv C 的极点总数比 $|C|$ 小得多时，对于缩减可行集的尺寸变为 C 的凸包这种优化问题是非常有用的。让我们用凸集的以下性质来结束本小节。

性质 2.1.5　如果 C 是一个凸集，那么 cl C 和 int C 也是凸集。

证明：首先，证明 cl C 是凸集。令 $\boldsymbol{x}$、$\boldsymbol{y}\in$ cl C，$\theta\in[0,1]$。然后，存在两个序列 $\{\boldsymbol{x}_i\}\subseteq C$ 和 $\{\boldsymbol{y}_i\}\subseteq C$，它们分别收敛于 $\boldsymbol{x}$ 和 $\boldsymbol{y}$。因为序列 $\{\theta\cdot\boldsymbol{x}_i+(1-\theta)\cdot\boldsymbol{y}_i\}$ 是 C 的一个子集(C 是凸集)，并且收敛于 $\theta\cdot\boldsymbol{x}+(1-\theta)\cdot\boldsymbol{y}$，我们可以得出，$\theta\cdot\boldsymbol{x}+(1-\theta)\cdot\boldsymbol{y}\in$ cl C。因此，cl C 是凸集。

接下来，我们证明 int C 是凸集。令 $\boldsymbol{x}$、$\boldsymbol{y}\in$ int C，$\theta\in[0,1]$。然后存在 $r>0$ 使得 2-范数球(一个以 $\boldsymbol{x}$ 为中心，另一个以 $\boldsymbol{y}$ 为中心，且两个半径都为 r) $B(\boldsymbol{x},r)\subseteq C$ 和 $B(\boldsymbol{y},r)\subseteq C$。然后，这与 C 的凸性使得 $B(\theta\cdot\boldsymbol{x}+(1-\theta)\cdot\boldsymbol{y},r)\subseteq \mathrm{conv}\{B(\boldsymbol{x},r),B(\boldsymbol{y},r)\}\subseteq C$，即 $\theta\cdot\boldsymbol{x}+(1-\theta)\cdot\boldsymbol{y}\in$ int C。因此，我们完成了 int C 是凸集的证明。

2.1.5 锥和锥包

如果对于任意的 $\boldsymbol{x}\in C$, $\theta\in\mathbb{R}_+$,都有点 $\theta\boldsymbol{x}$ 属于 C,那么称集合 C 为锥。在$\mathbb{R}_+$中,对于所有的 θ_i,具有 $\theta_1\boldsymbol{x}_1+\theta_2\boldsymbol{x}_2+\cdots+\theta_k\boldsymbol{x}_k$ 这种形式的点称为 $\boldsymbol{x}_1,\boldsymbol{x}_2,\cdots,\boldsymbol{x}_k$ 的锥组合(或非负线性组合)。当且仅当集合 C 包含其元素的所有锥组合时,才能称集合 C 为凸锥。由两个不同的点(向量)形成的凸锥的示例如图 2.1.5 所示。

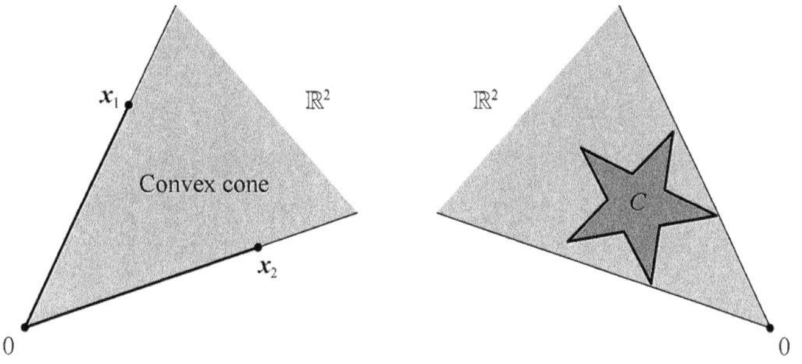

图 2.1.5 由两个向量(点)$\boldsymbol{x}_1$ 和 $\boldsymbol{x}_2$ 形成的凸锥(左图)和非凸集合 C 的锥包(右图)

给定一组向量$\{\boldsymbol{s}_1,\cdots,\boldsymbol{s}_n\}\subset\mathbb{R}^\ell$,$\{\boldsymbol{s}_1,\cdots,\boldsymbol{s}_n\}$的锥包被定义为:

$$\text{conic}\{\boldsymbol{s}_1,\cdots,\boldsymbol{s}_n\}=\{\boldsymbol{x}=\sum_{i=1}^{n}\theta_i\boldsymbol{s}_i \mid (\theta_1,\cdots,\theta_n)\in\mathbb{R}_+^n\} \tag{2.1.24}$$

一个任意的集合 $C\subset\mathbb{R}^n$ 的锥包是包含 C 的最小的凸锥,这也正是 C 中点的所有锥组合的集合,即,

$$\text{conic}\ C=\left\{\sum_{i=1}^{k}\theta_i\boldsymbol{x}_i \mid \boldsymbol{x}_i\in C,\ \theta_i\in\mathbb{R}_+,\ i=1,\cdots,k,\ k\in\mathbb{Z}_{++}\right\} \tag{2.1.25}$$

图 2.1.5 还显示了非凸集 C(星形)的锥包的示例。

注 2.1.1 集合 C 的锥包也是凸锥(但是不是严格凸集),其有可能是闭合的,也可能不是。凸集不一定包含原点,但锥必须过原点。例如,尽管集合$\mathbb{R}_+^n+\{\boldsymbol{1}_n\}$具有与锥$\mathbb{R}_+^n$相同的形状,但它不是锥。锥不必是凸锥。例如,$\mathbb{R}^2\backslash\mathbb{R}_{++}^2$是锥,但它不是凸锥,而$\mathbb{R}_+^2$既是凸锥也是锥。

2.1.6 凸集的例子

凸集的一些非常有用且重要的示例将在本节中进行说明。首先,我们考虑一些简单的示例:

- 空集$\varnothing$,任意的一个点(即单元素集)$\{\boldsymbol{x}_0\}$,和整个空间$\mathbb{R}^n$都是$\mathbb{R}^n$的仿射子集(因此,也是凸集)。对于$\varnothing$的凸性的抽象的解释是 $\theta\times$"nothing"$+(1-\theta)\times$"nothing"$=$"nothing"$\in\varnothing$。在数学上,由于$\varnothing$中没有点,因此无须检查任何凸集所需的点的凸组合的“必要”条件,因此$\varnothing$是凸集。
- 任何直线都是仿射集。如果它通过原点,则它是一个子空间,因此也是一个凸锥。
- 线段是凸集,但是不是仿射集(除非它退化成一个点)。
- 射线,$\boldsymbol{v}\neq 0$ 时,具有$\{\boldsymbol{x}_0+\theta\boldsymbol{v} \mid \theta\geqslant 0\}$这种形式的点是凸集但不是仿射集。如果它的基点 $\boldsymbol{x}_0$ 在原点,那么它是凸锥。
- 任何子空间都是仿射集,并且也是凸锥(自然也是凸集)。

现在,我们将讨论其他凸集,这对于解决凸优化问题是非常有用的。

超平面和半空间

超平面是仿射集(因此也是凸集),它的表示形式是

$$H=\{\boldsymbol{x}\mid\boldsymbol{a}^{\mathrm{T}}\boldsymbol{x}=\boldsymbol{b}\}\subset\mathbb{R}^n \tag{2.1.26}$$

其中，$\boldsymbol{a}\in\mathbb{R}^n\backslash\{0_n\}$是超平面上的一个法向量，并且 $\boldsymbol{b}\in\mathbb{R}$。从解析上讲，它是 $\boldsymbol{x}$ 的线性方程组的解集。在几何意义上，超平面可以解释为与法向量($\boldsymbol{a}$)具有恒定内积($\boldsymbol{b}$)的点集。由于 $\operatorname{affdim}(H)=n-1$，超平面(2.1.26)也可以被表示为：

$$H=\operatorname{aff}\{\boldsymbol{s}_1,\cdots,\boldsymbol{s}_n\}\subset\mathbb{R}^n \tag{2.1.27}$$

其中，$\{\boldsymbol{s}_1,\cdots,\boldsymbol{s}_n\}\subset H$ 是任意的仿射独立集合。然后，它可以被看作：

$$\begin{cases}\boldsymbol{B}\triangleq[\boldsymbol{s}_2-\boldsymbol{s}_1,\cdots,\boldsymbol{s}_n-\boldsymbol{s}_1]\in\mathbb{R}^{n\times(n-1)},\ \dim(R(\boldsymbol{B}))=n-1\\ \boldsymbol{B}^{\mathrm{T}}\boldsymbol{a}=0_{n-1},\ \text{即},\ R(\boldsymbol{B})^{\perp}=R(\boldsymbol{a})\end{cases} \tag{2.1.28}$$

这表明可以从$\{\boldsymbol{s}_1,\cdots,\boldsymbol{s}_n\}$直至比例因子来确定法向量 $\boldsymbol{a}$。

式(2.1.26)中定义的超平面 H 将$\mathbb{R}^n$划分成两个封闭的半空间，如下所示：

$$\begin{aligned}H_-&=\{\boldsymbol{x}\mid\boldsymbol{a}^{\mathrm{T}}\boldsymbol{x}\leqslant\boldsymbol{b}\}\\ H_+&=\{\boldsymbol{x}\mid\boldsymbol{a}^{\mathrm{T}}\boldsymbol{x}\geqslant\boldsymbol{b}\}\end{aligned} \tag{2.1.29}$$

而且它们每个都是一个(复杂的)线性不等式的解集。需要注意的是 $\boldsymbol{a}=\nabla(\boldsymbol{a}^{\mathrm{T}}\boldsymbol{x})$表示了线性函数 $\boldsymbol{a}^{\mathrm{T}}\boldsymbol{x}$ 的最大增长方向。对于 H_- 和 H_+，上述表示不是唯一的，但是如果将$\|\boldsymbol{a}\|_2$ 归一化为常数。例如，$\|\boldsymbol{a}\|_2=1$，则它们是唯一的。此外，$H_-\cap H_+=H$。

开放半空间是以下形式的集合：

$$H_{--}=\{\boldsymbol{x}\mid\boldsymbol{a}^{\mathrm{T}}\boldsymbol{x}<\boldsymbol{b}\}\ \text{或}\ H_{++}=\{\boldsymbol{x}\mid\boldsymbol{a}^{\mathrm{T}}\boldsymbol{x}>\boldsymbol{b}\} \tag{2.1.30}$$

其中，$\boldsymbol{a}\in\mathbb{R}^n$，$\boldsymbol{a}\neq 0$，$\boldsymbol{b}\in\mathbb{R}$。

注 2.1.2 半空间是凸集但不是仿射集。半空间的边界是超平面。如果原点包含在它们的边界中，则超平面和封闭的半空间也是锥。$\mathbb{R}^2$中的一个超平面和相关的封闭半空间的图示如图 2.1.6 所示。

欧几里得球和椭球

在$\mathbb{R}^n$中，一个欧几里得球(或简称为球)有以下表达形式：

$$B(\boldsymbol{x}_c,r)=\{\boldsymbol{x}\mid\|\boldsymbol{x}-\boldsymbol{x}_c\|_2\leqslant r\}=\{\boldsymbol{x}\mid(\boldsymbol{x}-\boldsymbol{x}_c)^{\mathrm{T}}(\boldsymbol{x}-\boldsymbol{x}_c)\leqslant r^2\} \tag{2.1.31}$$

其中，$r>0$。向量 $\boldsymbol{x}_c$ 是球心，正标量 r 是球的半径(见图 2.1.7)。欧几里得球的另一个常见的表达式是：

$$B(\boldsymbol{x}_c,r)=\{\boldsymbol{x}_c+r\boldsymbol{u}\mid\|\boldsymbol{u}\|_2\leqslant 1\} \tag{2.1.32}$$

可以很容易地证明欧几里得球是一个凸集。

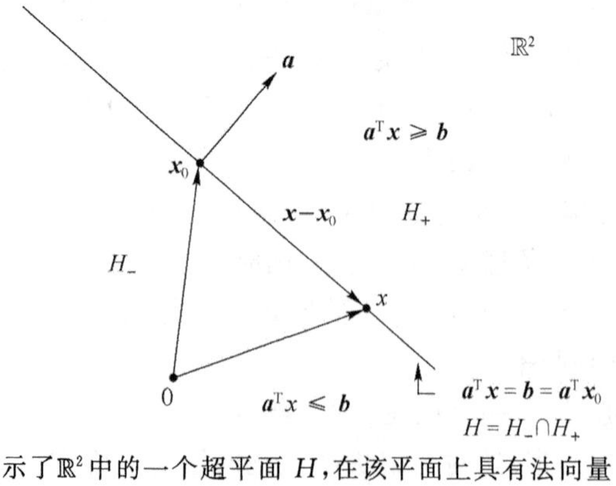

图 2.1.6 图示了$\mathbb{R}^2$中的一个超平面 H，在该平面上具有法向量 $\boldsymbol{a}$ 和一个点 $\boldsymbol{x}_0$ 以及相关的两个闭合半空间，其中 H_+ 沿 $\boldsymbol{a}$ 方向延伸，H_- 沿 $-\boldsymbol{a}$ 方向延伸。对于超平面上的任何点 $\boldsymbol{x}$，$\boldsymbol{x}-\boldsymbol{x}_0$ 与 $\boldsymbol{a}$ 正交。

凸性的证明：令 $\boldsymbol{x}_1$ 和 $\boldsymbol{x}_2\in B(\boldsymbol{x}_c,r)$，即 $\|\boldsymbol{x}_1-\boldsymbol{x}_c\|_2\leqslant r$，$\|\boldsymbol{x}_2-\boldsymbol{x}_c\|_2\leqslant r$。然后，

$$
\begin{aligned}
\|\theta\boldsymbol{x}_1+(1-\theta)\boldsymbol{x}_2-\boldsymbol{x}_c\|_2 &=\|\theta\boldsymbol{x}_1+(1-\theta)\boldsymbol{x}_2-[\theta\boldsymbol{x}_c+(1-\theta)\boldsymbol{x}_c]\|_2\\
&=\|\theta(\boldsymbol{x}_1-\boldsymbol{x}_c)+(1-\theta)(\boldsymbol{x}_2-\boldsymbol{x}_c)\|_2\\
&\leqslant\|\theta(\boldsymbol{x}_1-\boldsymbol{x}_c)\|_2+\|(1-\theta)(\boldsymbol{x}_2-\boldsymbol{x}_c)\|_2\\
&\leqslant\theta r+(1-\theta)r\\
&=r,\ 0\leqslant\theta\leqslant 1
\end{aligned}
$$

因此，对于所有的 $\theta\in[0,1]$，$\theta\boldsymbol{x}_1+(1-\theta)\boldsymbol{x}_2\in B(\boldsymbol{x}_c,r)$，从而我们证明了 $B(\boldsymbol{x}_c,r)$ 的凸性。

一个相关的凸集族是椭球（见图 2.1.7），其形式为：

$$
\varepsilon=\{\boldsymbol{x}\,|\,(\boldsymbol{x}-\boldsymbol{x}_c)^{\mathrm{T}}\boldsymbol{P}^{-1}(\boldsymbol{x}-\boldsymbol{x}_c)\leqslant 1\} \tag{2.1.33}
$$

其中，$\boldsymbol{P}\in S_{++}^n$，并且向量 $\boldsymbol{x}_c$ 是椭球的中心。矩阵 $\boldsymbol{P}$ 决定了椭球从中心向各个方向延伸的距离；ε 的半轴长度由 $\sqrt{\lambda_i}$ 给出，其中 λ_i 是 $\boldsymbol{P}$ 的特征值。需要注意的是，球是一个椭球，其中 $\boldsymbol{P}=r^2\boldsymbol{I}_n$，$r>0$。

椭球的另外一个常见表示形式是：

$$
\varepsilon=\{\boldsymbol{x}_c+\boldsymbol{A}\boldsymbol{u}\,|\,\|\boldsymbol{u}\|_2\leqslant 1\} \tag{2.1.34}
$$

其中，$\boldsymbol{A}$ 是方阵且非奇异。式(2.1.34)表示的椭球 ε 实际上是 2-范数球 $B(0,1)=\{\boldsymbol{u}\in\mathbb{R}^n\,|\,\|\boldsymbol{u}\|_2\leqslant 1\}$ 通过一个仿射映射 $\boldsymbol{x}_c+\boldsymbol{A}\boldsymbol{u}$ 的图像，其中 $\boldsymbol{A}=(\boldsymbol{P}^{1/2})^{\mathrm{T}}$，其证明将在下面给出。对于椭球体的表达式(2.1.34)，$\boldsymbol{A}$ 的奇异值 $\sigma_i(\boldsymbol{A})=\sqrt{\lambda_i}$（半轴的长度）相比于表达式(2.1.33)用更直接的方式表征了椭球的结构。

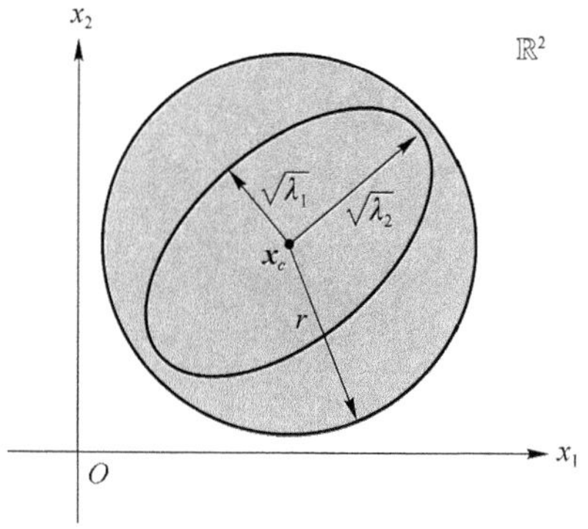

图 2.1.7 在$\mathbb{R}^2$中，欧几里得球以 x_c 为中心，半轴长度为 $\sqrt{\lambda_1}$，$\sqrt{\lambda_2}$，椭球以 x_c 为中心，半径为 r

椭球表达式(2.1.34)和其凸性的证明：令

$$
\boldsymbol{P}=\boldsymbol{Q}\boldsymbol{\Lambda}\boldsymbol{Q}^{\mathrm{T}}=(\boldsymbol{P}^{1/2})^{\mathrm{T}}\boldsymbol{P}^{1/2}
$$

（矩阵 $\boldsymbol{P}$ 的特征值分解>0），其中 $\boldsymbol{\Lambda}=\mathrm{Diag}(\lambda_1,\lambda_2,\cdots,\lambda_n)$，并且

$$
\boldsymbol{P}^{1/2}=\boldsymbol{\Lambda}^{1/2}\boldsymbol{Q}^{\mathrm{T}}
$$

这里，$\boldsymbol{\Lambda}^{1/2}=\mathrm{Diag}(\sqrt{\lambda_1},\sqrt{\lambda_2},\cdots,\sqrt{\lambda_n})$。然后，

$$
\boldsymbol{P}^{-1}=\boldsymbol{Q}\boldsymbol{\Lambda}^{-1}\boldsymbol{Q}^{\mathrm{T}}=\boldsymbol{P}^{-1/2}(\boldsymbol{P}^{-1/2})^{\mathrm{T}},\quad \boldsymbol{P}^{-1/2}=\boldsymbol{Q}\boldsymbol{\Lambda}^{-1/2}
$$

根据椭球的定义，我们可以得出

$$
\begin{aligned}
\varepsilon&=\{\boldsymbol{x}\,|\,(\boldsymbol{x}-\boldsymbol{x}_c)^{\mathrm{T}}\boldsymbol{P}^{-1}(\boldsymbol{x}-\boldsymbol{x}_c)\leqslant 1\}\\
&=\{\boldsymbol{x}\,|\,(\boldsymbol{x}-\boldsymbol{x}_c)^{\mathrm{T}}\boldsymbol{Q}\boldsymbol{\Lambda}^{-1}\boldsymbol{Q}^{\mathrm{T}}(\boldsymbol{x}-\boldsymbol{x}_c)\leqslant 1\}
\end{aligned} \tag{2.1.35}
$$

令 $\boldsymbol{z}=\boldsymbol{x}-\boldsymbol{x}_c$。然后，

$$\varepsilon=\{x_c+z \mid z^T Q \Lambda^{-1} Q^T z \leqslant 1\} \tag{2.1.36}$$

现在,通过令 $u=\Lambda^{-1/2}Q^Tz=(P^{-1/2})^Tz$,我们可以得到

$$\varepsilon=\{x_c+(P^{1/2})^Tu \mid \|u\|_2 \leqslant 1\}$$

这正是(2.1.34)中用$(P^{1/2})^T$ 来代替 A 得到的结果。

假定 $x_1=x_c+Au_1$, $x_2=x_c+Au_2\in\varepsilon$。因此$\|u_1\|_2\leqslant 1$, $\|u_2\|_2\leqslant 1$。然后对于任何 $0<\theta<1$,我们可以得出

$$\theta x_1+(1-\theta)x_2=x_c+A(\theta u_1+(1-\theta)u_2)$$

其中,$\|\theta u_1+(1-\theta)u_2\|_2+(1-\theta)\|u_2\|_2\leqslant 1$。所以 $\theta x_1+(1-\theta)x_2\in\varepsilon$。因此我们证明了 ε 的凸性。

范数锥

令$\|\cdot\|$表示在$\mathbb{R}^n$上的任何范数。从范数的一般性质可以看出,表达式为$\{x \mid \|x-x_c\|\leqslant r\}$,半径为 r 且中心为 x_c 的范数球是凸的。

与范数$\|\cdot\|$相关的范数锥是凸集

$$C=\{(x,t)\in\mathbb{R}^{n+1} \mid \|x\|\leqslant t\}\subseteq\mathbb{R}^{n+1} \tag{2.1.37}$$

通过凸集的定义可以很容易地证明其凸性。请注意,它不是严格凸的,因为此圆锥的边界是一组射线

$$\mathrm{bd}\,C=\bigcup_{\|u\|=1}\{t(u,1)\in\mathbb{R}^{n+1},\ t\geqslant 0\}\subseteq\mathbb{R}^{n+1} \tag{2.1.38}$$

(包含线段)。

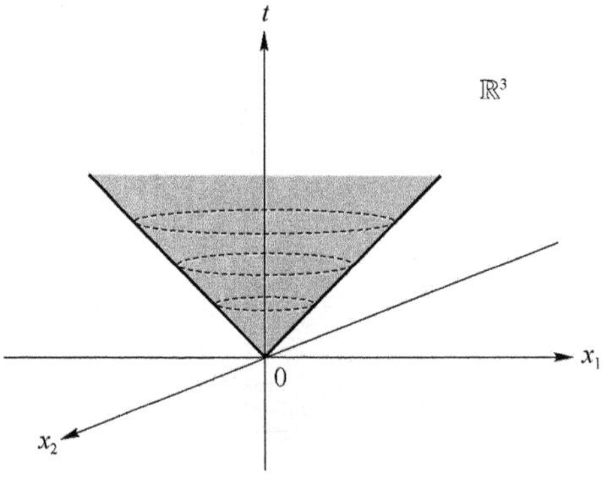

图 2.1.8　$\mathbb{R}^3$中的二阶锥

注 2.1.3　在特殊情况下,当式(2.1.37)中的范数是欧几里得范数(即 2-范数)时,范数锥称为洛伦兹锥或者二次锥,二阶锥,或者冰淇淋形的圆锥(参见图 2.1.8)。二阶锥在许多信号处理和通信问题中普遍存在,将在后续章节中介绍。

多面体

多面体是一个非空凸集,定义为有限个的线性等式和不等式的解集:

$$\begin{aligned} p&=\{x \mid a_i^Tx\leqslant b_i,\ i=1,2,\cdots,m,\ c_j^Tx=d_j,\ j=1,2,\cdots,p\} \\ &=\{x \mid Ax\preceq b=(b_1,\cdots,b_m),\ Cx=d=(d_1,\cdots,d_p)\} \end{aligned} \tag{2.1.39}$$

其中,"$\preceq$"表示分量不等式,$A\in\mathbb{R}^{m\times n}$, $C\in\mathbb{R}^{p\times n}$分别是行为 a_j^T, c_j^T 的矩阵,并且 $A\neq 0$ 或者 $C\neq 0$一定成立。注意,只要另一个参数是有限的,则允许 $m=0$ 或 $p=0$。

多面体只是一些半空间和超平面的交集(见图 2.1.9)。多面体可以是无边界的,而有边

界的多面体称为多胞形，例如，任何半径有限的 1-范数球和∞-范数球都是多胞形。

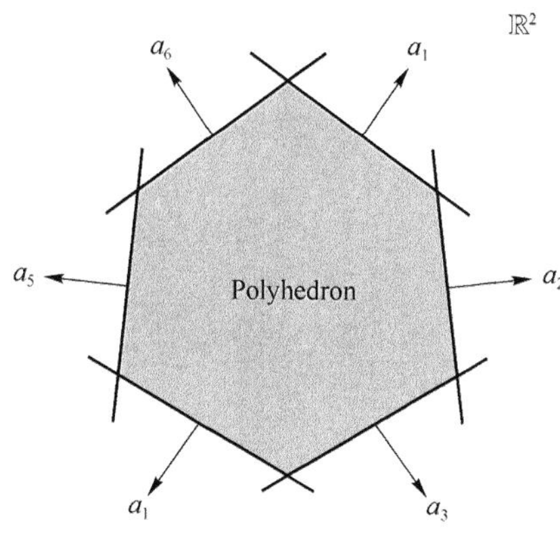

图 2.1.9　多面体(阴影显示部分)是$\mathbb{R}^2$中六个半空间与指向朝外的法向量 $\boldsymbol{a}_1,\cdots,\boldsymbol{a}_6$ 的交集

注 2.1.4　可以看出，ℓ 维空间$\mathbb{R}^\ell$(也是一个仿射集)不能以非零 $\boldsymbol{A}$ 或非零 $\boldsymbol{C}$ 的标准形式(2.1.39)表示，因此对于任何 $\ell\in\mathbb{Z}_{++}$ 而言，它都不是多面体。但是，由于$\mathbb{R}^\ell$中的任何仿射集都可以表示为式(2.1.7)，并且集合中的每个 $\boldsymbol{x}$ 都满足式(2.1.8)，这表明如果仿射集的仿射尺寸严格小于 ℓ，则仿射集一定是一个多面体。例如，$\mathbb{R}^n$中维数小于 n 的任何子空间，以及由法向量 $\boldsymbol{a}\neq 0$ 和超平面上的点 $\boldsymbol{x}_0$ 定义的任何超平面，即

$$H(\boldsymbol{a},\boldsymbol{x}_0)=\{\boldsymbol{x}\mid\boldsymbol{a}^{\mathrm{T}}(\boldsymbol{x}-\boldsymbol{x}_0)=0\}=\{\boldsymbol{x}_0\}+R\,(a)^{\perp}\tag{2.1.40}$$

在$\mathbb{R}^n$上，并且射线、线段和半空间都是多面体。

注 2.1.5　非负象限：

$$\mathbb{R}^n_+=\{\boldsymbol{x}\in\mathbb{R}^n\mid x_i\geqslant 0,\ \forall\, i=1,2,\cdots,n\}\tag{2.1.41}$$

既是多面体又是凸锥，因此称为多面体锥(见图 2.1.10)。

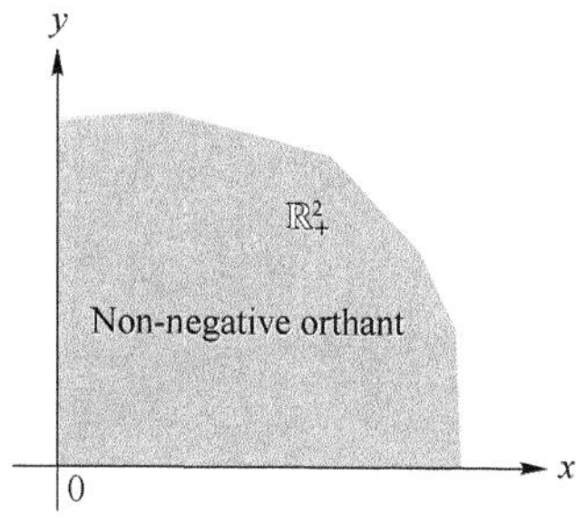

图 2.1.10　$\mathbb{R}^2$上的非负象限

2.2　保凸运算

保持集合凸性的一些运算可以帮助我们从凸集构造出其他凸集，本节将讨论此类运算。

2.2.1　交集

如果 S_1、S_2 是凸集，那么 $S_1\cap S_2$ 也是凸集。这条性质可以延伸到有限个凸集的交集，即如果对于每一个 $\alpha\in\Lambda$，S_α 是凸集，那么 $\bigcap_{\alpha\in\Lambda}S_\alpha$ 是凸集。让我们用以下的注释和例子来说明这种

保凸运算的有用性。

注 2.2.1 多面体可以看作是有限个半空间和超平面(凸的)的交集,因此,多面体是凸的。

注 2.2.2 子空间的任意交集都是封闭的,仿射集和凸锥也是封闭的。因此它们都是凸集。

注 2.2.3 封闭凸集 S 是包含 S 的所有(可能是无穷多个)封闭半空间的交集。这可以通过分离超平面理论来证明。

例 2.2.1 已知 PSD 锥 $\boldsymbol{S}_+^n$ 是凸的。通过相交特性证明其凸性如下。很容易看出,$\boldsymbol{S}_+^n$ 可以表示为:

$$\boldsymbol{S}_+^n = \{\boldsymbol{X} \in \boldsymbol{S}^n \mid \boldsymbol{z}^{\mathrm{T}}\boldsymbol{X}\boldsymbol{z} \geqslant 0,\ \forall \boldsymbol{z} \in \mathbb{R}^n\} = \bigcap_{\boldsymbol{z}\in\mathbb{R}^n} S_{\boldsymbol{z}}$$

其中,

$$\begin{aligned} S_{\boldsymbol{z}} &= \{\boldsymbol{X}\in\boldsymbol{S}^n \mid \boldsymbol{z}^{\mathrm{T}}\boldsymbol{X}\boldsymbol{z}\geqslant 0\} = \{\boldsymbol{X}\in\boldsymbol{S}^n \mid \mathrm{Tr}(\boldsymbol{z}^{\mathrm{T}}\boldsymbol{X}\boldsymbol{z})\geqslant 0\} \\ &= \{\boldsymbol{X}\in\boldsymbol{S}^n \mid \mathrm{Tr}(\boldsymbol{X}\boldsymbol{z}\boldsymbol{z}^{\mathrm{T}})\geqslant 0\} = \{\boldsymbol{X}\in\boldsymbol{S}^n \mid \mathrm{Tr}(\boldsymbol{X}\boldsymbol{Z})\geqslant 0\} \end{aligned}$$

其中,$\boldsymbol{Z}=\boldsymbol{z}\boldsymbol{z}^{\mathrm{T}}$,这意味着如果 $\boldsymbol{z}\neq\boldsymbol{0}_n$,则 $S_{\boldsymbol{z}}$ 是一个半空间。由于半空间的交集也是凸的,因此 $\boldsymbol{S}_+^n$ 是凸集。通过凸集的定义甚至更容易证明 $S_{\boldsymbol{z}}$ 的凸性。

例 2.2.2 考虑

$$P(x,\omega) = \sum_{i=1}^{n} x_i \cos(i\omega)$$

和一个集合

$$\begin{aligned} C &= \{\boldsymbol{x} \in \mathbb{R}^n \mid l(\omega) \leqslant P(\boldsymbol{x},\omega) \leqslant u(\omega) \quad \forall\, \omega \in \Omega\} \\ &= \bigcap_{\omega\in\Omega} \{\boldsymbol{x} \in \mathbb{R}^n \mid l(\omega) \leqslant \sum_{i=1}^{n} x_i\cos(i\omega) \leqslant u(\omega)\} \end{aligned}$$

令

$$\boldsymbol{a}(\omega) = [\cos(\omega), \cos(2\omega), \cdots, \cos(n\omega)]^{\mathrm{T}}$$

然后我们有

$$C = \bigcap_{\omega\in\Omega} \{\boldsymbol{x} \in \mathbb{R}^n \mid \boldsymbol{a}^{\mathrm{T}}(\omega)\boldsymbol{x} \geqslant l(\omega),\ \boldsymbol{a}^{\mathrm{T}}(\omega)\boldsymbol{x} \leqslant u(\omega)\},\ (\text{半空间交集})$$

这意味着 C 是凸集。请注意,仅当集合尺寸 $|\Omega|$ 是有限的时,集合 C 是多面体。

2.2.2 仿射函数

如果函数满足以下形式:

$$f(\boldsymbol{x}) = \boldsymbol{A}\boldsymbol{x} + \boldsymbol{b} \tag{2.2.1}$$

那么,函数 $f:\mathbb{R}^n\to\mathbb{R}^m$ 是仿射的。其中,$\boldsymbol{A}\in\mathbb{R}^{m\times n}$,$\boldsymbol{b}\in\mathbb{R}^m$。仿射函数,如果 $\mathrm{dom}\, f$ 是仿射集,则 $f(\mathrm{dom}\, f)$ 是仿射集,也称为仿射变换或仿射映射,已经用于定义前面 2.1.2 小节式(2.1.7)给出的仿射包。它保留点,直线和平面,但不一定保留线之间的角度或点之间的距离。仿射映射在各种凸集和凸函数中起着重要作用,问题的重新构造将在后续章节中介绍。

假定 $S\subseteq\mathbb{R}^n$ 是凸的,函数 $f:\mathbb{R}^n\to\mathbb{R}^m$ 是仿射函数(参见 2.1.12)。然后,S 在函数 f 下的图像

$$f(S) = \{f(\boldsymbol{x}) \mid \boldsymbol{x}\in S\} \tag{2.2.2}$$

是凸的。反之也成立,即凸集 C 的逆像

$$f^{-1}(C) = \{\boldsymbol{x} \mid f(\boldsymbol{x})\in C\} \tag{2.2.3}$$

也是凸的。证明如下。

证明:令 $\boldsymbol{y}_1$、$\boldsymbol{y}_2 \in C$。然后存在 $\boldsymbol{x}_1$ 和 $\boldsymbol{x}_2 \in f^{-1}(C)$ 使得 $\boldsymbol{y}_1 = \boldsymbol{A}\boldsymbol{x}_1 + \boldsymbol{b}$，$\boldsymbol{y}_2 = \boldsymbol{A}\boldsymbol{x}_2 + \boldsymbol{b}$。我们的目的是证明集合 $f^{-1}(C)$ 是 f 的逆像,是凸的。对于 $\theta \in [0,1]$,

$$\begin{aligned}\theta \boldsymbol{y}_1 + (1-\theta)\boldsymbol{y}_2 &= \theta(\boldsymbol{A}\boldsymbol{x}_1 + \boldsymbol{b}) + (1-\theta)(\boldsymbol{A}\boldsymbol{x}_2 + \boldsymbol{b}) \\ &= \boldsymbol{A}(\theta \boldsymbol{x}_1 + (1-\theta)\boldsymbol{x}_2) + \boldsymbol{b} \in C\end{aligned}$$

这意味着 $\theta \boldsymbol{x}_1 + (1-\theta)\boldsymbol{x}_2 \in f^{-1}(C)$,并且 $\boldsymbol{x}_1$ 和 $\boldsymbol{x}_2$ 的凸组合在 $f^{-1}(C)$ 中,因此 $f^{-1}(C)$ 是凸的。

注 2.2.4 如果 $S \subseteq \mathbb{R}^n$ 是凸集,那么对于 $\alpha \in \mathbb{R}$，$\boldsymbol{a} \in \mathbb{R}^n$,通过仿射映射 $\boldsymbol{y} = \alpha \boldsymbol{x}$,集合 $\alpha S = \{\alpha \boldsymbol{x} \mid \boldsymbol{x} \in S\}$ 也是凸集,通过仿射映射 $\boldsymbol{y} = \boldsymbol{x} + \boldsymbol{a}$,集合 $S + \boldsymbol{a} = \{\boldsymbol{x} + \boldsymbol{a} \mid \boldsymbol{x} \in S\}$ 也是凸集。如果 S_1 和 S_2 在 $\mathbb{R}^n$ 中都是凸集,那么集合 $S = \{(\boldsymbol{x}, \boldsymbol{y}) \mid \boldsymbol{x} \in S_1,\ \boldsymbol{y} \in S_2\}$ 也是凸集,并且集合

$$S_1 + S_2 = \{\boldsymbol{z} = \boldsymbol{x} + \boldsymbol{y} \mid \boldsymbol{x} \in S_1,\ \boldsymbol{y} \in S_2\}$$

也是凸集〔因为通过式(2.2.1)给出的从 S 到 $S_1 + S_2$ 的仿射映射可以将这个集合视为凸集 S 的图像,其中 $\boldsymbol{A} = [\boldsymbol{I}_n\ \boldsymbol{I}_n]$，$b = 0$。〕

注 2.2.5 我们给出另一种证明,如果 C 是凸集,并且 f 是由式(2.2.1)给出的仿射映射,则由式(2.2.3)给出的逆像 $f^{-1}(C)$ 也是凸的。注意 $f^{-1}(C)$ 可以表示为

$$f^{-1}(C) = \{\boldsymbol{A}^{\dagger}(\boldsymbol{y} - \boldsymbol{b}) \mid \boldsymbol{y} \in C\} + N(\boldsymbol{A}) \tag{2.2.4}$$

其中,第一个集合 $\{\boldsymbol{A}^{\dagger}(\boldsymbol{y} - \boldsymbol{b}) \mid \boldsymbol{y} \in C\}$ 由于仿射映射的凸性保持性质而为凸集,并且第二个集合为凸集的子空间。所以 $f^{-1}(C)$ 是凸集。通过凸集的定义,它们的和可以很容易地表示为凸集。

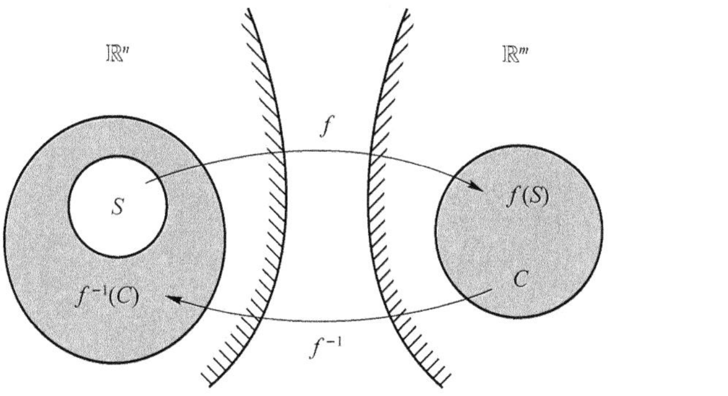

图 2.2.1 对于仿射函数 $f: \mathbb{R}^n \to \mathbb{R}^m$,集合 $S \subset f^{-1}(C) \subseteq \mathbb{R}^n$(或逆像 $f^{-1}(C)$)及其图像 $f(S) \subset \mathbb{R}^m$(或 $C \subset \mathbb{R}^m$)都是凸集,如果它们中的任何一个是凸集,则假定 $f(S) = C$

注 2.2.6 假定 C 在 $\mathbb{R}^{n+m}$ 中是一个凸集。然后通过从 C 到 C_1 的线性映射

$$\boldsymbol{x} = [\boldsymbol{I}_n \quad \boldsymbol{0}_{n \times m}][\boldsymbol{x}^{\mathrm{T}} \quad \boldsymbol{y}^{\mathrm{T}}]^{\mathrm{T}}$$

$$C_1 = \{\boldsymbol{x} \in \mathbb{R}^n \mid (\boldsymbol{x}, \boldsymbol{y}) \in C \subset \mathbb{R}^{n+m}\} \tag{2.2.5}$$

是凸集。换句话说,凸集在其某些坐标上的投影形成凸集,如以下示例所示。

例 2.2.3 考虑一个凸集 $C_1 = \{(x_1, x_2, x_3) \mid x_1^2 + x_2^2 + x_3^2 \leqslant 1\}$,它是一个半径等于 1 的欧几里得球。然后,$C_1$ 在 $x_1 - x_2$ 平面上的投影为:

$$\begin{aligned} C_2 &= \{(x_1, x_2) \mid (x_1, x_2, x_3) \in C_1 \quad \text{对于 } x_3\} \\ &= \bigcup_{x_3} \{(x_1, x_2) \mid (x_1, x_2, x_3) \in C_1\} \\ &= \{(x_1, x_2) \mid x_1^2 + x_2^2 \leqslant 1\}\end{aligned}$$

注意,C_2 也是一个凸集,可以确切地由凸集的定义来证明。这也可以通过式(2.2.1)给出的从 C_1 到 C_2 的仿射映射 f 来简单证明,其中 $\boldsymbol{A} = [\boldsymbol{I}_2, \boldsymbol{0}_2]$，$\boldsymbol{b} = \boldsymbol{0}_2$。接下来,我们来检验一下 $f^{-1}(C_2)$ 是否是凸的。可以很容易地表明:

$$A^{\dagger}=A^{T}(AA^{T})-1=A^{T}$$
$$N(A)=\{(0,0,x_3)\mid x_3\in\mathbb{R}\}$$

然后根据式(2.2.4),我们有

$$f^{-1}(C_2)=\{(x_1,x_2,x_3)\in\mathbb{R}^3\mid x_1^2+x_2^2\leqslant 1\}$$

它是一个圆柱体(是凸集,但不是集合 C_1)。

例 2.2.4 双曲锥定义为:

$$C=\{\boldsymbol{x}\mid \boldsymbol{x}^{T}\boldsymbol{P}\boldsymbol{x}\leqslant(\boldsymbol{c}^{T}\boldsymbol{x})^2,\quad \boldsymbol{c}^{T}\boldsymbol{x}\geqslant 0\} \tag{2.2.6}$$

是凸集,其中 $\boldsymbol{P}\in\boldsymbol{S}_{+}^{n}$, $\boldsymbol{c}\in\mathbb{R}^n$。

证明:当然,可以通过属于 C 的 C 中任意两个点的凸组合来证明 C 的凸性。接下来给出通过仿射集映射的另一种证明。回忆凸二阶锥

$$D=\{(\boldsymbol{y},t)\mid \|\boldsymbol{y}\|_2\leqslant t\}=\{(\boldsymbol{y},t)\mid \|\boldsymbol{y}\|_2^2\leqslant t^2,\ t\geqslant 0\}$$

其中,$\boldsymbol{y}\in\mathbb{R}^n$。现在,定义一个仿射函数

$$(\boldsymbol{y},t)=f(\boldsymbol{x})=(\boldsymbol{P}^{1/2}\boldsymbol{x},\ \boldsymbol{c}^{T}\boldsymbol{x})=\boldsymbol{A}\boldsymbol{x},\quad \boldsymbol{x}\in C \tag{2.2.7}$$

其中,$\boldsymbol{A}=[\boldsymbol{P}^{1/2}\quad \boldsymbol{c}]^{T}\in\mathbb{R}^{(n+1)\times n}$,并且$\boldsymbol{P}^{1/2}\in\boldsymbol{S}_{+}^{n}$。然后可以推断出

$$f(C)=D\cap R(\boldsymbol{A})\triangleq D \tag{2.2.8}$$
$$C=f^{-1}(D) \tag{2.2.9}$$

前提是 $\boldsymbol{A}$ 是列满秩矩阵。注意,D 是凸的,因为 D 和 $R(\boldsymbol{A})$都是凸的。换句话说,在仿射变换 f 下凸集 D 的逆像是双曲锥,它也必须是凸的。图 2.2.2 给出了一个说明,其中

$$\boldsymbol{P}=\begin{bmatrix}3 & -1\\ -1 & 3\end{bmatrix},\quad \boldsymbol{c}=\begin{bmatrix}0\\ 2\end{bmatrix} \tag{2.2.10}$$

这对于式(2.2.8)和式(2.2.9)有效。

例 2.2.5 令 $\boldsymbol{A}$、$\boldsymbol{B}\in S^n$,$f:S^n\to\mathbb{R}^2$定义为

$$f(\boldsymbol{X})\triangleq(\mathrm{Tr}(\boldsymbol{A}\boldsymbol{X}),\ \mathrm{Tr}(\boldsymbol{B}\boldsymbol{X})) \tag{2.2.11}$$

然后集合

$$W(\boldsymbol{A},\boldsymbol{B})=f(\boldsymbol{S}_{+}^{n}) \tag{2.2.12}$$

$W(\boldsymbol{A},\boldsymbol{B})$是通过式(2.2.11)中定义的线性变换 f 而得出的凸锥 $\boldsymbol{S}_{+}^{n}$ 的图像,因此它是凸锥。

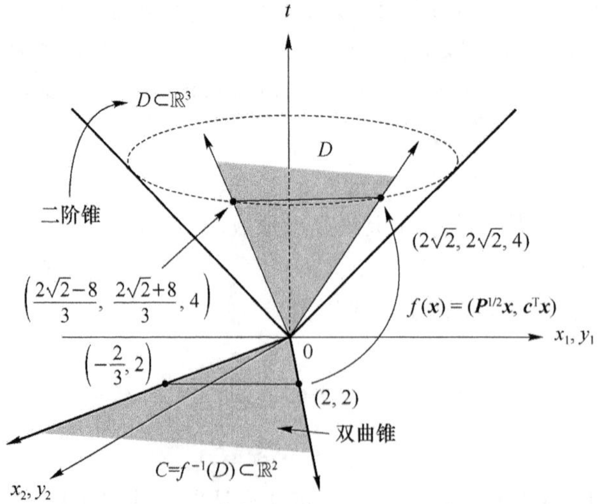

图 2.2.2 $\mathbb{R}^2$中的双曲锥 C 和$\mathbb{R}^3$中的图像 $D\subset D$(二阶锥)通过式(2.2.7)给定的仿射映射 $f(\boldsymbol{x})$,其中,$\boldsymbol{P}$ 和 $\boldsymbol{c}$ 由式(2.2.10)给定

此外，集合 $W(\boldsymbol{A},\boldsymbol{B})$ 也可以表示为

$$W(\boldsymbol{A},\boldsymbol{B})=\{(\boldsymbol{x}^{\mathrm{T}}\boldsymbol{A}\boldsymbol{x},\boldsymbol{x}^{\mathrm{T}}\boldsymbol{B}\boldsymbol{x})\mid \boldsymbol{x}\in\mathbb{R}^n\} \tag{2.2.13}$$

这意味着它也是线性映射 f 下的一组秩为 1 的 PSD 矩阵的图像（即集合 $\{\boldsymbol{X}=\boldsymbol{x}\boldsymbol{x}^{\mathrm{T}}\mid \boldsymbol{x}\in\mathbb{R}^n\}$）。

2.2.3 透视函数和线性分式函数

线性分式函数是比仿射函数更通用但仍保留凸性的函数。透视函数缩放或归一化向量，以使最后一个分量为 1，然后删除最后一个分量。

将 $\mathrm{dom}\ p=\mathbb{R}^n\times\mathbb{R}_{++}$ 的透视函数 $p:\mathbb{R}^{n+1}\to\mathbb{R}^n$ 定义为：

$$p(\boldsymbol{z},t)=\frac{\boldsymbol{z}}{t} \tag{2.2.14}$$

透视函数 p 保持了凸集的凸性。

证明：考虑凸集 C 中的两个点 $(\boldsymbol{z}_1,t_1)$ 和 $(\boldsymbol{z}_2,t_2)$，因此 $\boldsymbol{z}_1/t_t$，$\boldsymbol{z}_2/t_2\in p(C)$。然后

$$\theta(\boldsymbol{z}_1,t_1)+(1-\theta)(\boldsymbol{z}_2,t_2)=(\theta\boldsymbol{z}_1+(1-\theta)\boldsymbol{z}_2,\ \theta t_1+(1-\theta)t_2)\in C \tag{2.2.15}$$

对于任意的 $\theta\in[0,1]$，表明

$$\frac{\theta\boldsymbol{z}_1+(1-\theta)\boldsymbol{z}_2}{\theta t_1+(1-\theta)t_2}\in p(C)$$

现在，通过定义

$$\mu=\frac{\theta t_1}{\theta t_1+(1-\theta)t_2}\in[0,1]$$

我们得到

$$\frac{\theta\boldsymbol{z}_1+(1-\theta)\boldsymbol{z}_2}{\theta t_1+(1-\theta)t_2}=\mu\frac{\boldsymbol{z}_1}{t_1}+(1-\mu)\frac{\boldsymbol{z}_2}{t_2}\in p(C) \tag{2.2.16}$$

这表明 $p(C)$ 是凸的。

通过将透视函数与仿射函数组合形成线性分式函数。假设 $g:\mathbb{R}^n\to\mathbb{R}^{m+1}$ 是仿射函数，即

$$g(\boldsymbol{x})=\begin{bmatrix}\boldsymbol{A}\\ \boldsymbol{c}^{\mathrm{T}}\end{bmatrix}\boldsymbol{x}+\begin{bmatrix}\boldsymbol{b}\\ \boldsymbol{d}\end{bmatrix} \tag{2.2.17}$$

其中，$\boldsymbol{A}\in\mathbb{R}^{m\times n}$，$\boldsymbol{b}\in\mathbb{R}^m$，$\boldsymbol{c}\in\mathbb{R}^n$，$\boldsymbol{d}\in\mathbb{R}$。函数 $f:\mathbb{R}^n\to\mathbb{R}^m$ 由 $f=p\circ g$ 给定，即

$$f(\boldsymbol{x})=p(g(\boldsymbol{x}))=\frac{\boldsymbol{A}\boldsymbol{x}+\boldsymbol{b}}{\boldsymbol{c}^{\mathrm{T}}\boldsymbol{x}+\boldsymbol{d}},\quad \mathrm{dom}\ f=\{\boldsymbol{x}\mid \boldsymbol{c}^{\mathrm{T}}\boldsymbol{x}+\boldsymbol{d}>0\} \tag{2.2.18}$$

称为线性分式（或投影）函数。因此，线性分式函数保持了凸性。

注 2.2.7 透视函数可以看作是针孔照相机[BV04]的功能。考虑二阶锥

$$C=\{(\boldsymbol{x},t)\in\mathbb{R}^3\mid \|\boldsymbol{x}\|_2\leqslant t\}$$

可以很容易地看出

$$p(C\backslash\boldsymbol{0}_3)=\{\boldsymbol{x}\in\mathbb{R}^2\mid \|\boldsymbol{x}\|_2\leqslant 1\}$$

是凸集，因为 $C\backslash\boldsymbol{0}_3$ 是凸集。如图 2.2.3 所示，$p(C\backslash\boldsymbol{0}_3)$ 对应于超平面 $H=\{(\boldsymbol{x},t=-1)\in\mathbb{R}^3\}$ 上的单位圆盘。通过透视映射，C 中的四面体（凸对象）的图像是 $p(C\backslash\boldsymbol{0}_3)\subset H$ 中的三角形（凸图像）。

注 2.2.8 在透视函数下的凸集的逆像也是凸的，即如果 $C\subseteq\mathbb{R}^n$ 是凸的，则

$$p^{-1}(C)=\{(\boldsymbol{x},t)\in\mathbb{R}^{n+1}\mid \boldsymbol{x}/t\in C,\ t>0\} \tag{2.2.19}$$

也是凸的。

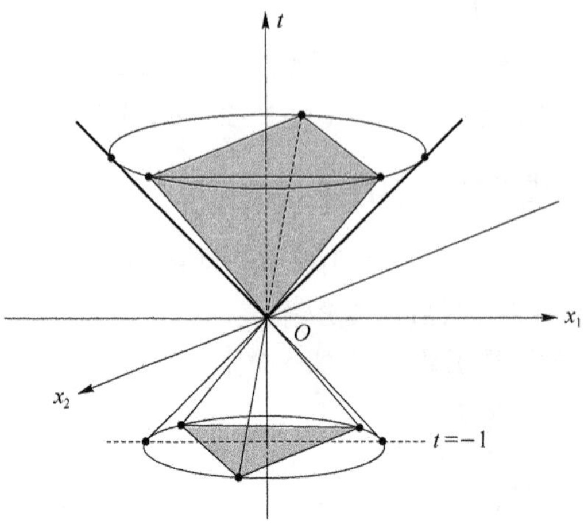

图 2.2.3　针孔相机对透视函数的解释，其中针孔是$\mathbb{R}^3$中的原点，不包括原点的二阶锥图像是单位圆盘，而不包括原点的四面体图像是超平面 $H=\{(\boldsymbol{x},t=-1)\in\mathbb{R}^3\}$中单位圆盘中的三角形

2.3　基本性质和示例

在介绍凸函数的定义、性质和各种条件以及说明性示例之前，我们需要解释一下函数$f:\mathbb{R}^n\to\mathbb{R}$的$+\infty$和$-\infty$的作用。尽管$+\infty,-\infty\notin\mathbb{R}$，但对于某些$\boldsymbol{x}\in\operatorname{dom} f$，允许$f(\boldsymbol{x})$取$+\infty$或$-\infty$值。例如，以下函数

$$f_1(\boldsymbol{x})=\begin{cases}\|\boldsymbol{x}\|_2^2, & \|\boldsymbol{x}\|_2\leqslant 1\\ +\infty, & 1<\|\boldsymbol{x}\|_2\leqslant 2\end{cases},\quad \operatorname{dom} f_1=\{\boldsymbol{x}\in\mathbb{R}^n\mid\|\boldsymbol{x}\|_2\leqslant 2\} \tag{2.3.1}$$

$$f_2(\boldsymbol{x})=\begin{cases}-\infty, & \boldsymbol{x}=0\\ \log\boldsymbol{x}, & \boldsymbol{x}>0\end{cases},\quad \operatorname{dom} f_2=\mathbb{R}_+ \tag{2.3.2}$$

都是定义明确的函数，f_1 是凸函数，f_2 是凹函数。接下来将详细介绍函数的凸性。

2.3.1　定义

如果满足以下条件，则函数 $f:\mathbb{R}^n\to\mathbb{R}$被认为是凸的

- $\operatorname{dom} f$ 是凸的。
- 对于所有的 $\boldsymbol{x},\boldsymbol{y}\in\operatorname{dom} f,\theta\in[0,1]$，

$$f(\theta\boldsymbol{x}+(1-\theta)\boldsymbol{y})\leqslant\theta f(\boldsymbol{x})+(1-\theta)f(\boldsymbol{y}) \tag{2.3.3}$$

凸函数基本上看起来像图 2.3.1 中所示的面朝上的碗，并且它可能是可微的，或者连续但不光滑的或不可微的函数(例如，对于某些 $\boldsymbol{x}$，函数不连续或者 $f(\boldsymbol{x})=+\infty$)。请注意，对于给定的$\theta\in[0,1]$，$\boldsymbol{z}\triangleq\theta\boldsymbol{x}+(1-\theta)\boldsymbol{y}$ 是线段上从 $\boldsymbol{x}$ 到 $\boldsymbol{y}$ 的点，其中

$$\frac{\|\boldsymbol{z}-\boldsymbol{y}\|_2}{\|\boldsymbol{y}-\boldsymbol{x}\|_2}=\theta,\quad\frac{\|\boldsymbol{z}-\boldsymbol{x}\|_2}{\|\boldsymbol{y}-\boldsymbol{x}\|_2}=1-\theta \tag{2.3.4}$$

$f(\boldsymbol{z})$的上限由 $f(\boldsymbol{x})$的 $100\times\theta\%$和 $f(\boldsymbol{y})$的 $100\times(1-\theta)\%$之和确定〔即 $\boldsymbol{x}$ 越接近 $\boldsymbol{z}$，则 $f(\boldsymbol{x})$对$f(\boldsymbol{z})$上限的贡献就越大，如图 2.3.1 所示的 $\boldsymbol{y}$ 也是如此〕。注意，当给定 $\boldsymbol{z}$ 而不是θ 时，也可以通过式(2.3.4)将 $f(\boldsymbol{z})$上限中的θ值确定为$\|\boldsymbol{z}-\boldsymbol{y}\|_2/\|\boldsymbol{x}-\boldsymbol{y}\|_2$。

注 2.3.1　如果 $\operatorname{dom} f$ 是凸的，并且对于所有不同的 $\boldsymbol{x},\boldsymbol{y}\in\operatorname{dom} f$，有 $f(\boldsymbol{x})<\infty$，$f(\boldsymbol{y})<\infty$，并且不等式(2.3.3)严格成立，即

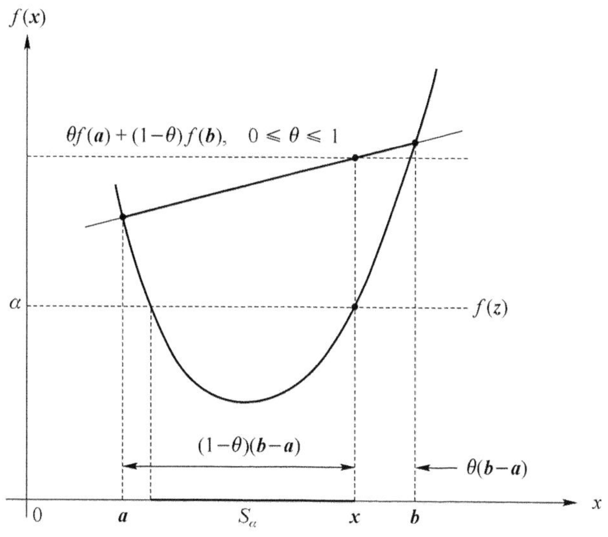

图 2.3.1 凸函数(也是严格凸函数)和水平子集

$$f(\theta\boldsymbol{x}+(1-\theta)\boldsymbol{y})<\theta f(\boldsymbol{x})+(1-\theta)f(\boldsymbol{y}),\quad \theta\in(0,1) \tag{2.3.5}$$

那么 f 是严格凸函数。

只有当 f 是 $\boldsymbol{x}$、$\boldsymbol{y}$ 之间线段上的仿射函数时,由式(2.3.1)定义的不等式才成立。因此,严格凸函数 f 一定不能在 dom f 的任何子集上包含任何仿射函数。

注 2.3.2 如果 $-f$ 是凸的,则称 f 为凹的。换句话说,f 为凹函数意味着 dom f 是凸集,并且对于所有的 $\boldsymbol{x},\boldsymbol{y}\in$ dom f,$\theta\in[0,1]$,

$$f(\theta\boldsymbol{x}+(1-\theta)\boldsymbol{y})\geqslant\theta f(\boldsymbol{x})+(1-\theta)f(\boldsymbol{y}) \tag{2.3.6}$$

注 2.3.3 如果 $f(\boldsymbol{x},\boldsymbol{y})$在$(\boldsymbol{x},\boldsymbol{y})$中是凸的,则它在 $\boldsymbol{x}$ 中是凸的,在 $\boldsymbol{y}$ 中也是凸的。凸函数的定义可以很容易地表明这一点,但是反之并不一定成立。让我们通过一个反例来证明这一点。考虑

$$g(\boldsymbol{x},\boldsymbol{y})=\boldsymbol{x}^2\boldsymbol{y},\quad \boldsymbol{x}\in\mathbb{R},\quad \boldsymbol{y}\in\mathbb{R}_+$$

可以很容易地证明 $g(\boldsymbol{x},\boldsymbol{y})$在 $\boldsymbol{x}$ 上是凸的,在 $\boldsymbol{y}$ 上是凸的,因为对于 $\theta\in[0,1]$,

$$\begin{aligned}&\theta g(\boldsymbol{x}_1,\boldsymbol{y})+(1-\theta)g(\boldsymbol{x}_2,\boldsymbol{y})-g(\theta\boldsymbol{x}_1+(1-\theta)\boldsymbol{x}_2,y)\\&=\boldsymbol{y}\theta(1-\theta)(\boldsymbol{x}_1-\boldsymbol{x}_2)^2\geqslant0\quad \forall\,\boldsymbol{x}_1,\boldsymbol{x}_2\in\mathbb{R},\boldsymbol{y}\in\mathbb{R}_+\\&g(\boldsymbol{x},\theta\boldsymbol{y}_1+\theta\boldsymbol{y}_2)=\theta g(\boldsymbol{x},\boldsymbol{y}_1)+(1-\theta)g(\boldsymbol{x},\boldsymbol{y}_2)\quad \forall\,\boldsymbol{x}\in\mathbb{R},\ \boldsymbol{y}_1,\boldsymbol{y}_2\in\mathbb{R}_+\end{aligned}$$

即,对于它们中的每一个都满足相关的不等式(2.3.3)。但是,对于 $\boldsymbol{z}_1=(\boldsymbol{x}_1,\boldsymbol{y}_1)=(0,2)$,$\boldsymbol{z}_2=(\boldsymbol{x}_2,\boldsymbol{y}_2)=(2,0)$和 $\theta=1/2$ 的情况,由于

$$g(0.5\boldsymbol{z}_1+0.5\boldsymbol{z}_2)=1\leqslant0.5g(\boldsymbol{z}_1)+0.5g(\boldsymbol{z}_2)=0$$

违背了不等式(2.3.3),因此 g 在$(\boldsymbol{x},\boldsymbol{y})$中不是凸的。

注 2.3.4 如果 f 是凸的,则水平子集

$$S_\alpha=\{\boldsymbol{x}\,|\,\boldsymbol{x}\in\text{dom } f,\ f(\boldsymbol{x})\leqslant\alpha\}\subseteq\text{dom } f$$

对于所有 α 都是凸的(见图 2.3.1),这很容易通过凸集的定义来证明。但是,水平子集都是凸集的函数就不必是凸的;这样的函数称为拟凸函数(将在参考文献中介绍)。

注 2.3.5 (凸函数的有效定义域)假设 f 是凸函数且

$$A_\infty=\{\boldsymbol{x}\in\text{dom } f\,|\,f(\boldsymbol{x})=\infty\}\subseteq\text{dom } f$$

可能不是凸集。从注释 2.3.4 可知,因为 f 的水平子集 S_α 对于所有 $\alpha<+\infty$ 一定是凸的,因

此可以看出，对于所有 $\alpha \leqslant \alpha' < +\infty$，$S_\alpha \subseteq S_{\alpha}' \subseteq \text{dom } f \backslash A_\infty$，并且

$$S_\alpha \to \text{dom } f \backslash A_\infty \quad 当 \alpha \to \infty$$

表示了有效定义域，定义为

$$\text{Eff-dom } f \triangleq \text{dom } f \backslash A_\infty = \{\boldsymbol{x} \in \text{dom} \mid f \mid f(x) < \infty\} \tag{2.3.7}$$

一定是一个凸集，在该凸集上 f 也是凸的。例如，考虑由式(2.3.1)给出的凸函数 f_1 在 bd $B(\boldsymbol{0},1)$上不连续，并且对于所有 $\boldsymbol{x} \in \{\boldsymbol{x} \mid 1 < \|\boldsymbol{x}\|_2 \leqslant 2\}$，$f_1(\boldsymbol{x}) = \infty$，其有效定义域

$$\text{Eff-dom } f_1 = B(\boldsymbol{0},1)（欧几里得球）$$

是一个凸集，其中 f_1 是一个凸函数。

此外，根据式(2.3.3)，如果对于某个 $\boldsymbol{x} \in \text{dom } f$，$f(\boldsymbol{x}) = -\infty$，那么对于所有 $\boldsymbol{x} \in \text{dom } f$，$f(\boldsymbol{x}) = -\infty$。如果至少有一个 $\boldsymbol{x}$ 使 $f(\boldsymbol{x}) < +\infty$ 并且每个 $\boldsymbol{x}$ 都有 $f(\boldsymbol{x}) > -\infty$，则凸函数 f 被称为是真凸函数，即真凸函数的有效定义域必须为非空集。

注 2.3.6 假设 $f: \mathbb{R}^n \to \mathbb{R}$ 是一个 $\text{int}(\text{dom } f) \neq \varnothing$ 的凸函数，并且对于所有 $\boldsymbol{x} \in \text{int}(\text{dom } f)$，$f(\boldsymbol{x}) < \infty$。那么，$f$ 一定在 $\text{int}(\text{dom } f)$[Ber09]上连续。

证明：令 $\boldsymbol{x}_0 \in \text{int}(\text{dom } f)$。然后存在一个 $\varepsilon > 0$，使得 2-范数球（中心为 $\boldsymbol{x}_0$，半径为 ε）$B(\boldsymbol{x}_0, \varepsilon) \subseteq \text{int}(\text{dom } f)$。令 $\{\boldsymbol{x}_k\}$ 为收敛到 $\boldsymbol{x}_0$ 的任何序列，这足以证明 $\lim_{k\to\infty} f(\boldsymbol{x}_k) = f(\boldsymbol{x}_0)$。

在不失一般性的前提下，假设 $\{\boldsymbol{x}_k\} \subseteq B(\boldsymbol{x}_0, \varepsilon)$。在 2-范数球 $B(\boldsymbol{x}_0, \varepsilon)$ 的边界上定义以下两个序列 $\{\boldsymbol{y}_k\}$ 和 $\{\boldsymbol{z}_k\}$：

$$\boldsymbol{y}_k \triangleq \boldsymbol{x}_0 + \varepsilon \frac{\boldsymbol{x}_k - \boldsymbol{x}_0}{\|\boldsymbol{x}_k - \boldsymbol{x}_0\|_2}, \quad \boldsymbol{z}_k \triangleq \boldsymbol{x}_0 - \varepsilon \frac{\boldsymbol{x}_k - \boldsymbol{x}_0}{\|\boldsymbol{x}_k - \boldsymbol{x}_0\|_2} \tag{2.3.8}$$

注意，$\boldsymbol{y}_k$，$\boldsymbol{x}_k$，$\boldsymbol{x}_0$，$\boldsymbol{z}_k$ 依次位于从 $\boldsymbol{y}_k$ 到 $\boldsymbol{z}_k$ 的线段上。对于 $n=2$ 的情况，该线段的方向可以随 k 的变化而变化，如图 2.3.2 所示。然后从式(2.3.3)、式(2.3.4)和式(2.3.8)中可以得出

$$f(\boldsymbol{x}_k) \leqslant \frac{\|\boldsymbol{x}_k - \boldsymbol{x}_0\|_2}{\varepsilon} \cdot f(\boldsymbol{y}_k) + \frac{\varepsilon - \|\boldsymbol{x}_k - \boldsymbol{x}_0\|_2}{\varepsilon} \cdot f(\boldsymbol{x}_0) \tag{2.3.9}$$

$$f(\boldsymbol{x}_0) \leqslant \frac{\|\boldsymbol{x}_k - \boldsymbol{x}_0\|_2}{\varepsilon + \|\boldsymbol{x}_k - \boldsymbol{x}_0\|_2} \cdot f(\boldsymbol{z}_k) + \frac{\varepsilon}{\varepsilon + \|\boldsymbol{x}_k - \boldsymbol{x}_0\|_2} \cdot f(\boldsymbol{x}_k) \tag{2.3.10}$$

通过分别对不等式(2.3.9)和(2.3.10)的两边分别采用上极限（或者称为最大极限）和下极限（或称为最小极限），以及根据 $\lim_{k\to\infty} \|\boldsymbol{x}_k - \boldsymbol{x}_0\|_2 = 0$ 的事实，我们提出

$$\lim_{k\to\infty} \sup f(\boldsymbol{x}_k) \triangleq \lim_{k\to\infty} \sup_{n \geqslant k} f(\boldsymbol{x}_n) \leqslant 0 + f(\boldsymbol{x}_0) = f(\boldsymbol{x}_0) \tag{2.3.11}$$

$$f(\boldsymbol{x}_0) \leqslant 0 + \lim_{k\to\infty} \inf f(\boldsymbol{x}_k) = \lim_{k\to\infty} \inf f(\boldsymbol{x}_k) \tag{2.3.12}$$

通过 $\lim\limits_{k\to\infty} \inf f(\boldsymbol{x}_k) \leqslant \lim\limits_{k\to\infty} \sup f(\boldsymbol{x}_k)$ 以及式(2.3.11)和式(2.3.12)可以得出以下结论：

$$\lim_{k\to\infty} \inf f(\boldsymbol{x}_k) = \lim_{k\to\infty} \sup f(\boldsymbol{x}_k) = f(\boldsymbol{x}_0) \tag{2.3.13}$$

即对于每个 $\boldsymbol{x}_0 \in \text{int}(\text{dom } f)$，有 $\lim\limits_{k\to\infty} f(\boldsymbol{x}_k) = f(\boldsymbol{x}_0)$。至此我们完成了证明。

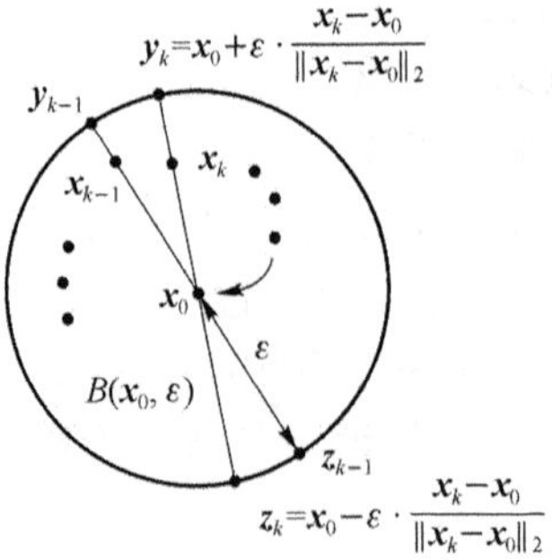

图 2.3.2 $\mathbb{R}^2$ 中的收敛序列 $\{\boldsymbol{x}_k\}$，极限 $\boldsymbol{x}_0$ 以及两个序列 $\{\boldsymbol{y}_k\} \subset \text{bd } B(\boldsymbol{x}_0, \varepsilon)$，$\{\boldsymbol{z}_k\} \subset \text{bd } B(\boldsymbol{x}_0, \varepsilon)$

注 2.3.7 注释 2.3.6 中提出的在 int(dom f)$\neq\varnothing$上 $f(\boldsymbol{x})<\infty$的凸函数 f 的连续性可以扩展到对于所有 $\boldsymbol{x}\in$ relint(dom f)$\neq\varnothing$，都有 $f(\boldsymbol{x})<\infty$，这是由于仿射维数为 k 的 aff(dom f)与 k 维欧几里得空间之间的同构。因此，可以推断出满足 relint(Eff-dom g)$\neq\varnothing$的任何凸函数 g 在 relint(Eff-dom g)上是连续的。

注 2.3.8 令

$$C=\{\boldsymbol{x}\in\mathbb{R}^n \mid f(\boldsymbol{x})\leqslant 0\} \tag{2.3.14}$$

$$H=\{\boldsymbol{x}\in\mathbb{R}^n \mid h(\boldsymbol{x})\leqslant 0\} \tag{2.3.15}$$

通过凸集的定义可以很容易地看出，如果 f 是一个凸函数，则 C 是一个凸集，如果 h 是一个仿射函数，则 H 是一个凸集。这两个集合将在后面用于定义优化问题〔参见(2.5.1)〕，其中目标函数 $f(\boldsymbol{x})$在满足 $\boldsymbol{x}\in C$ 的情况下被最小化，问题的约束集 C 用这两个集合表示。

事实 2.3.1 当且仅当所有的 $\boldsymbol{x}\in$ dom f，$\boldsymbol{v}\neq 0$，函数

$$g(t)=f(\boldsymbol{x}+t\boldsymbol{v})$$

定义在$\mathbb{R}\to\mathbb{R}$上，在 dom $g=\{t \mid \boldsymbol{x}+t\boldsymbol{v}\in \text{dom } f\}\neq\varnothing$是(严格)凸的，那么函数 $f:\mathbb{R}^n\to\mathbb{R}$是凸函数(严格凸函数)。

证明：让我们证明必要性和充分性。

- 必要性：假定 $g(t)$对于某些 $\boldsymbol{x}$ 和 $\boldsymbol{v}$ 是非凸函数。存在 t_1，$t_2\in$ dom g(并且 $\boldsymbol{x}+t_1\boldsymbol{v}$，$\boldsymbol{x}+t_2\boldsymbol{v}\in$ dom f)使得

$$g(\theta t_1+(1-\theta)t_2)>\theta g(t_1)+(1-\theta)g(t_2), \quad 0\leqslant\theta\leqslant 1$$

这表明

$$f(\theta(\boldsymbol{x}+t_1\boldsymbol{v})+(1-\theta)(\boldsymbol{x}+t_2\boldsymbol{v}))>\theta f(\boldsymbol{x}+t_1\boldsymbol{v})+(1-\theta)f(\boldsymbol{x}+t_2\boldsymbol{v})$$

因此，f 是非凸的(这与“f 是凸的”矛盾)。因此，g 是凸的。

- 充分性：假定 $f(\boldsymbol{x})$是非凸的。然后，存在 $\boldsymbol{x}_1$，$\boldsymbol{x}_2\in$ dom f，$0<\theta<1$ 使得

$$f(\theta\boldsymbol{x}_1+(1-\theta)\boldsymbol{x}_2)>\theta f(\boldsymbol{x}_1)+(1-\theta)f(\boldsymbol{x}_2)$$

现在 $g(t)=f(\boldsymbol{x}+t\boldsymbol{v})$一定是凸函数。令 $\boldsymbol{x}=\boldsymbol{x}_1$ 和 $\boldsymbol{v}=\boldsymbol{x}_2-\boldsymbol{x}_1$。由于 dom g 是一个凸集，因此 0，1$\in$ dom g 并且$[0,1]\subset$dom g。然后我们有

$$\begin{aligned} g(1-\theta)&=f(\theta\boldsymbol{x}_1+(1-\theta)\boldsymbol{x}_2)\\ &>\theta f(\boldsymbol{x}_1)+(1-\theta)f(\boldsymbol{x}_2)\\ &=\theta g(0)+(1-\theta)g(1)\end{aligned}$$

因此，$g(t)$是非凸的(与前提条件 $g(t)$是凸的矛盾)。因此，$f(\boldsymbol{x})$是凸的。

上面的事实非常有用，因为它允许我们通过将一个函数限制在其范围内的一条线上来证明或检查一个函数是否是凸的，从而将高维函数的凸性验证简化为一维函数的凸性验证。

讨论凸函数时的一个重要问题是如何检验一个函数是否为凸函数。除上面介绍的通过凸函数定义进行验证外，在接下来的小节中，我们将介绍一些条件，这些条件对于检查或验证给定函数的凸性非常有用。

2.3.2 一阶条件

假设 f 是可微的。当且仅当 dom f 是凸集且

$$f(\boldsymbol{y})\geqslant f(\boldsymbol{x})+\nabla f(\boldsymbol{x})^{\mathrm{T}}(\boldsymbol{y}-\boldsymbol{x}) \quad \forall\, \boldsymbol{x},\boldsymbol{y}\in \text{dom } f \tag{2.3.16}$$

那么函数 f 是凸函数。

这被称为一阶条件，这意味着关于 $\boldsymbol{y}=\boldsymbol{x}$，$f(\boldsymbol{y})$的一阶泰勒级数逼近但始终低于原函数(关

于一维情况，请参见图 2.3.3)，即一阶条件(2.3.16)在整个定义域上对可微凸函数提供了的严格的下限(在 $\boldsymbol{y}$ 中是仿射函数)。而且，从一阶条件(2.3.16)可以看出

$$f(\boldsymbol{y})=\max_{\boldsymbol{x}\in \mathrm{dom}\, f} f(\boldsymbol{x})+\nabla f(\boldsymbol{x})^{\mathrm{T}}(\boldsymbol{y}-\boldsymbol{x})\ \forall\, \boldsymbol{y}\in \mathrm{dom}\, f \tag{2.3.17}$$

接下来，让我们证明一阶条件。

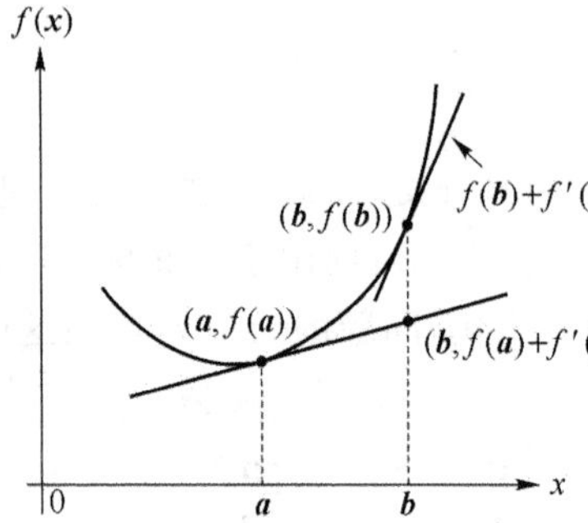

图 2.3.3　一维情况下凸函数 f 的一阶条件：对于所有 $\boldsymbol{a},\boldsymbol{b}\in \mathrm{dom}\, f$，$f(\boldsymbol{b})\geqslant f(\boldsymbol{a})+f'(\boldsymbol{a})(\boldsymbol{b}-\boldsymbol{a})$，$(f'(\boldsymbol{b})-f'(\boldsymbol{a}))(\boldsymbol{b}-\boldsymbol{a})\geqslant 0$

一阶条件(2.3.16)的证明：让我们证明充分性和必要性。

- 充分性：〔即，如果式(2.3.16)成立，那么 f 是凸函数〕

根据式(2.3.16)，我们有对于所有的 $\boldsymbol{x},\ \boldsymbol{y},\ \boldsymbol{z}\in \mathrm{dom}\, f$，它们都是凸的，并且 $0\leqslant\lambda\leqslant 1$，

$$f(\boldsymbol{y})\geqslant f(\boldsymbol{x})+\nabla f(\boldsymbol{x})^{\mathrm{T}}(\boldsymbol{y}-\boldsymbol{x})$$
$$f(\boldsymbol{z})\geqslant f(\boldsymbol{x})+\nabla f(\boldsymbol{x})^{\mathrm{T}}(\boldsymbol{z}-\boldsymbol{x})$$
$$\Rightarrow \lambda f(\boldsymbol{y})+(1-\lambda)f(\boldsymbol{z})\geqslant f(\boldsymbol{x})+\nabla f(\boldsymbol{x})^{\mathrm{T}}(\lambda\boldsymbol{y}+(1-\lambda)\boldsymbol{z}-\boldsymbol{x})$$

通过在上述不等式中让 $\boldsymbol{x}=\lambda\boldsymbol{y}+(1-\lambda)\boldsymbol{z}\in \mathrm{dom}\, f$，我们得到

$$\lambda f(\boldsymbol{y})+(1-\lambda)f(\boldsymbol{z})\geqslant f(\lambda\boldsymbol{y}+(1-\lambda)\boldsymbol{z})$$

所以 f 是凸的。

- 必要性：〔即，如果 f 是凸的，则式(2.3.16)成立〕对于 $\boldsymbol{x},\boldsymbol{y}\in \mathrm{dom}\, f$ 和 $0\leqslant\lambda\leqslant 1$，

$$\begin{aligned} f((1-\lambda)\boldsymbol{x}+\lambda\boldsymbol{y}) &= f(\boldsymbol{x}+\lambda(\boldsymbol{y}-\boldsymbol{x})) \\ &= f(\boldsymbol{x})+\lambda\,\nabla f(\boldsymbol{x}+\theta\lambda(\boldsymbol{y}-\boldsymbol{x}))^{\mathrm{T}}(\boldsymbol{y}-\boldsymbol{x}) \end{aligned} \tag{2.3.18}$$

对于某些 $\theta\in[0,1]$〔来自泰勒级数(1.12.5)的一阶展开〕。由于 f 是凸的，我们有

$$f((1-\lambda)\boldsymbol{x}+\lambda\boldsymbol{y})\leqslant(1-\lambda)f(\boldsymbol{x})+\lambda f(\boldsymbol{y})$$

用式(2.3.18)代替这个不等式的左侧，得出

$$\lambda f(\boldsymbol{y})\geqslant\lambda f(\boldsymbol{x})+\lambda\,\nabla f(\boldsymbol{x}+\theta\lambda(\boldsymbol{y}-\boldsymbol{x}))^{\mathrm{T}}(\boldsymbol{y}-\boldsymbol{x})$$

对于 $\lambda>0$，我们得到(除以 λ 后)，

$$\begin{aligned} f(\boldsymbol{y}) &\geqslant f(\boldsymbol{x})+\nabla f(\boldsymbol{x}+\theta\lambda(\boldsymbol{y}-\boldsymbol{x}))^{\mathrm{T}}(\boldsymbol{y}-\boldsymbol{x}) \\ &= f(\boldsymbol{x})+\nabla f(\boldsymbol{x})^{\mathrm{T}}(\boldsymbol{y}-\boldsymbol{x})\quad (\text{当 }\lambda\to 0^{+}) \end{aligned}$$

因为 f 是可微的且凸的，所以 ∇f 是连续的(参见下面的注 2.3.12)。因此，证明了一阶条件(2.3.16)。

必要性的其他证明方法：考虑一个凸函数 $f:\mathbb{R}\to\mathbb{R}$，令 $\boldsymbol{x},\boldsymbol{y}\in \mathrm{dom}\, f$(这是一个凸集)。那么对于所有 $0<t\leqslant 1$，$\boldsymbol{x}+t(\boldsymbol{y}-\boldsymbol{x})\in \mathrm{dom}\, f$，

$$f(\boldsymbol{x}+t(\boldsymbol{y}-\boldsymbol{x}))\leqslant tf(\boldsymbol{y})+(1-t)f(\boldsymbol{x})$$
$$\Rightarrow f(\boldsymbol{y})\geqslant f(\boldsymbol{x})+\frac{f(\boldsymbol{x}+t(\boldsymbol{y}-\boldsymbol{x}))-f(\boldsymbol{x})}{t(\boldsymbol{y}-\boldsymbol{x})}(\boldsymbol{y}-\boldsymbol{x})$$

$$\Rightarrow f(\boldsymbol{y})\geqslant f(\boldsymbol{x})+f'(\boldsymbol{x})(\boldsymbol{y}-\boldsymbol{x}) \quad 当\ t\to 0 \tag{2.3.19}$$

通过使用上述方法，我们证明了一般情况下 $f:\mathbb{R}^n\to\mathbb{R}$，一阶条件的必要性。令 $\boldsymbol{x},\boldsymbol{y}\in \mathrm{dom}\, f\subset\mathbb{R}^n$，并考虑 f 受限于通过 dom f 的任何直线，即，考虑函数定义如下：

$$g(t)=f(t\boldsymbol{y}+(1-t)\boldsymbol{x})$$

并且由于$[0,1]\subset \mathrm{dom}\, g$，$\mathrm{dom}\, g=\{t\,|\,t\boldsymbol{y}+(1-t)\boldsymbol{x}\in \mathrm{dom}\, f\}\neq\varphi$。函数的导数是

$$g'(t)=\nabla f\,(t\boldsymbol{y}+(1-t)\boldsymbol{x})^{\mathrm{T}}(\boldsymbol{y}-\boldsymbol{x})$$

现在由于 f 是凸的，因此 $g(t)$ 也是凸的(根据事实 2.3.1)。所以

$$g(1)\geqslant g(0)+g'(0) \quad 〔根据式(2.3.19)〕$$

这可以导出 $f(\boldsymbol{y})\geqslant f(\boldsymbol{x})+\nabla f\,(\boldsymbol{x})^{\mathrm{T}}(\boldsymbol{y}-\boldsymbol{x})$。

注 2.3.9 如果由式(2.3.16)给出的一阶条件对于所有不相同的 $\boldsymbol{x},\boldsymbol{y}\in \mathrm{dom}\, f$ 的情况下，严格不等式都能成立，则函数 f 是严格凸的。

注 2.3.10 假设 $f:\mathbb{R}^{m\times n}\to\mathbb{R}$是矩阵 $\boldsymbol{X}\in\mathbb{R}^{m\times n}$的可微函数，则 f 为凸函数的相应一阶条件为：

$$f(\boldsymbol{Y})\geqslant f(\boldsymbol{X})+\mathrm{Tr}(\nabla f\,(\boldsymbol{X})^{\mathrm{T}}(\boldsymbol{Y}-\boldsymbol{X})), \quad \forall\,\boldsymbol{X},\boldsymbol{Y}\in \mathrm{dom}\, f \tag{2.3.20}$$

类似地，如果对于所有不同的 $\boldsymbol{X},\boldsymbol{Y}\in \mathrm{dom}\, f$，式(2.3.20)中的严格不等式都能成立，则函数 f 是严格凸的。

注 2.3.11 对于凸的但不光滑的函数 f，相应的一阶条件为：

$$f(\boldsymbol{y})\geqslant f(\boldsymbol{x})+\nabla f\,(\boldsymbol{x})^{\mathrm{T}}(\boldsymbol{y}-\boldsymbol{x}), \quad \forall\, x,y\in \mathrm{dom}\, f \tag{2.3.21}$$

其中，$\nabla f(\boldsymbol{x})$是点 $\boldsymbol{x}$ 处 f 的子梯度。如果向量对所有 $\boldsymbol{y}\in \mathrm{dom}\, f$ 都满足式(2.3.21)，则它在点 $\boldsymbol{x}$ 处被称为 f 的子梯度。让

$$\zeta_f(\boldsymbol{x})=\{\nabla f(\boldsymbol{x})\}$$

表示在 $\boldsymbol{x}$ 处 $f(\boldsymbol{x})$的所有子梯度的集合，也称为 f 在 $\boldsymbol{x}$ 处的子微分。然后，当 $f(\boldsymbol{x})$在 $\boldsymbol{x}$ 处可微分时〔即，子梯度恰好是 $f(\boldsymbol{x})$的梯度〕，则 $\zeta_f(\boldsymbol{x})=\{\nabla f(\boldsymbol{x})\}$，否则 $f(\boldsymbol{x})$在 $\boldsymbol{x}$ 处的子梯度不唯一。

注意，子微分 $\zeta_f(\boldsymbol{x})=\{\nabla f(\boldsymbol{x})\}$是一个凸集。这可以用一个简单的凸函数 $f(\boldsymbol{x})=|\boldsymbol{x}|$来说明，该函数在 $\boldsymbol{x}=0$ 时是不可微的。在这种情况下，$\zeta_f(0)=[-1,1]$是凸集，因此，在 $\boldsymbol{x}=0$ 处 $f(\boldsymbol{x})$的子梯度是唯一的。

注 2.3.12 对于凸微分函数 $f:\mathbb{R}\to\mathbb{R}$，可以很容易地由式(2.3.16)给出的一阶条件推断出

$$\frac{f(x)-f(x_0)}{x-x_0}\leqslant f'(x_0)\leqslant\frac{f(y)-f(x_0)}{y-x_0}, \qquad \forall\, x<x_0<y$$

$$\Rightarrow\begin{cases} f'(x)\leqslant\dfrac{f(y)-f(x)}{y-x}, & 当\ x_0\to x\\[2ex] \dfrac{f(y)-f(x)}{y-x}\leqslant f'(y), & 当\ x_0\to y\\[2ex] f'(x_0^-)=f'(x_0)=f'(x_0^+), & 当\ x\to x_0\ 且\ y\to x_0\end{cases}$$

其中，两个等式成立是由于 $f(x)$在 $x=x_0$ 处可微的事实，这意味着 $f'(x)$是一个非递减的连续函数，因此，如果 f 是二阶可微的，那么二阶导数 $f''(x)\geqslant 0$。当 $f:\mathbb{R}\to\mathbb{R}$是一个非光滑的凸函数时，$f'(x)\geqslant 0$ 在其定义域内仍然适用，但 f 不可微分的点除外。例如，$f(x)=|x|$是一个非光滑的凸函数，并且 $x\neq 0$，$f'(x)=\mathrm{sgn}(x)$对于所有的 $x\neq 0$ 而言都是非递减连续的。

此外，对于可微的凸函数 $f:\mathbb{R}^n\to\mathbb{R}$，根据事实 2.3.1，$g(t)=f(\boldsymbol{x}_1+t\boldsymbol{v})$是凸的，并且在 $t\in$

dom $g=\{t|\boldsymbol{x}_1+t\boldsymbol{v}\in \text{dom } f\}$是可微的。令 $\boldsymbol{v}=\boldsymbol{x}_2-\boldsymbol{x}_1$。然后$[0,1]\subset \text{dom } g$，我们有 $g'(1)-g'(0)\geqslant 0$，如上所述，因为 $g(t)$一定是一个非递减的微分函数，所以导出以下不等式：

$$(\nabla f(\boldsymbol{x}_2)-\nabla f(\boldsymbol{x}_1))^{\mathrm{T}}(\boldsymbol{x}_2-\boldsymbol{x}_1)\geqslant 0 \quad \forall \boldsymbol{x}_1,\boldsymbol{x}_2\in \text{dom } f \tag{2.3.22}$$

由式(2.3.22)给出的不等式意味着，点 $\boldsymbol{x}\in \text{dom } f$ 的任何变化和$\nabla f(\boldsymbol{x})$的相应变化都是"相干的"，如图 2.3.3 所示。

接下来，我们证明∇f 在可微凸函数 $f:\mathbb{R}^n\rightarrow\mathbb{R}$的定义域内是连续的。假设$\{\boldsymbol{x}_k\}\subset\text{int}(\text{dom } f)$是一个收敛到 $\boldsymbol{x}\in\text{int}(\text{dom } f)$的序列。让我们证明$\nabla f$ 的第一个分量，即$\partial f(\boldsymbol{x})/\partial x_1$ 是连续的，如下所示：

$$\begin{aligned}\lim_{k\to\infty}\frac{\partial f(\boldsymbol{x}_k)}{\partial x_1}&=\lim_{k\to\infty}\lim_{\varepsilon\to 0}\frac{f(\boldsymbol{x}_k+\varepsilon\boldsymbol{e}_1)-f(\boldsymbol{x}_k)}{\varepsilon}\\&=\lim_{\varepsilon\to 0}\lim_{k\to\infty}\frac{f(\boldsymbol{x}_k+\varepsilon\boldsymbol{e}_1)-f(\boldsymbol{x}_k)}{\varepsilon}\\&=\lim_{\varepsilon\to 0}\frac{f(\boldsymbol{x}+\varepsilon\boldsymbol{e}_1)-f(\boldsymbol{x})}{\varepsilon}=\frac{\partial f(\boldsymbol{x})}{\partial x_1}\end{aligned}$$

其中，$\boldsymbol{e}_1\in\mathbb{R}^n$是一个单位列向量，其第一个元素等于 1，根据对于一个凸函数，f 在 int(dom f)上连续的事实，第二个和第三个等式成立。因此，$\partial f(\boldsymbol{x})/\partial x_1$ 是连续的。类似地，∇f 的其他所有 $n-1$ 个分量可以被证明是连续的，因此∇f 在 dom f 内是连续的。

注 2.3.13　假设 $f(\boldsymbol{x})$是凸函数，是不光滑的或可微的。集合 $C=\{\boldsymbol{x}\in\mathbb{R}^n\mid f(\boldsymbol{x})\leqslant 0\}$是定义在式(2.3.14)中的闭集。假设 int $C\neq\varnothing$，根据凸函数的一阶条件和支撑超平面理论，可以很容易地证明对于任何 $\boldsymbol{x}_0\in$ bd C〔即，$f(\boldsymbol{x}_0)=0$〕，

$$C\subset H_-(\boldsymbol{x}_0)=\{\boldsymbol{x}\mid\nabla f(\boldsymbol{x}_0)^{\mathrm{T}}(\boldsymbol{x}-\boldsymbol{x}_0)\leqslant 0\} \tag{2.3.23}$$

因此，

$$C=\bigcap_{\boldsymbol{x}_0\in \text{bd } C}H_-(\boldsymbol{x}_0) \tag{2.3.24}$$

当 $f(\boldsymbol{x})$是凸的且可微的时，由于$\nabla f(\boldsymbol{x}_0)=\nabla f(\boldsymbol{x}_0)$，式(2.3.23)中的半空间 $H_-(x_0)$是唯一的，因此集合 C 具有光滑的边界。

注 2.3.14　对于 $f:\mathbb{C}^n\rightarrow\mathbb{R}$的情况，对应于式(2.3.16)和式(2.3.22)的一阶不等式为

$$f(\boldsymbol{y})\geqslant f(\boldsymbol{x})+\text{Re}\{\nabla f(\boldsymbol{x})^H(\boldsymbol{y}-\boldsymbol{x})\},\quad\forall\boldsymbol{x},\boldsymbol{y}\in \text{dom } f \tag{2.3.25}$$

$$\text{Re}\{(\nabla f(\boldsymbol{x}_2)-\nabla f(\boldsymbol{x}_1))^H(\boldsymbol{x}_2-\boldsymbol{x}_1)\}\geqslant 0,\quad\forall\boldsymbol{x}_1,\boldsymbol{x}_2\in \text{dom } f$$

对于 $f:\mathbb{C}^{m\times n}\rightarrow\mathbb{R}$的情况，对应于式(2.3.20)的一阶不等式为

$$f(\boldsymbol{Y})\geqslant f(\boldsymbol{X})+\text{Tr}(\text{Re}\{\nabla f(\boldsymbol{X})^H(\boldsymbol{Y}-\boldsymbol{X})\}),\quad\forall\boldsymbol{X},\boldsymbol{Y}\in \text{dom } f \tag{2.3.26}$$

2.3.3　二阶条件

假设 f 是二阶可微的。然后，当且仅当 dom f 是凸集且对于所有的 $\boldsymbol{x}\in$ dom f，f 的 Hessian 是 PSD 时，f 才是凸的，也就是说，

$$\nabla^2 f(\boldsymbol{x})\succeq 0,\quad\forall\boldsymbol{x}\in \text{dom } f \tag{2.3.27}$$

证明：让我们证明充分性和必要性。

- 充分性：(即，如果$\nabla^2 f(\boldsymbol{x})\succeq 0$，$\forall\boldsymbol{x}\in$ dom f，那么 f 是凸函数)

根据 $f(\boldsymbol{x})$的泰勒级数的二阶展开式〔参见式(1.12.6)〕，对于某些 $\theta\in[0,1]$，我们得到

$$\begin{aligned}f(\boldsymbol{x}+\boldsymbol{v})&=f(\boldsymbol{x})+\nabla f(\boldsymbol{x})^{\mathrm{T}}\boldsymbol{v}+\frac{1}{2}\boldsymbol{v}^{\mathrm{T}}\nabla^2 f(\boldsymbol{x}+\theta\boldsymbol{v})\boldsymbol{v}\\&\geqslant f(\boldsymbol{x})+\nabla f(\boldsymbol{x})^{\mathrm{T}}\boldsymbol{v}\quad\text{〔参见式(2.3.27)〕}\end{aligned} \tag{2.3.28}$$

令 $\boldsymbol{y}=\boldsymbol{x}+\boldsymbol{v}$，即 $\boldsymbol{v}=\boldsymbol{y}-\boldsymbol{x}$。然后我们有

$$f(\boldsymbol{y})\geqslant f(\boldsymbol{x})+\nabla f(\boldsymbol{x})^{\mathrm{T}}(\boldsymbol{y}-\boldsymbol{x})$$

这是 $f(\boldsymbol{x})$ 证明凸性的一阶条件，表明 f 是凸的。

- 必要性：因为 $f(\boldsymbol{x})$ 是凸函数，根据一阶条件我们有

$$f(\boldsymbol{x}+\boldsymbol{v})\geqslant f(\boldsymbol{x})+\nabla f(\boldsymbol{x})^{\mathrm{T}}\boldsymbol{v}$$

这和式(2.3.28)给出的 $f(\boldsymbol{x})$ 泰勒级数的二阶展开式共同表明了

$$\boldsymbol{v}^{\mathrm{T}}\nabla^2 f(\boldsymbol{x}+\theta\boldsymbol{v})\boldsymbol{v}\geqslant 0$$

通过让 $\|\boldsymbol{v}\|_2\to 0$，可以推断出 $\nabla^2 f(\boldsymbol{x})\succeq 0$，这是因为 $\nabla^2 f(\boldsymbol{x})$ 对于二阶可微凸函数 $f(\boldsymbol{x})$ 是连续的。

注 2.3.15 如果式(2.3.27)给出的二阶条件对于所有 $\boldsymbol{x}\in\mathrm{dom}\,f$，严格不等式都能成立，则函数 f 是严格凸的；此外，在 $f:\mathbb{R}\to\mathbb{R}$ 的情况下，在式(2.3.27)给出的二阶条件下，如果 f 为凸，则一阶导数 f' 一定是连续且不递减的；如果 f 为严格凸，则一阶导数 f' 必须连续且严格递增。

注 2.3.16 （强凸性）如果存在 $m>0$，使得对于所有的 $\boldsymbol{x}\in C$，$\nabla^2 f(\boldsymbol{x})\succeq m\boldsymbol{I}$ 或者以下的二阶条件成立：

$$f(\boldsymbol{y})\geqslant f(\boldsymbol{x})+\nabla f(\boldsymbol{x})^{\mathrm{T}}(\boldsymbol{y}-\boldsymbol{x})+\frac{m}{2}\|\boldsymbol{y}-\boldsymbol{x}\|_2^2\quad\forall\,\boldsymbol{x},\boldsymbol{y}\in C \tag{2.3.29}$$

则凸函数 f 在集合 C 上是强凸的。

因此，如果 f 是强凸的，则它必须是严格凸的，但反之并不一定成立。

2.3.4 上境图

函数 $f:\mathbb{R}^n\to\mathbb{R}$ 的上境图定义如下：

$$\mathrm{epi}\,f=\{(\boldsymbol{x},t)\mid \boldsymbol{x}\in\mathrm{dom}\,f,\ f(\boldsymbol{x})\leqslant t\}\subseteq\mathbb{R}^{n+1} \tag{2.3.30}$$

“epi”的意思是“上方”，因此 epigraph 的意思是“图的上方”。函数的上境图是由相关函数定义的集合，它看起来像一个装满液体的面朝上的碗，如图 2.3.4 所示。

epi f 的凸性与相关函数 f 的凸性有很强的关系，如以下事实所述。

事实 2.3.2 当且仅当 epi f 是凸的时 f 为凸函数。

证明：让我们证明充分性和必要性。

- 充分性：假设 f 是非凸函数。存在 $\boldsymbol{x}_1,\boldsymbol{x}_2\in\mathrm{dom}\,f$，$\theta\in[0,1]$，使得

$$f(\theta\boldsymbol{x}_1+(1-\theta)\boldsymbol{x}_2)>\theta f(\boldsymbol{x}_1)+(1-\theta)f(\boldsymbol{x}_2) \tag{2.3.31}$$

令 $(\boldsymbol{x}_1,t_1)$，$(\boldsymbol{x}_2,t_2)\in\mathrm{epi}\,f$。然后我们有 $f(\boldsymbol{x}_1)\leqslant t_1$，$f(\boldsymbol{x}_2)\leqslant t_2$，并且

$$\theta(\boldsymbol{x}_1,t_1)+(1-\theta)(\boldsymbol{x}_2,t_2)=(\theta\boldsymbol{x}_1+(1-\theta)\boldsymbol{x}_2,\ \theta t_1+(1-\theta)t_2)\in\mathrm{epi}\,f$$

（因为 epi f 是凸的）

$\Rightarrow f(\theta\boldsymbol{x}_1+(1-\theta)\boldsymbol{x}_2)\leqslant\theta t_1+(1-\theta)t_2$.

结合上面的等式和式(2.3.31)，我们得到

$$\theta f(\boldsymbol{x}_1)+(1-\theta)f(\boldsymbol{x}_2)<\theta t_1+(1-\theta)t_2$$

令 $t_1=f(\boldsymbol{x}_1)$，$t_2=f(\boldsymbol{x}_2)$，那么上述不等式将变为

$$\theta f(\boldsymbol{x}_1)+(1-\theta)f(\boldsymbol{x}_2)<\theta f(\boldsymbol{x}_1)+(1-\theta)f(\boldsymbol{x}_2)$$

这是不可能成立的，因此我们的假设无效。因此，f 必须是凸的。

- 必要性：因为 f 是凸的，我们有

$$f(\theta\boldsymbol{x}_1+(1-\theta)\boldsymbol{x}_2)\leqslant\theta f(\boldsymbol{x}_1)+(1-\theta)f(\boldsymbol{x}_2),\quad\forall\,\boldsymbol{x}_1,\boldsymbol{x}_2\in\mathrm{dom}\,f,\ \theta\in[0,1]$$

令$(\boldsymbol{x}_1,t_1)$，$(\boldsymbol{x}_2,t_2)\in \text{epi } f$。然后 $f(\boldsymbol{x}_1)\leqslant t_1$，$f(\boldsymbol{x}_2)\leqslant t_2$ 并且

$$f(\theta\boldsymbol{x}_1+(1-\theta)\boldsymbol{x}_2)\leqslant\theta f(\boldsymbol{x}_1)+(1-\theta)f(\boldsymbol{x}_2)\leqslant\theta t_1+(1-\theta)t_2$$

根据上境图的定义，我们有

$$\begin{aligned}&(\theta\boldsymbol{x}_1+(1-\theta)\boldsymbol{x}_2,\ \theta t_1+(1-\theta)t_2)\in \text{epi } f\\ \Rightarrow&\theta(\boldsymbol{x}_1,t_1)+(1-\theta)(\boldsymbol{x}_2,t_2)\in \text{epi } f\\ \Rightarrow&\text{epi } f \text{ 是凸的}\end{aligned}$$

至此，我们已经完成了事实 2.3.2 的证明。

注 2.3.21 可以证明，当且仅当 epi f 是严格凸集时，f 是严格凸函数。

注 2.3.22 对于可微凸函数 f，根据下面的注 2.3.23，因为 f 是连续的，所以在式(2.3.30)中定义的其上境图一定是一个闭集(如图 2.3.4 所示)。由式(2.3.16)给出的关于任何 $\boldsymbol{x}_0\in \text{dom } f$ 的一阶条件，可以很容易地看出

$$\begin{aligned}&t\geqslant f(\boldsymbol{x})\geqslant f(\boldsymbol{x}_0)+\nabla f(\boldsymbol{x}_0)^{\mathrm{T}}(\boldsymbol{x}-\boldsymbol{x}_0)\\ \Leftrightarrow&[\nabla f(\boldsymbol{x}_0)^{\mathrm{T}}-1]\left\{\begin{bmatrix}\boldsymbol{x}\\ t\end{bmatrix}-\begin{bmatrix}\boldsymbol{x}_0\\ f(\boldsymbol{x}_0)\end{bmatrix}\right\}\leqslant 0\quad \forall\,(\boldsymbol{x},t)\in \text{epi } f\end{aligned}\tag{2.3.32}$$

它实际上在 epi f 的任意边界点$(\boldsymbol{x}_0,f(\boldsymbol{x}_0))$上定义了集合 epi f 的支撑超平面，这表明根据支撑超平面定理，epi f 是一个凸集。换句话说，由式(2.3.16)给出的一阶条件等价于 epi f 是凸集的条件。

假设 int epi $f\neq\varnothing$。由于一阶条件是唯一的，因此从式(2.3.32)可以看出，在 epi f 的任意边界点 $\boldsymbol{y}_0=(\boldsymbol{x}_0,f(\boldsymbol{x}_0))$处的支撑超平面是由包含 epi f 的下述半空间唯一确定的。

$$H_-(\boldsymbol{y}_0)=\{\boldsymbol{y}\in\mathbb{R}^{n+1}\,|\,\boldsymbol{a}(\boldsymbol{y}_0)^{\mathrm{T}}(\boldsymbol{y}-\boldsymbol{y}_0)\leqslant 0\}\tag{2.3.33}$$

其中，$\boldsymbol{a}(\boldsymbol{y}_0)=[\nabla f(\boldsymbol{x}_0)^{\mathrm{T}},-1]^{\mathrm{T}}$。因此，epi f 的边界也是平滑的。

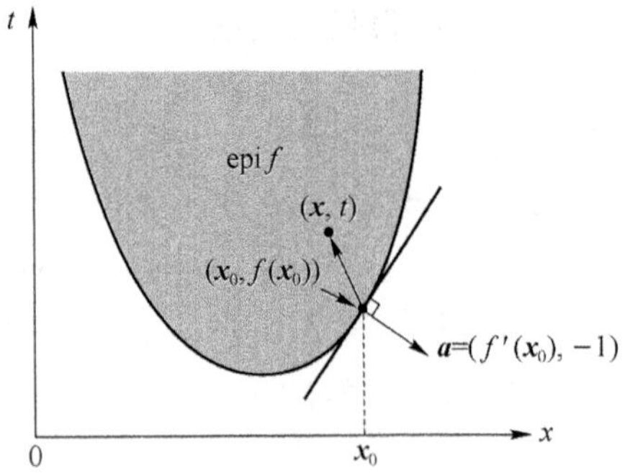

图 2.3.4 凸函数 $f:\mathbb{R}\to\mathbb{R}$的上境图和在$(x_0,f(x_0))$处的支撑超平面

注 2.3.23 如果函数 $f:\mathbb{R}^n\to\mathbb{R}$的上境图 epi $f\subseteq\mathbb{R}^{n+1}$是一个闭集，则称该函数为闭合的。也就是说，对于每个收敛到$(\hat{\boldsymbol{x}},\hat{\boldsymbol{\alpha}})$的序列$\{(\boldsymbol{x}_k,\boldsymbol{\alpha}_k)\}\subseteq$epi f，我们有$(\hat{\boldsymbol{x}},\hat{\boldsymbol{\alpha}})\in$ epi f。此外，所有的连续函数都是闭合的，但反之则不成立。例如，对于下半连续函数 $f_1(x)$和上半连续函数 $f_2(x)$定义为

$$f_1(x)=\begin{cases}1, & x<0\\ -1, & x\geqslant 0\end{cases},\quad f_2(x)=\begin{cases}1, & x\leqslant 0\\ -1, & x>0\end{cases}$$

可以看出 epi $f_1=\{(x,t)|t\geqslant 1,\ x<0\}\cup\{(x,t)|t\geqslant -1,\ x\geqslant 0\}$是一个闭集,但是 epi $f_2=\{(x,t)|t\geqslant 1,\ x\leqslant 0\}\cup\{(x,t)|t\geqslant -1,\ x>0\}$不是闭集。

注 2.3.24 (非凸函数的凸包络)若 dom f 是凸集,那么函数 $f:\mathbb{R}^n\to\mathbb{R}$的凸包络定义为

$$g_f(\boldsymbol{x})=\inf\{t|(\boldsymbol{x},t)\in \text{conv epi } f\},\quad \text{dom } g_f=\text{dom } f \tag{2.3.34}$$

从式(2.3.34)可以推断出,epi g_f=conv epi f,并且对于所有的 $\boldsymbol{x}$,$g_f(\boldsymbol{x})\leqslant f(\boldsymbol{x})$。

图 2.3.5 中给出了两个说明性示例,其中两个非凸函数由下式给出:

$$f_1(x)=\begin{cases}2\sqrt{x}, & 0\leqslant x\leqslant 1\\ 2(x-1)^2+2, & x\geqslant 1\end{cases}\qquad \text{dom } f=\mathbb{R}_+ \tag{2.3.35}$$

$$f_2(x)=\begin{cases}0, & x=0\\ 1, & -1\leqslant x<0,\ \text{or } 0<x\leqslant 1\end{cases}\qquad \text{dom } f=[-1,1] \tag{2.3.36}$$

从式(2.3.34)可以很容易地证明

$$g_{f_1}(x)=\begin{cases}4(\sqrt{2}-1)x, & 0\leqslant x\leqslant\sqrt{2}\\ 2(x-1)^2+2, & x\geqslant\sqrt{2}\end{cases} \tag{2.3.37}$$

$$g_{f_2}(x)=|x|,\quad -1\leqslant x\leqslant 1 \tag{2.3.38}$$

请注意,$f_2(x)$是不连续的且不可微的,但实际上它是 $f(\boldsymbol{x})=\|\boldsymbol{x}\|_0$,dom $f=\{\boldsymbol{x}\in\mathbb{R}^n|\|\boldsymbol{x}\|_1\leqslant 1\}$的一维特例,它是非凸的(定义为 $\boldsymbol{x}$ 中非零元素的数量),并且可以证明 $g_f(\boldsymbol{x})=\|\boldsymbol{x}\|_1$,已经用于对向量的稀疏性建模。另一个有趣的非凸函数是 $f(\boldsymbol{X})=\text{rank}(\boldsymbol{X})$, dom $f=\{\boldsymbol{X}\in\mathbb{R}^{M\times N}|\|\boldsymbol{X}\|_*\leqslant 1\}$,并且可以证明 $g_f(\boldsymbol{X})=\|\boldsymbol{X}\|_*$(核范数)(参见参考文献),已经用于压缩传感中高维数据矩阵的低秩近似。

正如我们将在后面看到的那样,上境图的概念以及将要介绍的优化问题的上境图表示形式在解决优化问题时将非常有用。

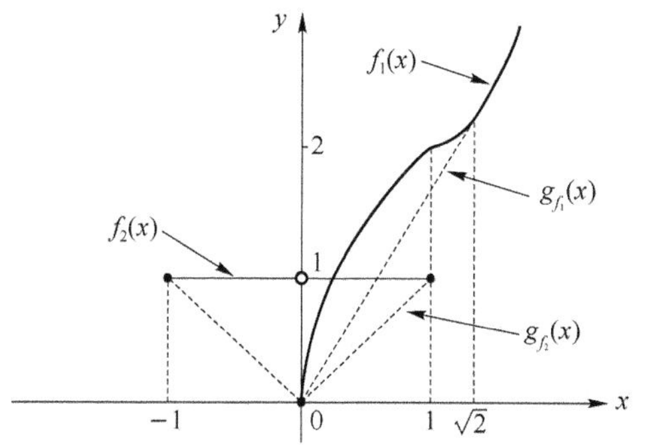

图 2.3.5 分别在式(2.3.35)和式(2.3.36)中定义的两个非凸函数 $f_1(x)$ 和 $f_2(x)$的凸包络 $g_{f_1}(x)$和 $g_{f_2}(x)$〔参见式(2.3.37)和式(2.3.38)〕

2.3.5 Jensen 不等式

对于一个凸函数 $f:\mathbb{R}^n\to\mathbb{R}$,不等式

$$f(\theta\boldsymbol{x}+(1-\theta)\boldsymbol{y})\leqslant\theta f(\boldsymbol{x})+(1-\theta)f(\boldsymbol{y}),\quad \theta\in[0,1] \tag{2.3.39}$$

称为 Jensen 不等式。将式(2.3.39)中的 $\boldsymbol{y}=\alpha\boldsymbol{z}+(1-\alpha)\boldsymbol{w}\in \mathrm{dom}\, f$ 替换为 $\boldsymbol{z},\boldsymbol{w}\in \mathrm{dom}\, f$ 并且 $\alpha\in[0,1]$ 得出,

$$\begin{aligned}f(\theta\boldsymbol{x}+(1-\theta)\boldsymbol{y})&=f(\theta\boldsymbol{x}+(1-\theta)\alpha\boldsymbol{z}+(1-\theta)(1-\alpha)\boldsymbol{w})\\&\leqslant\theta f(\boldsymbol{x})+(1-\theta)f(\alpha\boldsymbol{z}+(1-\alpha)\boldsymbol{w})\\&\leqslant\theta f(\boldsymbol{x})+(1-\theta)(\alpha f(\boldsymbol{z})+(1-\alpha)f(\boldsymbol{w}))\\&=\theta f(\boldsymbol{x})+(1-\theta)\alpha f(\boldsymbol{z})+(1-\theta)(1-\alpha)f(\boldsymbol{w})\\&=\theta_1 f(\boldsymbol{x})+\theta_2 f(\boldsymbol{z})+\theta_3 f(\boldsymbol{w})\end{aligned}$$

其中,$\theta_1=\theta\in[0,1]$, $\theta_2=(1-\theta)\alpha\in[0,1]$, $\theta_3=(1-\theta)(1-\alpha)\in[0,1]$,并且 $\theta_1+\theta_2+\theta_3=1$。对于凸函数 f,可以通过归纳推断出,对于任何 $k\geqslant2$ 的正整数,

$$f\Big(\sum_{i=1}^{k}\theta_i\boldsymbol{x}_i\Big)\leqslant\sum_{i=1}^{k}\theta_i f(\boldsymbol{x}_i),\quad \forall\,\theta_i\geqslant0,\quad \sum_{i=1}^{k}\theta_i=1 \tag{2.3.40}$$

例 2.3.1 (算术几何不等式)

$$\Big(\prod_{i=1}^{n}x_i\Big)^{1/n}\leqslant\frac{1}{n}\Big(\sum_{i=1}^{n}x_i\Big),\ \forall\,\boldsymbol{x}\in\mathbb{R}_{++}^{n} \tag{2.3.41}$$

证明:回想一下,$\log x$ 在$\mathbb{R}_{++}$上是凹的。因此,对于 $\theta_i\geqslant0$, $\sum_{i=1}^{n}\theta_i=1$,我们有

$$\log\Big(\sum_{i=1}^{n}\theta_i x_i\Big)\geqslant\sum_{i=1}^{n}\theta_i\log x_i=\sum_{i=1}^{n}\log x_i^{\theta_i}=\log\Big(\prod_{i=1}^{n}x_i^{\theta_i}\Big)$$

$$\Rightarrow\sum_{i=1}^{n}\theta_i x_i\geqslant\prod_{i=1}^{n}x_i^{\theta_i} \tag{2.3.42}$$

令 $\theta_i=\dfrac{1}{n}$, $\forall\, i$,这将导出 $\Big(\prod_{i=1}^{n}x_i\Big)^{1/n}\leqslant\dfrac{1}{n}\Big(\sum_{i=1}^{n}x_i\Big)$。

请注意,对于所有 $x_i>0$, $\theta_i\geqslant0$, $\sum_{i=1}^{n}\theta_i=1$,式(2.3.42)成立。式(2.3.42)中,用 $x_i/\theta_i>0$ 替换 x_i 的替代表达式为

$$\sum_{i=1}^{n}x_i\geqslant\prod_{i=1}^{n}\Big(\frac{x_i}{\theta_i}\Big)^{\theta_i} \tag{2.3.43}$$

其中,对于所有的 i,$\theta_i\neq0$。式(2.3.42)和式(2.3.43)的不等式已广泛用于各种优化问题。

例 2.3.2 (Hölder 不等式)

$$\boldsymbol{y}^{\mathrm{T}}\boldsymbol{x}\leqslant\|\boldsymbol{x}\|_p\cdot\|\boldsymbol{y}\|_q \tag{2.3.44}$$

其中,$\dfrac{1}{p}+\dfrac{1}{q}=1$, $p\geqslant1$, $q\geqslant1$。

证明:根据式(2.3.42),对于 $a,b>0$, $0\leqslant\theta\leqslant1$,我们有

$$\theta a+(1-\theta)b\geqslant a^{\theta}b^{1-\theta}$$

令

$$a_i=\frac{|x_i|^p}{\sum_{j=1}^{n}|x_j|^p},\quad b_i=\frac{|y_i|^q}{\sum_{j=1}^{n}|y_j|^q},\quad \theta=\frac{1}{p}$$

然后我们得到

$$\sum_{i=1}^{n}\theta a_i+(1-\theta)b_i=\sum_{i=1}^{n}\left(\frac{|x_i|^p/p}{\sum_{j=1}^{n}|x_j|^p}+\frac{|y_i|^q/q}{\sum_{j=1}^{n}|y_j|^q}\right)=\frac{1}{p}+\frac{1}{q}=1$$

$$\geqslant\sum_{i=1}^{n}\left(\frac{|x_i|^p}{\sum_{j=1}^{n}|x_j|^p}\right)^{1/p}\left(\frac{|y_i|^q}{\sum_{j=1}^{n}|y_j|^q}\right)^{1/q}$$

$$=\frac{\sum_{i=1}^{n}|x_i|\cdot|y_i|}{\left(\sum_{j=1}^{n}|x_j|^p\right)^{1/p}\left(\sum_{j=1}^{n}|y_j|^q\right)^{1/q}}$$

$$\geqslant\frac{\boldsymbol{y}^{\mathrm{T}}\boldsymbol{x}}{\|\boldsymbol{x}\|_p\cdot\|\boldsymbol{y}\|_q}$$

即得出了由式(2.3.44)给出的 Hölder 不等式。

一个特例是 Cauchy-Schwartz 不等式($p=q=2$),如下所示:

$$\boldsymbol{y}^{\mathrm{T}}\boldsymbol{x}\leqslant\|\boldsymbol{x}\|_2\cdot\|\boldsymbol{y}\|_2$$

对于所有 $\alpha\geqslant0$,等式 $\boldsymbol{y}=\alpha\boldsymbol{x}$ 成立。另外一种情况($p=\infty,\ q=1$)如下:

$$\boldsymbol{y}^{\mathrm{T}}\boldsymbol{x}\leqslant\|\boldsymbol{x}\|_\infty\cdot\|\boldsymbol{y}\|_1 \tag{2.3.45}$$

式(2.3.45)中等号成立的情况是(i)当 $\boldsymbol{x}=\alpha\boldsymbol{1}_n,\ \alpha>0,\ \boldsymbol{y}\in\mathbb{R}_+^n$ 时,并且(ii)当 $\boldsymbol{y}=\alpha\boldsymbol{e}_i,\ \alpha>0,\ \boldsymbol{x}\in\mathbb{R}_+^n$ 并且对于所有的 $j\neq i, x_i\geqslant x_j$。

注 2.3.25 对于所有的 $\boldsymbol{x}\in S\subseteq\mathrm{dom}\,f$,令 $p(\boldsymbol{x})\geqslant0$。假设 $\boldsymbol{x}$ 是一个随机向量,在 S 上概率密度函数为 $p(\boldsymbol{x})\geqslant0$,即$\int_S p(\boldsymbol{x})\mathrm{d}\boldsymbol{x}=1$,那么对于凸函数 f,我们有

$$f(E\{\boldsymbol{x}\})=f\left(\int_S\boldsymbol{x}p(\boldsymbol{x})\mathrm{d}\boldsymbol{x}\right)\leqslant\int_S f(\boldsymbol{x})p(\boldsymbol{x})\mathrm{d}\boldsymbol{x}=E\{f(\boldsymbol{x})\} \tag{2.3.46}$$

2.4 保凸运算

在本节中,我们描述了一些保持函数凸性或凹性的操作,或者允许我们构造新的凸、凹函数的操作。

2.4.1 非负加权和

令 $f_1,\cdots,f_m$ 是凸函数,并且 $w_1,\cdots,w_m\geqslant0$,那么$\sum_{i=1}^{m}w_if_i$ 是凸函数。

证明:$\mathrm{dom}\left(\sum_{i=1}^{m}w_if_i\right)=\bigcap_{i=1}^{m}\mathrm{dom}\,f_i$ 对于所有的i 都是凸的。对于$0\leqslant\theta\leqslant1$,并且$\boldsymbol{x},\boldsymbol{y}\in\mathrm{dom}\left(\sum_{i=1}^{m}w_if_i\right)$,我们有

$$\sum_{i=1}^{m}w_if_i(\theta\boldsymbol{x}+(1-\theta)\boldsymbol{y})\leqslant\sum_{i=1}^{m}w_i(\theta f_i(\boldsymbol{x})+(1-\theta)f_i(\boldsymbol{y}))$$

$$=\theta\sum_{i=1}^{m}w_if_i(\boldsymbol{x})+(1-\theta)\sum_{i=1}^{m}w_if_i(\boldsymbol{y})$$

至此,证毕。

注 2.4.1 对于每个 $\boldsymbol{y}\in A$ 和 $w(\boldsymbol{y})\geqslant0$,$f(\boldsymbol{x},\boldsymbol{y})$在 $\boldsymbol{x}$ 上都是凸的。然后,

$$g(\boldsymbol{x})=\int_A w(\boldsymbol{y})f(\boldsymbol{x},\boldsymbol{y})\mathrm{d}\boldsymbol{y} \tag{2.4.1}$$

在 $\bigcap_{\boldsymbol{y}\in A}\mathrm{dom}\,f$ 是凸的。

2.4.2 仿射映射的组成

如果函数 $f:\mathbb{R}^n \to \mathbb{R}$是一个凸函数，那么对于 $\boldsymbol{A}\in\mathbb{R}^{n\times m}$，$\boldsymbol{b}\in\mathbb{R}^n$，函数 $g:\mathbb{R}^m\to\mathbb{R}$，定义为

$$g(\boldsymbol{x})=f(\boldsymbol{Ax}+\boldsymbol{b}) \tag{2.4.2}$$

其也是凸的，并且它的定义域表示如下：

$$\begin{aligned}\operatorname{dom} g &= \{\boldsymbol{x}\in\mathbb{R}^m \mid \boldsymbol{Ax}+\boldsymbol{b}\in \operatorname{dom} f\} \\ &= \{\boldsymbol{A}^{\dagger}(\boldsymbol{y}-\boldsymbol{b}) \mid \boldsymbol{y}\in \operatorname{dom} f\}+N(\boldsymbol{A}) \quad \text{〔参见注(2.2.4)〕}\end{aligned} \tag{2.4.3}$$

根据注 2.2.4，它是一个凸集。

证明(利用上境图)：由于 $g(\boldsymbol{x})=f(\boldsymbol{Ax}+\boldsymbol{b})$，并且 $\operatorname{epi} f=\{(\boldsymbol{y},t) \mid f(\boldsymbol{y})\leqslant t\}$，我们有

$$\begin{aligned}\operatorname{epi} g &= \{(\boldsymbol{x},t)\in\mathbb{R}^{m+1} \mid f(\boldsymbol{Ax}+\boldsymbol{b})\leqslant t\} \\ &= \{(\boldsymbol{x},t)\in\mathbb{R}^{m+1} \mid (\boldsymbol{Ax}+\boldsymbol{b},t)\in \operatorname{epi} f\}\end{aligned}$$

现在，定义

$$S=\{(\boldsymbol{x},\boldsymbol{y},t)\in\mathbb{R}^{m+1} \mid \boldsymbol{y}=\boldsymbol{Ax}+\boldsymbol{b},\ f(\boldsymbol{y})\leqslant t\}$$

使得

$$\operatorname{epi} g=\left\{\begin{bmatrix}\boldsymbol{I}_m & \boldsymbol{0}_{m\times n} & \boldsymbol{0}_m \\ \boldsymbol{0}_m^{\mathrm{T}} & \boldsymbol{0}_n^{\mathrm{T}} & 1\end{bmatrix}(\boldsymbol{x},\boldsymbol{y},t) \,\middle|\, (\boldsymbol{x},\boldsymbol{y},t)\in S\right\}$$

通过仿射映射，它不过是 S 的图像。通过凸集的定义可以很容易地表明，如果 f 是凸的，则 S 是凸的。因此，epi g 是凸的(由于来自凸集 S 的仿射映射)，表明 g 是凸的(根据事实 2.3.2)。

另外一种证明：对于 $0\leqslant\theta\leqslant 1$，我们有

$$\begin{aligned}g(\theta\boldsymbol{x}_1+(1-\theta)\boldsymbol{x}_2) &= f(\boldsymbol{A}(\theta\boldsymbol{x}_1+(1-\theta)\boldsymbol{x}_2)+\boldsymbol{b}) \\ &= f(\theta(\boldsymbol{Ax}_1+\boldsymbol{b})+(1-\theta)(\boldsymbol{Ax}_2+\boldsymbol{b})) \\ &\leqslant \theta f(\boldsymbol{Ax}_1+\boldsymbol{b})+(1-\theta)f(\boldsymbol{Ax}_2+\boldsymbol{b}) \\ &= \theta g(\boldsymbol{x}_1)+(1-\theta)g(\boldsymbol{x}_2)\end{aligned}$$

此外，dom g〔根据式(2.4.3)〕也是一个凸集，并且我们可以推断出 $f(\boldsymbol{Ax}+\boldsymbol{b})$是一个凸函数。

2.4.3 逐点最大值和最大值

如果 f_1, f_2 是凸函数，然后 $f(\boldsymbol{x})=\max\{f_1(\boldsymbol{x}),f_2(\boldsymbol{x})\}$，这通常情况下是不可微的，但是凸的。通过证明 epi f 是凸的，可以很容易地证明这一点。

例 2.4.1 分段线性函数(见图 2.4.1)

$$f(\boldsymbol{x})=\max_{i=1,\cdots,L}\{\boldsymbol{a}_i^{\mathrm{T}}\boldsymbol{x}+\boldsymbol{b}_i\} \tag{2.4.4}$$

因为仿射函数是凸的，所以上述分段线性函数是凸的。注意，该函数是不可微的，因此它的凸性不能通过一阶条件(2.3.16)或二阶条件(2.3.27)来证明。对于本示例中给出的分段线性函数，epi f(是一个多面体)是一个凸集，但不是严格凸集，因此 $f(\boldsymbol{x})$是凸函数，但不是严格凸函数。

如果对于每个 $\boldsymbol{y}\in A$，$f(\boldsymbol{x},\boldsymbol{y})$在 x 上都是凸函数，那么

$$g(\boldsymbol{x})=\sup_{\boldsymbol{y}\in A} f(\boldsymbol{x},\boldsymbol{y}) \tag{2.4.5}$$

是凸的。类似地，如果对于每个 $\boldsymbol{y}\in A$，$f(\boldsymbol{x},\boldsymbol{y})$在 $\boldsymbol{x}$ 上都是凹函数，那么

$$\tilde{g}(\boldsymbol{x})=\inf_{\boldsymbol{y}\in A} f(\boldsymbol{x},\boldsymbol{y}) \tag{2.4.6}$$

式(2.4.5)的证明：令 $S_y=\{(\boldsymbol{x},t) \mid f(\boldsymbol{x},\boldsymbol{y})\leqslant t\}$是 f 的上境图(将 $\boldsymbol{y}$ 作为参数)，因为

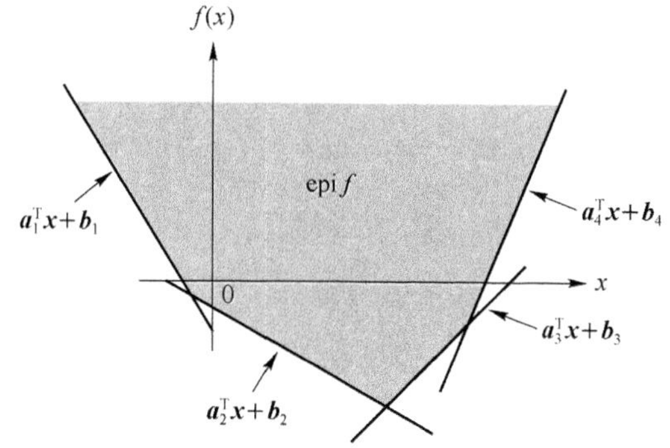

图 2.4.1 $\mathbb{R}^2$ 中 $L=4$ 时由式(2.4.4)给出的分段线性函数 $f(x)$ 的上境图

$f(\boldsymbol{x},\boldsymbol{y})$在$\boldsymbol{x}$ 中是凸的，所以 S_y 是凸的。

$$\text{epi } g=\{(\boldsymbol{x},t)\mid \sup_{\boldsymbol{y}\in A} f(\boldsymbol{x},\boldsymbol{y})\leqslant t\}=\{(\boldsymbol{x},t)\mid f(\boldsymbol{x},\boldsymbol{y})\leqslant t \quad \forall\, \boldsymbol{y}\in A\}$$
$$=\bigcap_{\boldsymbol{y}\in A}\{(\boldsymbol{x},t)\mid f(\boldsymbol{x},\boldsymbol{y})\leqslant t\}=\bigcap_{\boldsymbol{y}\in A} S_{\boldsymbol{y}}$$

因为 S_y 是凸的，所以 epi g 也是凸的。

例 2.4.2 (集合的支撑函数)令 $C\subseteq\mathbb{R}^n$，$C\neq\varphi$。集合 C 的支撑函数被定义如下：

$$S_C(\boldsymbol{x})=\sup_{\boldsymbol{y}\in C}\boldsymbol{x}^{\mathrm{T}}\boldsymbol{y} \tag{2.4.7}$$

dom $S_C=\{\boldsymbol{x}\mid \sup_{\boldsymbol{y}\in C}\boldsymbol{x}^{\mathrm{T}}\boldsymbol{y}<\infty\}$。可以看出，由于线性函数 $\boldsymbol{x}^{\mathrm{T}}\boldsymbol{y}$ 对于每个 $\boldsymbol{y}\in C$ 都是凸的，因此从逐点最大值性质来看，$S_C(\boldsymbol{x})$是一个凸函数。考虑 $C=\{\boldsymbol{y}\in\mathbb{R}^n\mid \|\boldsymbol{y}\|\leqslant 1\}$是具有单位半径的标准球，然后，$S_C(\boldsymbol{x})=\|\boldsymbol{x}\|_*$(参见参考文献)，是$\mathbb{R}^n$上范数$\|\cdot\|$的对偶。

例 2.4.3 $f(\boldsymbol{x})=\sup_{\boldsymbol{y}\in A}\|\boldsymbol{x}-\boldsymbol{y}\|$是凸函数，其中$\|\cdot\|$是范数。这可以通过使用逐点极值的凸性和范数算子的凸性来证明(也就是说，由于$\|\boldsymbol{x}\|$是凸的，因此对于给定的 $\boldsymbol{y}$，$\|\boldsymbol{x}-\boldsymbol{y}\|$在 $\boldsymbol{x}$ 中必须是凸的，请参见 2.4.2 小节)。

例 2.4.4 在 S^n 上，$\lambda_{\max}(\boldsymbol{X})$是凸的，$\lambda_{\min}(\boldsymbol{X})$是凹的。

证明：$\boldsymbol{X}$ 的最大特征值可以表示为：

$$\lambda_{\max}(\boldsymbol{X})=\sup\{\boldsymbol{y}^{\mathrm{T}}\boldsymbol{X}\boldsymbol{y}\mid \|\boldsymbol{y}\|_2=1\}=\sup_{\|\boldsymbol{y}\|_2=1}\mathrm{Tr}(\boldsymbol{X}\boldsymbol{y}\boldsymbol{y}^{\mathrm{T}})$$

其中，对于每一个 $\boldsymbol{y}$，$\mathrm{Tr}(\boldsymbol{X}\boldsymbol{y}\boldsymbol{y}^{\mathrm{T}})$在 $\boldsymbol{X}$ 上都是线性的。因此，$\lambda_{\max}(\boldsymbol{X})$是凸的，$\lambda_{\min}(\boldsymbol{X})=-\lambda_{\max}(-\boldsymbol{X})$是凹的。

通过上面的示例，可以进一步表明

$$\lambda_{\max}(\boldsymbol{X}+\boldsymbol{Y})\leqslant\lambda_{\max}(\boldsymbol{X})+\lambda_{\max}(\boldsymbol{Y}) \quad \forall\,\boldsymbol{X},\boldsymbol{Y}\in\boldsymbol{S}^n \tag{2.4.8}$$

$$\lambda_{\min}(\boldsymbol{X}+\boldsymbol{Y})\geqslant\lambda_{\min}(\boldsymbol{X})+\lambda_{\min}(\boldsymbol{Y}) \quad \forall\,\boldsymbol{X},\boldsymbol{Y}\in\boldsymbol{S}^n \tag{2.4.9}$$

让我们用以下注释来结束本小节。

注 2.4.2 由式(2.4.9)可以看出，$n\times n$ 对称 PSD 矩阵的内部由下式给出：

$$\text{int } \boldsymbol{S}_+^n=\boldsymbol{S}_{++}^n=\{\boldsymbol{X}\in S^n\mid \lambda_{\min}(\boldsymbol{X})>0\} \tag{2.4.10}$$

因此，其边界的定义如下：

$$\text{bd } \boldsymbol{S}_+^n=\boldsymbol{S}_+^n\backslash\boldsymbol{S}_{++}^n=\{\boldsymbol{X}\in\boldsymbol{S}^n\mid \lambda_{\min}(\boldsymbol{X})=0\} \tag{2.4.11}$$

式(2.4.10)的证明：假定 $\boldsymbol{X}\in\text{int } \boldsymbol{S}_+^n$。令 $\lambda_{\min}(\boldsymbol{X})$，$\nu_{\min}(\boldsymbol{X})$表示 $\boldsymbol{X}$ 的最小特征值以及相关的特征向量，其中$\|\nu_{\min}(\boldsymbol{X})\|_2=1$。考虑中心为 $\boldsymbol{X}$ 且半径为 r 的标准球，定义为

$$B(\boldsymbol{X},r)\triangleq\{\boldsymbol{Y}=\boldsymbol{X}+r\boldsymbol{U}\mid \|\boldsymbol{U}\|_F\leqslant 1,\ \boldsymbol{U}\in\boldsymbol{S}^n\}$$

然后

$$\min_{Y\in B(X,r)}\lambda_{\min}(\boldsymbol{Y})=\min_{\|U\|_F\leqslant 1,U\in S^n}\lambda_{\min}(\boldsymbol{X}+r\boldsymbol{U})$$
$$\geqslant\lambda_{\min}(\boldsymbol{X})+r\min_{\|U\|_F\leqslant 1,U\in S^n}\lambda_{\min}(\boldsymbol{U})\quad\text{〔根据式(2.4.9)〕}$$
$$=\lambda_{\min}(\boldsymbol{X})-r$$

其中，当 $\boldsymbol{U}=-\nu_{\min}(\boldsymbol{X})\nu_{\min}(\boldsymbol{X})^{\mathrm{T}}$，不等式的等号成立。可以看出，当且仅当 $\lambda_{\min}(\boldsymbol{X})\geqslant r>0$ 时，$B(\boldsymbol{X},r)\subset\boldsymbol{S}_+^n$，这意味着且仅当 $\lambda_{\min}(\boldsymbol{X})>0$ 时 $\boldsymbol{X}\in\mathrm{int}\,\boldsymbol{S}_+^n$。

2.4.4 复合函数

假设 $h:\mathrm{dom}\,h\to\mathbb{R}$是一个凸(凹)函数，并且 $\mathrm{dom}\,h\subset\mathbb{R}^n$。$h$ 的扩展值延伸，表示为 $\tilde{h}$，其中 $\mathrm{dom}\,\tilde{h}=\mathbb{R}^n$，$\tilde{h}$ 有较为简单的表示方法，因为其定义域是整个$\mathbb{R}^n$，这不必明确提及。扩展值函数 $\tilde{h}$ 是对于 $\boldsymbol{x}\in\mathrm{dom}\,h$ 时，和 $h(\boldsymbol{x})$采用相同的值，否则值为$+\infty(-\infty)$的函数。具体来说，如果 h 是凸的，

$$\tilde{h}(\boldsymbol{x})=\begin{cases}h(\boldsymbol{x}), & \boldsymbol{x}\in\mathrm{dom}\,h\\ +\infty, & \boldsymbol{x}\notin\mathrm{dom}\,h\end{cases}\tag{2.4.12}$$

并且，如果 h 是凹函数，

$$\tilde{h}(\boldsymbol{x})=\begin{cases}h(\boldsymbol{x}), & \boldsymbol{x}\in\mathrm{dom}\,h\\ -\infty, & \boldsymbol{x}\notin\mathrm{dom}\,h\end{cases}\tag{2.4.13}$$

然后，扩展值函数 $\tilde{h}$ 不影响原始函数 h 的凸性(或凹性)，并且 Eff-dom $\tilde{h}$ =Eff-dom h。

下面是一些示例，用于说明函数的扩展值延伸的性质。

- $h(x)=\log x$，$\mathrm{dom}\,h=\mathbb{R}_{++}$。然后，$h(\boldsymbol{x})$为凹函数，那么 $\tilde{h}(\boldsymbol{x})$也为凹函数且不递减。
- $h(x)=x^{1/2}$，$\mathrm{dom}\,h=\mathbb{R}_+$。然后，$h(\boldsymbol{x})$为凹函数，那么 $\tilde{h}(\boldsymbol{x})$也为凹函数且不递减。
- 函数

$$h(x)=x^2,\quad x\geqslant 0\tag{2.4.14}$$

即，$\mathrm{dom}\,h=\mathbb{R}_+$，$h(\boldsymbol{x})$为凹函数，那么 $\tilde{h}(\boldsymbol{x})$也为凹函数，但是它既不递增也不递减。

令 $f(\boldsymbol{x})=h(g(\boldsymbol{x}))$，其中 $h:\mathbb{R}\to\mathbb{R}$，并且 $g:\mathbb{R}^n\to\mathbb{R}$。然后，关于 f 的凹凸性，我们有以下四个组合规则：

(a) 如果 h 为凸，则 f 为凸，$\tilde{h}$ 不递减，并且 g 为凸。 (2.4.15a)

(b) 如果 h 为凸，则 f 为凸，$\tilde{h}$ 不递增，并且 g 为凹。 (2.4.15b)

(c) 如果 h 为凹，则 f 为凹，$\tilde{h}$ 不递减，并且 g 为凹。 (2.4.15c)

(d) 如果 h 为凹，则 f 为凹，$\tilde{h}$ 不递增，并且 g 为凸。 (2.4.15d)

考虑以下情况：g 和 h 是二阶可微的，$\tilde{h}(x)=h(x)$。然后，

$$\nabla f(\boldsymbol{x})=h'(g(\boldsymbol{x}))\nabla g(\boldsymbol{x})\tag{2.4.16}$$

并且

$$\nabla^2 f(\boldsymbol{x})=D(\nabla f(\boldsymbol{x}))=D(h'(g(\boldsymbol{x})))\cdot\nabla g(\boldsymbol{x})\quad\text{〔根据(1.11.1)〕}$$
$$=\nabla g(\boldsymbol{x})D(h'(g(\boldsymbol{x})))+h'(g(\boldsymbol{x}))\cdot D(\nabla g(\boldsymbol{x}))$$
$$=h''(g(x))\nabla g(\boldsymbol{x})\nabla g(\boldsymbol{x})^{\mathrm{T}}+h'(g(\boldsymbol{x}))\nabla^2 g(\boldsymbol{x})\tag{2.4.17}$$

上述组合规则(a)〔参见(2.4.15a)〕和(b)〔参见(2.4.15b)〕可以通过检验$\nabla^2 f(\boldsymbol{x})\succeq 0$ 是否成立，来证明 f 的凸性，以及组合规则(c)〔参见 (2.4.15c)〕和(d)〔参见(2.4.15d)〕可以通过检

查$\nabla^2 f(\boldsymbol{x}) \preceq 0$是否成立来验证$f$的凹性。让我们用一个简单的示例来结束本小节。

例 2.4.5 令$g(\boldsymbol{x})=\|\boldsymbol{x}\|_2$(凸函数)并且

$$h(x)=\begin{cases} x^2, & x\geqslant 0 \\ 0, & \text{其他} \end{cases}$$

这也是一个凸函数。$\tilde{h}(x)=h(x)$是不递减的。然后根据(2.4.15a),$f(\boldsymbol{x})=h(g(\boldsymbol{x}))=\|\boldsymbol{x}\|_2^2=\boldsymbol{x}^{\mathrm{T}}\boldsymbol{x}$是凸函数,或者根据二阶条件$\nabla^2 f(\boldsymbol{x})=2\boldsymbol{I}_n \succ 0$也可以证明它是凸的。

2.4.5 逐点最小值和最小值

如果$f(\boldsymbol{x},\boldsymbol{y})$在$(\boldsymbol{x},\boldsymbol{y})\in\mathbb{R}^m\times\mathbb{R}^n$中是凸的且$C\subset\mathbb{R}^n$是非空凸集,则

$$g(\boldsymbol{x})=\inf_{\boldsymbol{y}\in C} f(\boldsymbol{x},\boldsymbol{y}) \tag{2.4.18}$$

是凸的,并有对于某些$\boldsymbol{x}$,$g(\boldsymbol{x})>-\infty$。

证明:由于f在$\mathrm{int}(\mathrm{dom}\ f)$上是连续的(参见注 2.3.6),因此对于任何$\varepsilon>0$,和$\boldsymbol{x}_1,\boldsymbol{x}_2\in \mathrm{dom}\ g$,存在$\boldsymbol{y}_1,\boldsymbol{y}_2\in C$(取决于$\varepsilon$),使得

$$f(\boldsymbol{x}_i,\boldsymbol{y}_i)\leqslant g(\boldsymbol{x}_i)+\varepsilon,\quad i=1,2 \tag{2.4.19}$$

令$(\boldsymbol{x}_1,t_1)$,$(\boldsymbol{x}_2,t_2)\in \mathrm{epi}\ g$。然后$g(\boldsymbol{x}_i)=\inf_{\boldsymbol{y}\in C} f(\boldsymbol{x}_i,\boldsymbol{y})\leqslant t_i$,$i=1,2$。那么对于任何的$\theta\in[0,1]$,我们有

$$\begin{aligned} g(\theta\boldsymbol{x}_1+(1-\theta)\boldsymbol{x}_2) &= \inf_{\boldsymbol{y}\in C} f(\theta\boldsymbol{x}_1+(1-\theta)\boldsymbol{x}_2,\boldsymbol{y}) \\ &\leqslant f(\theta\boldsymbol{x}_1+(1-\theta)\boldsymbol{x}_2,\theta\boldsymbol{y}_1+(1-\theta)\boldsymbol{y}_2) \\ &\leqslant \theta f(\boldsymbol{x}_1,\boldsymbol{y}_1)+(1-\theta)f(\boldsymbol{x}_2,\boldsymbol{y}_2) \quad (\text{由于 } f \text{ 是凸的}) \\ &\leqslant \theta g(\boldsymbol{x}_1)+(1-\theta)g(\boldsymbol{x}_2)+\varepsilon \\ &\leqslant \theta t_1+(1-\theta)t_2+\varepsilon \end{aligned} \tag{2.4.20}$$

$$\varepsilon\to 0 \Rightarrow (\theta\boldsymbol{x}_1+(1-\theta)\boldsymbol{x}_2,\ \theta t_1+(1-\theta)t_2)\in \mathrm{epi}\ g$$

因此,根据事实 2.3.2,epi g是一个凸集,因此$g(\boldsymbol{x})$是一个凸函数。

另外一种证明方法:因为$\mathrm{dom}\ g=\{\boldsymbol{x}\mid(\boldsymbol{x},\boldsymbol{y})\in\mathrm{dom}\ f,\ \boldsymbol{y}\in C\}$是凸集$\{(\boldsymbol{x},\boldsymbol{y})\mid(\boldsymbol{x},\boldsymbol{y})\in\mathrm{dom}\ f,\ \boldsymbol{y}\in C\}$在$\boldsymbol{x}$坐标上的投影,因此它一定是一个凸集(参见注 2.2.6)。

令$\theta\in[0,1]$。在$\varepsilon>0$的相同前提下,$\boldsymbol{x}_1,\boldsymbol{x}_2\in\mathrm{dom}\ g$和$\boldsymbol{y}_1,\boldsymbol{y}_2\in C$使得式(2.4.19)成立,通过让$\varepsilon\to 0$,可以轻松地由式(2.4.20)推断得出$g(\theta\boldsymbol{x}_1+(1-\theta)\boldsymbol{x}_2)\leqslant\theta g(\boldsymbol{x}_1)+(1-\theta)g(\boldsymbol{x}_2)$。因此,我们完成了证明,$g(\boldsymbol{x})$是凸的。

让我们给出一些例子来说明在式(2.4.18)中定义的逐点最小或最小函数凸性的有用性。

- 点$\boldsymbol{x}\in\mathbb{R}^n$与凸集$C\subset\mathbb{R}^n$之间的最小距离可以表示为

$$\mathrm{dist}_C(\boldsymbol{x})=\inf_{\boldsymbol{y}\in C}\|\boldsymbol{x}-\boldsymbol{y}\|_2 \tag{2.4.21}$$

通过逐点最小性质,它是一个凸函数〔通过定义,可以证明$\|\boldsymbol{x}-\boldsymbol{y}\|_2$在$(\boldsymbol{x},\boldsymbol{y})$中是凸的,或者通过仿射映射$\boldsymbol{x}-\boldsymbol{y}$和$\|(\boldsymbol{x},\boldsymbol{y})\|_2$的凸函数,也可以证明凸性〕。

- 舒尔补码:假定$\boldsymbol{C}\in\mathbb{S}_{++}^m$,$\boldsymbol{A}\in\mathbb{S}^n$。然后

$$\boldsymbol{S}\triangleq\begin{bmatrix}\boldsymbol{A} & \boldsymbol{B}\\ \boldsymbol{B}^{\mathrm{T}} & \boldsymbol{C}\end{bmatrix}\succeq\boldsymbol{0}\quad \text{当且仅当} \boldsymbol{S}_C\triangleq\boldsymbol{A}-\boldsymbol{B}\boldsymbol{C}^{-1}\boldsymbol{B}^{\mathrm{T}}\succeq\boldsymbol{0} \tag{2.4.22}$$

$\boldsymbol{S}_C$称为在$\boldsymbol{S}$中$\boldsymbol{C}$的舒尔补码。

证明:通过逐点最小性质证明舒尔补码的必要性。令

$$
\begin{aligned}
f(\boldsymbol{x},\boldsymbol{y}) &= [\boldsymbol{x}^{\mathrm{T}} \quad \boldsymbol{y}^{\mathrm{T}}]\boldsymbol{S}\begin{bmatrix}\boldsymbol{x}\\ \boldsymbol{y}\end{bmatrix} \\
&= [\boldsymbol{x}^{\mathrm{T}} \quad \boldsymbol{y}^{\mathrm{T}}]\begin{bmatrix}\boldsymbol{A} & \boldsymbol{B}\\ \boldsymbol{B}^{\mathrm{T}} & \boldsymbol{C}\end{bmatrix}\begin{bmatrix}\boldsymbol{x}\\ \boldsymbol{y}\end{bmatrix} \geqslant 0 \quad \forall (\boldsymbol{x},\boldsymbol{y}) \in \mathbb{R}^{n+m}
\end{aligned} \tag{2.4.23}
$$

因为 $\boldsymbol{S} \succeq 0$，则在 $(\boldsymbol{x},\boldsymbol{y})$ 中函数是凸的。考虑

$$
g(\boldsymbol{x}) = \inf_{\boldsymbol{y} \in \mathbb{R}^m} f(\boldsymbol{x},\boldsymbol{y}) \geqslant 0 \tag{2.4.24}
$$

因为 f 在 $(\boldsymbol{x},\boldsymbol{y})$ 中是凸的并且 $\mathbb{R}^m$ 是非空凸集，所以 $g(\boldsymbol{x})$ 在 $\boldsymbol{x}$ 中是凸的。而且，$g(\boldsymbol{x})$ 本身的计算是一个最小化问题，对于任何固定的 $\boldsymbol{x}$，$f(\boldsymbol{x},\boldsymbol{y})$ 被视为 $\boldsymbol{y}$ 的目标函数。此外，由于 $\boldsymbol{C} \in \boldsymbol{S}_{++}^m$，$f(\boldsymbol{x},\boldsymbol{y})$ 在 $\boldsymbol{y}$ 中也是凸的，并且

$$
f(\boldsymbol{x},\boldsymbol{y}) = \boldsymbol{x}^{\mathrm{T}}\boldsymbol{A}\boldsymbol{x} + 2\boldsymbol{x}^{\mathrm{T}}\boldsymbol{B}\boldsymbol{y} + \boldsymbol{y}^{\mathrm{T}}\boldsymbol{C}\boldsymbol{y} \geqslant g(\boldsymbol{x}) \geqslant 0
$$

〔根据下述的式(2.4.25)，也可证明其充分性〕。

通过一阶条件来找到无约束凸问题(2.4.24)的最优解〔参见式(2.6.18)〕，表示为 $\boldsymbol{y}^*$，我们有

$$
\nabla_{\boldsymbol{y}} f(\boldsymbol{x},\boldsymbol{y}) = 2\boldsymbol{B}^{\mathrm{T}}\boldsymbol{x} + 2\boldsymbol{C}\boldsymbol{y} = 0 \Rightarrow \boldsymbol{y}^* = -\boldsymbol{C}^{-1}\boldsymbol{B}^{\mathrm{T}}\boldsymbol{x}
$$

并且

$$
\begin{aligned}
g(\boldsymbol{x}) &= f(\boldsymbol{x},\boldsymbol{y}^*) \\
&= \boldsymbol{x}^{\mathrm{T}}\boldsymbol{A}\boldsymbol{x} - 2\boldsymbol{x}^{\mathrm{T}}\boldsymbol{B}\boldsymbol{C}^{-1}\boldsymbol{B}^{\mathrm{T}}\boldsymbol{x} + \boldsymbol{x}^{\mathrm{T}}\boldsymbol{B}\boldsymbol{C}^{-1}\boldsymbol{B}^{\mathrm{T}}\boldsymbol{x} \\
&= \boldsymbol{x}^{\mathrm{T}}(\boldsymbol{A} - \boldsymbol{B}\boldsymbol{C}^{-1}\boldsymbol{B}^{\mathrm{T}})\boldsymbol{x} = \boldsymbol{x}^{\mathrm{T}}\boldsymbol{S}_C\boldsymbol{x} \geqslant 0 \quad \forall \boldsymbol{x} \in \mathbb{R}^n
\end{aligned} \tag{2.4.25}
$$

这表明舒尔补码 $\boldsymbol{S}_C$ 是 PSD 矩阵。因此，当且仅当 $\boldsymbol{S}_C \succeq 0$，我们已经证明了 $\boldsymbol{S} \succeq 0$。

类似地，假定 $\boldsymbol{A} \in \boldsymbol{S}_{++}^n$，$\boldsymbol{C} \in \boldsymbol{S}^m$。然后

$$
\boldsymbol{S} \triangleq \begin{bmatrix}\boldsymbol{A} & \boldsymbol{B}\\ \boldsymbol{B}^{\mathrm{T}} & \boldsymbol{C}\end{bmatrix} \succeq 0 \text{ 当且仅当 } \boldsymbol{S}_A \triangleq \boldsymbol{C} - \boldsymbol{B}^{\mathrm{T}}\boldsymbol{A}^{-1}\boldsymbol{B} \succeq 0 \tag{2.4.26}
$$

注 2.4.3　可以证明，当 $\boldsymbol{C} \in \boldsymbol{S}_+^m$，$R(\boldsymbol{B}^{\mathrm{T}}) \subset R(\boldsymbol{C})$ 并且 $\boldsymbol{A} \in \boldsymbol{S}^n$ 时，除 $\boldsymbol{S}_C = \boldsymbol{A} - \boldsymbol{B}\boldsymbol{C}^{\dagger}\boldsymbol{B}^{\mathrm{T}}$ 外，式(2.4.22)仍然成立；当 $\boldsymbol{A} \in \boldsymbol{S}_+^n$，$R(\boldsymbol{B}) \subset R(\boldsymbol{A})$ 并且 $\boldsymbol{C} \in \boldsymbol{S}^m$ 时，除 $\boldsymbol{S}_A = \boldsymbol{C} - \boldsymbol{B}^{\mathrm{T}}\boldsymbol{A}^{\dagger}\boldsymbol{B}$ 外，式(2.4.26)仍然成立。

2.4.6　透视函数

函数 $f:\mathbb{R}^n \to \mathbb{R}$ 的透视函数被定义为：

$$
g(\boldsymbol{x},t) = tf(\boldsymbol{x}/t) \tag{2.4.27}
$$

并且

$$
\mathrm{dom}\ g = \{(\boldsymbol{x},t) \mid \boldsymbol{x}/t \in \mathrm{dom}\ f,\ t > 0\} \tag{2.4.28}
$$

如果 $f(\boldsymbol{x})$ 是凸函数，那么它的透视函数 $g(\boldsymbol{x},t)$ 也是凸的。

证明： dom g 是在 $t>0$ 的透视映射 $p(\boldsymbol{x},t) = \boldsymbol{x}/t$ 下 dom f 的逆像〔参见 2.2.3 小节中的式(2.2.14)〕，因此它是凸的。

对于任意两个点 $(\boldsymbol{x},t)$，$(\boldsymbol{y},s) \in \mathrm{dom}\ g$（即，$s,t>0$，$\boldsymbol{x}/t,\boldsymbol{y}/s \in \mathrm{dom}\ f$），并且 $0 \leqslant \theta \leqslant 1$，我们有

$$g(\theta\boldsymbol{x}+(1-\theta)\boldsymbol{y},\theta t+(1-\theta)s)=(\theta t+(1-\theta)s)f\left(\frac{\theta\boldsymbol{x}+(1-\theta)\boldsymbol{y}}{\theta t+(1-\theta)s}\right)$$
$$=(\theta t+(1-\theta)s)f\left(\frac{\theta t(\boldsymbol{x}/t)+(1-\theta)sf(\boldsymbol{y}/s)}{\theta t+(1-\theta)s}\right)$$
$$\leqslant\theta tf(\boldsymbol{x}/t)+(1-\theta)sf(\boldsymbol{y}/s)\ (\text{因为 } f \text{ 是凸的})$$
$$=\theta g(\boldsymbol{x},t)+(1-\theta)g(\boldsymbol{y},s)$$

因此,我们完成了证明,即 $g(\boldsymbol{x},t)$是凸的。

另外一种证明方法:证明凸性的另一种方法是证明函数的上境图是凸的,如下所示:

$$(\boldsymbol{x},t,s)\in \text{epi } g \Leftrightarrow tf(\boldsymbol{x}/t)\leqslant s$$
$$\Leftrightarrow f(\boldsymbol{x}/t)\leqslant s/t$$
$$\Leftrightarrow(\boldsymbol{x}/t,s/t)\in \text{epi } f$$

因此,epi g 是透视映射下 epi f 的逆像。因为 epi f 是凸的,所以 epi g 也是凸的。

注 2.4.4 如果由式(2.4.27)定义的 $g(\boldsymbol{x},t)$是凸的(凹的),则 $f(\boldsymbol{x})$也是凸的(凹的),反之亦然。请注意,凸集 epi g 不包含原点 $\boldsymbol{0}_{n+2}$,因此它不是锥体。但是,可以将 epi $g\cup\{\boldsymbol{0}_{n+2}\}$表示为凸锥,因此 epi g 的闭包是闭合的凸锥。此外,对于射线 $C=\{(t\boldsymbol{a},t),t>0\}\subset$ dom g,其中 $\boldsymbol{a}\neq\boldsymbol{0}_n$,对于每个非零向量 $\boldsymbol{a}\in\mathbb{R}^n$,其图像 $g(C)=\{tf(\boldsymbol{a}),t>0\}$与 C 一起形成了在$\mathbb{R}^{n+2}$中的射线。

例 2.4.6 考虑

$$f(\boldsymbol{x})=\|\boldsymbol{x}\|_2^2=\boldsymbol{x}^{\mathrm{T}}\boldsymbol{x}\ (\text{凸的}) \tag{2.4.29}$$

那么 $f(\boldsymbol{x})$的透视函数为:

$$g(\boldsymbol{x},t)=t\cdot\frac{\|\boldsymbol{x}\|_2^2}{t^2}=\frac{\|\boldsymbol{x}\|_2^2}{t},\quad t>0 \tag{2.4.30}$$

也是凸的。图 3.7 显示了 $f(x)=x^2$ 的透视图 $g(x,t)=x^2/t$,以及 epi $g\cup\{\boldsymbol{0}_3\}$的未闭合的凸锥。注意 epi $g\cup\{(0,0,s)\,|\,s\geqslant 0\}$(恰好是 epi g 的闭包)是一个闭合的凸锥。

例 2.4.7 考虑

$$h(\boldsymbol{x})=\frac{\|\boldsymbol{Ax}+\boldsymbol{b}\|_2^2}{\boldsymbol{c}^{\mathrm{T}}\boldsymbol{x}+d} \tag{2.4.31}$$

其中,dom $h=\{\boldsymbol{x}\,|\,\boldsymbol{c}^{\mathrm{T}}\boldsymbol{x}+d>0\}$。因为式(2.4.30)给出的 $g(\boldsymbol{x},t)$在$(\boldsymbol{x},t)$是凸的,由于仿射映射$(\boldsymbol{y},t)=(\boldsymbol{Ax}+\boldsymbol{b},\ \boldsymbol{c}^{\mathrm{T}}\boldsymbol{x}+d)$,可以推断出 $h(x)$也是凸的。

例 2.4.8 (相对熵或者 Kullback-Leibler 散度)已经证明 $f(x)=-\log x$ 是一个凸函数,其中 dom $f=\mathbb{R}_{++}$。然后 f 的透视函数

$$g(x,t)=-t\log(x/t)=t\log(t/x) \tag{2.4.32}$$

在$\mathbb{R}_{++}^2$上是凸的。此外,对于任意两个向量 $\boldsymbol{u},\boldsymbol{v}\in\mathbb{R}_{++}^n$,$\boldsymbol{u}^{\mathrm{T}}\boldsymbol{1}_n=\boldsymbol{v}^{\mathrm{T}}\boldsymbol{1}_n=1$,它们的相对熵或者 Kullback-Leibler 散度,定义为:

$$D_{\mathrm{KL}}(\boldsymbol{u},\boldsymbol{v})=\sum_{i=1}^{n}\boldsymbol{u}_i\log(\boldsymbol{u}_i/\boldsymbol{v}_i)\geqslant 0 \tag{2.4.33}$$

因为式(2.4.32)给出的 $g(x,t)$是凸的,所以 $D_{\mathrm{KL}}(\boldsymbol{u},\boldsymbol{v})$在$(\boldsymbol{u},\boldsymbol{v})$上也是凸的。它已被用作两个概率分布 $\boldsymbol{u}$ 和 $\boldsymbol{v}$ 之间偏差的度量。

2.5 标准形式的优化问题

在通常情况下,优化问题有以下结构:

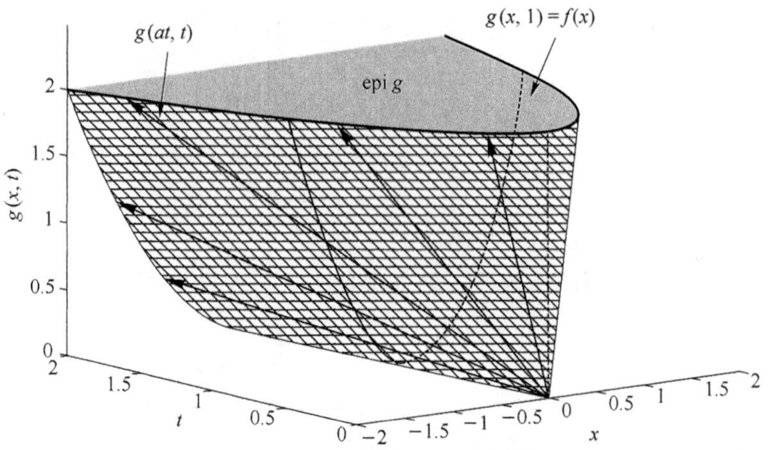

图 2.4.2　$g(x,t)=x^2/t$ 的上境图，$f(x)=x^2$ 的透视图，其中红色曲线表示 $g(x,1)=f(x)$，并且对于不同的 a，每个蓝色的射线都和 $g(at,t)=a^2t$ 有关

$$\begin{aligned}\min \quad & f_0(\boldsymbol{x}) \\ \text{s.t.} \quad & f_i(\boldsymbol{x})\leqslant 0,\ i=1,\cdots,m \\ & h_i(\boldsymbol{x})=0,\ i=1,\cdots,p\end{aligned} \tag{2.5.1}$$

其中，f_0 是目标函数，f_i，$i=1,\cdots,m$，是约束不等式函数，h_i，$i=1,\cdots,p$，是约束等式函数，"s. t."代表"约束于"。

在介绍凸优化的细节之前，需要介绍一些在讨论优化问题时经常会遇到的术语。

2.5.1 一些术语

- 集合

$$D=\{\bigcap_{i=0}^{m}\operatorname{dom} f_i\}\cap\{\bigcap_{i=1}^{p}\operatorname{dom} h_i\} \tag{2.5.2}$$

称为优化问题(2.5.1)的问题域。

- 集合

$$C=\{\boldsymbol{x}\mid\boldsymbol{x}\in D,\ f_i(\boldsymbol{x})\leqslant 0,\ i=1,\cdots,m,\ h_i(\boldsymbol{x})=0,\ i=1,\cdots,p\} \tag{2.5.3}$$

称为可行集或者约束集。

- 如果 $\boldsymbol{x}\in C$，则点 $\boldsymbol{x}\in D$ 是可行的，否则不可行。
- 如果 $f_i(\boldsymbol{x})<0$，$i=1,\cdots,m$，$h_i(\boldsymbol{x})=0$，$i=1,\cdots,p$，则点 $\boldsymbol{x}$ 是严格可行的，即所有的约束不等式是无效的。
- 如果 $f_i(\boldsymbol{x})=0$，约束不等式 $f_i(\boldsymbol{x})$ 在 $\boldsymbol{x}\in C$ 上是有效的。
- 如果至少存在一个点 $\boldsymbol{x}\in C$，那么问题是可行的。如果 $C=\varphi$(空集)，则不可行；如果存在严格可行点，则严格可行。
- 如果 $C=\mathbb{R}^n$，则问题是无约束的。

2.5.2 最优解

优化问题(2.5.1)的最优解 p^* 定义为：

$$p^*=\inf_{\boldsymbol{x}\in C}f_0(\boldsymbol{x})=\inf\{f_0(\boldsymbol{x}),\boldsymbol{x}\in C\} \tag{2.5.4}$$

- 如果问题可行(即 $C=\varnothing$),我们有 $p^*=+\infty$,因为

$$\inf\{f_0(\boldsymbol{x})\mid \boldsymbol{x}\in C\}=\inf\varnothing=\infty$$

如果 $p^*=-\infty$,则下述问题无界。

- 如果 $\boldsymbol{x}^*\in C$ 且 $f_0(\boldsymbol{x}^*)=p^*$,则点 $\boldsymbol{x}^*$ 为全局最优解或简单最优解。如果 $\boldsymbol{x}^*$ 存在,也可以表示为:

$$\boldsymbol{x}^*=\arg\min\{f_0(\boldsymbol{x}),\ \boldsymbol{x}\in C\} \tag{2.5.5}$$

- 如果存在最优点 $\boldsymbol{x}^*$,则该问题可以解决。图 2.5.1 说明了一个凸的但无法解决的优化(无约束)问题,但是这是可行的。
- 如果 $r>0$ 使得

$$f_0(x)=\inf\{f_0(\boldsymbol{x})\mid \boldsymbol{x}\in C,\ \|\boldsymbol{x}-x\|_2\leqslant r\} \tag{2.5.6}$$

那么点 $\boldsymbol{x}$ 是局部最优的。

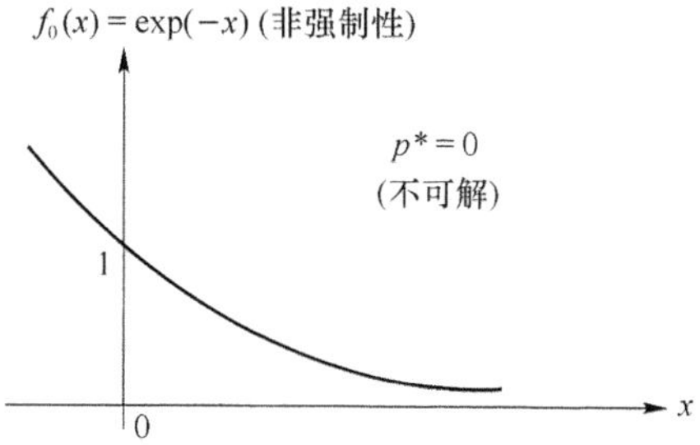

图 2.5.1 $D=\mathbb{R}$不可解的无约束的凸优化问题

- $f_0(\boldsymbol{x})\leqslant p^*+\varepsilon$(其中 $\varepsilon>0$)的可行点 $\boldsymbol{x}$ 称为 ε-次优解,并且所有 ε-次优解的集合称为问题(2.5.1)的 ε-次优解集合。
- 如果对于每个序列 $\{\boldsymbol{x}_k\}$,$\lim_{\|\boldsymbol{x}_k\|\to+\infty}f_0(\boldsymbol{x}_k)=+\infty$,则 f_0 是强制性的。例如,$f_0(x)=e^{ax}$ 不具有强制性(如图 2.5.1 所示),$g(\boldsymbol{x})=\|\boldsymbol{x}\|_1$ 具有强制性,而 $h(\boldsymbol{x})=\boldsymbol{a}^{\mathrm{T}}\boldsymbol{x}$ 不具有强制性。

关于问题(2.5.1)最优解的一些更有趣的性质如下(其中 $C=\mathbb{R}^n$):

- 如果 f_0 是强制的且连续的,则最小化 $\{\boldsymbol{x}^*\}$ 的最优集合为非空集。例如,$f_0(x)=\log|x|$,$x\neq 0$ 是强制性的,但不是连续的,并且不存在最优的最小解 $\boldsymbol{x}^*$。
- 如果 f_0 是严格凸的,并且其定义域的内部是非空的(因此在其定义域的内部是连续的),则 $\{\boldsymbol{x}^*\}$ 最多具有一个元素;如果 f_0 是严格凸的并且是强制的,或者如果 f_0 是严格凸的并且存在最优的最小值 $\boldsymbol{x}^*$,则最优解 $\boldsymbol{x}^*$ 是唯一的;如果 f_0 是严格凸的而不是强制的,则解集 $\{\boldsymbol{x}^*\}=\varnothing$,如图 2.5.1 所示。

2.5.3 等效问题和可行性问题

在约束集 C 上最大化目标函数 $f_0(x)$ 等效于一个最小化问题。那是,

$$\max_{x\in C}f_0(\boldsymbol{x})=-\min_{x\in C}\{-f_0(\boldsymbol{x})\}\equiv\min_{x\in C}\{-f_0(\boldsymbol{x})\} \tag{2.5.7}$$

其中,"≡"表示两个问题具有相同的结果,但相应的目标函数(因此相关的最优值)不同。而且,如果 $f_0(\boldsymbol{x})>0\quad\forall\,\boldsymbol{x}\in C$,可以很容易地看出

$$\max_{x\in C}f_0(\boldsymbol{x})=\frac{1}{\min_{x\in C}\left(\dfrac{1}{f_0(\boldsymbol{x})}\right)}\equiv\min_{x\in C}\frac{1}{f_0(\boldsymbol{x})} \tag{2.5.8}$$

$$\min_{x\in C} f_0(\boldsymbol{x})=\frac{1}{\max_{x\in C}\left(\frac{1}{f_0(\boldsymbol{x})}\right)}\equiv\max_{x\in C}\frac{1}{f_0(\boldsymbol{x})} \tag{2.5.9}$$

考虑可行集 C 的优化问题，如果仅对问题是否可行感兴趣(即 $C=\varnothing$ 是否成立)，则可以考虑所谓的可行性问题，即表示为：

$$\begin{aligned}&\text{find } \boldsymbol{x}\\&\text{s.t. } \boldsymbol{x}\in C\end{aligned} \tag{2.5.10}$$

这个可行性问题实际上是目标函数 $f_0(\boldsymbol{x})=0$ 的约束优化问题。在这种情况下，

$$p^*=0,\quad C\neq\varnothing$$
$$p^*=+\infty,\quad C\neq\varnothing$$

可行性问题在初始化需要一个可行点作为其输入的迭代凸优化算法时非常有用。可行性问题在解决拟凸问题中起重要作用，本章稍后将介绍。

2.6　凸优化问题

如果目标函数 f_0 是一个凸函数，则优化问题(2.5.1)是凸优化问题，而将式(2.5.3)中定义的约束集 C 设为凸集。注意，如果 $f_1,\cdots,f_m$ 是凸的，并且 $h_1,\cdots,h_p$ 是仿射的，那么 C 是凸集。因此，标准凸问题定义为：

$$\begin{aligned}&\min\ f_0(\boldsymbol{x})\\&\text{s.t.}\quad \boldsymbol{Ax}=\boldsymbol{b},\ f_i(\boldsymbol{x})\leqslant 0,\ i=1,\cdots,m\end{aligned} \tag{2.6.1}$$

其中，$f_0,\cdots,f_m$ 是凸的，$\boldsymbol{A}\in\mathbb{R}^{p\times n}$，并且 $\boldsymbol{b}\in\mathbb{R}^p$。换句话说，一个标准凸问题要求目标函数 f_0 是一个凸函数，并且有如下形式的可行凸集：

$$C=\{\boldsymbol{x}\mid\boldsymbol{x}\in D,\ f_i(\boldsymbol{x})\leqslant 0,\ i=1,\cdots,m,\ \boldsymbol{Ax}=\boldsymbol{b}\} \tag{2.6.2}$$

接下来给出凸优化问题的一些例子。

- 最小二乘(LS)的问题：

$$\min\ \|\boldsymbol{Ax}-\boldsymbol{b}\|_2^2 \tag{2.6.3}$$

是无约束的凸优化问题，因为 $\|\cdot\|_2^2$ 是一个凸函数。受约束的 LS 问题，称为完全约束最小二乘(FCLS)，被定义为：

$$\begin{aligned}&\min\quad \|\boldsymbol{Ax}-\boldsymbol{b}\|_2^2\\&\text{s.t.}\quad \boldsymbol{x}\succeq\boldsymbol{0},\ \boldsymbol{1}_n^{\mathrm{T}}\boldsymbol{x}=1\end{aligned} \tag{2.6.4}$$

FCLS 已广泛应用于高光谱分解(遥感)中，用于丰度估计，这将在第 6 章中介绍。请注意，由于约束集是一个多面体，因此 FCLS 是凸优化问题。

- 无约束二次规划(QP)：

$$\min\ \boldsymbol{x}^{\mathrm{T}}\boldsymbol{Px}+2\boldsymbol{q}^{\mathrm{T}}\boldsymbol{x}+r \tag{2.6.5}$$

当且仅当 $\boldsymbol{P}\succeq\boldsymbol{0}$ 时它才为凸。请注意，LS 问题〔参见式(2.6.3)〕是一个无约束 QP，其中 $\boldsymbol{P}=\boldsymbol{A}^{\mathrm{T}}\boldsymbol{A}\succeq\boldsymbol{0}$。(问题：当 $\boldsymbol{P}$ 不确定时会发生什么?)

- 线性规划(LP)：LP 有下述结构：

$$\begin{aligned}&\min\ \boldsymbol{c}^{\mathrm{T}}\boldsymbol{x}\\&\text{s.t.}\quad \boldsymbol{x}\succeq\boldsymbol{0},\ \boldsymbol{Ax}=\boldsymbol{b}\end{aligned} \tag{2.6.6}$$

由于任何线性函数都是凸函数，并且约束集是一个多面体，因此这是一个约束凸问题。

• 受约束的最小范数逼近：

$$\begin{aligned}&\min \|\boldsymbol{Ax}-\boldsymbol{b}\|\\&\text{s. t. } l_i\leqslant x_i\leqslant u_i,\ i=1,\cdots,n\end{aligned} \tag{2.6.7}$$

对于任何范数 $\|\cdot\|$，其中 x_i 表示 $\boldsymbol{x}\in\mathbb{R}^n$ 的第 i 个分量。这是一个约束凸问题，因为已知 $\|\cdot\|$ 是凸函数，并且约束集是多面体。

注 2.6.1 令

$$C_i=\{\boldsymbol{x}\,|\,\boldsymbol{x}\in D,\ f_i(\boldsymbol{x})\leqslant 0\},\ i=1,\cdots,m \tag{2.6.8}$$

$$H=\{\boldsymbol{x}\,|\,\boldsymbol{x}\in D,\ \boldsymbol{Ax}=\boldsymbol{0}\} \tag{2.6.9}$$

C_i 和 H 都是凸问题的凸集，式(2.6.2)中定义的可行集可以表示为：

$$C=H\cap(\cap_{i=1}^m C_i) \tag{2.6.10}$$

这肯定是凸的。然而，如果 f_i 是凸函数，因为在这种情况下 C_i 只是一个水平子集(凸集)，这意味着对于所有的 i，条件 f_i 一定都是凸函数是 C 是凸集的充分条件。然而，对于标准凸问题，需要将非凸 f_i 重新设定为 C_i 不变的凸函数。本章稍后将详细介绍如何进行重新制定。

2.6.1 局部和全局最优

对于式(2.6.1)中定义的凸优化问题，任何局部最优解都是全局最优解。

证明：我们将通过矛盾法证明。令 $\boldsymbol{x}^*$ 为凸优化问题的一个全局最优解，x 是一个局部最优解，其中 $f_0(\boldsymbol{x}^*)<f_0(\boldsymbol{x})$。

令

$$C\triangleq\{t\boldsymbol{x}^*+(1-t)\boldsymbol{x}=x+t(\boldsymbol{x}^*-\boldsymbol{x}),\ 0\leqslant t\leqslant 1\} \tag{2.6.11}$$

这是端点为 $\boldsymbol{x}^*$ 和 $\boldsymbol{x}$ 的线段的闭集。然后根据凸函数的定义〔参见式(2.3.3)和式(2.3.4)〕并假设 $f_0(\boldsymbol{x})>f_0(\boldsymbol{x}^*)$，我们有

$$f_0(\boldsymbol{x}')\leqslant\frac{\|\boldsymbol{x}'-\boldsymbol{x}^*\|_2}{\|\boldsymbol{x}^*-\boldsymbol{x}\|_2}f_0(x)+\frac{\|\boldsymbol{x}'-\boldsymbol{x}\|_2}{\|\boldsymbol{x}^*-\boldsymbol{x}\|_2}f_0(\boldsymbol{x}^*)<f_0(x)\quad\forall\,\boldsymbol{x}'\in C\backslash\{\boldsymbol{x}\} \tag{2.6.12}$$

令 $B(\boldsymbol{y},r)\subset\operatorname{dom} f$ 表示中心为 $\boldsymbol{y}$，半径为 r 的 2-范数球。由于对于任何的 $r>0$，$(C\backslash\{x\})\cap B(x,r)\neq\varnothing$，因此可以从式(2.6.12)推断得出

$$f_0(\boldsymbol{x}')<f_0(\boldsymbol{x}),\ \text{对于某些 } \boldsymbol{x}'\in B(\boldsymbol{x},r),\ \text{对于任意的 } r>0$$

它与局部最小值 x 的假设(2.5.6)相一致。因此，我们证明了对于凸优化问题，任何局部最优点都必须是全局最优的。

2.6.2 最优准则

假设 f_0 是可微的，并且具有式(2.6.2)给出的约束集 C 的相关优化问题(2.6.1)是凸的。当且仅当

$$\nabla f_0(\boldsymbol{x})^{\mathrm{T}}(\boldsymbol{y}-\boldsymbol{x})\geqslant 0,\quad\forall\,\boldsymbol{y}\in C \tag{2.6.13}$$

点 $\boldsymbol{x}\in C$ 是最优解。

式(2.6.13)的证明：该最优性准则充分性的证明是比较简单的。根据一阶条件〔由式(2.3.16)给出〕，

$$f_0(\boldsymbol{y})\geqslant f_0(\boldsymbol{x})+\nabla f_0(\boldsymbol{x})^{\mathrm{T}}(\boldsymbol{y}-\boldsymbol{x}),\quad\forall\,y\in C \tag{2.6.14}$$

如果 $\boldsymbol{x}$ 满足式(2.6.13)，那么对于所有的 $\boldsymbol{y}\in C$，$f_0(\boldsymbol{y})\geqslant f_0(\boldsymbol{x})$。

最优准则的必要性可以通过矛盾法证明。假设 $\boldsymbol{x}$ 是最优的，但对于某些 $\boldsymbol{y}\in C$，$\nabla f_0(\boldsymbol{x})^{\mathrm{T}}(\boldsymbol{y}-\boldsymbol{x})<0$。令

$$\boldsymbol{z}=t\boldsymbol{y}+(1-t)\boldsymbol{x},\ t\in[0,1]$$

由于 C 是凸的，$z\in C$，目标函数 $f_0(z)$ 对于 t 是可微的，并且

$$\frac{\mathrm{d}f_0(\boldsymbol{z})}{\mathrm{d}t}=\frac{\mathrm{d}}{\mathrm{d}t}f_0(\boldsymbol{x}+t(\boldsymbol{y}-\boldsymbol{x}))=\nabla f_0(\boldsymbol{x}+t(\boldsymbol{y}-\boldsymbol{x}))^{\mathrm{T}}(\boldsymbol{y}-\boldsymbol{x}) \tag{2.6.15}$$

然后我们有

$$\frac{\mathrm{d}f_0(\boldsymbol{z})}{\mathrm{d}t}\Big|_{t=0}=\nabla f_0(\boldsymbol{x})^{\mathrm{T}}(\boldsymbol{y}-\boldsymbol{x})<0 \tag{2.6.16}$$

在 $t=0$ 时，这与 $\boldsymbol{z}=\boldsymbol{x}$ 共同表明了对于较小的 t，$f_0(\boldsymbol{z})<f_0(\boldsymbol{x})$。这与 $\boldsymbol{x}$ 的全局最优性矛盾。因此式(2.6.13)已被证明。

当 $f_0:\mathbb{R}^{n\times m}\to\mathbb{R}$，即 f_0 是一个矩阵函数，当且仅当

$$\mathrm{Tr}(\nabla f_0(\boldsymbol{X})^{\mathrm{T}}(\boldsymbol{Y}-\boldsymbol{X}))\geqslant 0,\ \forall \boldsymbol{Y}\in C \tag{2.6.17}$$

那么点 $\boldsymbol{X}\in C$ 是最优解。

从式(2.6.13)和式(2.6.17)给出的最优条件可以推断出两个有趣的观点。

- 对于一个无约束的凸问题，当且仅当

$$\nabla f_0(\boldsymbol{x})=\boldsymbol{0}_n \tag{2.6.18}$$

$\boldsymbol{x}\in C=\mathbb{R}^n$ 是最优解。

从式(2.6.13)可以很容易地看出，因为 $\boldsymbol{y}-\boldsymbol{x}$ 表示 $\mathbb{R}^n$ 中的任意向量。对于这种情况，可以通过求解式(2.6.18)获得 $\boldsymbol{x}^*$ 的闭式最优解。当 $f_0:\mathbb{R}^{n\times m}\to\mathbb{R}$ 时，式(2.6.18)给出的最优条件变为

$$\nabla f_0(\boldsymbol{X})=\boldsymbol{0}_{n\times m} \tag{2.6.19}$$

- 由式(2.6.13)给出的最优准则表明，最优解 $\boldsymbol{x}\in C$ 要么得出 $\nabla f_0(\boldsymbol{x})=\boldsymbol{0}_n$（见图 2.6.1 中的情况 1），这实际上与式(2.6.18)给出的与无约束凸问题相关的结果相同，或 $-\nabla f_0(\boldsymbol{x})\neq\boldsymbol{0}_n$ 在最优点 $\boldsymbol{x}\in \mathrm{bd}\,C$ 处形成 C 的支撑超平面，以使得

$$C\subset H_+(\boldsymbol{y})=\{\boldsymbol{y}\mid\nabla f_0(\boldsymbol{x})^{\mathrm{T}}(\boldsymbol{y}-\boldsymbol{x})\geqslant 0\} \tag{2.6.20}$$

（请参见图 2.6.1 中的情况 2）。对于这种情况，根据应用，当式(2.6.13)变成复杂的非线性方程时，找到最优解 $\boldsymbol{x}$ 通常并不容易。但是，我们仍然可以获得最优解 $\boldsymbol{x}$ 的封闭解（这一直是我们的最爱），而不是其数值解。

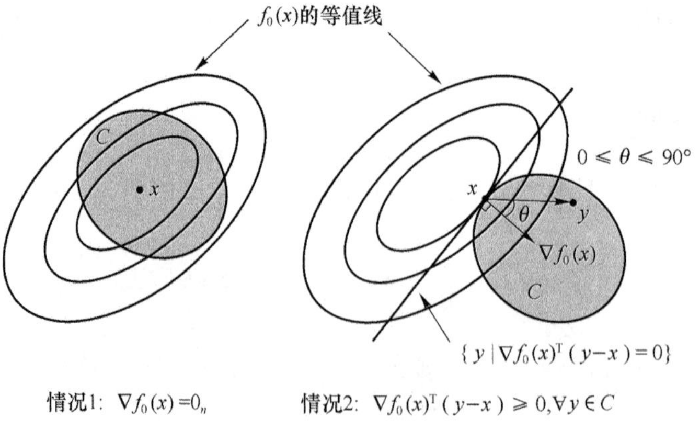

图 2.6.1　最优性条件的几何解释，其中案例 1 中的 $\nabla f_0(\boldsymbol{x})=\boldsymbol{0}_n$，案例 2 中的 $\nabla f_0(\boldsymbol{x})\neq\boldsymbol{0}_n$

接下来，让我们给出一些例子来说明式(2.6.13)和式(2.6.18)中最优性条件的有效性。

例 2.6.1 无约束的 QP

$$\min_{x\in\mathbb{R}^n} \boldsymbol{x}^{\mathrm{T}}\boldsymbol{P}\boldsymbol{x}+2\boldsymbol{q}^{\mathrm{T}}\boldsymbol{x}+r \tag{2.6.21}$$

其中，$\boldsymbol{P}\in\boldsymbol{S}_+^n$，$\boldsymbol{q}\in\mathbb{R}^n$，并且 $r\in\mathbb{R}$。该问题是一个无约束凸问题，并且根据式(2.6.18)，最优性准则为：

$$\nabla f_0(\boldsymbol{x})=2\boldsymbol{P}\boldsymbol{x}+2\boldsymbol{q}=\boldsymbol{0} \tag{2.6.22}$$

如果存在满足式(2.6.22)的解(例如，$\boldsymbol{q}\in R(\boldsymbol{P})$)，则肯定可以找到最优解 $\boldsymbol{x}^*$，否则可能需要重新构造问题(2.6.21)以获得最优解。例如，如果 $\boldsymbol{P}$ 是可逆的(或 $\boldsymbol{P}\succ\boldsymbol{0}$)，则

$$x^*=-P^{-1}q \tag{2.6.23}$$

是最优解。同样，也可以证明由式(2.6.3)给出的无约束 LS 问题的最优解(对于 $\boldsymbol{P}=\boldsymbol{A}^{\mathrm{T}}\boldsymbol{A}$)为

$$\boldsymbol{x}_{\mathrm{LS}}=(\boldsymbol{A}^{\mathrm{T}}\boldsymbol{A})^{-1}\boldsymbol{A}^{\mathrm{T}}\boldsymbol{b}=\boldsymbol{A}^{\dagger}\boldsymbol{b} \tag{2.6.24}$$

(参见参考文献)，前提是 $\boldsymbol{A}$ 是列满秩矩阵。

例 2.6.2 (随机向量的线性最小均方估计)给定一个均值为零的测量向量 $\boldsymbol{x}\in\mathbb{R}^M$，并且正定相关矩阵 $\boldsymbol{P}_{xx}=\boldsymbol{E}\{\boldsymbol{x}\boldsymbol{x}^{\mathrm{T}}\}\succ\boldsymbol{0}$，如果 $\boldsymbol{s}$ 的均值为零，并且自相关矩阵为 $\boldsymbol{P}_{ss}$，互相关矩阵 $\boldsymbol{P}_{sx}=\boldsymbol{E}\{\boldsymbol{s}\boldsymbol{x}^{\mathrm{T}}\}$，我们可以从 $\boldsymbol{x}$ 估计出一个随机向量 $\boldsymbol{s}\in\mathbb{R}^N$。对于给定数据的向量 $\boldsymbol{x}$，令 $\hat{\boldsymbol{s}}$ 表示 $\boldsymbol{s}$ 的线性估计，即

$$\hat{s}=\boldsymbol{F}^{\mathrm{T}}\boldsymbol{x} \tag{2.6.25}$$

其中，$\boldsymbol{F}\in\mathbb{R}^{M\times N}$ 是待设计的线性估计量。

广泛被使用的线性最小均方估计器(LMMSE)[Men95，Kay13]是通过将以下目标函数〔即均方误差(MSE)〕最小化而设计的，如下所示：

$$\begin{aligned} \mathrm{J}(\boldsymbol{F}) &= E\{\|\hat{\boldsymbol{s}}-\boldsymbol{s}\|_2^2\}=E\{\|\boldsymbol{F}^{\mathrm{T}}\boldsymbol{x}-\boldsymbol{s}\|_2^2\} \\ &= E\{\mathrm{Tr}((\boldsymbol{F}^{\mathrm{T}}\boldsymbol{x}-\boldsymbol{s})(\boldsymbol{F}^{\mathrm{T}}\boldsymbol{x}-\boldsymbol{s})^{\mathrm{T}})\} \\ &= \mathrm{Tr}(\boldsymbol{F}^{\mathrm{T}}\boldsymbol{P}_{xx}\boldsymbol{F}-\boldsymbol{F}^{\mathrm{T}}\boldsymbol{P}_{xs}-\boldsymbol{P}_{sx}\boldsymbol{F}+\boldsymbol{P}_{ss}) \end{aligned} \tag{2.6.26}$$

然后我们有

$$\begin{aligned} \mathrm{J}(\boldsymbol{F}+\boldsymbol{G}) &= \mathrm{Tr}((\boldsymbol{F}^{\mathrm{T}}+\boldsymbol{G}^{\mathrm{T}})\boldsymbol{P}_{xx}(\boldsymbol{F}+\boldsymbol{G})-(\boldsymbol{F}^{\mathrm{T}}+\boldsymbol{G}^{\mathrm{T}})\boldsymbol{P}_{xs}-\boldsymbol{P}_{sx}(\boldsymbol{F}+\boldsymbol{G})+\boldsymbol{P}_{ss}) \\ &= \mathrm{J}(\boldsymbol{F})+\mathrm{Tr}(\nabla\mathrm{J}(\boldsymbol{F})^{\mathrm{T}}\boldsymbol{G})+\mathrm{Tr}(\boldsymbol{G}^{\mathrm{T}}\boldsymbol{P}_{xx}\boldsymbol{G}) \quad \text{〔参见式(1.12.8)〕} \\ &\geqslant \mathrm{J}(\boldsymbol{F})+\mathrm{Tr}(\nabla\mathrm{J}(\boldsymbol{F})^{\mathrm{T}}\boldsymbol{G}) \quad \text{〔参见式(2.3.20)〕} \end{aligned}$$

其中，

$$\nabla\mathrm{J}(\boldsymbol{F})=-2\boldsymbol{P}_{xs}+2\boldsymbol{P}_{xx}\boldsymbol{F} \tag{2.6.27}$$

因此，$\mathrm{J}(\boldsymbol{F})$ 是可微凸函数。令 $\nabla\mathrm{J}(\boldsymbol{F})=\boldsymbol{0}_{M\times N}$〔根据式(2.6.19)〕，可以获得最优 LMMSE

$$\boldsymbol{F}^*\triangleq\arg\min_{F\in\mathbb{R}^{m\times n}}\mathrm{J}(\boldsymbol{F})=\boldsymbol{P}_{xx}^{-1}\boldsymbol{P}_{xs} \tag{2.6.28}$$

以及最小的 MSE

$$\mathrm{J}(\boldsymbol{F}^*)=\mathrm{Tr}(\boldsymbol{P}_{ss})-\mathrm{Tr}(\boldsymbol{P}_{sx}\boldsymbol{P}_{xx}^{-1}\boldsymbol{P}_{xs}) \tag{2.6.29}$$

这个例子也说明了可以通过一阶最优性条件(2.6.19)获得 LMMSE。

让我们考虑 LMMSE 的应用，其中，

$$\boldsymbol{x}=\boldsymbol{H}\boldsymbol{s}+\boldsymbol{n} \tag{2.6.30}$$

其中，$\boldsymbol{H}$ 是给定的 MIMO 信道，信道输入 $\boldsymbol{s}$ 是待估计的未知随机向量，$\boldsymbol{n}$ 是均值为零，$\boldsymbol{P}_{nn}=\sigma_n^2\boldsymbol{I}$，且与 $\boldsymbol{s}$ 不相关的随机噪声向量。对于这种情况，

$$\boldsymbol{P}_{xx}=\boldsymbol{H}\boldsymbol{P}_{ss}\boldsymbol{H}^{\mathrm{T}}+\sigma_n^2\boldsymbol{I}_M,\qquad \boldsymbol{P}_{xs}=\boldsymbol{H}\boldsymbol{P}_{ss}=\boldsymbol{P}_{sx}^{\mathrm{T}}$$

最小的 MSE 可以表示为：

$$J(\boldsymbol{F}^*)=\mathrm{Tr}((\boldsymbol{P}_{ss}^{-1}+\boldsymbol{H}^{\mathrm{T}}\boldsymbol{H}/\sigma_n^2)^{-1}) \tag{2.6.31}$$

当 $N=1$，$\boldsymbol{P}_{ss}=\sigma_s^2$ 时〔即式(2.6.30)中线性模型 $\boldsymbol{x}$ 中的单输入多输出(SIMO)〕，$\boldsymbol{H}$ 和 $\boldsymbol{F}$ 分别简化为向量 $\boldsymbol{h}\in\mathbb{R}^M$ 和 $\boldsymbol{f}\in\mathbb{R}^M$。最优的 $\boldsymbol{f}$ 和最小的 MSE 可以进一步表示为：

$$\boldsymbol{f}^*=\frac{\sigma_s^2\boldsymbol{h}}{\sigma_s^2\ \|\boldsymbol{h}\|_2^2+\sigma_n^2} \tag{2.6.32}$$

$$J(\boldsymbol{f}^*)=\min_{\boldsymbol{f}}\{\sigma_s^2|1-\boldsymbol{f}^{\mathrm{T}}\boldsymbol{h}|^2+\sigma_n^2\boldsymbol{f}^{\mathrm{T}}\boldsymbol{f}\}\ (\text{一个无约束的 QP})$$

$$=\frac{\sigma_s^2}{1+\sigma_s^2\ \|h\|_2^2/\sigma_n^2}=\frac{\sigma_s^2}{1+\mathrm{SNR}}\quad〔\text{根据式}(2.6.31)〕 \tag{2.6.33}$$

其中，SNR 表示 $\boldsymbol{x}\in\mathbb{R}^M$ 中的信噪比。可以看出，对于 SIMO 情况，最小的 MSE 随着 SNR 的减小而减小，并且 LMMSE 的最优解 $\boldsymbol{f}^*$ 与 SNR 无关，且始终与信道 h 相匹配。

注 2.6.2　考虑目标函数为 $\boldsymbol{f}(\boldsymbol{x}=(\boldsymbol{y},\boldsymbol{z}))$，约束集为 $C=C_1\times C_2=\{(\boldsymbol{y},\boldsymbol{z})\mid \boldsymbol{y}\in C_1,\boldsymbol{z}\in C_2\}$ 的优化问题。然后我们有

$$\inf_{\boldsymbol{x}\in C}f(\boldsymbol{x})=\inf_{\boldsymbol{y}\in C_1}\{\inf_{\boldsymbol{z}\in C_2}f(\boldsymbol{y},\boldsymbol{z})\} \tag{2.6.34}$$

换句话说，可以通过将 $\boldsymbol{y}$ 作为固定参数来首先解决内部优化问题(通常更容易解决)，从而获得相对于 $\boldsymbol{y}$ 而言的内部最优值 $f(\boldsymbol{y},\boldsymbol{z}^*(\boldsymbol{y}))$)和最优的 $\boldsymbol{z}^*$，然后解决外部优化问题以获得最优的 $\boldsymbol{y}^*$。因此，最优解 $\boldsymbol{x}^*=(\boldsymbol{y}^*,\boldsymbol{z}^*(\boldsymbol{y}^*))$。当 f 在 $\boldsymbol{x}$ 中不是凸的，而在 $\boldsymbol{y}$ 和 $\boldsymbol{z}$ 中分别是凸的，或者仅在 $\boldsymbol{z}$ 中是凸的时，这种方法非常有用。

例 2.6.3　(用于降维和抑制噪声的仿射集拟合)让我们考虑通过仿射集变换来实现降维的问题。给定一个高维数据集合 $\{\boldsymbol{x}_1,\boldsymbol{x}_2,\cdots,\boldsymbol{x}_L\}\subset\mathbb{R}^M$，我们想要找到一个仿射维数为 $N-1\ll M$〔参见式(2.1.7)〕的仿射集 $\{\boldsymbol{x}=\boldsymbol{C\alpha}+\boldsymbol{d}\mid\boldsymbol{\alpha}\in\mathbb{R}^{N-1}\}$，在最小二乘近似误差的意义下，作为对给定数据集的近似。换句话说，我们希望用最小二乘逼近误差求出给定高维数据集在低维仿射集上的投影。

让我们定义

$$\chi=\{\boldsymbol{x}_1,\cdots,\boldsymbol{x}_L\}\subset\mathbb{R}^M\quad(\text{数据集})$$

$$\boldsymbol{X}=[\boldsymbol{x}_1,\cdots,\boldsymbol{x}_L]\in\mathbb{R}^{M\times L}\quad(\text{数据矩阵})$$

$$\boldsymbol{q}(\boldsymbol{X})=\mathrm{affdim}(\chi)\leqslant M\quad(\text{即 }\chi\text{ 的仿射维数})$$

仿射集拟合问题可以定义如下：

$$\begin{aligned}\boldsymbol{p}^*&=\min\ \|\boldsymbol{X}-\boldsymbol{X}\|_F^2\\ &\quad\text{s.t.}\quad \boldsymbol{X}=[\boldsymbol{x}_1,\cdots,\boldsymbol{x}_L]\in\mathbb{R}^{M\times L},\ q(X)=N-1\\ &=\min_{\substack{\boldsymbol{\alpha}_i\in\mathbb{R}^{N-1},\boldsymbol{d}\in\mathbb{R}^M\\ \boldsymbol{C}^{\mathrm{T}}\boldsymbol{C}=\boldsymbol{I}_{N-1}}}\sum_{i=1}^{n}\|(\boldsymbol{C\alpha}_i+\boldsymbol{d})-\boldsymbol{x}_i\|_2^2\quad〔\text{参见式}(2.1.7)〕\end{aligned} \tag{2.6.35}$$

其中，$L\gg N$，$M\gg N$，$\boldsymbol{C}\in\mathbb{R}^{M\times(N-1)}$ 是一个半单元矩阵。根据相关降维的数据集，问题(2.6.35)的最优解表示为：

$$\boldsymbol{A}\triangleq\{\hat{\boldsymbol{\alpha}}_1,\hat{\boldsymbol{\alpha}}_2,\cdots,\hat{\boldsymbol{\alpha}}_L\}\subset\mathbb{R}^{N-1}$$

其中，$\hat{\alpha}_i$ 一一对应映射到 $\boldsymbol{x}_i\in\chi$。可以容易地推断出，当 $q(\boldsymbol{X})\leqslant(N-1)$ 时，最优值 $\boldsymbol{p}^*=0$ 且最优的 $\boldsymbol{X}^*=\boldsymbol{X}$；否则，$\boldsymbol{p}^*>0$ 且最优的 $\boldsymbol{X}^*\neq\boldsymbol{X}$。

由于高维高光谱图像数据 χ〔理想情况下(无噪声)将位于仿射维数为 $N-1$ 的仿射包中〕通常使用数百个光谱带(M)获得，而实际情况下其真实数量(N)通常只有几十个，所以这种用

于复杂处理和降噪处理的降维处理(如高光谱分离、末端提取、丰度估计)已成功应用于遥感的高光谱成像中(将在第 6 章中介绍)。值得注意的是,如果 conv $\chi\subset\mathbb{R}^M$是具有 N 个顶点的单纯形(假设 N 是已知的或已被估计),那么 conv $A\subset\mathbb{R}^{N-1}$是具有 N 个顶点的最简单的单纯形(如图 2.6.2 所示)。要提取嵌入到降维的高光谱数据集 A 中的信息,在计算上要比提取嵌入到没有信息损失的原始高光谱数据集 χ 中信息效率要高得多,因此,这是用于高光谱分离的信号处理算法设计中必不可少的步骤。

问题(2.6.35)的最优解由下式给出:

$$\hat{\boldsymbol{d}}=\frac{1}{L}\sum_{i=1}^{L}\boldsymbol{x}_i,\text{(一个最优解)}\tag{2.6.36}$$

$$\hat{\boldsymbol{\alpha}}_i=\hat{\boldsymbol{C}}^{\mathrm{T}}(\boldsymbol{x}_i-\hat{\boldsymbol{d}})\tag{2.6.37}$$

$$\hat{\boldsymbol{C}}=[\hat{\boldsymbol{c}}_1,\cdots,\hat{\boldsymbol{c}}_{N-1}]\tag{2.6.38}$$

其中,$\hat{\boldsymbol{c}}_i$ 是与 $\boldsymbol{U}\boldsymbol{U}^{\mathrm{T}}$ 的第 i 个主特征值相关的单位范式特征向量,表示为 $\lambda_i(\boldsymbol{U}\boldsymbol{U}^{\mathrm{T}})$,其中 $\boldsymbol{U}$ 是去除均值后的数据矩阵

$$\boldsymbol{U}\triangleq[\boldsymbol{x}_1-\hat{\boldsymbol{d}},\cdots,\boldsymbol{x}_L-\hat{\boldsymbol{d}}]\in\mathbb{R}^{M\times L}\tag{2.6.39}$$

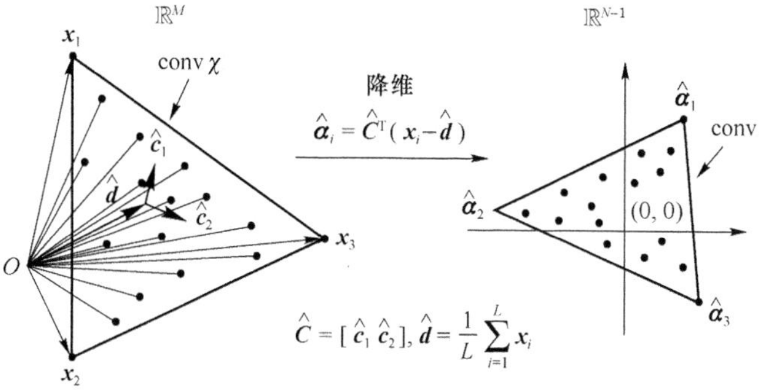

图 2.6.2 利用仿射集拟合对 $N=3$ 进行降维的图示,其中 M 维空间中数据云 χ 的几何中心 $\hat{\boldsymbol{d}}$ 映射到$(N-1)$维空间中的原点,该原点也是降维数据云 A 的几何中心

注意矩阵

$$\frac{1}{L}\boldsymbol{U}\boldsymbol{U}^{\mathrm{T}}=\frac{1}{L}\sum_{i=1}^{L}(\boldsymbol{x}_i-\hat{\boldsymbol{d}})(\boldsymbol{x}_i-\hat{\boldsymbol{d}})^{\mathrm{T}}$$

如果 χ 中的数据是随机的且具有相同的分布函数,则它是样本协方差矩阵。仿射集拟合问题(2.6.35)的式(2.6.36)式(2.6.37)和式(2.6.38)给出的上述最优解也是所熟知的主成分分析(PCA)的解。我们要强调的是,与 PCA 相比,数据的随机性永远不是此示例中考虑的仿射集拟合问题的前提。接下来,让我们通过使用最优性准则(2.6.18)得出问题(2.6.35)的解,并证明其与通过 PCA 考虑的问题等效。

问题(2.6.35)的最优解可推导如下:

$$\begin{aligned}p^*&=\min_{\boldsymbol{C}^{\mathrm{T}}\boldsymbol{C}=\boldsymbol{I}_{N-1}}\left\{\min_{\boldsymbol{d}\in\mathbb{R}^M}\left(\sum_{i=1}^{L}\min_{\boldsymbol{\alpha}_i\in\mathbb{R}^{N-1}}\|\boldsymbol{C}\boldsymbol{\alpha}_i-(\boldsymbol{x}_i-\boldsymbol{d})\|_2^2\right)\right\}\\&=\min_{\boldsymbol{C}^{\mathrm{T}}\boldsymbol{C}=\boldsymbol{I}_{N-1}}\left\{\min_{\boldsymbol{d}\in\mathbb{R}^M}\sum_{i=1}^{L}\|\boldsymbol{C}\hat{\boldsymbol{\alpha}}_i-(\boldsymbol{x}_i-\boldsymbol{d})\|_2^2\right\}\quad\text{〔根据式(2.6.18)〕}\end{aligned}$$

$$= \min_{C^TC=I_{N-1}} \left\{ \sum_{i=1}^{L} (x_i - \hat{d})^T (I_M - CC^T)(x_i - \hat{d}) \right\} \quad \text{〔根据式(2.6.18)〕}$$

$$= \min_{C^TC=I_{N-1}} \operatorname{Tr}([I_M - CC^T] U U^T) \quad \text{〔由于式(2.6.39)〕} \tag{2.6.40}$$

请注意，式(2.6.40)正是PCA试图解决许多信号处理应用中降维问题的问题。

此外，式(2.6.40)可以进一步简化为

$$\begin{aligned} p^* &= \min_{C^TC=I_{N-1}} \operatorname{Tr}(U U^T) - \operatorname{Tr}(C^T (U U^T) C) \\ &= \sum_{i=N}^{M} \lambda_i (U U^T) \end{aligned} \tag{2.6.41}$$

因此，式(2.6.35)的最优解可以表示为

$$X^* = [x_1^*, \cdots, x_L^*] \in \mathbb{R}^{M\times L}$$

其中，

$$x_i^* = \hat{C}\hat{\alpha}_i + \hat{d}, \quad i=1,\cdots,L \tag{2.6.42}$$

$\hat{d}$ 由式(2.6.36)给出，$\hat{\alpha}_i$ 由式(2.6.37)给出。如果 $\dim(R([\hat{C}, \hat{d}])) = N$(即，$\hat{C}\hat{C}^T\hat{d} \neq \hat{d}$)，那么 $\operatorname{rank}(X^*) = N$，否则 $\operatorname{rank}(X^*) = N-1$。原始数据空间$\mathbb{R}^M$中相关的"降噪"数据集是

$$\chi^* = \{x_i^*, i=1,\cdots,L\} \subset \mathbb{R}^M$$

并且，仿射维数 $q(X^*) = N-1$。

如果给定一组噪声污染数据 $Y = X + V$ 而不是 $q(X) = N-1$ 的无噪声数据 X，其中 V 是噪声矩阵，从而使 $q(Y) \gg N-1$。所获得的 χ^* 也是 χ 的降噪对应的结果。在数据中存在加性噪声的情况下，N 的确定本身是高光谱成像中的一个难题。稍后我们将在第6.5节中介绍一些基于凸几何和优化的关于对 N 的估计的前沿结果。该示例还证明了尽管背后的原理不同，但仿射设置拟合和PCA实际上是等效的。

注 2.6.3 (低秩矩阵近似)对于数据矩阵 $X \in \mathbb{R}^{M\times L}$ $(L \gg M)$ 的最佳低秩近似可以表示为

$$\begin{aligned} \hat{Z} &= \arg\min \|Z - X\|_F^2 \\ &\text{s.t. } \operatorname{rank}(Z) \leqslant N, \quad Z \in \mathbb{R}^{M\times L} \end{aligned} \tag{2.6.43}$$

然而，由于非凸约束集，因此这不是一个凸问题。尽管如此，让我们介绍如何通过使用一阶最优条件(2.6.19)来解决它。$\operatorname{rank}(Z) \leqslant N$ 的任何矩阵 $Z \in \mathbb{R}^{M\times L}$ 都可以表示为：

$$Z = CY \in \mathbb{R}^{M\times L}, \quad C^TC = I_N, \quad C \in \mathbb{R}^{M\times N}, \quad Y \in \mathbb{R}^{N\times L}$$

问题(2.6.43)等价于

$$\begin{aligned} (\hat{C}, \hat{Y}) &= \arg \min_{C^TC=I_N} \left\{ \min_{Y\in\mathbb{R}^{N\times L}} \|CY - X\|_F^2 \right\} \\ &= \arg \min_{C^TC=I_N} \left\{ \min_{Y\in\mathbb{R}^{N\times L}} \operatorname{Tr}(Y^TY - 2Y^T C^T X + X^T X) \right\} \\ &= \arg \min_{C^TC=I_N} \|(I_M - CC^T) X\|_F^2 \quad \text{〔因为 } \hat{Y} = C^TX\text{，根据式(2.6.19)〕} \\ &= (C, C^TX) \quad \text{〔即，用 } X \text{ 替换式(2.6.41)中的 } U\text{〕} \end{aligned}$$

其中，内部最小化是关于 Y 的无约束凸问题，因此可以应用式(2.6.19)，并且 $C = [u_1, \cdots, u_N]$ 包含 XX^T 的 N 个主要正交特征向量。因此，我们有

$$\hat{Z} = \hat{C}\hat{Y} = CC^TX = CC^T \sum_{i=1}^{\operatorname{rank}(X)} \sigma_i u_i v_i^T = \sum_{i=1}^{N} \sigma_i u_i v_i^T$$

其中，σ_i 是与 X 的左奇异向量 u_i 和右奇异向量 v_i 相关的第 i 个主奇异值。此外，

$$\|\hat{\boldsymbol{Z}}-\boldsymbol{X}\|_F^2=\sum_{i=N+1}^{\operatorname{rank}(\boldsymbol{X})}\boldsymbol{\sigma}_i^2\leqslant \boldsymbol{p}^*=\sum_{i=N}^{\operatorname{rank}(\boldsymbol{X})}\lambda_i(\boldsymbol{U}\boldsymbol{U}^{\mathrm{T}}) \tag{2.6.44}$$

其中,$\boldsymbol{p}^*$ 是仿射集拟合问题(2.6.35)的最小二乘近似误差,只是因为式(2.6.35)的可行集,即 $\operatorname{aff}\{x_1,\cdots,x_L\}$,其中 $q(\boldsymbol{X})=N-1$,是式(2.6.43)的可行集的子集,即$\{\boldsymbol{Z}\in\mathbb{R}^{M\times L},\ \operatorname{rank}(\boldsymbol{Z})\leqslant N\}$。

例 2.6.4 考虑以下约束优化问题:

$$\begin{aligned}\boldsymbol{p}^*&=\min_{\boldsymbol{\lambda}\in\mathbb{R}_+^n,\boldsymbol{v}\in\mathbb{R}}\ \boldsymbol{v}+\sum_{i=1}^{n}\boldsymbol{e}^{\boldsymbol{\lambda}_i-\boldsymbol{v}-1}\\&=\min_{\boldsymbol{\lambda}\geq\mathbf{0}}\left\{\min_{\boldsymbol{v}\in\mathbb{R}}v+\sum_{i=1}^{n}\boldsymbol{e}^{\boldsymbol{\lambda}_i-\boldsymbol{v}-1}\right\}\quad\text{〔根据式(2.6.34)〕}\end{aligned}\tag{2.6.45}$$

内部无约束最小化问题是凸问题,可以通过应用(2.6.18)给出的最优条件来求解,得到最优的

$$\boldsymbol{v}^*=\log\left(\sum_{i=1}^{n}\boldsymbol{e}^{\boldsymbol{\lambda}_i}\right)-1$$

将最优的 $\boldsymbol{v}^*$ 代入式(2.6.45)得出

$$\boldsymbol{p}^*=\min_{\boldsymbol{\lambda}\geq 0}\left(f_0(\boldsymbol{\lambda})\triangleq\log\sum_{i=1}^{n}\boldsymbol{e}^{\boldsymbol{\lambda}_i}\right)$$

这很容易看出来是一个凸问题。然后很容易得到

$$\nabla f_0(\boldsymbol{\lambda})=\frac{1}{\sum_{i=1}^{n}\boldsymbol{e}^{\boldsymbol{\lambda}_i}}[\boldsymbol{e}^{\boldsymbol{\lambda}_1},\cdots,\boldsymbol{e}^{\boldsymbol{\lambda}_n}]^{\mathrm{T}}\succ\mathbf{0}_n,\ \forall\boldsymbol{\lambda}\in\mathbb{R}_+^n$$

根据式(2.6.13)给出的一阶最优条件,即

$$\nabla f_0(\boldsymbol{\lambda}^*)^{\mathrm{T}}(\boldsymbol{\lambda}-\boldsymbol{\lambda}^*)=(\boldsymbol{\lambda}-\boldsymbol{\lambda}^*)^{\mathrm{T}}\nabla f_0(\boldsymbol{\lambda}^*)\geqslant 0,\quad\forall\boldsymbol{\lambda}\in\mathbb{R}_+^n \tag{2.6.46}$$

并且$\nabla f_0(\boldsymbol{\lambda}^*)\in\operatorname{int}K$(其中 $K=\mathbb{R}_+^n$ 是一个自对偶真锥),可以很容易地推断出式(2.6.46)对于所有的$(\boldsymbol{\lambda}-\boldsymbol{\lambda}^*)\in K^*\setminus\{\mathbf{0}_n\}$,其中 $\boldsymbol{\lambda}$, $\boldsymbol{\lambda}^*\in K^*=\mathbb{R}_+^n$ 一定有严格不等式成立,这意味着最优的$\boldsymbol{\lambda}^*=\mathbf{0}_n$(这是$\mathbb{R}_+^n$ 中唯一的最小点)。因此,最优值和解分别为

$$\begin{gathered}\boldsymbol{p}^*=f_0(\boldsymbol{\lambda}^*=\mathbf{0}_n)=\log n\\(\boldsymbol{\lambda}^*,\boldsymbol{v}^*)=(\mathbf{0}_n,(\log n)-1)\end{gathered}\tag{2.6.47}$$

此示例还说明,广义不等式在一阶优化条件中很有用。

注 2.6.4 (次梯度/梯度投影法)考虑以下凸优化问题

$$\begin{aligned}&\min_{x\in\mathbb{R}^n}\quad f(\boldsymbol{x})\\&\text{s.t.}\quad \boldsymbol{x}\in C\end{aligned}\tag{2.6.48}$$

其中,$f(\boldsymbol{x})$:$\mathbb{R}^n\to\mathbb{R}$是一个非光滑凸函数,并且 C 是可行集。因此,所有要求 f 可微而得到的最优条件(例如,一阶最优条件和 KKT 条件)不再适用于去寻找最优解。

可以采用迭代次梯度方法来找到问题(2.6.48)的解决方案。在每次迭代中,未知变量 $\boldsymbol{x}$ 会朝负次梯度的方向更新,然后投影到可行集 C 上,以便找到问题(2.6.48)更好的解。令 $\boldsymbol{x}^{(k)}$ 表示第 k 个迭代,而且$\nabla f(\boldsymbol{x}^{(k)})$是 f 在 $\boldsymbol{x}^{(k)}$ 处的子梯度。然后 $\boldsymbol{x}^{(k+1)}$ 被更新为

$$\boldsymbol{x}^{(k+1)}=\boldsymbol{P}_C\{\boldsymbol{x}^{(k)}-\boldsymbol{s}^{(k)}\nabla f(\boldsymbol{x}^{(k)})\} \tag{2.6.49}$$

其中,$\boldsymbol{s}^{(k)}>0$ 是选择的步长,并且

$$\boldsymbol{P}_C\{\boldsymbol{x}\}=\arg\min_{v\in C}\|\boldsymbol{x}-\boldsymbol{v}\|_2 \tag{2.6.50}$$

(这也是一个凸问题),即,如果 $\boldsymbol{x}\in C$,则 $\boldsymbol{P}_C\{\cdot\}$ 是一个投影算子,它将给定的点 $\boldsymbol{x}$ 映射到C 中具有最小二乘近似误差的点,或者$\|\boldsymbol{P}_C\{\boldsymbol{x}\}-\boldsymbol{x}\|_2$ 是点 $\boldsymbol{x}$ 与集合 C 之间的距离。当 $\boldsymbol{x}\in C$ 时,$\boldsymbol{P}_C\{\boldsymbol{x}\}=\boldsymbol{x}$。

为了保证 $\boldsymbol{x}^{(k)}$ 收敛到 ε-最优解，需要对步长 $\boldsymbol{s}^{(k)}$ 进行适当选择。两个选择是恒定步长 ($\boldsymbol{s}^{(k)}=\boldsymbol{s}$) 和恒定步长 ($\boldsymbol{s}^{(k)}=\boldsymbol{s}/\|\nabla f(\boldsymbol{x}^{(k)})\|_2$)。对于这两种类型的步长，次梯度算法可以被保证收敛并产生 ε-最优解，即

$$\lim_{k\to\infty} f(\boldsymbol{x}^{(k)})-\min_{x\in C} f(\boldsymbol{x})\leqslant \varepsilon$$

其中，ε 是步长参数 $\boldsymbol{s}$ 的递减函数，与问题有关。此外，当步长 $\boldsymbol{s}^{(k)}$ 满足以下条件之一时：

- $\sum_{k=1}^{\infty}(\boldsymbol{s}^{(k)})^2<\infty$ and $\sum_{k=1}^{\infty}\boldsymbol{s}^{(k)}<\infty$,
- $\lim_{k\to\infty}\boldsymbol{s}^{(k)}=0$ and $\sum_{k=1}^{\infty}\boldsymbol{s}^{(k)}=\infty$.

可以保证次梯度算法收敛并最终得到问题(2.6.48)的最优解。此外，由于 f 是可微的，因此，如果使用足够小的恒定步长，则次梯度法可以简化为投影梯度法，可以保证得到最优解。众所周知，如果目标函数是 Lipschitz 连续且是强凸的，则投影梯度法是线性收敛的。

第3章 对偶原理

3.1 拉格朗日对偶函数

3.1.1 拉格朗日

我们用标准形式来考虑一个优化问题：

$$\begin{aligned} \min\ & f_0 \boldsymbol{x} \\ \text{s.t.}\ & f_i(\boldsymbol{x}) \leqslant 0, i=1,\cdots,m \\ & h_i(\boldsymbol{x})=0, i=1,\cdots,p \end{aligned} \tag{3.1.1}$$

其中，变量 $x \in \mathbb{R}^n$。我们假设这个问题的定义域 $D=\bigcap_{i=0}^{m} \operatorname{dom} f_i \cap \bigcap_{i=1}^{p} \operatorname{dom} h_i$ 是非空集合，并且问题(3.1.1)的优化值为 p^*。注意这里，我们没有假设此问题是凸优化问题。

拉格朗日对偶问题的基本思想是将问题(3.1.1)中的约束条件加以权重，求得加权和来得到增广的目标函数。我们定义(3.1.1)的拉格朗日函数 $L:\mathbb{R}^n \times \mathbb{R}^m \times \mathbb{R}^p \rightarrow \mathbb{R}$ 为：

$$L(\boldsymbol{x},\boldsymbol{\lambda},\boldsymbol{v}) = f_0(\boldsymbol{x}) + \sum_{i=1}^{m} \lambda_i f_i(\boldsymbol{x}) + \sum_{i=1}^{p} \nu_i h_i(\boldsymbol{x})$$

其中，定义域 $L=D\times\mathbb{R}^m\times\mathbb{R}^p$。我们称 $\boldsymbol{\lambda}_i$ 为第 i 个不等式约束 $f_i(\boldsymbol{x}) \leqslant 0$ 的拉格朗日乘子；相似的，我们称 ν_i 为第 i 个等式约束 $h_i(\boldsymbol{x})=0$ 的拉格朗日乘子。向量 $\boldsymbol{\lambda}$ 和 $\boldsymbol{v}$ 被称为对偶变量或者是问题(3.1.1)的拉格朗日乘子向量。

3.1.2 拉格朗日对偶函数

我们定义拉格朗日对偶函数(或对偶函数)$g:\mathbb{R}^m\times\mathbb{R}^p\rightarrow\mathbb{R}$ 为拉格朗日函数对于 $\boldsymbol{x}$ 的最小值：对于 $\boldsymbol{\lambda}\in\mathbb{R}^m, \boldsymbol{v}\in\mathbb{R}^p$，

$$g(\boldsymbol{\lambda},\boldsymbol{v}) = \inf_{\boldsymbol{x}\in D} L(\boldsymbol{x},\boldsymbol{\lambda},\boldsymbol{v}) = \inf_{\boldsymbol{x}\in D}\left(f_0(\boldsymbol{x}) + \sum_{i=1}^{m} \lambda_i f_i(\boldsymbol{x}) + \sum_{i=1}^{p} \nu_i h_i(\boldsymbol{x})\right)$$

当拉格朗日函数关于 x 无下$-\infty$界时，对偶函数的取值为。因为对偶函数是一族关于$(\boldsymbol{\lambda},\boldsymbol{v})$的仿射函数的逐点下确界，所以即使问题(3.1.1)不是凸的，这个对偶函数也是凹的。

3.1.3 最优值的下界

对偶函数构成了问题(3.1.1)最优值 p^* 的下界。对于任意的 $\boldsymbol{\lambda}\succeq 0$ 和 $\boldsymbol{v}$，我们可以得到

$$g(\boldsymbol{\lambda},\boldsymbol{v}) \leqslant p^* \tag{3.1.2}$$

这个很重要的性质可以很轻易地被证明。假设 $\tilde{\boldsymbol{x}}$ 是问题(3.1.1)中的一个可行点，即 $f_i(\tilde{\boldsymbol{x}})\leqslant 0$ 且 $h_i(\tilde{\boldsymbol{x}})=0$，且 $\boldsymbol{\lambda}\succeq 0$。所以我们可以得到

$$\sum_{i=1}^{m} \lambda_i f_i(\tilde{\boldsymbol{x}}) + \sum_{i=1}^{p} \nu_i h_i(\tilde{\boldsymbol{x}}) \leqslant 0$$

这是因为第一个求和里面的每一项是非正的，而第二个求和项中为零，所以

$$L(\tilde{\boldsymbol{x}},\boldsymbol{\lambda},\boldsymbol{\nu}) = f_0(\tilde{\boldsymbol{x}}) + \sum_{i=1}^{m}\lambda_i f_i(\tilde{\boldsymbol{x}}) + \sum_{i=1}^{p}\nu_i h_i(\tilde{\boldsymbol{x}}) \leqslant f_0(\tilde{\boldsymbol{x}})$$

因此

$$g(\boldsymbol{\lambda},\boldsymbol{\nu}) = \inf_{\boldsymbol{x}\in D} L(\boldsymbol{x},\boldsymbol{\lambda},\boldsymbol{\nu}) \leqslant L(\tilde{\boldsymbol{x}},\boldsymbol{\lambda},\boldsymbol{\nu}) \leqslant f_0(\tilde{\boldsymbol{x}})$$

由于每一个可行点 $\tilde{\boldsymbol{x}}$ 都满足 $g(\boldsymbol{\lambda},\boldsymbol{\nu}) \leqslant f_0(\tilde{\boldsymbol{x}})$，因此式(3.1.2)中的不等关系成立。对于 $\boldsymbol{x}\in\mathbb{R}$ 和具有一个不等式约束的某些简单问题，图 3.1.1 描述了式(3.1.2)给出的下界。

即使不等式(3.1.2)成立，但是当 $g(\boldsymbol{\lambda},\boldsymbol{\nu})=-\infty$ 时意义并不大。只有当 $\boldsymbol{\lambda}\succeq\boldsymbol{0}$ 且 $\boldsymbol{\lambda},\boldsymbol{\nu}\in$ dom g，即 $g(\boldsymbol{\lambda},\boldsymbol{\nu})>-\infty$ 时，对偶函数才会给出 p^* 的非平凡下界。我们满足 $\boldsymbol{\lambda}\succeq\boldsymbol{0}$ 且 $(\boldsymbol{\lambda},\boldsymbol{\nu})\in$ dom g 的一对 $\boldsymbol{\lambda},\boldsymbol{\nu}$ 是对偶可行的。这样定义的具体原因我们将很快会在后面看到。

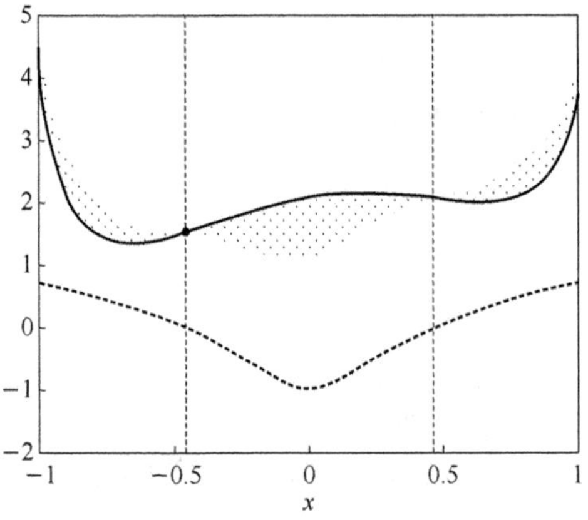

图 3.1.1　从对偶可行点得到的下界

图 3.1.1 中，实线所表示的是目标函数 f_0，虚线表示的是约束函数 f_1。可行集是区间 $[-0.46,0.46]$，用两条垂直的直点线表示。优化点 $\boldsymbol{x}^*=-0.46$，其最优值 $p^*=1.54$(用圆点在图中表示)。点线表示的是 $L(\boldsymbol{x},\boldsymbol{\lambda})$，其中 $\boldsymbol{\lambda}=0.1,0.2,\cdots,1.0$。每一个拉格朗日函数都有一个比 p^* 最优值小的极小值，这是因为在可行集上($\boldsymbol{\lambda}\geqslant 0$)，我们有 $L(\boldsymbol{x},\boldsymbol{\lambda})\leqslant f_0(\boldsymbol{x})$

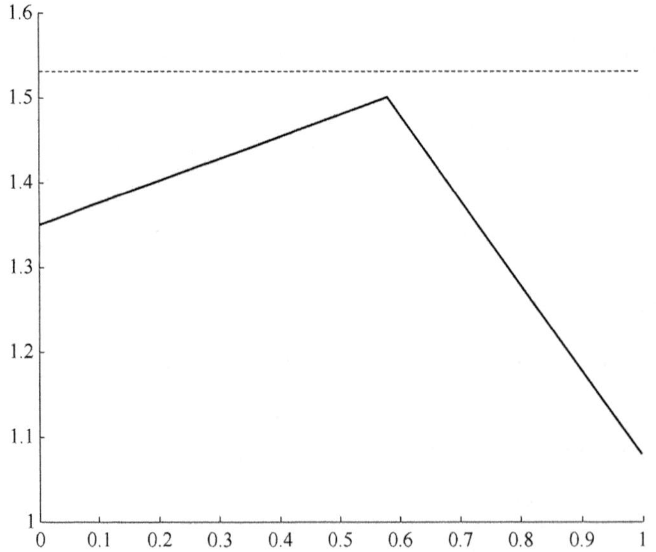

图 3.1.2　图 3.1.1 问题的对偶函数 g

图 3.1.2 中，f_0 和 f_1 都不是凸的，但是其对偶函数是凹的。水平虚线是这个问题的最优值 $\boldsymbol{p}^*$。

3.1.4 用线性逼近来理解

通过集合{0}和$-\boldsymbol{R}^+$的示性函数进行线性逼近来简单理解拉格朗日函数和下界特性。首先，我们将原问题(3.1.1)看作无约束问题：

$$\min f_0(\boldsymbol{x})+\sum\nolimits_{i=1}^{m} I\_(f_i(\boldsymbol{x}))+\sum\nolimits_{i=1}^{p} I_0(h_i(\boldsymbol{x})) \tag{3.1.3}$$

其中，$I\_$：是非正实数集上的示性函数，

$$I\_(u)=\begin{cases}0, & u\leqslant 0\\ \infty, & u>0\end{cases}$$

相似的，I_0 是{0}的示性函数。在表达式(3.1.3)中，函数 $I_(u)$可以理解为我们对约束函数值 $u=f_i(\boldsymbol{x})$的一种恼怒或者不满：如果 $f_i(\boldsymbol{x})\leqslant 0, I\_(u)=0$，并且在 $f_i(\boldsymbol{x})>0$ 时 $I_(u)$取值无穷。相似的，$I_0(u)$可以理解为我们对等式约束值 $u=g_i(\boldsymbol{x})$的不满。我们可以认为 $I_$是一个"砖墙式"或"无限强硬"的不满意方程；我们不满意的程度随着 $f_i(x)$从非正到正，从 0 升至无穷。

现在假设在表达式(3.1.3)中，我们用线性函数 $\lambda_i\mu$ 替换函数 $I\_(u)$，$\lambda_i\geqslant 0$，用函数 $\nu_i\boldsymbol{\mu}$ 替换 $\boldsymbol{I}_0(u)$。则目标函数变为拉格朗日函数 $L(\boldsymbol{x},\boldsymbol{\lambda},\boldsymbol{v})$，且对偶函数值 $g(\boldsymbol{\lambda},\boldsymbol{v})$是问题

$$\min L(\boldsymbol{x},\boldsymbol{\lambda},\boldsymbol{v}) = f_0(\boldsymbol{x})+\sum_{i=1}^{m}\lambda_i f_i(\boldsymbol{x})+\sum_{i=1}^{p}\nu_i h_i(\boldsymbol{x}) \tag{3.1.4}$$

的最优值。在上述表达式中，我们用线性的或者"软的"不满意的函数替换了 $I_$和 I_0。对于不等约束来说，当 $f_i(\boldsymbol{x})=0$ 时我们的不满意度为 0，当 $f_i(\boldsymbol{x})>0$ 时不满意度大于 0(假设 $\boldsymbol{\lambda}_i>0$)；随着约束变得越来越"被违背"，我们的不满意度也随之增加。不像在原始的表达式中，任意不大于等于 0 的 $f_i(\boldsymbol{x})$的值都是可接受的，在软表达式中我们会在约束有裕量时感到真正的满意。例如，$f_i(\boldsymbol{x})<0$。

很显然，用线性函数 $\lambda_i\mu$ 来逼近示性函数 $I_(u)$是远远不够的。但是线性函数至少可以看作示性函数的一个下估计。这是因为对于所有的 u 来说，$\lambda_i\mu\leqslant I_(u)$且 $\nu_i\mu\leqslant I(u)$，随之，我们可以得到对偶函数是原问题最优函数值的一个下界。

用"软"约束代替"硬"约束的思想会在后面我们考虑内点法的时候再次接触。

3.1.5 例子

在这一部分我们会给出一些例子，通过这些例子，我们可以得到拉格朗日对偶函数的解析表达式。

1. 线性方程组的最小二乘解

考虑问题

$$\begin{aligned}&\min\ \boldsymbol{x}^{\mathrm{T}}\boldsymbol{x}\\ &\text{s.t.}\ \boldsymbol{A}\boldsymbol{x}=\boldsymbol{b}\end{aligned} \tag{3.1.5}$$

其中，$\boldsymbol{A}\in\mathbb{R}^{p\times n}$。这个问题没有不等约束有 p 个线性等式约束。其拉格朗日函数是 $L(\boldsymbol{x},\boldsymbol{v})=\boldsymbol{x}^{\mathrm{T}}\boldsymbol{x}+\boldsymbol{v}^{\mathrm{T}}(\boldsymbol{A}\boldsymbol{x}-\boldsymbol{b})$，其定义域为$\mathbb{R}^n\times\mathbb{R}^p$，对偶函数 $g(\boldsymbol{v})=\inf\limits_{\boldsymbol{x}} L(\boldsymbol{x},\boldsymbol{v})$。因为 $L(\boldsymbol{x},\boldsymbol{v})$是关于 $\boldsymbol{x}$ 的二次凸函数，我们可以从最优条件中解得 $\boldsymbol{x}$ 的最小值。

$$\nabla_x L(\boldsymbol{x},\boldsymbol{v})=2\boldsymbol{x}+\boldsymbol{A}^{\mathrm{T}}\boldsymbol{v}=0$$

在点 $\boldsymbol{x}=-(1/2)\boldsymbol{A}^{\mathrm{T}}\boldsymbol{v}$ 处我们得到最小值。所以可以得到对偶函数

$$g(\boldsymbol{v})=L(-(\frac{1}{2})\boldsymbol{A}^{\mathrm{T}}\boldsymbol{v},\boldsymbol{v})=-(\frac{1}{4})\boldsymbol{v}^{\mathrm{T}}\boldsymbol{A}\boldsymbol{A}^{\mathrm{T}}\boldsymbol{v}-\boldsymbol{b}^{\mathrm{T}}\boldsymbol{v}$$

这是一个二次凹函数，定义域是$\mathbb{R}^p$。对于任意 $\boldsymbol{v}\in\mathbb{R}^p$，我们可以根据对偶函数给出下界的性质(3.1.2)，

$$-\frac{1}{4}\boldsymbol{v}^{\mathrm{T}}\boldsymbol{A}\boldsymbol{A}^{\mathrm{T}}\boldsymbol{v}-\boldsymbol{b}^{\mathrm{T}}\boldsymbol{v}\leqslant\inf\{\boldsymbol{x}^{\mathrm{T}}\boldsymbol{x}\mid\boldsymbol{A}\boldsymbol{x}=\boldsymbol{b}\}$$

2. 标准形式的线性规划

考虑线性规划的标准形式，

$$\begin{aligned}\min\ &\boldsymbol{c}^{\mathrm{T}}\boldsymbol{x}\\ \text{s.t.}\ &\boldsymbol{A}\boldsymbol{x}=\boldsymbol{b}\\ &\boldsymbol{x}\succeq\boldsymbol{0}\end{aligned}\tag{3.1.6}$$

其不等式约束函数为 $f_i(\boldsymbol{x})=-x_i,i=1,\cdots,n$。为了构成拉格朗日函数我们在 n 个不等式约束中引入拉格朗日乘子 $\boldsymbol{\lambda}_i$ 和在等式约束中引入 ν_i，从而得到

$$L(\boldsymbol{v})=\boldsymbol{c}^{\mathrm{T}}\boldsymbol{x}-\sum_{i=1}^{n}\boldsymbol{\lambda}_i x_i+\boldsymbol{v}^{\mathrm{T}}(\boldsymbol{A}\boldsymbol{x}-\boldsymbol{b})=-\boldsymbol{b}^{\mathrm{T}}\boldsymbol{v}+(\boldsymbol{c}+\boldsymbol{A}^{\mathrm{T}}\boldsymbol{v}-\boldsymbol{\lambda})^{\mathrm{T}}\boldsymbol{x}$$

对偶函数为

$$g(\boldsymbol{\lambda},\boldsymbol{v})=\inf_x L(\boldsymbol{x},\boldsymbol{\lambda},\boldsymbol{v})=-\boldsymbol{b}^{\mathrm{T}}\boldsymbol{v}+\inf_x(\boldsymbol{c}+\boldsymbol{A}^{\mathrm{T}}\boldsymbol{v}-\boldsymbol{\lambda})^{\mathrm{T}}\boldsymbol{x}$$

可以很容易地得到其对偶函数的解析表达式，因为线性函数只有为 0 的时候才会有下界。所以只有在当 $\boldsymbol{c}+\boldsymbol{A}^{\mathrm{T}}\boldsymbol{v}-\boldsymbol{\lambda}=0$ 时，$g(\boldsymbol{\lambda},\boldsymbol{v})=-\boldsymbol{b}^{\mathrm{T}}\boldsymbol{v}$，其余情况下，$g(\boldsymbol{\lambda},\boldsymbol{v})=-\infty$：

$$g(\boldsymbol{\lambda},\boldsymbol{v})=\begin{cases}-\boldsymbol{b}^{\mathrm{T}}\boldsymbol{v}, & \boldsymbol{c}+\boldsymbol{A}^{T}\boldsymbol{v}-\boldsymbol{\lambda}=0\\ -\infty, & \text{其他情况}\end{cases}$$

注意：对偶函数 g 只有在$\mathbb{R}^m\times\mathbb{R}^p$上的正常仿射子集才是有限的。我们会在后面看到这是一个正常的情况。

只有当 $\boldsymbol{\lambda}$ 和 $\boldsymbol{v}$ 满足 $\boldsymbol{\lambda}\succeq\boldsymbol{0}$ 和 $\boldsymbol{A}^{\mathrm{T}}\boldsymbol{v}-\boldsymbol{\lambda}+\boldsymbol{c}=0$ 时，下界性质(3.1.2)才是非平凡的。在这种情况下，$-\boldsymbol{b}^{\mathrm{T}}\boldsymbol{v}$ 是线性规划(3.1.6)最优值的一个下界。

3. 双向划分问题

我们考虑(非凸)问题

$$\begin{aligned}\min\ &\boldsymbol{x}^{\mathrm{T}}\boldsymbol{W}\boldsymbol{x}\\ \text{s.t.}\ &x_i^2=1,i=1,\cdots,n\end{aligned}\tag{3.1.7}$$

$\boldsymbol{W}\in\boldsymbol{S}^n$。约束条件限制了 x_i 的值为 1 或者 −1，所以这个问题等价于寻找一个向量的分量为 ±1，并使 $\boldsymbol{x}^{\mathrm{T}}\boldsymbol{W}\boldsymbol{x}$ 最小。可行集在这里是有限的(包含 2^n 个点)，所以这个问题本质上可以通过简单地遍历所有的可行点来解决。然而可行点的数量是按指数增长的，所以只有当问题的规模很小($n\leqslant30$)，这个遍历法才是可行的。在通常情况下($n\geqslant50$)，原问题(3.1.7)很难被解决。

我们可以将原问题(3.1.7)看作有 n 个元素的集合 $\{1,\cdots,n\}$ 的双向划分问题：对可行点 $\boldsymbol{x}$，其对应的划分

$$\{1,\cdots,n\}=\{i\mid x_i=-1\}\cup\{i\mid x_i=1\}$$

矩阵系数 W_{ij} 可以看作是分量 i 和 j 在同一分区上的成本，$-W_{ij}$ 可以看作是分量 i 和 j 在不同

分区上的成本。问题(3.1.7)中的目标函数是考虑分量间所有配对的成本和,问题(3.1.7)就是在寻找能让总成本最小的划分。

现在,我们推导此问题的对偶函数。拉格朗日函数为:

$$L(\boldsymbol{x},\boldsymbol{v}) = \boldsymbol{x}^{\mathrm{T}}\boldsymbol{W}\boldsymbol{x} + \sum_{i=1}^{n}\boldsymbol{v}_i(x_i^2 - 1)$$
$$= \boldsymbol{x}^{\mathrm{T}}(\boldsymbol{W} + \mathrm{diag}(\boldsymbol{v}))\boldsymbol{x} - \boldsymbol{1}^{\mathrm{T}}\boldsymbol{v}$$

我们通过对 $\boldsymbol{x}$ 求极小得到拉格朗日对偶函数:

$$g(\boldsymbol{v}) = \inf_{\boldsymbol{x}} \boldsymbol{x}^{\mathrm{T}}(\boldsymbol{W} + \mathrm{diag}(\boldsymbol{v}))\boldsymbol{x} - \boldsymbol{1}^{\mathrm{T}}\boldsymbol{v}$$
$$= \begin{cases} -\boldsymbol{1}^{\mathrm{T}}\boldsymbol{v}, & \boldsymbol{W} + \mathrm{diag}(\boldsymbol{v}) \succeq 0 \\ -\infty, & \text{其他情况} \end{cases}$$

事实上,求解二次函数的下确界时是 0(如果表达式是半正定的)或者是 $-\infty$(如果表达式不是半正定的)。

对偶函数提供了复杂问题(3.1.7)的一个优化值的下界。举例来说,我们可以让对偶变量取特殊值

$$\boldsymbol{v} = -\lambda_{\min}\boldsymbol{W}\boldsymbol{I}$$

这个是对偶可行的,因为

$$\boldsymbol{W} + \mathrm{diag}(\boldsymbol{v}) = \boldsymbol{W} - \lambda_{\min}(\boldsymbol{W})I \succeq 0$$

由此我们得到了最优值 $\boldsymbol{p}^*$

$$\boldsymbol{p}^* \geqslant -\boldsymbol{1}^{\mathrm{T}}\boldsymbol{v} = n\lambda_{\min}(\boldsymbol{W}) \tag{3.1.8}$$

当然,我们也可以不用拉格朗日对偶函数来得到最优值 $\boldsymbol{p}^*$。首先,我们用 $\sum_{i=1}^{n} x_i^2 = n$ 来替换约束 $\boldsymbol{x}_1^2 = 1, \cdots, x_n^2 = 1$ 来获得修改后的问题

$$\begin{aligned} &\min\ \boldsymbol{x}^{\mathrm{T}}\boldsymbol{W}\boldsymbol{x} \\ &\text{s. t.}\quad \sum_{i=1}^{n} x_i^2 = n \end{aligned} \tag{3.1.9}$$

原问题(3.1.7)的约束表明了这里的约束条件,所以问题(3.1.9)的优化值构成了原问题(3.1.7)的优化值 $\boldsymbol{p}^*$。但是修改后的问题(3.1.9)可以当作特征值问题来求解,相对来说更容易求解,其最优值为 $n\lambda_{\min}(\boldsymbol{W})$。

3.1.6 拉格朗日对偶函数和共轭函数

事实上,共轭函数和拉格朗日对偶函数紧密相关,我们来看一个简单的练习,考虑问题

$$\begin{aligned} &\min\ f(\boldsymbol{x}) \\ &\text{s. t.}\ \boldsymbol{x} = 0 \end{aligned}$$

(这个问题看起来不是很有挑战性,目测就可以解出答案)。这个问题的拉格朗日函数为 $L(\boldsymbol{x},\boldsymbol{v}) = f(\boldsymbol{x}) + \boldsymbol{v}^{\mathrm{T}}\boldsymbol{x}$,其对偶函数为:

$$g(\boldsymbol{v}) = \inf_{\boldsymbol{x}}(f(\boldsymbol{x}) + \boldsymbol{v}^{\mathrm{T}}\boldsymbol{x}) = -\sup_{\boldsymbol{x}}((-\boldsymbol{v})^{\mathrm{T}}\boldsymbol{x} - f(\boldsymbol{x})) = -f^*(-\boldsymbol{v})$$

更一般地(更有用地),用线性不等式和等式约束来考虑一个优化问题,

$$\begin{aligned} &\min\ f_0(\boldsymbol{x}) \\ &\text{s. t.}\ \boldsymbol{A}\boldsymbol{x} \preceq \boldsymbol{b} \\ &\qquad \boldsymbol{C}\boldsymbol{x} = \boldsymbol{d} \end{aligned} \tag{3.1.10}$$

用 f_0 的共轭我们可以写出问题(3.1.10)的对偶函数

$$\begin{aligned} g(\boldsymbol{\lambda},\boldsymbol{v}) &= (f_0(\boldsymbol{x})+\boldsymbol{\lambda}^{\mathrm{T}}(\boldsymbol{Ax}-\boldsymbol{b})+\boldsymbol{v}^{\mathrm{T}}(\boldsymbol{Cx}-\boldsymbol{d})) \\ &= -\boldsymbol{b}^{\mathrm{T}}\boldsymbol{\lambda}-\boldsymbol{d}^{\mathrm{T}}\boldsymbol{v}+(f_0(\boldsymbol{x})+(\boldsymbol{A}^{\mathrm{T}}\boldsymbol{\lambda}+\boldsymbol{C}^{\mathrm{T}}\boldsymbol{v})^{\mathrm{T}}\boldsymbol{x}) \\ &= -\boldsymbol{b}^{\mathrm{T}}\boldsymbol{\lambda}-\boldsymbol{d}^{\mathrm{T}}\boldsymbol{v}-f_0^*(-\boldsymbol{A}^{\mathrm{T}}\boldsymbol{\lambda}-\boldsymbol{C}^{\mathrm{T}}\boldsymbol{v}) \end{aligned} \tag{3.1.11}$$

g 的定义域也可以由 f_0^* 的定义域得到：

$$\mathrm{dom}\, g\{(\boldsymbol{\lambda},\boldsymbol{v})\mid -\boldsymbol{A}^{\mathrm{T}}\boldsymbol{\lambda}-\boldsymbol{C}^{\mathrm{T}}\boldsymbol{v}\in \mathrm{dom}\, f_0^*\}$$

下面举一些例子来说明上述的结论。

(1) 等式约束条件下的范数极小化

考虑问题

$$\begin{aligned} &\min\ \boldsymbol{x} \\ &\mathrm{s.t.}\ \ \boldsymbol{Ax}=\boldsymbol{b} \end{aligned} \tag{3.1.12}$$

$\|\cdot\|$为任意范数。

利用上面(3.1.11)得到的结论，可以得出问题(3.1.12)的对偶函数：

$$g(\boldsymbol{v})=-\boldsymbol{b}^{\mathrm{T}}\boldsymbol{v}-f_0^*(-\boldsymbol{A}^{\mathrm{T}}\boldsymbol{v})=\begin{cases}-\boldsymbol{b}^{\mathrm{T}}\boldsymbol{v}, & \boldsymbol{A}^{\mathrm{T}}\boldsymbol{v}_*\leqslant 1 \\ -\infty, & \text{其他情况}\end{cases}$$

(2) 熵的最大化

考虑熵的最大化问题

$$\begin{aligned} &\min\ f_0(\boldsymbol{x}) = \textstyle\sum_{i=1}^{n} \boldsymbol{x}_i \log \boldsymbol{x}_i \\ &\mathrm{s.t.}\ \ \boldsymbol{Ax} \preceq \boldsymbol{b} \\ &\qquad \boldsymbol{1}^{\mathrm{T}}\boldsymbol{x} = \boldsymbol{1} \end{aligned} \tag{3.1.13}$$

其中，dom $f_0=\mathbb{R}_{++}^n$。对于标量变量 u，负熵函数 $u\log u$ 的共轭函数是 e^{v-1}。因为 f_0 是不同变量的负熵函数的和，我们推断出其共轭函数是

$$f_0^*\,\boldsymbol{y}=\sum_{i=1}^{n}\mathrm{e}^{y_i-1}$$

其中，dom $f_0=\mathbb{R}^n$。利用式(3.1.11)中的结论，式(3.1.13)的对偶函数为

$$g(\boldsymbol{\lambda},\boldsymbol{v})=-\boldsymbol{b}^{\mathrm{T}}\boldsymbol{\lambda}-\boldsymbol{v}-\sum_{i=1}^{n}\mathrm{e}^{-a_i^{\mathrm{T}}\boldsymbol{\lambda}-\boldsymbol{v}-1}=-\boldsymbol{b}^{\mathrm{T}}\boldsymbol{\lambda}-\boldsymbol{v}-\mathrm{e}^{-\boldsymbol{v}-1}\sum_{i=1}^{n}\mathrm{e}^{-a_i^{\mathrm{T}}\boldsymbol{\lambda}}$$

其中，$\boldsymbol{a}_i$ 是矩阵 $\boldsymbol{A}$ 的第 i 列向量。

(3) 最小体积覆盖椭球

考虑变量 $\boldsymbol{X}\in\boldsymbol{S}^n$ 的问题，

$$\begin{aligned} &\min\ f_0(\boldsymbol{X})=\log\det\boldsymbol{X}^{-1} \\ &\mathrm{s.t.}\ \ a_i^{\mathrm{T}}\boldsymbol{X}a_i\leqslant 1,\quad i=1,\cdots,m \end{aligned} \tag{3.1.14}$$

其中，dom $f_0=\boldsymbol{S}_{++}^n$。问题(3.1.14)有简单的几何意义。对于任意 $\boldsymbol{X}\in\boldsymbol{S}_{++}^n$，我们可以将其与中心在原点的椭球联系起来，

$$\varepsilon_{\boldsymbol{X}}=\{\boldsymbol{z}\mid \boldsymbol{z}^{\mathrm{T}}\boldsymbol{X}\boldsymbol{z}\leqslant 1\}$$

这个椭球的体积与$(\det \boldsymbol{X}^{-1})^{1/2}$，所以式(3.1.14)的目标函数是椭球 $\varepsilon_{\boldsymbol{X}}$ 的体积的对数的两倍加上一个常数项。问题(3.1.14)的约束条件是 $a_i\in\varepsilon_X$。所以问题(3.1.14)等价于是为了决定中心在原点，包含点 $a_1,\cdots,a_m$ 椭球体积的最小值。

问题(3.1.14)的不等式约束是仿射的；它们可以表达为：

$$\mathrm{tr}((\boldsymbol{a}_i\boldsymbol{a}_i^{\mathrm{T}})\boldsymbol{X})\leqslant 1$$

根据式(3.1.11)的结论，问题(3.1.14)的对偶函数为：

$$g(\boldsymbol{\lambda})=\begin{cases}\log\det(\sum_{i=1}^{m}\lambda_i\boldsymbol{a}_i\boldsymbol{a}_i^{\mathrm{T}})-\boldsymbol{1}^{\mathrm{T}}\boldsymbol{\lambda}+\boldsymbol{n}, & \sum_{i=1}^{m}\lambda_i\boldsymbol{a}_i\boldsymbol{a}_i^{\mathrm{T}}>0\\ -\infty, & \text{其他情况}\end{cases}\tag{3.1.15}$$

所以，对于任意满足 $\lambda>0$ 和 $\sum_{i=1}^{m}\lambda_i\boldsymbol{a}_i\boldsymbol{a}_i^{\mathrm{T}}>0$，数值

$$\log\det(\sum_{i=1}^{m}\lambda_i\boldsymbol{a}_i\boldsymbol{a}_i^{\mathrm{T}})-\boldsymbol{1}^{\mathrm{T}}\boldsymbol{\lambda}+n$$

是问题(3.1.14)最优值的一个下界。

3.2 拉格朗日对偶问题

对于任意一组$(\boldsymbol{\lambda},\boldsymbol{v})$，$\boldsymbol{\lambda}\succeq\boldsymbol{0}$，拉格朗日对偶函数给了我们问题(3.1.1)的最优值 $\boldsymbol{p}^*$ 的下界。所以我们可以得到关于参数 $\boldsymbol{\lambda},\boldsymbol{v}$ 的下界。一个自然的问题是：从拉格朗日对偶函数中，可以获得的最佳下界是什么？

这个问题可以表达为一个优化问题

$$\begin{aligned}&\max\ g(\boldsymbol{\lambda},\boldsymbol{v})\\&\text{s.t. }\ \boldsymbol{\lambda}\succeq\boldsymbol{0}\end{aligned}\tag{3.2.1}$$

这个问题被称为问题(3.1.1)的对偶函数问题。在本书中，原始问题(3.1.1)有时被称为原问题。之前所说的对偶可行，描述为满足 $\boldsymbol{\lambda}\succeq\boldsymbol{0}$ 和 $g(\boldsymbol{\lambda},\boldsymbol{v})>-\infty$的一组$(\boldsymbol{\lambda},\boldsymbol{v})$，现在具有了意义。它意味着，像它名字所说的，$(\boldsymbol{\lambda},\boldsymbol{v})$是对偶问题(3.2.1)的一组可行解。我们将$(\boldsymbol{\lambda}^*,\boldsymbol{v}^*)$称作对偶最优解或者最优拉格朗日乘子，如果它是问题(3.2.1)的最优解。

拉格朗日对偶问题(3.2.1)是凸优化问题，因为需要极大化的目标函数是凹的，约束条件函数是凸的。因此，对偶问题的凸性和原问题(3.1.1)是否为凸无关。

3.2.1 显式表达对偶约束

上述的例子说明了对偶函数的普遍定义域

$$\mathrm{dom}\ g\{(\boldsymbol{\lambda},\boldsymbol{v})\mid g(\boldsymbol{\lambda},\boldsymbol{v})>-\infty\}$$

的维数小于 $m+p$。在很多情况下我们可以得到 dom g 的，并将之描述为一组线性等式约束。粗略来讲，这意味着我们可以得到问题(3.2.1)目标函数中 g 中“隐藏”或者“隐含”的等式约束。在这种情形下我们可以形成一个等价的问题，这些等式约束可以被显式地表达为优化问题的约束。下述的例子可以很好地佐证这个观点。

(1) 标准形式线性规划的拉格朗日对偶

在之前提到的例子(3.1.6)中，标准线性规划

$$\begin{aligned}&\min\ \boldsymbol{c}^{\mathrm{T}}\boldsymbol{x}\\&\text{s.t. }\ \boldsymbol{A}\boldsymbol{x}=\boldsymbol{b}\\&\quad\ \ \boldsymbol{x}\succeq\boldsymbol{0}\end{aligned}\tag{3.2.2}$$

的拉格朗日对偶函数为

$$g(\boldsymbol{\lambda},\boldsymbol{v})=\begin{cases}-\boldsymbol{b}^{\mathrm{T}}\boldsymbol{v}, & \boldsymbol{A}^{\mathrm{T}}\boldsymbol{v}-\boldsymbol{\lambda}+\boldsymbol{c}=0\\ -\infty, & \text{其他情况}\end{cases}$$

严格来说，标准形式线性规划的拉格朗日对偶问题在满足约束条件 $\boldsymbol{\lambda} \succeq \mathbf{0}$ 下极大化对偶函数 g，

$$\max g(\boldsymbol{\lambda},\boldsymbol{\nu})=\begin{cases}-\boldsymbol{b}^{\mathrm{T}}\boldsymbol{\nu}, & \boldsymbol{A}^{\mathrm{T}}\boldsymbol{\nu}-\boldsymbol{\lambda}+\boldsymbol{c}=0\\ -\infty, & \text{其他情况}\end{cases} \quad \text{s.t. } \boldsymbol{\lambda}\succeq 0 \tag{3.2.3}$$

在这里只有当 $\boldsymbol{A}^{\mathrm{T}}\boldsymbol{\nu}-\boldsymbol{\lambda}+\boldsymbol{c}=0$ 时 g 是有限的。我们可以通过将等式约束条件“显式”来等价的得到一个问题：

$$\begin{aligned}\max\ & -\boldsymbol{b}^{\mathrm{T}}\boldsymbol{\nu}\\ \text{s.t. }\ & \boldsymbol{A}^{\mathrm{T}}\boldsymbol{\nu}-\boldsymbol{\lambda}+\boldsymbol{c}=0\\ & \boldsymbol{\lambda}\succeq 0\end{aligned} \tag{3.2.4}$$

这个问题可进一步被表达为：

$$\begin{aligned}\max\ & -\boldsymbol{b}^{\mathrm{T}}\boldsymbol{\nu}\\ \text{s.t. }\ & \boldsymbol{A}^{\mathrm{T}}\boldsymbol{\nu}+\boldsymbol{c}\succeq \mathbf{0}\end{aligned} \tag{3.2.5}$$

这是一个不等式形式的线性规划。

注意这三个问题之间的细微差别。标准形式的线性规划(3.2.2)的拉格朗日对偶问题是问题(3.2.3)，等价于(但不完全相同)问题(3.2.4)和问题(3.2.5)。在这里我们重复地使用术语，我们称问题(3.2.4)或者问题(3.2.5)为标准形式线性规划(3.2.2)的拉格朗日对偶问题。

(2) 不等式形式线性规划的拉格朗日对偶

用相似的方式我们可以找到不等形式线性规划的拉格朗日对偶问题

$$\begin{aligned}\min\ & \boldsymbol{c}^{\mathrm{T}}\boldsymbol{x}\\ \text{s.t. }\ & \boldsymbol{A}\boldsymbol{x}\preceq \boldsymbol{b}\end{aligned} \tag{3.2.6}$$

拉格朗日函数为

$$L(\boldsymbol{x},\boldsymbol{\lambda})=\boldsymbol{c}^{\mathrm{T}}\boldsymbol{x}+\boldsymbol{\lambda}^{\mathrm{T}}(\boldsymbol{A}\boldsymbol{x}-\boldsymbol{b})=-\boldsymbol{b}^{\mathrm{T}}\boldsymbol{\lambda}+(\boldsymbol{A}^{\mathrm{T}}\boldsymbol{\lambda}+\boldsymbol{c})^{\mathrm{T}}\boldsymbol{x}$$

所以其对偶函数为

$$g(\boldsymbol{\lambda})=\inf_{\boldsymbol{x}} L(\boldsymbol{x},\boldsymbol{\lambda})=-\boldsymbol{b}^{\mathrm{T}}\boldsymbol{\lambda}+\inf_{\boldsymbol{x}}(\boldsymbol{A}^{\mathrm{T}}\boldsymbol{\lambda}+\boldsymbol{c})^{\mathrm{T}}\boldsymbol{x}$$

除去特殊情况恒为零，线性函数的下界为 $-\infty$，所以对偶函数为：

$$g(\boldsymbol{\lambda})=\begin{cases}-\boldsymbol{b}^{\mathrm{T}}\boldsymbol{\lambda}, & \boldsymbol{A}^{\mathrm{T}}\boldsymbol{\lambda}+\boldsymbol{c}=0\\ -\infty, & \text{其他情况}\end{cases}$$

对偶变量 $\boldsymbol{\lambda}$ 是可行的，如果 $\boldsymbol{\lambda}\succeq\mathbf{0}$ 并且 $\boldsymbol{A}^{\mathrm{T}}\boldsymbol{\lambda}+\boldsymbol{c}=0$。

线性规划(3.2.6)的拉格朗日对偶问题是对于所有 $\boldsymbol{\lambda}\succeq\mathbf{0}$ 最大化 g。我们也可以重新通过显示表达对偶可行的条件来作为约束来描述这个问题：

$$\begin{aligned}\max\ & -\boldsymbol{b}^{\mathrm{T}}\boldsymbol{\lambda}\\ \text{s.t. }\ & \boldsymbol{A}^{\mathrm{T}}\boldsymbol{\lambda}+\boldsymbol{c}=0\\ & \boldsymbol{\lambda}\succeq\mathbf{0}\end{aligned} \tag{3.2.7}$$

这个是标准形式的线性规划。

注意标准和不等式形式的线性规划和它们的对偶问题之间的有趣的对称性：标准形式线性规划的对偶问题是只有不等式约束的线性规划，反之亦然。也可以证明得到(3.2.7)的拉格朗日对偶问题(等价于)原问题(3.2.6)。

3.2.2 弱对偶性

拉格朗日对偶问题的最优值,我们表示为 d^*,根据定义,最优值 p^* 的下界可以从拉格朗日对偶函数中得到。特别地,我们拥有下面虽然简单但很重要的不等关系:

$$d^* \leqslant p^* \tag{3.2.8}$$

这个关系依然成立即使原问题非凸。这个性质叫作弱对偶性。

当 d^* 和 p^* 无限时弱对偶性不等式依然成立。举例来说,如果原问题无下界,即 $p^*=-\infty$,我们必须有 $d^*=-\infty$,即拉格朗日对偶问题不可行。相反的,若对偶问题无上界,即 $d^*=\infty$,我们必须有 $p^*=\infty$,即原问题不可行。

我们定义差值 p^*-d^* 为原问题的最优对偶间隙,因为它给出了原问题的最优值和从拉格朗日对偶函数中获得的最佳下界之间的差值。最优对偶间隙总是非负的。

当一个问题很难被解决时,我们有时会用到若对偶不等式(3.2.8)来给出原问题最优值的一个下界,因为对偶问题永远都是凸问题,并且在很多种情况下可以很有效地求解得到 d^*。举个例子,考虑(3.1.7)中的双向划分问题。其对偶问题是一个半定规划问题,

$$\begin{aligned}&\max\ -\mathbf{1}^{\mathrm{T}}\boldsymbol{v}\\&\text{s. t.}\ \boldsymbol{W}+\mathrm{diag}(\boldsymbol{v})\succeq\mathbf{0}\end{aligned}$$

其中,变量 $\boldsymbol{v}\in\mathbb{R}^n$,即使 n 取相对很大的值,比如 $n=1\ 000$,这个问题也可以很有效地被解决。对偶问题的最优值给出了双向划分问题的最优值的下界,而这个下界至少和根据 $\lambda_{\min}(\boldsymbol{W})$ 给出的下界(3.1.8)一样好。

3.2.3 强对偶性和 Slater 约束准则

如果等式

$$d^*=p^* \tag{3.2.9}$$

成立,即最优对偶间隙为零,我们称这为强对偶性成立。这意味着从拉格朗日对偶函数中获得的最佳下界是紧的。

在一般情况下,强对偶性不成立。但是如果原问题(3.1.1)是凸的,可以写成如下形式:

$$\begin{aligned}&\min\ f_0(\boldsymbol{x})\\&\text{s. t.}\ f_i(\boldsymbol{x})\leqslant 0,\quad i=1,\cdots,m\\&\qquad \boldsymbol{Ax}=\boldsymbol{b}\end{aligned}\tag{3.2.10}$$

其中,$f_0,\cdots,f_m$ 是凸函数,强对偶性通常(不是一直)成立。有很多结果给出了强对偶性成立的条件,除凸性条件外,还有一些条件被称为约束准则。

一个简单的约束准则是 Slater 条件:存在一个 $\boldsymbol{x}\in\mathrm{relint}\ D$ 使得下式成立

$$f_i(\boldsymbol{x})<0,\quad i=1,\cdots,m,\quad \boldsymbol{Ax}=\boldsymbol{b} \tag{3.2.11}$$

满足条件的点有时被称为严格可行的,因为不等式约束严格成立。Slater 定理说明了如果 Slater 条件成立(并且问题是凸问题),强对偶性成立。

但不等式约束函数 f_i 中有一些是仿射函数时,Slater 条件可以被改进。如果前面 k 个约束函数 $f_1,\cdots,f_k$ 是仿射函数,那么下列弱化的条件成立,强对偶性则成立。该条件为,存在一个 $x\in\mathrm{relint}\ D$ 使得

$$f_i(\boldsymbol{x})\leqslant 0,\quad i=1,\cdots,k,\quad f_i(\boldsymbol{x})<0,\quad i=k+1,\cdots,m,\quad Ax=b \tag{3.2.12}$$

换种说法,仿射不等式不需要严格成立。注意到当约束条件都是线性等式或者不等式,并且

dom f_0是开集，改进的 Slater 条件(3.2.12)是可行性条件。

Slater 条件〔和其改进形式(3.2.12)〕不光是凸问题的强对偶性成立，而且当 $d^*>-\infty$ 时，对偶问题也可以取得最优值。即，存在一对对偶可行的($\boldsymbol{\lambda}^*,\boldsymbol{v}^*$)使得 $g(\boldsymbol{\lambda}^*,\boldsymbol{v}^*)=d^*=p^*$。在 3.3.2 小节中我们将证明当原问题是凸的并且 Slater 条件满足时，强对偶性成立。

3.2.4　例子

下面以线性方程组的最小二乘解为例。

回忆问题(3.1.5)：

$$\begin{aligned}&\min\ \boldsymbol{x}^{\mathrm{T}}\boldsymbol{x}\\&\quad \text{s. t.}\ \boldsymbol{A}\boldsymbol{x}=\boldsymbol{b}\end{aligned}$$

与之对应的对偶问题是

$$\max\ -\frac{1}{4}\boldsymbol{v}^{\mathrm{T}}\boldsymbol{A}\boldsymbol{A}^{\mathrm{T}}\boldsymbol{v}-\boldsymbol{b}^{\mathrm{T}}\boldsymbol{v}$$

这是一个无约束条件的凹二次函数极大化问题。

Slater 条件此时是原问题的可行性条件，如果 $\boldsymbol{b}\in\mathcal{R}(\boldsymbol{A})$，即 $p^*<-\infty$，所以 $p^*=d^*$。事实上这个问题我们总有强对偶性成立，即使是当 $p^*=-\infty$。当 $p^*=-\infty$时，$\boldsymbol{b}\notin\mathcal{R}(\boldsymbol{A})$，所以存在一个 $\boldsymbol{z}$，使得 $\boldsymbol{A}^{\mathrm{T}}\boldsymbol{z}=0$，$\boldsymbol{b}^{\mathrm{T}}\boldsymbol{z}\neq 0$。因此，对偶函数在直线$\{tz\mid t\in\mathcal{R}\}$上无界，即对偶问题的最优值也无界，$d^*=-\infty$。

(1) 线性规划的拉格朗日对偶函数

根据弱形式的 Slater 条件，我们发现任意一个线性规划(标准或者不等式形式)，只要原问题可行，都满足强对偶性。将此结论用于对偶问题，我们可以得出结论，如果问题对偶可行，线性规划满足强对偶性。只有在原问题和对偶问题都不可行的情况下，强对偶性是不成立的。事实上这种情况也会发生。

(2) 二次约束二次规划的拉格朗日对偶

考虑约束和目标函数都是二次函数的优化问题 QCQP：

$$\begin{aligned}&\min\left(\frac{1}{2}\right)\boldsymbol{x}^{\mathrm{T}}\boldsymbol{P}_0\boldsymbol{x}+\boldsymbol{q}_0^{\mathrm{T}}\boldsymbol{x}+\boldsymbol{r}_0\\&\text{s. t. }\left(\frac{1}{2}\right)\boldsymbol{x}^{\mathrm{T}}\boldsymbol{P}_i\boldsymbol{x}+\boldsymbol{q}_i^{\mathrm{T}}\boldsymbol{x}+\boldsymbol{r}_i\leqslant 0,\quad i=1,\cdots,m\end{aligned}\tag{3.2.13}$$

其中，$\boldsymbol{P}_0\in\boldsymbol{S}_{++}^n$，并且 $\boldsymbol{P}_i\in\boldsymbol{S}_+^n$，$i=1,\cdots,m$。拉格朗日函数为

$$L(\boldsymbol{x},\boldsymbol{\lambda})=\left(\frac{1}{2}\right)\boldsymbol{x}^{\mathrm{T}}\boldsymbol{P}(\boldsymbol{\lambda})\boldsymbol{x}+\boldsymbol{q}\,(\boldsymbol{\lambda})^{\mathrm{T}}\boldsymbol{x}+\boldsymbol{r}(\boldsymbol{\lambda})$$

其中，

$$\boldsymbol{P}(\boldsymbol{\lambda})=\boldsymbol{P}_0+\sum_{i=1}^{m}\boldsymbol{\lambda}_i\boldsymbol{P}_i,\quad \boldsymbol{q}(\boldsymbol{\lambda})=\boldsymbol{q}_0+\sum_{i=1}^{m}\boldsymbol{\lambda}_i\boldsymbol{q}_i,\quad \boldsymbol{r}(\boldsymbol{\lambda})=\boldsymbol{r}_0+\sum_{i=1}^{m}\boldsymbol{\lambda}_i\boldsymbol{r}_i$$

对一般的 $\boldsymbol{\lambda}$，我们可以得到 $g(\boldsymbol{\lambda})$的表达式，但是有些复杂。然而如果 $\boldsymbol{\lambda}\succeq\boldsymbol{0}$，我们可以得到 $\boldsymbol{P}(\boldsymbol{\lambda})\succ\boldsymbol{0}$和

$$g(\boldsymbol{\lambda})=\inf_{\boldsymbol{x}}L(\boldsymbol{x},\boldsymbol{\lambda})=-\frac{1}{2}\boldsymbol{q}\,(\boldsymbol{\lambda})^{\mathrm{T}}\boldsymbol{P}\,(\boldsymbol{\lambda})^{-1}\boldsymbol{q}(\boldsymbol{\lambda})+\boldsymbol{r}(\boldsymbol{\lambda})$$

所以对偶问题可以被表达为

$$\max \quad -\frac{1}{2}\boldsymbol{q}(\boldsymbol{\lambda})^{\mathrm{T}}\boldsymbol{P}(\boldsymbol{\lambda})^{-1}\boldsymbol{q}(\boldsymbol{\lambda})+\boldsymbol{r}(\boldsymbol{\lambda}) \qquad (3.2.14)$$
$$\text{s.t.} \quad \boldsymbol{\lambda}\succeq\boldsymbol{0}$$

根据 Slater 条件可以得到，当二次不等约束严格可行，即存在一个点 $\boldsymbol{x}$ 使得

$$\left(\frac{1}{2}\right)\boldsymbol{x}^{\mathrm{T}}\boldsymbol{P}_i\boldsymbol{x}+2\boldsymbol{q}_i^{\mathrm{T}}\boldsymbol{x}+\boldsymbol{r}_i<0, \quad i=1,\cdots,m$$

问题(3.2.14)和问题(3.2.13)之间的强对偶性成立。

(3) 熵的最大化

我们下一个例子是关于熵的最大化问题(3.1.13)：

$$\min \ \sum\nolimits_{i=1}^{n}x_i\log x_i$$
$$\text{s.t.} \quad \boldsymbol{Ax}\preceq\boldsymbol{b}$$
$$\boldsymbol{1}^{\mathrm{T}}\boldsymbol{x}=1$$

其定义域 $D=\mathbb{R}_{+}^{n}$。我们曾推导过它的拉格朗日对偶函数，对偶问题是：

$$\max \ -\boldsymbol{b}^{\mathrm{T}}\boldsymbol{\lambda}-\boldsymbol{v}-\boldsymbol{e}^{-\boldsymbol{v}-1}\sum\nolimits_{i=1}^{n}\boldsymbol{e}^{-\boldsymbol{a}_i^{\mathrm{T}}\boldsymbol{\lambda}} \qquad (3.2.15)$$
$$\text{s.t.} \quad \boldsymbol{\lambda}\succeq\boldsymbol{0}$$

其中，变量 $\boldsymbol{\lambda}\in\boldsymbol{R}^m$，$\boldsymbol{v}\in\boldsymbol{R}$。式(3.1.13)的弱 Slater 条件告诉我们如果存在一点 $\boldsymbol{x}\succ\boldsymbol{0}$ 满足 $\boldsymbol{Ax}\preceq\boldsymbol{b}$ 和 $\boldsymbol{1}^{\mathrm{T}}\boldsymbol{x}=1$，最优对偶间隙为零。

我们可以通过解析最大化对偶变量 $\boldsymbol{v}$ 来简化对偶问题(3.30)对于固定的 $\boldsymbol{\lambda}$，当目标函数对 $\boldsymbol{v}$ 求导等于 0，即

$$\boldsymbol{v}=\log\sum\nolimits_{i=1}^{n}\boldsymbol{e}^{-\boldsymbol{a}_i^{\mathrm{T}}\boldsymbol{\lambda}}-1$$

目标函数值最大。将这个 $\boldsymbol{v}$ 的优化值代入对偶问题可得

$$\max \ -\boldsymbol{b}^{\mathrm{T}}\boldsymbol{\lambda}-\log\left(\sum\nolimits_{i=1}^{n}\boldsymbol{e}^{-\boldsymbol{a}_i^{\mathrm{T}}\boldsymbol{\lambda}}\right)$$
$$\text{s.t.} \quad \boldsymbol{\lambda}\succeq\boldsymbol{0}$$

这是一个非负约束的几何规划问题(凸优化问题)。

(4) 最小体积覆盖椭球

我们考虑问题(3.1.14)：

$$\min \ \log\det\boldsymbol{X}^{-1}$$
$$\text{s.t.} \quad \boldsymbol{a}_i^{\mathrm{T}}\boldsymbol{X}\boldsymbol{a}_i\leqslant 1, \quad i=1,\cdots,m$$

其定义域是 $D=\boldsymbol{S}_{++}^{n}$。式(3.1.15)可以给出拉格朗日对偶函数，所以对偶问题可以表达为

$$\max \ \log\det\left(\sum\nolimits_{i=1}^{m}\boldsymbol{\lambda}_i\boldsymbol{a}_i\boldsymbol{a}_i^{\mathrm{T}}\right)-\boldsymbol{1}^{\mathrm{T}}\boldsymbol{\lambda}+n \qquad (3.2.16)$$
$$\text{s.t.} \quad \boldsymbol{\lambda}\succeq\boldsymbol{0}$$

其中，我们取 $\log\det\boldsymbol{X}=-\infty$，如果 $X\not\succ 0$。

问题(3.1.14)的弱 Slater 条件为：存在一个 $\boldsymbol{X}\in\boldsymbol{S}_{++}^{n}$，使得对任意 $i=1,\cdots,m$，都有 $\boldsymbol{a}_i^{\mathrm{T}}\boldsymbol{X}\boldsymbol{a}_i\leqslant 1$。而这个条件永远满足，所以式(3.1.14)和对偶问题(3.2.16)的强对偶性永远成立。

(5) 具有强对偶性的非凸二次规划问题

非凸问题具有强对偶性的情况很罕见。举一个很重要的例子，我们考虑在单位球内极小化一个二次函数的优化问题，

$$\min\ \boldsymbol{x}^{\mathrm{T}}\boldsymbol{A}\boldsymbol{x}+2\boldsymbol{b}^{\mathrm{T}}\boldsymbol{x} \qquad (3.2.17)$$
$$\text{s.t.}\ \boldsymbol{x}^{\mathrm{T}}\boldsymbol{x}\leqslant 1$$

其中，$\boldsymbol{A}\in\boldsymbol{S}^n$，$\boldsymbol{b}\in\boldsymbol{R}^n$。当 $\boldsymbol{A}\not\succeq\boldsymbol{0}$ 时，这不是一个凸问题。这个问题有时被叫作信赖域问题，但当在单位球内极小化一个函数的二阶逼近函数时会遇到这个问题，此时的单位球为假设成二阶逼近的近似有效区域。

拉格朗日函数为：

$$L(\boldsymbol{x},\boldsymbol{\lambda})=\boldsymbol{x}^{\mathrm{T}}\boldsymbol{A}\boldsymbol{x}+2\boldsymbol{b}^{\mathrm{T}}\boldsymbol{x}+\boldsymbol{\lambda}(\boldsymbol{x}^{\mathrm{T}}\boldsymbol{x}-\boldsymbol{1})=\boldsymbol{x}^{\mathrm{T}}(\boldsymbol{A}+\boldsymbol{\lambda}\boldsymbol{I})\boldsymbol{x}+2\boldsymbol{b}^{\mathrm{T}}\boldsymbol{x}-\boldsymbol{\lambda}$$

所以对偶函数为：

$$g(\boldsymbol{\lambda})=\begin{cases}-\boldsymbol{b}^{\mathrm{T}}(\boldsymbol{A}+\boldsymbol{\lambda}\boldsymbol{I})^{\dagger}\boldsymbol{b}-\boldsymbol{\lambda}, & \boldsymbol{A}+\boldsymbol{\lambda}\boldsymbol{I}\succeq\boldsymbol{0},\quad \boldsymbol{b}\in R(\boldsymbol{A}+\boldsymbol{\lambda}\boldsymbol{I})\\ -\infty, & \text{其他情况}\end{cases}$$

其中，$(\boldsymbol{A}+\boldsymbol{\lambda}\boldsymbol{I})^{\dagger}$ 是 $\boldsymbol{A}+\boldsymbol{\lambda}\boldsymbol{I}$ 的伪逆矩阵。拉格朗日对偶问题是：

$$\max\ -\boldsymbol{b}^{\mathrm{T}}(\boldsymbol{A}+\boldsymbol{\lambda}\boldsymbol{I})^{\dagger}\boldsymbol{b}-\boldsymbol{\lambda} \qquad (3.2.18)$$
$$\text{s.t.}\ \boldsymbol{A}+\boldsymbol{\lambda}\boldsymbol{I}\succeq 0,\quad \boldsymbol{b}\in\mathscr{R}(\boldsymbol{A}+\boldsymbol{\lambda}\boldsymbol{I})$$

其中，变量 $\boldsymbol{\lambda}\in\mathbb{R}$。虽然从表达式来看不是很明显，这是一个凸优化问题。事实上，这个问题可以很容易地被求解因为它可以表示为

$$\max\quad -\sum\nolimits_{i=1}^{n}(\boldsymbol{q}_i^{\mathrm{T}}\boldsymbol{b})^2/(\lambda_i+\boldsymbol{\lambda})-\boldsymbol{\lambda}$$
$$\text{s.t.}\ \boldsymbol{\lambda}\geqslant-\boldsymbol{\lambda}_{\min}(\boldsymbol{A})$$

其中，λ_i 和 $\boldsymbol{q}_i$ 分别是矩阵 $\boldsymbol{A}$ 的特征值和相应的（标准正交）特征向量，并且我们把 $(\boldsymbol{q}_i^{\mathrm{T}}\boldsymbol{b})^2/0$ 看作 0，若 $\boldsymbol{q}_i^{\mathrm{T}}\boldsymbol{b}=0$，否则等于∞。

尽管事实是原问题(3.2.17)不是凸问题，此问题的最优对偶间隙恒为 0：问题(3.2.17)和问题(3.2.18)的优化值永远相等。事实上，存在一个更为一般的结论：对于任意的有着二次目标函数和一个二次不等式约束的优化问题，强对偶性总是成立的。

3.2.5 矩阵对策的混合策略

在这个部分我们用强对偶性来推导关于零和矩阵的一个基本的结论。我们考虑一个二人对策。局中人 1 选择（或移动）$k\in\{1,\cdots,n\}$，局中人 2 选择 $l\in\{1,\cdots,m\}$。然后局中人 1 支付给局中人 2 了 P_{kl}，其中 $\boldsymbol{P}\in\mathbb{R}^{n\times m}$ 是对策的支付矩阵。局中人 1 的目标是让支付额尽可能地小，而局中人 2 的支付额尽可能地大。

局中人采用随机或者混合策略，意思是每一个局中人随机且独立于其他局中人的做出选择，根据某个概率分布：

$$\text{prob}(k=i)=u_i,\ i=1,\cdots,n,\ \text{prob}(l=i)=v_i,\ i=1,\cdots,m$$

在这里 $\boldsymbol{u}$ 和 $\boldsymbol{v}$ 是两个局中人选择所服从的概率分布，即他们的策略。局中人 1 支付给局中人 2 的支付额的期望为

$$\sum_{k=1}^{n}\sum_{l=1}^{m}u_k v_l P_{kl}=\boldsymbol{u}^{\mathrm{T}}\boldsymbol{P}\boldsymbol{v}$$

局中人 1 想要选择一个 $\boldsymbol{u}$ 的值来极小化 $\boldsymbol{u}^{\mathrm{T}}\boldsymbol{P}\boldsymbol{v}$，而局中人 2 想要选择 $\boldsymbol{v}$ 的值来极大化 $\boldsymbol{u}^{\mathrm{T}}\boldsymbol{P}\boldsymbol{v}$。

让我们先从局中人 1 的角度来分析这个对策，假设她的策略 $\boldsymbol{u}$ 被局中人 2 所知道（很清晰地，给了局中人 2 一个优势）。局中人 2 将会采取策略 $\boldsymbol{v}$ 来极大化 $\boldsymbol{u}^{\mathrm{T}}\boldsymbol{P}\boldsymbol{v}$，此时支付额的期望为

$$\sup\{\boldsymbol{u}^{\mathrm{T}}\boldsymbol{P}\boldsymbol{v}\mid\boldsymbol{v}\succeq 0,\boldsymbol{1}^{\mathrm{T}}\boldsymbol{v}=1\}=\max_{i=1,\cdots,m}(\boldsymbol{P}^{\mathrm{T}}\boldsymbol{u})i$$

局中人 1 尽最大的努力来选择 $\boldsymbol{u}$ 去极小化上述最大支付额，即选择策略 $\boldsymbol{u}$ 来解决下面问题

$$\begin{aligned} \min \quad & \max_{i=1,\cdots,m} (\boldsymbol{P}^{\mathrm{T}}\boldsymbol{u})i \\ \text{s.t.} \quad & \boldsymbol{u} \succeq \boldsymbol{0},\ \boldsymbol{1}^{\mathrm{T}}\boldsymbol{u}=1 \end{aligned} \tag{3.2.19}$$

这是一个分片线性凸优化问题。我们假设这个问题的最优值是 P_1^*，这是在假设局中人 2 知道局中人 1 的策略，并做出自己利益最大化的选择后，局中人 1 可以做到的最小支付额的期望。

类似的我们考虑情况局中人 2 的策略 v 被局中人 1 知晓(给了局中人 1 一个优势)。在这种情况下，局中人 1 选择策略 $\boldsymbol{u}$ 来最小化 $\boldsymbol{u}^{\mathrm{T}}\boldsymbol{P}\boldsymbol{v}$，得到如下的期望支付额：

$$\inf\{\boldsymbol{u}^{\mathrm{T}}\boldsymbol{P}\boldsymbol{v} \mid \boldsymbol{u} \succeq \boldsymbol{0}, \boldsymbol{1}^{\mathrm{T}}\boldsymbol{u}=1\} = \min_{i=1,\ldots,n} (\boldsymbol{P}\boldsymbol{v})i$$

局中人 2 选择 $\boldsymbol{v}$ 来使其最大化，即选择一个策略 $\boldsymbol{v}$ 来解决问题

$$\begin{aligned} \max\ & \min\nolimits_{i=1,\cdots,n} (\boldsymbol{P}\boldsymbol{v})i \\ \text{s.t.}\ & \boldsymbol{v} \succeq \boldsymbol{0}, \boldsymbol{1}^{\mathrm{T}}\boldsymbol{v}=1 \end{aligned} \tag{3.2.20}$$

这是另一个凸优化问题，目标函数是分片线形(凹)函数。我们假设这个问题的最优值是 P_2^*。这是这是在假设局中人 1 知道局中人 2 的策略，能够保证的支付额的最大期望。

直观的来说知道对手的策略是一种优势(至少不是一种劣势)，确实可以简单地证明 $P_1^* \geqslant P_2^*$，我们可以得到 $P_1^* - P_2^*$ 这个差值是非负的，可以将之看作是知道对手策略时，带来的优势。

利用对偶性，我们可以得到一个乍一看令人惊讶的结论：$P_1^* = P_2^*$。换句话说，在采取混合策略的矩阵对策中，知道对手的策略是毫无优势的。我们可以通过证明问题(3.2.19)和问题(3.2.20)是互为拉格朗日对偶问题，利用强对偶性来得到上面的结论。

我们首先将问题(3.2.19)写成线性规划问题

$$\begin{aligned} \min\ & \boldsymbol{t} \\ \text{s.t.}\ & \boldsymbol{u} \succeq 0,\ \boldsymbol{1}^{\mathrm{T}}\boldsymbol{u}=\boldsymbol{1} \\ & \boldsymbol{P}^{\mathrm{T}}\boldsymbol{u} \preceq \boldsymbol{t1} \end{aligned}$$

其中，附加变量 $t \in \boldsymbol{R}$。在 $\boldsymbol{P}^{\mathrm{T}}\boldsymbol{u} \preceq \boldsymbol{t1}$ 中引入拉格朗日乘子 $\boldsymbol{\lambda}$，在 $\boldsymbol{u} \succeq \boldsymbol{0}$ 中引入乘子 $\boldsymbol{\mu}$，在 $\boldsymbol{1}^{\mathrm{T}}\boldsymbol{u}=\boldsymbol{1}$ 中引入乘子 $\boldsymbol{v}$。这个拉格朗日函数为

$$\boldsymbol{t}+\boldsymbol{\lambda}^{\mathrm{T}}(\boldsymbol{P}^{\mathrm{T}}\boldsymbol{u}-\boldsymbol{t1})-\boldsymbol{\mu}^{\mathrm{T}}\boldsymbol{u}+\boldsymbol{v}(\boldsymbol{1}-\boldsymbol{1}^{\mathrm{T}}\boldsymbol{u})=\boldsymbol{v}+(\boldsymbol{1}-\boldsymbol{1}^{\mathrm{T}}\boldsymbol{\lambda})t+(\boldsymbol{P}\boldsymbol{\lambda}-\boldsymbol{v1}-\boldsymbol{\mu})^{\mathrm{T}}\boldsymbol{u}$$

所以对偶函数为：

$$g(\boldsymbol{\lambda},\boldsymbol{\mu},\boldsymbol{v})=\begin{cases} \boldsymbol{v1}^{\mathrm{T}}\boldsymbol{\lambda}=1, & \boldsymbol{P}\boldsymbol{\lambda}-\boldsymbol{v1}=\boldsymbol{\mu} \\ -\infty, & \text{其他情况} \end{cases}$$

对偶问题是

$$\begin{aligned} \max\ & \boldsymbol{v} \\ \text{s.t.}\ & \boldsymbol{\lambda} \succeq 0,\ \boldsymbol{1}^{\mathrm{T}}\boldsymbol{\lambda}=\boldsymbol{1},\ \boldsymbol{u} \succeq \boldsymbol{0} \\ & \boldsymbol{P}\boldsymbol{\lambda}-\boldsymbol{v1}=\boldsymbol{\mu} \end{aligned}$$

消去 $\boldsymbol{\mu}$ 我们可以得到下面关于 $\boldsymbol{\lambda}$ 和 $\boldsymbol{v}$ 的拉格朗日对偶问题：

$$\begin{aligned} \max\ & \boldsymbol{v} \\ \text{s.t.}\ & \boldsymbol{\lambda} \succeq 0,\ \boldsymbol{1}^{\mathrm{T}}\boldsymbol{\lambda}=\boldsymbol{1} \\ & \boldsymbol{P}\boldsymbol{\lambda} \succeq \boldsymbol{v1} \end{aligned}$$

这很清楚地和式(3.1.3)是等价的。因为线性规划问题是可行的,所以具有强对偶性;式(3.2.19)和式(3.2.20)的最优值相等。

3.3 几何解释

3.3.1 通过函数值的集合解释强弱对偶性

我们可以通过一个集合

$$\mathcal{G}=\{(f_1(\boldsymbol{x}),\cdots,f_m(\boldsymbol{x}),h_1(\boldsymbol{x}),\cdots,h_p(\boldsymbol{x}),f_0(\boldsymbol{x}))\in\mathbb{R}^m\times\mathbb{R}^p\times\mathbb{R}\mid \boldsymbol{x}\in\mathcal{D}\} \tag{3.3.1}$$

给出对偶函数的一个简单的几何解释。这个集合是约束和目标函数的值的集合。通过集合 $\mathcal{G}$,我们可以给出式(3.1.1)的最优值 p^* 的简单表达

$$p^*=\inf\{t\mid(\boldsymbol{u},\boldsymbol{v},\boldsymbol{t})\in\mathcal{G},\boldsymbol{u}\preceq 0,\boldsymbol{v}=\boldsymbol{0}\}$$

评估以$(\boldsymbol{\lambda},\boldsymbol{\nu})$为变量的对偶函数,我们在$(\boldsymbol{u},\boldsymbol{v},\boldsymbol{t})\in\mathcal{G}$上极小化仿射函数

$$(\boldsymbol{\lambda},\boldsymbol{\nu},\boldsymbol{1})^{\mathrm{T}}(\boldsymbol{u},\boldsymbol{v},\boldsymbol{t}) = \sum_{i=1}^{m}\lambda_i u_i+\sum_{i=1}^{p}\nu_i v_i+t$$

即,我们有

$$g(\boldsymbol{\lambda},\boldsymbol{\nu})=\inf\{(\boldsymbol{\lambda},\boldsymbol{\nu},\boldsymbol{1})^{\mathrm{T}}(\boldsymbol{u},\boldsymbol{v},\boldsymbol{t})\mid(\boldsymbol{u},\boldsymbol{v},\boldsymbol{t})\in\mathcal{G}\}$$

特别地,我们可以看出如果下确界有限,那么不等式

$$(\boldsymbol{\lambda},\boldsymbol{\nu},\boldsymbol{1})^{\mathrm{T}}(\boldsymbol{u},\boldsymbol{v},\boldsymbol{t})\geqslant g(\boldsymbol{\lambda},\boldsymbol{\nu})$$

定义了集合 $\mathcal{G}$ 的支撑超平面。这个支撑超平面有时称为非竖直支撑超平面,因为法向量的最后一个分量不为零。

现在假设 $\boldsymbol{\lambda}\succeq\boldsymbol{0}$。那么很显然,当 $\boldsymbol{u}\preceq\boldsymbol{0},\boldsymbol{v}=\boldsymbol{0},\boldsymbol{t}\geqslant(\boldsymbol{\lambda},\boldsymbol{\nu},\boldsymbol{1})^{\mathrm{T}}(\boldsymbol{u},\boldsymbol{v},\boldsymbol{t})$。所以

$$\begin{aligned}p^*&=\inf\{t\mid(\boldsymbol{u},\boldsymbol{v},\boldsymbol{t})\in\mathcal{G},\boldsymbol{u}\preceq\boldsymbol{0},\boldsymbol{v}=\boldsymbol{0}\}\\&\geqslant\inf\{(\boldsymbol{\lambda},\boldsymbol{\nu},\boldsymbol{1})^{\mathrm{T}}(\boldsymbol{u},\boldsymbol{v},\boldsymbol{t})\mid(\boldsymbol{u},\boldsymbol{v},\boldsymbol{t})\in\mathcal{G},\boldsymbol{u}\preceq\boldsymbol{0},\boldsymbol{v}=\boldsymbol{0}\}\\&\geqslant\inf\{(\boldsymbol{\lambda},\boldsymbol{\nu},\boldsymbol{1})^{\mathrm{T}}(\boldsymbol{u},\boldsymbol{v},\boldsymbol{t})\mid(\boldsymbol{u},\boldsymbol{v},\boldsymbol{t})\in\mathcal{G}\}\\&=g(\boldsymbol{\lambda},\boldsymbol{\nu})\end{aligned}$$

即,弱对偶性成立。针对只有一个不等式约束的简单问题,图 3.3.1 和图 3.3.2 给出了解释。

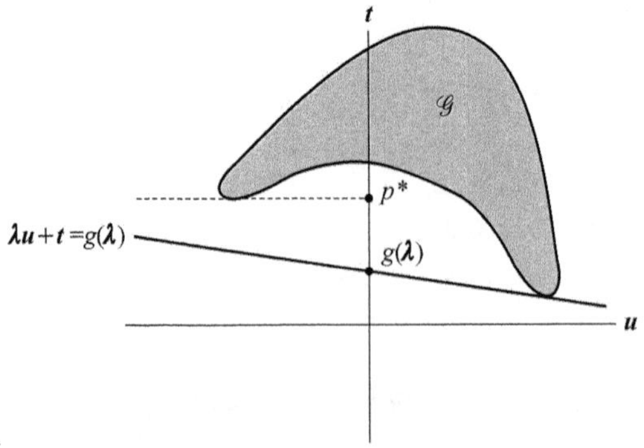

图 3.3.1 对于只有一个(不等式)约束的问题,对偶函数和下界 $g(\boldsymbol{\lambda})\leqslant p^*$ 的几何解释

给定 $\boldsymbol{\lambda}$,我们在集合 $\mathcal{G}=\{(f_1(\boldsymbol{x}),f_0(\boldsymbol{x}))\mid\boldsymbol{x}\in\mathcal{D}\}$ 上极小化$(\boldsymbol{\lambda},\boldsymbol{1})^{\mathrm{T}}(\boldsymbol{u},\boldsymbol{t})$,得到斜率为$-\boldsymbol{\lambda}$

的支撑超平面。支撑超平面与坐标轴 $\boldsymbol{u}=\mathbf{0}$ 的交点为 $g(\boldsymbol{\lambda})$。

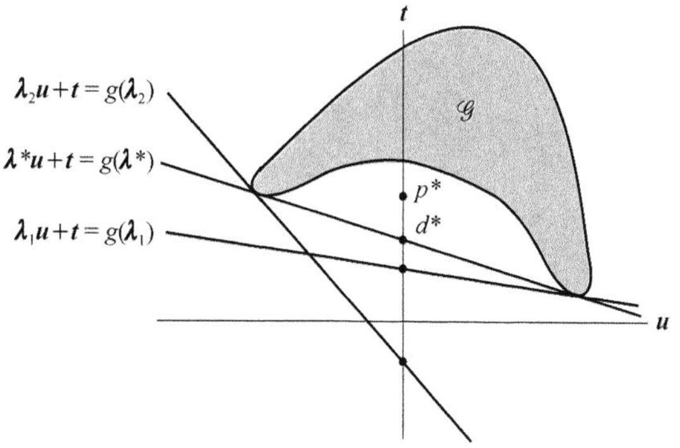

图 3.3.2　三个对偶可行的 λ 值得到的支撑超平面

图 3.3.2 中的三个值包括最优值 $\boldsymbol{\lambda}^*$。强对偶性不成立；最优对偶间隙 p^*-d^* 为正。

下面讨论上镜图变化。

在这一部分我们将用另外一种方式理解对偶性的几何解释基于集合 $\mathcal{G}$，这样可以解释为何对于（多数的）凸问题，可以得到强对偶性。我们定义集合 $A\subseteq\mathbb{R}^m\times\mathbb{R}^p\times\mathbb{R}$ 为：

$$\mathcal{A}=\mathcal{G}+(\mathbb{R}_+^m\times\{0\}\times\mathbb{R}_+) \tag{3.3.2}$$

或者，更精确地，

$$\mathcal{A}=\{\boldsymbol{u},\boldsymbol{v},\boldsymbol{t}\mid \exists\,\boldsymbol{x}\in\mathcal{D},f_i(\boldsymbol{x})\leqslant u_i,i=1,\cdots,m$$
$$h_i(\boldsymbol{x})=v_i,i=1,\cdots,p,f_0(\boldsymbol{x})\leqslant t\}$$

我们可以认为 $\mathcal{A}$ 是 $\mathcal{G}$ 的一种上镜图形式，因为 $\mathcal{A}$ 包含了 $\mathcal{G}$ 中的所有点以及一些“较坏”的点，即，那些目标函数或者不等式约束函数值较大的点。

我们可以通过 $\mathcal{A}$ 来表达最优值

$$p^*=\inf\{t\mid(0,0,t)\in\mathcal{A}\}$$

为了得到 $\boldsymbol{\lambda}\succeq 0$ 时在点 $(\boldsymbol{\lambda},\boldsymbol{v})$ 的对偶函数，我们可以在 $\mathcal{A}$ 上极小化仿射函数 $(\boldsymbol{\lambda},\boldsymbol{v},\mathbf{1})^{\mathrm{T}}(\boldsymbol{u},\boldsymbol{v},\boldsymbol{t})$：如果 $\boldsymbol{\lambda}\succeq 0$，那么

$$g(\boldsymbol{\lambda},\boldsymbol{v})=\inf\{(\boldsymbol{\lambda},\boldsymbol{v},\mathbf{1})^{\mathrm{T}}(\boldsymbol{u},\boldsymbol{v},\boldsymbol{t})\mid(\boldsymbol{u},\boldsymbol{v},\boldsymbol{t})\in\mathcal{A}\}$$

如果下确界是有限的，那么

$$(\boldsymbol{\lambda},\boldsymbol{v},\mathbf{1})^{\mathrm{T}}(\boldsymbol{u},\boldsymbol{v},\boldsymbol{t})\geqslant g(\boldsymbol{\lambda},\boldsymbol{v})$$

定义了 $\mathcal{A}$ 的一个非竖直的支撑超平面。

特别地，因为 $(0,0,p^*)\in\mathrm{bd}\,\mathcal{A}$，我们有

$$p^*=(\boldsymbol{\lambda},\boldsymbol{v},\mathbf{1})^{\mathrm{T}}(0,0,p^*)\geqslant g(\boldsymbol{\lambda},\boldsymbol{v}) \tag{3.3.3}$$

弱对偶性成立。当且只当在某些在对偶可行变量 $(\boldsymbol{\lambda},\boldsymbol{v})$ 下式(3.3.3)中的等式成立时，强对偶性成立。即，在 $\mathcal{A}$ 上存在一个在其边界点 $(0,0,p^*)$ 处的非竖直的支撑超平面。

第二种方式的解释在图 3.3.3。

给定 $\boldsymbol{\lambda}$，在 $\mathcal{A}=\{(\boldsymbol{u},\boldsymbol{t})\mid\exists\,\boldsymbol{x}\in\mathcal{D},f_0(\boldsymbol{x})\leqslant\boldsymbol{t},f_1(\boldsymbol{x})\leqslant\boldsymbol{u}\}$ 上，我们极小化 $(\boldsymbol{\lambda},\mathbf{1})^{\mathrm{T}}(\boldsymbol{u},\boldsymbol{t})$。这样可以得到斜率为 $-\boldsymbol{\lambda}$ 的支撑超平面。这个支撑面和坐标轴 $\boldsymbol{u}=\mathbf{0}$ 的交点为 $g(\boldsymbol{\lambda})$。

3.3.2　在准则约束下强对偶性成立的证明

在这一部分我们证明 Slater 准则约束保证了凸问题的强对偶性（且可以达到对偶最优）。

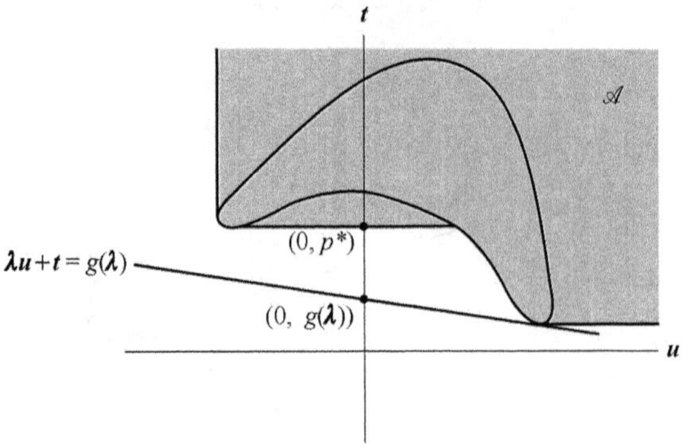

图 3.3.3 对于只有一个(不等式)约束条件的问题的对偶函数和下界 $g(\boldsymbol{\lambda})\leqslant p^*$ 的几何解释

我们考虑原问题(3.2.10)，$f_0,\cdots,f_m$ 是凸的，并且假设 Slater 条件满足：存在 $\tilde{\boldsymbol{x}}\in \operatorname{relint}\mathscr{D}$ 使得 $f_i(\tilde{\boldsymbol{x}})<0,i=1,\cdots,m$，且 $\boldsymbol{A}\tilde{\boldsymbol{x}}=\boldsymbol{b}$。为了简化证明，我们做两个附加的假设：首先 $\mathscr{D}$ 的内点集不是空集(即 $\operatorname{relint}\mathscr{D}=\operatorname{int}\mathscr{D}$)，其次，$\operatorname{rank}\boldsymbol{A}=p$。我们假设 p^* 是有限的。(因为存在一个可行点，我们只能有 $p^*=-\infty$ 或者 p^* 有限；如果 $p^*=-\infty$，那么根据弱对偶性，$d^*=-\infty$。)

如果原问题是凸问题，那么式(3.3.2)中被定义的集合 $\mathscr{A}$ 是凸的。我们定义第二个凸集 $\mathscr{B}$ 为：

$$\mathscr{B}=\{(0,0,s)\in\mathbb{R}^m\times\mathbb{R}^p\times\mathbb{R}\mid s<p^*\}$$

集合 $\mathscr{A}$ 和 $\mathscr{B}$ 不相交。为了说明这一点，假设 $(\boldsymbol{u},\boldsymbol{v},\boldsymbol{t})\in\mathscr{A}\cap\mathscr{B}$。因为 $(\boldsymbol{u},\boldsymbol{v},\boldsymbol{t})\in\mathscr{B}$，我们有 $\boldsymbol{u}=0$，$\boldsymbol{v}=0,\boldsymbol{t}<p^*$。因为 $(\boldsymbol{u},\boldsymbol{v},\boldsymbol{t})\in\mathscr{A}$，存在一点 x 使得 $f_i(\boldsymbol{x})\leqslant0,i=1,\cdots,m,\boldsymbol{Ax}-\boldsymbol{b}=0$，并且 $f_0(\boldsymbol{x})\leqslant \boldsymbol{t}<p^*$，这是不可能的，因为 p^* 是原问题的最优值。

根据分离超平面定理，存在 $(\tilde{\boldsymbol{\lambda}},\tilde{\boldsymbol{v}},\boldsymbol{\mu})\neq0$ 和 α 使得

$$(\boldsymbol{u},\boldsymbol{v},\boldsymbol{t})\in\mathscr{A}\Rightarrow\tilde{\boldsymbol{\lambda}}^{\mathrm{T}}\boldsymbol{u}+\tilde{\boldsymbol{v}}^{\mathrm{T}}\boldsymbol{v}+\boldsymbol{\mu t}\geqslant\alpha \tag{3.3.4}$$

并且

$$(\boldsymbol{u},\boldsymbol{v},\boldsymbol{t})\in\mathscr{B}\Rightarrow\tilde{\boldsymbol{\lambda}}^{\mathrm{T}}\boldsymbol{u}+\tilde{\boldsymbol{v}}^{\mathrm{T}}\boldsymbol{v}+\boldsymbol{\mu t}\leqslant\alpha \tag{3.3.5}$$

从式(3.3.4)中我们可以推断出 $\tilde{\boldsymbol{\lambda}}\succeq0$ 和 $\boldsymbol{\mu}\geqslant0$。(否则在 $\mathscr{A}$ 上 $\tilde{\boldsymbol{\lambda}}^{\mathrm{T}}\boldsymbol{u}+\boldsymbol{\mu t}$ 是无下界的与式(3.3.4)矛盾)。条件(3.3.5)意味着对于所有 $\boldsymbol{t}<p^*$，$\boldsymbol{\mu t}\leqslant\alpha$。即 $\boldsymbol{\mu}p^*\leqslant\alpha$。结合式(3.3.4)，我么可以得到对于任意的 $\boldsymbol{x}\in\mathscr{D}$，

$$\sum_{i=1}^{m}\tilde{\boldsymbol{\lambda}}_i f_i(\boldsymbol{x})+\tilde{\boldsymbol{v}}^{\mathrm{T}}(\boldsymbol{Ax}-\boldsymbol{b})+\boldsymbol{\mu}f_0(\boldsymbol{x})\geqslant\alpha\geqslant\boldsymbol{\mu}p^* \tag{3.3.6}$$

假设 $\mu>0$，这样在不等式(3.3.6)两边同时除以 μ，可以得到

$$L(\boldsymbol{x},\tilde{\boldsymbol{\lambda}}/\boldsymbol{\mu},\tilde{\boldsymbol{v}}/\boldsymbol{\mu})\geqslant p^*$$

对于所有 $\boldsymbol{x}\in\mathscr{D}$，对于 $\boldsymbol{x}$ 求极小，可以得到 $g(\boldsymbol{\lambda},\boldsymbol{v})\geqslant p^*$，在此我们定义

$$\boldsymbol{\lambda}=\tilde{\boldsymbol{\lambda}}/\boldsymbol{\mu},\quad \boldsymbol{v}=\tilde{\boldsymbol{v}}/\boldsymbol{\mu}$$

通过弱对偶性我们可以得到 $g(\boldsymbol{\lambda},\boldsymbol{v})\leqslant p^*$，所以事实上 $g(\boldsymbol{\lambda},\boldsymbol{v})=p^*$。这说明至少当 $\boldsymbol{\mu}>0$ 时，强对偶性成立，并且对偶问题能够达到最优值。

现在考虑 $\boldsymbol{\mu}=0$ 的情况，从式(3.3.6)中我们推断出对于所有 $\boldsymbol{x}\in\mathscr{D}$，

$$\sum_{i=1}^{m}\tilde{\boldsymbol{\lambda}}_i f_i(\boldsymbol{x})+\tilde{\boldsymbol{v}}(\boldsymbol{Ax}-\boldsymbol{b})\geqslant0 \tag{3.3.7}$$

满足 Slater 条件的点 $\tilde{\boldsymbol{x}}$ 满足式(3.3.7)，所以我们有

$$\sum_{i=1}^{m}\tilde{\boldsymbol{\lambda}}_i f_i(\tilde{\boldsymbol{x}}) \geqslant 0$$

因为 $f_i(\tilde{\boldsymbol{x}})<0$ 且 $\tilde{\boldsymbol{\lambda}}_i\geqslant 0$，我们得到 $\tilde{\boldsymbol{\lambda}}=0$。从 $(\tilde{\boldsymbol{\lambda}},\tilde{\boldsymbol{v}},\boldsymbol{\mu})\neq 0$ 和 $\tilde{\boldsymbol{\lambda}}=0,\boldsymbol{\mu}=0$，我们得到 $\tilde{\boldsymbol{v}}\neq 0$。式(3.3.7)表明对于所有 $\boldsymbol{x}\in\mathcal{D}$，$\tilde{\boldsymbol{v}}^{\mathrm{T}}(\boldsymbol{Ax}-\boldsymbol{b})\geqslant 0$。但是 $\tilde{\boldsymbol{x}}$ 满足 $\tilde{\boldsymbol{v}}^{\mathrm{T}}(\boldsymbol{Ax}-\boldsymbol{b})=0$，并且因为 $\tilde{\boldsymbol{x}}\in\operatorname{int}\mathcal{D}$，除去 $\boldsymbol{A}^{\mathrm{T}}\tilde{\boldsymbol{v}}=0$，存在在 $\mathcal{D}$ 中的点使得 $\tilde{\boldsymbol{v}}^{\mathrm{T}}(\boldsymbol{Ax}-\boldsymbol{b})<0$。显然，$\boldsymbol{A}^{\mathrm{T}}\tilde{\boldsymbol{v}}=0$ 与假设 $\operatorname{rank}\boldsymbol{A}=p$ 矛盾。

证明背后的几何意义如图 3.3.4 所示，图表示的是对于只有一个不等式约束的简单问题。分离集合 $\mathcal{A}$ 和 $\mathcal{B}$ 的超平面在点 $(0,p^*)$ 处定义了一个 $\mathcal{A}$ 的支撑超平面。Slater 约束准则被用于得到超平面一定要是非竖直的〔即，存在一个形式为 $(\boldsymbol{\lambda}^*,\boldsymbol{1})$ 的法向量〕。(对于只有一个不等式约束条件的凸问题，强对偶性也是有可能不成立的。)

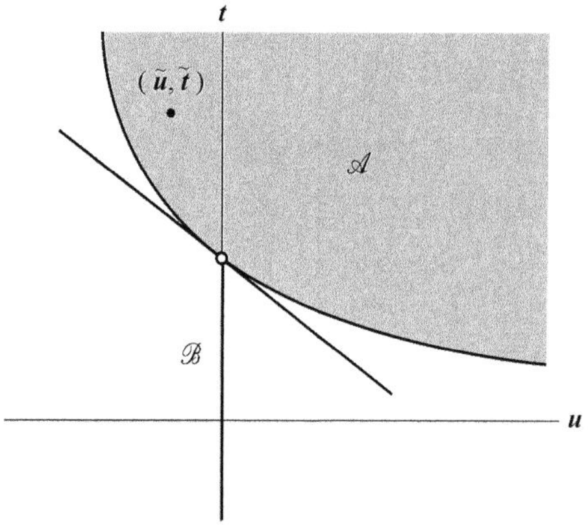

图 3.3.4 对于一个满足 Slater 约束的凸优化问题，强对偶性证明的图示

图 3.3.4 阴影部分是集合 $\mathcal{A}$，集合 $\mathcal{B}$ 是加粗的竖直线段，不包含点 $(0,p^*)$，表示为图中的空心圆点。两个集合都是凸集，不相交，因此存在分离超平面。根据 Slater 约束准则，任意分离超平面必是非竖直的，这是因为必须穿过点 $(\tilde{\boldsymbol{u}},\tilde{\boldsymbol{t}})=(f_1(\tilde{\boldsymbol{x}}),f_0(\tilde{\boldsymbol{x}}))$，其中点 $\tilde{\boldsymbol{x}}$ 严格可行。

3.3.3 多准则解释

考虑没有等式约束优化问题

$$\begin{aligned}&\min\ f_0(\boldsymbol{x})\\&\text{s.t.}\ f_i(\boldsymbol{x})\leqslant 0, i=1,\cdots,m\end{aligned} \tag{3.3.8}$$

它的拉格朗日对偶问题和(无约束)多准则问题

$$\min(\text{w.r.t.}\ \mathbb{R}_+^{m+1})\quad F(\boldsymbol{x})=(f_1(\boldsymbol{x}),\cdots,f_m(\boldsymbol{x}),f_0(\boldsymbol{x})) \tag{3.3.9}$$

的标量化解法之间有着天然的联系。在标量化的过程中，我们选择一个正向量 $\tilde{\boldsymbol{\lambda}}$，极小化标量函数 $\tilde{\boldsymbol{\lambda}}^{\mathrm{T}}F(\boldsymbol{x})$；任意的最小点都满足 Pareto 最优。因为我们可以在不影响极小化的情况下将 $\tilde{\boldsymbol{\lambda}}$ 用任意正常数比例放大或缩小。不失去一般性，我们可以取 $\tilde{\boldsymbol{\lambda}}=(\boldsymbol{\lambda},\boldsymbol{1})$。所以在标量化时，我们极小化函数

$$\tilde{\boldsymbol{\lambda}}^{\mathrm{T}}F(\boldsymbol{x})=f_0(\boldsymbol{x})+\sum_{i=1}^{m}\lambda_i f_i(\boldsymbol{x})$$

这是问题(3.3.8)的拉格朗日问题。

为了说明一个多准则凸优化问题的每一个 Pareto 最优点都是给定某个非负权重$\tilde{\boldsymbol{\lambda}}$时函数$\tilde{\boldsymbol{\lambda}}^{\mathrm{T}}F(\boldsymbol{x})$的最小点，我们考虑集合 $\mathscr{A}$，

$$\mathscr{A}=\{t\in\mathbb{R}^{m+1}\mid\exists\, x\in\mathscr{D}, f_i(\boldsymbol{x})\leqslant t_i, i=0,\cdots,m\}$$

和研究拉格朗日对偶问题时(3.3.2) 中我们定义的集合 $\mathscr{A}$ 是一样的。这时和前面一样我们构造一个所需的权向量，成为集合在任意一个 Pareto 最优点处的支撑超平面。在多准则优化问题中，权向量的含义是目标函数的相对权重。当我们固定权向量(与 f_0 对应)的最后一个分量为 1，其他的权向量分量是 f_0 的成本，即目标函数的成本。

3.4 最优性条件

我们提醒读者，如果没有明确的说明，并没有假设问题(3.1.1)是凸问题。

3.4.1 次优解认证和终止准则

如果我们可以找到一个对偶可行解$(\boldsymbol{\lambda},\boldsymbol{v})$，我们建立了原问题的最优值的一个下界：$p^*\geqslant g(\boldsymbol{\lambda},\boldsymbol{v})$。所以对偶可行点$(\boldsymbol{\lambda},\boldsymbol{v})$提供了 $p^*\geqslant g(\boldsymbol{\lambda},\boldsymbol{v})$成立的证明或者认证。强对偶性意味着存在任意一个好的认证。

对偶可行点允许我们在不知道确切的 p^* 的值的情况下界定给定可行点的次优程度。事实上，如果 $\boldsymbol{x}$ 是原问题的可行解且$(\boldsymbol{\lambda},\boldsymbol{v})$是对偶可行的，那么

$$f_0(\boldsymbol{x})-p^*\leqslant f_0(\boldsymbol{x})-g(\boldsymbol{\lambda},\boldsymbol{v})$$

特别地，这说明了 $\boldsymbol{x}$ 是ε-次优，$\varepsilon=f_0(\boldsymbol{x})-g(\boldsymbol{\lambda},\boldsymbol{v})$。(同时也说明了对偶问题$(\boldsymbol{\lambda},\boldsymbol{v})$是 ε-次优。)

我们定义原问题和对偶问题目标函数的差值，

$$f_0(\boldsymbol{x})-g(\boldsymbol{\lambda},\boldsymbol{v})$$

作为原问题可行解 $\boldsymbol{x}$ 和对偶可行解$(\boldsymbol{\lambda},\boldsymbol{v})$之间的对偶间隙。一个原对偶可行对 $\boldsymbol{x}$，$(\boldsymbol{\lambda},\boldsymbol{v})$将原(和对偶)问题限制到了一个区间：

$$p^*\in[g(\boldsymbol{\lambda},\boldsymbol{v}),f_0(\boldsymbol{x})],\quad d^*\in[g(\boldsymbol{\lambda},\boldsymbol{v}),f_0(\boldsymbol{x})]$$

区间的长度则为对偶间隙。

如果原对偶可行对 $\boldsymbol{x}$，$(\boldsymbol{\lambda},\boldsymbol{v})$的对偶间隙为 0，即 $f_0(\boldsymbol{x})=g(\boldsymbol{\lambda},\boldsymbol{v})$，那么 $\boldsymbol{x}$ 是原问题的最优解且$(\boldsymbol{\lambda},\boldsymbol{v})$是对偶问题的最优解。我们可以认为$(\boldsymbol{\lambda},\boldsymbol{v})$是证明 $\boldsymbol{x}$ 是最优解的一个认证(并且，相似地，我们可以认为 $\boldsymbol{x}$ 是证明$(\boldsymbol{\lambda},\boldsymbol{v})$是对偶问题的最优解的一个认证)。

这些现象可以被用于优化算法中来给出非启发式停止准则。假设一个算法给出了一系列原问题的可行解 $\boldsymbol{x}^{(k)}$ 和对偶问题可行解$(\boldsymbol{\lambda}^{(k)},\boldsymbol{v}^{(k)})$，$k=1,2,\cdots$，给定要求的解对精度 $\varepsilon_{\mathrm{abs}}>0$。那么停止准则(即终止算法的条件)

$$f_0(\boldsymbol{x}^{(k)})-g(\boldsymbol{\lambda}^{(k)},\boldsymbol{v}^{(k)})\leqslant\varepsilon_{\mathrm{abs}}$$

保证了当算法终止的时候，$\boldsymbol{x}^{(k)}$是 $\varepsilon_{\mathrm{abs}}$-次优。事实上，$(\boldsymbol{\lambda}^{(k)},\boldsymbol{v}^{(k)})$是一个证明它的认证。(当然强对偶性成立，这个方法才对任意小的 $\varepsilon_{\mathrm{abs}}$可行。)

给定相对精度 $\varepsilon_{\mathrm{rel}}>0$，有一个相似的条件可以用于保证 $\varepsilon_{\mathrm{abs}}$-次优。如果

$$g(\boldsymbol{\lambda}^{(k)},\boldsymbol{v}^{(k)})>0,\quad \frac{f_0(\boldsymbol{x}^{(k)})-g(\boldsymbol{\lambda}^{(k)},\boldsymbol{v}^{(k)})}{g(\boldsymbol{\lambda}^{(k)},\boldsymbol{v}^{(k)})}\leqslant\varepsilon_{\mathrm{rel}}$$

成立，或者

$$f_0(\boldsymbol{x}^{(k)})<0,\quad \frac{f_0(\boldsymbol{x}^{(k)})-g(\boldsymbol{\lambda}^{(k)},\boldsymbol{v}^{(k)})}{-f_0(\boldsymbol{x}^{(k)})}\leqslant\varepsilon_{\mathrm{rel}}$$

成立，那么 $p^* \neq 0$ 且保证相对误差

$$\frac{f_0(\boldsymbol{x}^{(k)})-p^*}{|p^*|}$$

小于等于 ε_{rel}。

3.4.2 互补松弛性

假设原问题和对偶问题的最优值都可以达到且相等(特别地，强对偶性成立)。令 $\boldsymbol{x}^*$ 是原问题的最优解，$(\boldsymbol{\lambda}^*, \boldsymbol{\nu}^*)$是对偶问题的最优解，这表明

$$\begin{aligned} f_0(\boldsymbol{x}^*) &= g(\boldsymbol{\lambda}^*, \boldsymbol{\nu}^*) \\ &= \inf_{\boldsymbol{x}}\left(f_0(\boldsymbol{x}) + \sum_{i=1}^{m}\lambda_i^* f_i(\boldsymbol{x}) + \sum_{i=1}^{p}\nu_i^* h_i(\boldsymbol{x})\right) \\ &\leqslant f_0(\boldsymbol{x}^*) + \sum_{i=1}^{m}\lambda_i^* f_i(\boldsymbol{x}^*) + \sum_{i=1}^{p}\nu_i^* h_i(\boldsymbol{x}^*) \\ &\leqslant f_0(\boldsymbol{x}^*) \end{aligned}$$

第一行表明对偶间隙为0，并且第二行是对偶函数的定义。第三行的不等式是根据拉格朗日函数关于 x 求下确界小于等于在 $x=x^*$ 处的值得到的。最后一个不等式的成立是因为 $\lambda_i^* \geqslant 0, f_0(x^*) \leqslant 0, i=1,\cdots,m$，且 $h_i(x^*)=0, i=1,\cdots,p$。我们得到在上面的式子链中，两个不等式取等号。

我们从中得到了几个有趣的结论。举个例子，因为第三行的不等式变为等式，我们知道 $L(\boldsymbol{x}, \boldsymbol{\lambda}^*, \boldsymbol{\nu}^*)$关于 $\boldsymbol{x}$ 求极小时在 $\boldsymbol{x}^*$ 处取得最小值。〔拉格朗日函数 $L(\boldsymbol{x}, \boldsymbol{\lambda}^*, \boldsymbol{\nu}^*)$也可以有其他最小点；$\boldsymbol{x}^*$ 只是其中一个最小点。〕

另一个重要的结论是

$$\sum_{i=1}^{m}\lambda_i^* f_i(\boldsymbol{x}^*) = 0$$

因为求和项中的每一项是非正的，我们可以得到

$$\lambda_i^* f_i(\boldsymbol{x}^*)=0, \quad i=1,\cdots,m \tag{3.4.1}$$

上述条件称为互补松弛性；它对任意原问题最优解 $\boldsymbol{x}^*$ 和任意对偶问题最优解$(\boldsymbol{\lambda}^*, \boldsymbol{\nu}^*)$都成立(当强对偶性成立时)。我们可以将互补松弛条件写成

$$\lambda_i^* > 0 \Rightarrow f_i(\boldsymbol{x}^*)=0$$

或者，等价地，

$$f_i(\boldsymbol{x}^*) < 0 \Rightarrow \lambda_i^* = 0$$

粗略来讲，这意味着在最优点处，除非第 i 个约束起作用的情况，最优拉格朗日乘子的第 i 项为0。

3.4.3 KKT 最优性条件

我们现在假设函数 $f_0,\cdots,f_m,h_1,\cdots,h_p$ 都是可微的(所以定义域是开集)，但是我们并不假设这些函数是凸的。

(1) 非凸问题的 KKT 条件

和前面一样，设 $\boldsymbol{x}^*$ 是原问题的最优解，$(\boldsymbol{\lambda}^*, \boldsymbol{\nu}^*)$是对偶问题的最优解，对偶间隙为零。因此 $L(\boldsymbol{x}, \boldsymbol{\lambda}^*, \boldsymbol{\nu}^*)$关于 $\boldsymbol{x}$ 求极小时在 $\boldsymbol{x}^*$ 处取得最小值，因此函数在 $\boldsymbol{x}^*$ 处的导数必须为零，即

$$\nabla f_0(\boldsymbol{x}^*) + \sum_{i=1}^{m}\lambda_i^* \nabla f_i(\boldsymbol{x}^*) + \sum_{i=1}^{p}\nu_i^* \nabla h_i(\boldsymbol{x}^*) = 0$$

所以我们有

$$\left.\begin{aligned} &f_i(\boldsymbol{x}^*) \leqslant 0, && i=1,\cdots,m \\ &h_i(\boldsymbol{x}^*) = 0, && i=1,\cdots,p \\ &\lambda_i^* \geqslant 0, && i=1,\cdots,m \\ &\lambda_i^* f_i(\boldsymbol{x}^*) = 0, && i=1,\cdots,m \\ &\nabla f_0(\boldsymbol{x}^*) + \sum_{i=1}^m \lambda_i^* \nabla f_i(\boldsymbol{x}^*) + \sum_{i=1}^p \nu_i^* \nabla h_i(\boldsymbol{x}^*) = 0 && \end{aligned}\right\} \tag{3.4.2}$$

我们称上式为 Karush-Kuhn-Tucker(KKT)条件。

总之,对于目标函数和约束函数可微的任意优化问题,强对偶性成立,那么任意一对原问题最优解和对偶问题最优解必须满足 KKT 条件(3.4.2)。

(2) 凸问题的 KKT 条件

当原问题是凸问题,满足 KKT 条件的点也是原问题和对偶问题的最优解。换句话说,如果 f_i 是凸函数,h_i 是仿射函数,$\tilde{\boldsymbol{x}}, \tilde{\boldsymbol{\lambda}}, \tilde{\boldsymbol{\nu}}$ 是任意满足 KKT 条件的点

$$f_i(\tilde{\boldsymbol{x}}) \leqslant 0,\ i=1,\cdots,m$$

$$h_i(\tilde{\boldsymbol{x}}) = 0, i=1,\cdots,p$$

$$\tilde{\lambda}_i \geqslant 0, i=1,\cdots,m$$

$$\tilde{\lambda}_i f_i(\tilde{\boldsymbol{x}}) = 0,\ i=1,\cdots,m$$

$$\nabla f_0(\tilde{\boldsymbol{x}}) + \sum_{i=1}^m \tilde{\lambda}_i \nabla f_i(\tilde{\boldsymbol{x}}) + \sum_{i=1}^p \tilde{\nu}_i \nabla h_i(\tilde{\boldsymbol{x}}) = 0$$

那么 $\tilde{\boldsymbol{x}}$ 和$(\tilde{\boldsymbol{\lambda}}, \tilde{\boldsymbol{\nu}})$分别是原问题和对偶问题的最优解,对偶间隙为零。

为了说明这点,注意前两个条件说明 $\tilde{x}$ 是原问题的可行解。因为 $\tilde{\lambda}_i \geqslant 0$,$L(\boldsymbol{x}, \tilde{\boldsymbol{\lambda}}, \tilde{\boldsymbol{\nu}})$是关于 x 的凸函数;最后一个 KKT 条件说明关于 $\boldsymbol{x}$ 在 $\boldsymbol{x}=\tilde{\boldsymbol{x}}$ 处的导数为零,所以 $L(\boldsymbol{x}, \tilde{\boldsymbol{\lambda}}, \tilde{\boldsymbol{\nu}})$关于 $\boldsymbol{x}$ 在 $\tilde{\boldsymbol{x}}$ 处取最小值。从这里我们可以得到结论

$$\begin{aligned} g(\tilde{\boldsymbol{\lambda}}, \tilde{\boldsymbol{\nu}}) &= L(\tilde{\boldsymbol{x}}, \tilde{\boldsymbol{\lambda}}, \tilde{\boldsymbol{\nu}}) \\ &= f_0(\tilde{\boldsymbol{x}}) + \sum_{i=1}^m \tilde{\lambda}_i f_i(\tilde{\boldsymbol{x}}) + \sum_{i=1}^p \tilde{\nu}_i h_i(\tilde{\boldsymbol{x}}) \\ &= f_0(\tilde{\boldsymbol{x}}) \end{aligned}$$

在最后一行中,$h_i(\tilde{\boldsymbol{x}}) = 0$ 和 $\tilde{\lambda}_i f_i(\tilde{\boldsymbol{x}}) = 0$,所以等式成立。这表明 $\tilde{\boldsymbol{x}}$ 和$(\tilde{\boldsymbol{\lambda}}, \tilde{\boldsymbol{\nu}})$ 的对偶间隙为零,所以他们分别为原问题和对偶问题的最优解。总之,对于任意具有可微的目标函数和约束函数的凸优化问题,任意满足KKT条件的点都是原问题和对偶问题的最优解,对偶间隙为零。

如果具有可微的目标函数和约束函数的凸优化问题满足 Slater 条件,那么 KKT 条件提供了最优化充要条件:Slater 条件表明最优对偶间隙为零且对偶最优解可以达到,所以 $\boldsymbol{x}$ 是最优解当且仅当存在$(\boldsymbol{\lambda}, \boldsymbol{\nu})$,二者满足 KKT 条件。

KKT 条件在优化中有着很重要的作用。在一些特殊的情况下是可以解析 KKT 条件的(所以,可以求解优化问题)。更一般地,很多求解凸优化问题的方法可以认为或者理解为求解 KKT 条件的方法。

例 3.1 等式约束二次凸问题求极小。考虑问题

$$\begin{aligned} \min\ & (1/2)\boldsymbol{x}^{\mathrm{T}}\boldsymbol{P}\boldsymbol{x} + \boldsymbol{q}^{\mathrm{T}}\boldsymbol{x} + \boldsymbol{r} \\ \text{s.t.}\ & \boldsymbol{A}\boldsymbol{x} = \boldsymbol{b} \end{aligned} \tag{3.4.3}$$

其中，$P\in S_+^n$。这个问题的KKT条件是

$$Ax^*=b,\quad Px^*+q+A^Tv^*=0$$

我们可以写作

$$\begin{bmatrix}P & A^T\\ A & 0\end{bmatrix}\begin{bmatrix}x^*\\ v^*\end{bmatrix}=\begin{bmatrix}-q\\ b\end{bmatrix}$$

求解变量x^*，v^*的$m+n$个方程，其中变量的维数为$m+n$，可以得到优化问题(3.4.3)的最优原变量和对偶变量。

例 3.2 注水。我们考虑凸优化问题

$$\begin{aligned}&\min\ -\sum_{i=1}^{n}\log(a_i+x_i)\\&\text{s.t.}\ x\succeq 0,\quad 1^Tx=1\end{aligned}$$

其中，$a_i>0$。上述问题源自于信息论，将功率分配给n个通信信道。变量x_i代表了分配给第i个信道的发射功率，$\log(a_i+x_i)$是信道的通信能力或者通信速率，所以问题即为将值为单位1的总功率分配给多个信道，使得总的通信速率最大。

将拉格朗日乘子$\lambda^*\in\mathbb{R}^n$引入不等式约束$x^*\succeq 0$，乘子$v^*\in\mathbb{R}$引入等式约束$1^Tx=1$，我们得到KKT条件

$$x^*\succeq 0,\quad 1^Tx^*=1,\quad x_i^*(v^*-1/(a_i+x_i^*))=0,\quad i=1,\cdots,n,$$

$$-1/(a_i+x_i^*)-\lambda_i^*+v^*=0,\quad i=1,\cdots,n$$

我们可以直接解这些等式来得到x^*，λ^*和v^*。注意到λ^*在最后一个等式中是松弛变量，所以可以被消去，剩下

$$x^*\succeq 0,\quad 1^Tx^*=1,\quad x_i^*(v^*-1/(a_i+x_i^*))=0,\quad i=1,\cdots,n,$$

$$v^*\geqslant 1/(a_i+x_i^*),\quad i=1,\cdots,n$$

如果$v^*<1/a_i$，最后一个条件只有在$x_i^*>0$的条件下成立，第三个条件表明了$v^*=1/(a_i+x_i^*)$。为求解x_i^*我们得到，如果$v^*<1/a_i$，那么$x_i^*=1/v^*-a_i$。如果$v^*\geqslant 1/a_i$，那么$x_i^*>0$不可能发生，因为如果$x_i^*>0$，那么$v^*\geqslant 1/a_i>1/(a_i+x_i^*)$违背了互补松弛性条件。所以，如果$v^*\geqslant 1/a_i$，$x_i^*=0$。所以我们有

$$x_i^*=\begin{cases}1/v^*-a_i, & v^*<1/a_i\\ 0, & v^*>1/a_i\end{cases}$$

或者，更简单一点，$x_i^*=\max\{0,1/v^*-a_i\}$。将$x_i^*$的表达式代入条件$1^Tx^*=1$，我们可得

$$\sum_{i=1}^{n}\max\{0,1/v^*-a_i\}=1$$

等式左边是$1/v^*$的分段线性增函数，分割点为a_i，所以方程有唯一确定的解。

这个解决问题的方法称为注水。我们把a_i看作第i片区域的水平线，然后对区域注水，使深度为$1/v$，如图3.4.1所示。所用的总水量为$\sum_{i=1}^{n}\max\{0,1/v^*-a_i\}$。接着我们继续注水，直到总水量等于1，第$i$片区域的水平线的深度即为最优值$x_i^*$。

如图3.4.1所示，每片区域的高度为a_i，总水量为1，每个区域最后的注水高度为$1/v^*$。每片区域水的高度(阴影表示)是最优值x_i^*。

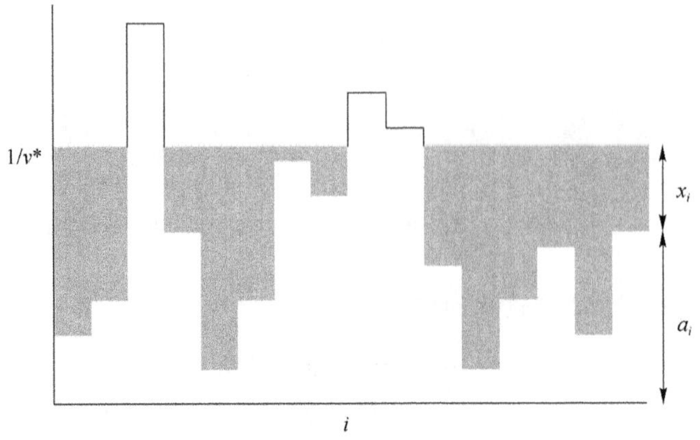

图 3.4.1 注水算法的演示

3.4.4 KKT条件的力学解释

从力学角度可以给 KKT 条件一个很好的说明(这也是拉格朗日定理最初提出的动机)。我们用一个简单的例子阐述这个想法。图 3.4.1 展示的系统包含两个互相连接的模块,两个模块的左右两边通过三个弹簧分别与墙连接。模块的位置通过 $\boldsymbol{x}\in\boldsymbol{R}^2$ 表示,x_1 是左边模块(中心点)的位移,x_2 是右边模块(中心点)的位移。左边模块所在位置为 0,右边的墙所在位置为 l。

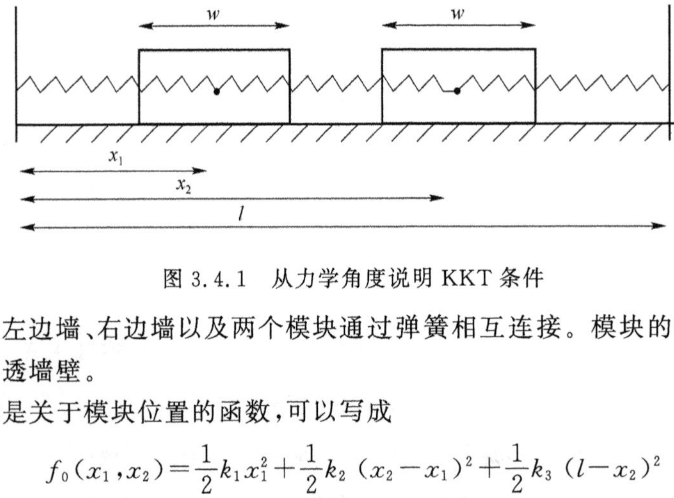

图 3.4.1 从力学角度说明 KKT 条件

图 3.4.1 中左边墙、右边墙以及两个模块通过弹簧相互连接。模块的宽度 $w>0$,不能互相穿透也不能穿透墙壁。

弹簧的势能是关于模块位置的函数,可以写成

$$f_0(x_1,x_2)=\frac{1}{2}k_1x_1^2+\frac{1}{2}k_2\ (x_2-x_1)^2+\frac{1}{2}k_3\ (l-x_2)^2$$

其中,$k_i>0$ 是三个弹簧的劲度系数。在满足以下不等式约束

$$w/2-x_1\leqslant 0,\qquad w+x_1-x_2\leqslant 0,\qquad w/2-l+x_2\leqslant 0 \tag{3.4.4}$$

的条件下极小化弹性势能得到平衡位置。这些约束也叫作运动约束,它描述了模块的宽度 $w>0$,且不同的模块不能互相穿透也不能穿透墙壁。通过求解如下优化问题,可以得到平衡位置

$$\left.\begin{aligned} \min\ & (1/2)(k_1x_1^2+k_2(x_2-x_1)2+k_3(^{l}-x_2)2) \\ \text{s.t.}\ & w/2-x_1\leqslant 0 \\ & w+x_1-x_2\leqslant 0 \\ & w/2-l+x_2\leqslant 0 \end{aligned}\right\} \tag{3.4.5}$$

这是一个二次规划问题。

$\lambda_1,\lambda_2,\lambda_3$ 是拉格朗日乘子，将之引入，此问题的 KKT 条件包含运动约束(3.4.4)，非负约束 $\lambda_i\geqslant 0$，互补松弛条件

$$\lambda_1(w/2-x_1)=0,\quad \lambda_2(w-x_2+x_1)=0,\quad \lambda_3(w/2-l+x_2)=0 \tag{3.4.6}$$

以及零梯度条件

$$\begin{bmatrix} k_1x_1-k_2(x_2-x_1) \\ k_2(x_2-x_1)-k_3(l-x_2) \end{bmatrix}+\lambda_1\begin{bmatrix}-1\\0\end{bmatrix}+\lambda_2\begin{bmatrix}1\\-1\end{bmatrix}+\lambda_3\begin{bmatrix}0\\1\end{bmatrix}=0 \tag{3.4.7}$$

方程(3.4.7)可以理解为两个模块间的受力平衡方程，我们假设拉格朗日乘子是模块之间和模块与墙之间的接触力，如图 3.4.2 所示。第一个等式表明第一个模块所受力的总和为零：$-k_1x_1$ 是左边弹簧给左边模块的力，$k_2(x_2-x_1)$ 是中间弹簧给左边模块的力，λ_1 是左边的墙施加的力，$-\lambda_2$ 是右边模块给的力。接触力的方向必须指向接触面之外（如约束 $\lambda_1\geqslant 0$ 和 $-\lambda_2\leqslant 0$ 所表达的），当存在接触时接触力不为零〔如前两个互补松弛条件所表示(3.4.6)〕。类似地，式(3.4.7)的第二个条件是第二个模块的受力平衡方程，式(3.4.6)中的最后一个条件表示除非在右边模块接触到墙的情况下，否则 $\lambda_3=0$。

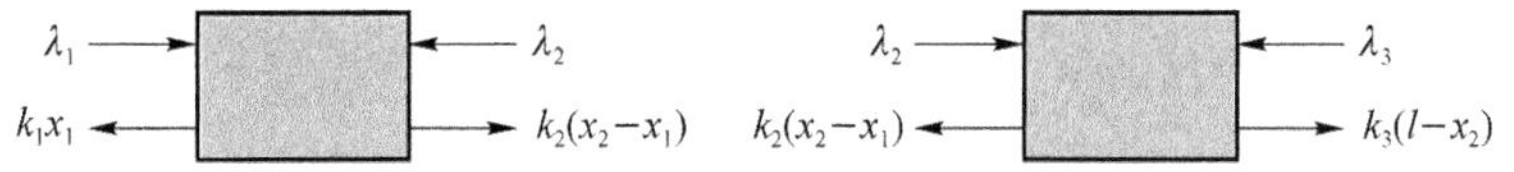

图 3.4.2　模块-弹簧系统的受力分析

如图 3.4.2 所示，每个模块受弹簧力及相互之间的接触力，受力和应该为零，拉格朗日乘子标在上方，可以理解为在墙和模块之间、模块和模块之间的接触力，弹簧力标在下面。

在这个例子里，弹性势能和运动约束函数都是凸的，若 $2w\leqslant l$ 且(改进的形式)Slater 约束准则成立，即，两墙之间拥有足够的空间来容纳两个模块，所以我们可以得到式(3.4.5)给出的平衡点能量表述和 KKT 条件给出的受力平衡表述具有一样的结果。

3.4.5 通过解对偶问题来求解原问题

在 3.4.3 小节的最开始我们提到，如果强对偶性成立且存在一个对偶最优解$(\boldsymbol{\lambda}^*,\boldsymbol{\nu}^*)$，那么任意原问题的最优点也是 $L(\boldsymbol{x},\boldsymbol{\lambda}^*,\boldsymbol{\nu}^*)$的最优解。这个性质允许我们从对偶最优方程中计算原问题的最优解。

更精确地，假设强对偶性成立且对偶最优解$(\boldsymbol{\lambda}^*,\boldsymbol{\nu}^*)$已知。假设 $L(\boldsymbol{x},\boldsymbol{\lambda}^*,\boldsymbol{\nu}^*)$的最小点，即下列问题的解

$$\min\ f_0(\boldsymbol{x})+\sum\nolimits_{i=1}^{m}\lambda_i^* f_i(\boldsymbol{x})+\sum\nolimits_{i=1}^{p}\nu_i^* h_i(\boldsymbol{x}) \tag{3.4.8}$$

是唯一的。(对于一个凸问题，如果 $L(\boldsymbol{x},\boldsymbol{\lambda}^*,\boldsymbol{\nu}^*)$是关于 $\boldsymbol{x}$ 的严格凸函数，就会发生此情况。)那么如果式(3.4.8)的解是原问题的可行解，那么它就是原问题的最优解；如果它不是原问题的可行解，那么原问题不存在最优点，即，我们可以得到原问题的最优解是无法达到的。当对偶问题比原问题更为容易解得，比如说对偶问题可以解析求解，或者有些特殊的结构更容易分

析，上述的方法是很有意义的。

例 3.3 熵的最大化。我们考虑熵的最大化问题

$$\min f_0(\boldsymbol{x}) = \sum\nolimits_{i=1}^{n} x_i \log x_i$$
$$\text{s.t.}\ \boldsymbol{Ax} \preceq \boldsymbol{b}$$
$$\boldsymbol{1}^{\mathrm{T}}\boldsymbol{x} = 1$$

其定义域$\mathbf{R}_{++}^{n}$，且它的对偶问题为：

$$\min -\boldsymbol{b}^{\mathrm{T}}\boldsymbol{\lambda} - \boldsymbol{v} - e^{-\boldsymbol{v}-1}\sum_{i=1}^{n} e^{-a_i^{\mathrm{T}}\boldsymbol{\lambda}}$$
$$\text{s.t.}\ \boldsymbol{\lambda} \succeq 0$$

我们假设 Slater 条件的弱化形式成立，即，存在 $\boldsymbol{x}>0$ 使得 $\boldsymbol{Ax}\preceq\boldsymbol{b}$ 和 $\boldsymbol{1}^{\mathrm{T}}\boldsymbol{x}=\boldsymbol{1}$，所以强对偶性成立且存在一个优化解$(\boldsymbol{\lambda}^*,\boldsymbol{v}^*)$。

假设我们已经解决了对偶问题。在$(\boldsymbol{\lambda}^*,\boldsymbol{v}^*)$处的拉格朗日函数为

$$L(\boldsymbol{x},\boldsymbol{\lambda}^*,\boldsymbol{v}^*) = \sum\nolimits_{i=1}^{n} x_i \log x_i + \boldsymbol{\lambda}^{*\mathrm{T}}(\boldsymbol{Ax}-\boldsymbol{b}) + \boldsymbol{v}^*(\boldsymbol{1}^{\mathrm{T}}\boldsymbol{x}-\boldsymbol{1})$$

在 $\mathcal{D}$ 上严格凸且有下界，所以它有唯一的解 x^*，

$$x_i^{\ *} = 1/\exp(\boldsymbol{a}_i^{\mathrm{T}}\boldsymbol{\lambda}^* + \boldsymbol{v}^* + 1),\quad i=1,\cdots,n$$

其中，$\boldsymbol{a}_i$ 是矩阵 $\mathbf{A}$ 的列向量。如果 $\boldsymbol{x}^*$ 不是原问题的可行解，那么我们可以得到原问题的最优解不能达到。

例 3.4 在等式约束下极小化可分函数。我们考虑问题

$$\min f_0(\boldsymbol{x}) = \sum\nolimits_{i=1}^{n} f_i(x_i)$$
$$\text{s.t.}\ \boldsymbol{a}^{\mathrm{T}}\boldsymbol{x} = \boldsymbol{b}$$

其中，$\boldsymbol{a}\in\mathbb{R}^n$，$\boldsymbol{b}\in\mathbb{R}$，且 $f_i:\mathbb{R}\to\mathbb{R}$ 是可微的且严格凸的。目标函数是可分的因为它可以表示为一系列单变量 $x_1,\cdots,x_n$ 的函数的和。我们假设 f_0 的定义域与约束集有交集，即，存在一个点 $x_0\in \mathrm{dom}\, f$ 使得 $\boldsymbol{a}^{\mathrm{T}}\boldsymbol{x}_0=\boldsymbol{b}$。这表明此问题有唯一优化解 $\boldsymbol{x}^*$。

拉格朗日函数为

$$L(\boldsymbol{x},\boldsymbol{v}) = \sum_{i=1}^{n} f_i(x_i) + \boldsymbol{v}(\boldsymbol{a}^{\mathrm{T}}\boldsymbol{x}-\boldsymbol{b}) = -\boldsymbol{bv} + \sum_{i=1}^{n}(f_i(x_i) + \boldsymbol{v}a_i x_i)$$

这也是可分的，所以对偶函数是

$$\begin{aligned} g(\boldsymbol{v}) &= -\boldsymbol{bv} + (\sum_{i=1}^{n}(f_i(x_i) + \boldsymbol{v}a_i x_i)) \\ &= -\boldsymbol{bv} + \sum_{i=1}^{n}(f_i(x_i) + \boldsymbol{v}a_i x_i) \\ &= -\boldsymbol{bv} - \sum_{i=1}^{n} f_i^*(-\boldsymbol{v}a_i) \end{aligned}$$

对偶问题为

$$\max -\boldsymbol{bv} - \sum_{i=1}^{n} f_i^*(-\boldsymbol{v}a_i)$$

其中，(实)变量 $\boldsymbol{v}\in\mathbb{R}$。

现在假设我们找到一个对偶最优解 $\boldsymbol{v}^*$（有很多简单的方法解决只有一个实变量的凸优化

问题，比如说二分法。）因为每一个 f_i 是严格凸的，函数 $L(\boldsymbol{x},\boldsymbol{v}^*)$ 关于变量 $\boldsymbol{x}$ 是严格凸的，所以只有唯一的最小点 $\tilde{x}$。但是我们也知道 $\boldsymbol{x}^*$ 极小化 $L(\boldsymbol{x},\boldsymbol{v}^*)$，所以一定有 $\tilde{x}=\boldsymbol{x}^*$，可以从 $\nabla_x L(\boldsymbol{x},\boldsymbol{v}^*)=0$，即通过解方程组 $f'_i(x_i^*)=-\boldsymbol{v}^* a_i$ 进行求解。

3.5 例　子

在这一部分我们会通过例子说明对一个问题进行简单的等价变换会得到非常不一样的对偶问题。我们考虑如下几种类型的变形：

- 引入新的变量以及相应的等式约束。
- 用原目标函数的增函数取代原目标函数。
- 将显示约束隐式表达，即可以将其并入目标函数的定义域。

3.5.1 引入新的变量和相应的等式约束

考虑一个无约束的问题

$$\min f_0(\boldsymbol{Ax}+\boldsymbol{b}) \tag{3.5.1}$$

其拉格朗日对偶函数是常数，所以虽然我们有强对偶性成立，即 $p^*=d^*$，它的拉格朗日对偶函数既没有用途也没有意义。

现在我们重构问题(3.5.1)

$$\begin{aligned} &\min f_0(\boldsymbol{y}) \\ &\text{s. t. } \boldsymbol{Ax}+\boldsymbol{b}=\boldsymbol{y} \end{aligned} \tag{3.5.2}$$

在这里我们引入了新的变量 y，还有新的等式约束 $\boldsymbol{Ax}+\boldsymbol{b}=\boldsymbol{y}$。很显然问题(3.5.1)和(3.5.2)现在是等价的。

重构的拉格朗日问题为

$$L(\boldsymbol{x},\boldsymbol{y},\boldsymbol{v})=f_0(\boldsymbol{y})+\boldsymbol{v}^{\mathrm{T}}(\boldsymbol{Ax}+\boldsymbol{b}-\boldsymbol{y})$$

为了找到对偶函数我们通过 $\boldsymbol{x}$ 和 $\boldsymbol{y}$ 极小化 L。通过 $\boldsymbol{x}$ 极小化可以得到除非 $\boldsymbol{A}^{\mathrm{T}}\boldsymbol{v}=0$，否则 $g(\boldsymbol{v})=-\infty$。若 $\boldsymbol{A}^{\mathrm{T}}\boldsymbol{v}=0$，有

$$g(\boldsymbol{v})=\boldsymbol{b}^{\mathrm{T}}\boldsymbol{v}+(f_0(\boldsymbol{y})-\boldsymbol{v}^{\mathrm{T}}\boldsymbol{y})=\boldsymbol{b}^{\mathrm{T}}\boldsymbol{v}-f_0^*(\boldsymbol{v})$$

其中，f_0^* 是 f_0 的共轭。(3.5.2)的对偶问题可以被表示为

$$\begin{aligned} &\max \boldsymbol{b}^{\mathrm{T}}\boldsymbol{v}-f_0^*(\boldsymbol{v}) \\ &\text{s. t. } \boldsymbol{A}^{\mathrm{T}}\boldsymbol{v}=0 \end{aligned} \tag{3.5.3}$$

所以，重构的问题(3.5.2)的对偶问题显然比原问题(3.5.1)的对偶问题更加有用。

例 3.5　无约束的几何规划。考虑无约束的几何规划问题

$$\min \log\left(\sum\nolimits_{i=1}^{m}\exp(\boldsymbol{a}_i^{\mathrm{T}}\boldsymbol{x}+b_i)\right)$$

首先我们通过引入新的变量和等式约束重构问题：

$$\begin{aligned} &\min f_0(\boldsymbol{y}) = \log\left(\sum\nolimits_{i=1}^{m}\exp y_i\right) \\ &\text{s. t. } \boldsymbol{Ax}+\boldsymbol{b}=\boldsymbol{y} \end{aligned}$$

其中，$\boldsymbol{a}_i^{\mathrm{T}}$ 是矩阵 $\boldsymbol{A}$ 的行向量。指数和的对数函数的共轭函数为

$$f_0^*(\boldsymbol{v})=\begin{cases} \sum\nolimits_{i=1}^{m}\nu_i\log\nu_i, & \boldsymbol{v}\succeq 0,\boldsymbol{1}^{\mathrm{T}}\boldsymbol{v}=1 \\ \infty, & \text{其他情况} \end{cases}$$

所以重构的问题的对偶问题可以写作

$$\left.\begin{aligned} &\max\ \boldsymbol{b}^{\mathrm{T}}\boldsymbol{\nu}-\sum\nolimits_{i=1}^{m}\nu_i\log\nu_i \\ &\text{s.t.}\quad \mathbf{1}^{\mathrm{T}}\boldsymbol{\nu}=1 \\ &\qquad\ \ \boldsymbol{A}^{\mathrm{T}}\boldsymbol{\nu}=\mathbf{0} \\ &\qquad\ \ \boldsymbol{\nu}\succeq 0 \end{aligned}\right\}\tag{3.5.4}$$

这是一个熵的最大化问题。

例 3.6 范数逼近问题。考虑如下无约束范数逼近问题

$$\min\ \|\boldsymbol{Ax}-\boldsymbol{b}\|\tag{3.5.5}$$

其中，$\|\cdot\|$是任意的范数。这里的拉格朗日对偶函数也是常数，等于(3.5.5)的最优值，所以没有什么意义。

我们再一次重构问题

$$\begin{aligned} &\min\ \boldsymbol{y} \\ &\text{s.t.}\ \boldsymbol{Ax}-\boldsymbol{b}=\boldsymbol{y} \end{aligned}$$

根据式(3.5.3)，我们可以得到拉格朗日对偶问题

$$\left.\begin{aligned} &\max\ \boldsymbol{b}^{\mathrm{T}}\boldsymbol{\nu} \\ &\text{s.t.}\ \ \boldsymbol{\nu}_{*}\leqslant 1 \\ &\qquad \boldsymbol{A}^{\mathrm{T}}\boldsymbol{\nu}=0 \end{aligned}\right\}\tag{3.5.6}$$

在这里我们使用了范数的共轭函数是对偶范数单位球的示性函数的结论。

引入新的等式约束的思想同样可以被应用于约束函数上。举例来说，考虑问题

$$\begin{aligned} &\min\ f_0(\boldsymbol{A}_0\boldsymbol{x}+\boldsymbol{b}_0) \\ &\text{s.t.}\ f_i(\boldsymbol{A}_i\boldsymbol{x}+\boldsymbol{b}_i)\leqslant 0,\ i=1,\cdots,m \end{aligned}\tag{3.5.7}$$

其中，$\boldsymbol{A}_i\in\mathbb{R}^{k_i\times n}$且$f_0:\mathbb{R}^{k_i}\to\mathbb{R}f_i:\mathbb{R}^{k_i}\to\mathbb{R}$是凸的。(为了简单起见这里不包含等式约束。)我们引入新的变量$\boldsymbol{y}_i\in\mathbb{R}^{k_i}$，$i=0,\cdots,m$，将原问题重构为：

$$\begin{aligned} &\min\ f_0(\boldsymbol{y}_0) \\ &\text{s.t.}\ f_i(\boldsymbol{y}_i)\leqslant 0,\ i=1,\cdots,m \\ &\qquad \boldsymbol{A}_i\boldsymbol{x}+\boldsymbol{b}_i=\boldsymbol{y}_i,\ i=0,\cdots,m \end{aligned}\tag{3.5.8}$$

这个问题的拉格朗日函数为：

$$L(\boldsymbol{x},\boldsymbol{\lambda},\boldsymbol{v}_0,\cdots,\boldsymbol{v}_m)=f_0(\boldsymbol{y}_0)+\sum_{i=1}^{m}\boldsymbol{\lambda}_i f_i(\boldsymbol{y}_i)+\sum_{i=0}^{m}\boldsymbol{v}_i^{\mathrm{T}}(\boldsymbol{A}_i\boldsymbol{x}+\boldsymbol{b}_i-\boldsymbol{y}_i)$$

为了得到对偶函数，关于$\boldsymbol{x}$和$\boldsymbol{y}_i$求极小。除非

$$\sum_{i=0}^{m}\boldsymbol{A}_i^{\mathrm{T}}\boldsymbol{v}_i=0$$

否则关于$\boldsymbol{x}$求极小值为$-\infty$。在上述情况下，对$\boldsymbol{\lambda}\succ 0$，

$$\begin{aligned} &g(\boldsymbol{\lambda},\boldsymbol{v}_0,\cdots,\boldsymbol{v}_m) \\ &=\sum_{i=0}^{m}\boldsymbol{v}_i^{\mathrm{T}}\boldsymbol{b}_i+\inf_{\boldsymbol{y}_0,\cdots,\boldsymbol{y}_m}\Big(f_0(\boldsymbol{y}_0)+\sum_{i=1}^{m}\boldsymbol{\lambda}_i f_i(\boldsymbol{y}_i)-\sum_{i=0}^{m}\boldsymbol{v}_i^{\mathrm{T}}\boldsymbol{y}_i\Big) \\ &=\sum_{i=0}^{m}\boldsymbol{v}_i^{\mathrm{T}}\boldsymbol{b}_i+\inf_{\boldsymbol{y}_0}(f_0(\boldsymbol{y}_0)-\boldsymbol{v}_0^{\mathrm{T}}\boldsymbol{y}_0)+\sum_{i=1}^{m}\boldsymbol{\lambda}_i\inf_{\boldsymbol{y}_i}(f_i(\boldsymbol{y}_i)-(\boldsymbol{v}_i/\boldsymbol{\lambda}_i)^{\mathrm{T}}\boldsymbol{y}_i) \\ &=\sum_{i=0}^{m}\boldsymbol{v}_i^{\mathrm{T}}\boldsymbol{b}_i-f_0^{*}(\boldsymbol{v}_0)-\sum_{i=1}^{m}\boldsymbol{\lambda}_i f_i^{*}(\boldsymbol{v}_i/\boldsymbol{\lambda}_i) \end{aligned}$$

最后一个表达式包含了共轭函数的透视函数，因此关于对偶变量是凹函数。最后我们考虑当$\boldsymbol{\lambda}\succeq 0$，但是某些$\boldsymbol{\lambda}_i$为零的情况。如果$\boldsymbol{\lambda}_i=\mathbf{0}$且$\boldsymbol{v}_i\neq\mathbf{0}$，那么对偶函数是$-\infty$。如果$\boldsymbol{\lambda}_i=\mathbf{0}$且$\boldsymbol{v}_i=\mathbf{0}$，然而，包含有$\boldsymbol{y}_i$，$\boldsymbol{v}_i$和$\boldsymbol{\lambda}_i$的项都为零。因此，如果当$\boldsymbol{\lambda}_i=\mathbf{0}$且$\boldsymbol{v}_i=\mathbf{0}$时我们取$\boldsymbol{\lambda}_i f_i^*(\boldsymbol{v}_i/\boldsymbol{\lambda}_i)=0\boldsymbol{\lambda}_i f_i^*(\boldsymbol{v}_i/\boldsymbol{\lambda}_i)=\mathbf{0}$，当$\boldsymbol{\lambda}_i=\mathbf{0}$且$\boldsymbol{v}_i\neq\mathbf{0}$时我们取$\boldsymbol{\lambda}_i f_i^*(\boldsymbol{v}_i/\boldsymbol{\lambda}_i)=-\infty$，那么$g$的表达式对所有的$\boldsymbol{\lambda}\succeq\mathbf{0}$都是有意义的。

所以问题(3.5.8)的对偶问题可以表示为

$$\begin{aligned}&\max\ \sum_{i=0}^{m}\boldsymbol{v}_i^{\mathrm{T}}\boldsymbol{b}_i-f_0^*(\boldsymbol{v}_0)-\sum_{i=1}^{m}\boldsymbol{\lambda}_i f_i^*(\boldsymbol{v}_i/\lambda_i)\\&\text{s. t. }\ \boldsymbol{\lambda}\succeq 0\\&\sum_{i=0}^{m}\boldsymbol{A}_i^{\mathrm{T}}\boldsymbol{v}_i=\mathbf{0}\end{aligned}\tag{3.5.9}$$

例 3.7 不等式约束的几何规划问题。考虑不等式约束的几何规划问题

$$\begin{aligned}&\min\ \log\left(\sum\nolimits_{k=1}^{K_0}e^{a_{0k}^{\mathrm{T}}\boldsymbol{x}+b_{0k}}\right)\\&\text{s. t. }\ \log\left(\sum\nolimits_{k=1}^{K_i}e^{a_{ik}^{\mathrm{T}}\boldsymbol{x}+b_{ik}}\right)\leqslant 0,\ i=1,\cdots,m\end{aligned}$$

在式(3.5.7)中令$f_i:\mathbb{R}^{k_i}\to\mathbb{R}$为$f_i(\boldsymbol{y})=\log\left(\sum\nolimits_{k=1}^{K_i}e^{y_k}\right)$。这个函数的共轭函数为

$$f_i^*(\boldsymbol{v})=\begin{cases}\sum\nolimits_{k=1}^{K_i}\boldsymbol{v}_k\log\boldsymbol{v}_k, & \boldsymbol{v}\succeq 0,\ \mathbf{1}^{\mathrm{T}}\boldsymbol{v}=\mathbf{1}\\ \infty, & \text{其他情况}\end{cases}$$

利用式(3.5.9)我们可以立即写出其对偶问题

$$\begin{aligned}&\max\ \boldsymbol{b}_0^{\mathrm{T}}\boldsymbol{v}_0-\sum\nolimits_{k=1}^{K_0}\nu_{0k}\log\nu_{0k}+\sum\nolimits_{i=1}^{m}\left(\boldsymbol{b}_i^{\mathrm{T}}\boldsymbol{v}_i-\sum\nolimits_{k=1}^{K_i}\nu_{ik}\log(\nu_{ik}/\boldsymbol{\lambda}_i)\right)\\&\text{s. t. }\ \boldsymbol{v}_0\succeq 0,\ \mathbf{1}^{\mathrm{T}}\boldsymbol{v}_0=\mathbf{1}\\&\qquad\boldsymbol{v}_i\succeq 0,\ \mathbf{1}^{\mathrm{T}}\boldsymbol{v}_i=\boldsymbol{\lambda}_i,\ i=1,\cdots,m\\&\qquad\boldsymbol{\lambda}_i\geqslant 0,\ i=1,\cdots,m\\&\qquad\sum_{i=0}^{m}\boldsymbol{A}_i^{\mathrm{T}}\boldsymbol{v}_i=0\end{aligned}$$

可以进一步被简化为：

$$\begin{aligned}&\max\ \boldsymbol{b}_0^{\mathrm{T}}\boldsymbol{v}_0-\sum\nolimits_{k=1}^{K_0}\nu_{0k}\log\nu_{0k}+\sum\nolimits_{i=1}^{m}\left(\boldsymbol{b}_i^{\mathrm{T}}\boldsymbol{v}_i-\sum\nolimits_{k=1}^{K_i}\boldsymbol{v}_{ik}\log(\nu_{ik}/\mathbf{1}^{\mathrm{T}}\nu_i)\right)\\&\text{s. t. }\ \boldsymbol{v}_i\succeq 0,\ i=0,\cdots,m\\&\qquad\mathbf{1}^{\mathrm{T}}\boldsymbol{v}_0=\mathbf{1}\\&\qquad\sum_{i=0}^{m}\boldsymbol{A}_i^{\mathrm{T}}\boldsymbol{v}_i=0\end{aligned}$$

3.5.2 变换目标函数

如果我们将目标函数f_0换为f_0的增函数，得到的问题显然等价于原问题。这个等价问题的对偶问题，却与原问题的对偶问题非常不同。

例 3.8 我们再次考虑最小范数问题

$$\min\ \|\boldsymbol{Ax}-\boldsymbol{b}\|$$

其中，$\|\cdot\|$是某种范数。我们重新描述这个问题

$$\min\ (1/2)\|\boldsymbol{y}\|^2$$
$$\text{s.t. } \boldsymbol{A}\boldsymbol{x}-\boldsymbol{b}=\boldsymbol{y}$$

在这里我们引入新的变量，目标函数替换为其平方的二分之一。显然地等价于原问题。重构问题的对偶问题为：

$$\max\ -(1/2)\|\boldsymbol{v}\|_*^2+\boldsymbol{b}^{\mathrm{T}}\boldsymbol{v}$$
$$\text{s.t. } \boldsymbol{A}^{\mathrm{T}}\boldsymbol{v}=0$$

这里我们利用了$(1/2)\|\cdot\|^2$ 的共轭函数是$(1/2)\|\cdot\|_*^2$ 的结论。

注意到这里的对偶问题和之前得到的对偶问题(3.5.6)不一样。

3.5.3 隐式约束

接下来考虑一个简单的重新描述问题的方式，我们通过改变目标函数，将一些约束放到目标函数中，当约束被违背时，目标函数无穷大。

例 3.9 具有框约束的线性规划。我们考虑线性规划问题

$$\begin{aligned}&\min\ \boldsymbol{c}^{\mathrm{T}}\boldsymbol{x}\\&\text{s.t. } \boldsymbol{A}\boldsymbol{x}=\boldsymbol{b}\\&\boldsymbol{l}\preceq\boldsymbol{x}\preceq\boldsymbol{u}\end{aligned}\tag{3.5.10}$$

其中，$\boldsymbol{A}\in\mathbb{R}^{p\times n}$ 且 $\boldsymbol{l}\prec\boldsymbol{u}$。约束 $\boldsymbol{l}\preceq\boldsymbol{x}\preceq\boldsymbol{u}$ 有时被叫作框约束或者变量的界。

我们可以很容易得到此线性规划问题的对偶问题。对偶问题中的拉格朗日乘子 $\boldsymbol{v}$ 对应等式约束，$\boldsymbol{\lambda}_1$ 对应了不等式约束 $\boldsymbol{x}\preceq\boldsymbol{u}$，$\boldsymbol{\lambda}_2$ 对应了不等式约束 $\boldsymbol{l}\preceq\boldsymbol{x}$。对偶问题为：

$$\begin{aligned}&\max\ -\boldsymbol{b}^{\mathrm{T}}\boldsymbol{v}-\boldsymbol{\lambda}_1^{\mathrm{T}}\boldsymbol{u}+\boldsymbol{\lambda}_2^{\mathrm{T}}\boldsymbol{l}\\&\text{s.t. } \boldsymbol{A}^{\mathrm{T}}\boldsymbol{v}+\boldsymbol{\lambda}_1-\boldsymbol{\lambda}_2+\boldsymbol{c}=0\\&\boldsymbol{\lambda}_1\succeq0,\boldsymbol{\lambda}_2\succeq0\end{aligned}\tag{3.5.11}$$

换一种做法，我们先重构问题(3.5.10)

$$\begin{aligned}&\min\ f_0(\boldsymbol{x})\\&\text{s.t. } \boldsymbol{A}\boldsymbol{x}=\boldsymbol{b}\end{aligned}\tag{3.5.12}$$

其中，我们定义

$$f_0(\boldsymbol{x})=\begin{cases}\boldsymbol{c}^{\mathrm{T}}\boldsymbol{x}, & \boldsymbol{l}\preceq\boldsymbol{x}\preceq\boldsymbol{u}\\ \infty, & \text{其他情况}\end{cases}$$

很清晰，问题(3.5.12)等价于问题(3.5.10)，我们只是将显式描述的框约束隐式描述。

问题(3.5.12)的对偶函数为：

$$\begin{aligned}g(\boldsymbol{v})&=\inf_{\boldsymbol{l}\preceq\boldsymbol{x}\preceq\boldsymbol{u}}(\boldsymbol{c}^{\mathrm{T}}\boldsymbol{x}+\boldsymbol{v}^{\mathrm{T}}(\boldsymbol{A}\boldsymbol{x}-\boldsymbol{b}))\\&=-\boldsymbol{b}^{\mathrm{T}}\boldsymbol{v}-\boldsymbol{u}^{\mathrm{T}}(\boldsymbol{A}^{\mathrm{T}}\boldsymbol{v}+\boldsymbol{c})^-+\boldsymbol{l}^{\mathrm{T}}(\boldsymbol{A}^{\mathrm{T}}\boldsymbol{v}+\boldsymbol{c})^+\end{aligned}$$

其中，$y_i^+=\max\{y_i,0\}$，$y_i^-=\max\{-y_i,0\}$。所以这里我们可以得到函数 g 的解析表达式，它是一个凹的分片线性函数。

对偶问题是一个无约束的问题

$$\max\ -\boldsymbol{b}^{\mathrm{T}}\boldsymbol{v}-\boldsymbol{u}^{\mathrm{T}}\ (\boldsymbol{A}^{\mathrm{T}}\boldsymbol{v}+\boldsymbol{c})^-+\boldsymbol{l}^{\mathrm{T}}\ (\boldsymbol{A}^{\mathrm{T}}\boldsymbol{v}+\boldsymbol{c})^+\tag{3.5.13}$$

这和原问题的对偶问题的形式十分不同。

〔问题(3.5.11)和问题(3.5.13)关系非常密切，事实上，它们是等价的〕

第 4 章　基于导数的优化方法

4.1　最速下降法

4.1.1　最速下降方向

对于一个无约束的问题

$$\min f(\boldsymbol{x}), \quad \boldsymbol{x} \in \mathbb{R}^n \tag{4.1.1}$$

且函数 $f(\boldsymbol{x})$ 具有一阶连续偏导数。

对于这一问题而言，首先考虑到的方法是从某一点出发，找到在该点处目标函数值下降最快的方向，从而能够尽快地得到函数的最小值。最速下降法正是源于这种想法所诞生的。最速下降法最早是由法国科学家 Cauchy 所提出，后来学者对其进行了进一步的研究，直至今日，最速下降法已经被许多人熟悉。其作为一种基础的算法，为最优化的研究提供了许多灵感。下面我们将讨论如何得到目标函数的最速下降方向。

方向导数是在函数定义域的内点处，对某一方向求导得到的导数，可以用其表示函数在某点处沿方向 $\boldsymbol{d}$ 的变化率。如果函数 $f(\boldsymbol{x})$ 是可微函数，那么该函数的方向导数可以用梯度与方向的内积来表示，即

$$D f(\boldsymbol{x};\boldsymbol{d}) = \nabla f(\boldsymbol{x})^{\mathrm{T}}\boldsymbol{d} \tag{4.1.2}$$

因此，对于求解函数 $f(x)$ 在点 x 处的最速下降方向，可以用如下的方式表示：

$$\begin{aligned} &\min \nabla f(\boldsymbol{x})^{\mathrm{T}}\boldsymbol{d} \\ &\text{s.t.} \quad \|\boldsymbol{d}\| \leqslant 1 \end{aligned} \tag{4.1.3}$$

根据 Schwartz 不等式，可得

$$|\nabla f(\boldsymbol{x})^{\mathrm{T}}\boldsymbol{d}| \leqslant \|\nabla f(\boldsymbol{x})\| \|\boldsymbol{d}\| \leqslant \|\nabla f(\boldsymbol{x})\| \tag{4.1.4}$$

进一步化简得

$$\nabla f(\boldsymbol{x})^{\mathrm{T}}\boldsymbol{d} \geqslant -\|\nabla f(\boldsymbol{x})\| \tag{4.1.5}$$

其等号成立的条件为：

$$\boldsymbol{d} = -\frac{\nabla f(\boldsymbol{x})}{\|\nabla f(\boldsymbol{x})\|} \tag{4.1.6}$$

则在点 $\boldsymbol{x}$ 处沿式(4.1.6)所表示的方向下降速度最快，那么可以得出：负梯度方向为最速下降方向。

此处需要特别说明，对于不同的尺度而言，其最速下降方向会有所不同。我们在前面所得到的最速下降方向的条件是属于欧式度量意义下的最速下降方向，即向量 $\boldsymbol{d}$ 的欧式范数 $\|\boldsymbol{d}\|_2$ 不大于 1。如采用其他度量，则得到的结果将会与前者不同。下面将讨论当 A 为矩阵情况下的结果。

设矩阵 $\boldsymbol{A}$ 为对称正定矩阵，在向量 $\boldsymbol{d}$ 的 $\boldsymbol{A}$ 范数 $\|\boldsymbol{d}\|_A=(\boldsymbol{d}^{\mathrm{T}}\boldsymbol{A}\boldsymbol{d})^{\frac{1}{2}}$ 不大于 1 的条件下，求解 $\nabla f(\boldsymbol{x})^{\mathrm{T}}\boldsymbol{d}$ 的极小值。即：

$$\begin{aligned}&\min\ \nabla f(\boldsymbol{x})^{\mathrm{T}}\boldsymbol{d}\\&\text{s.t.}\quad \boldsymbol{d}^{\mathrm{T}}\boldsymbol{A}\boldsymbol{d}\leqslant 1\end{aligned}\tag{4.1.7}$$

由于 $\boldsymbol{A}$ 和 $\boldsymbol{A}^{-1}$ 均为正定对称矩阵，则

$$\boldsymbol{A}=\boldsymbol{A}^{\frac{1}{2}}\boldsymbol{A}^{\frac{1}{2}},\quad \boldsymbol{A}^{-1}=\boldsymbol{A}^{-\frac{1}{2}}\boldsymbol{A}^{-\frac{1}{2}}$$

其中，$\boldsymbol{A}^{\frac{1}{2}}$ 和 $\boldsymbol{A}^{-\frac{1}{2}}$ 为对称正定平方根。

则对于式(4.1.7)可写作

$$\boldsymbol{d}^{\mathrm{T}}\boldsymbol{A}\boldsymbol{d}=\boldsymbol{d}^{\mathrm{T}}\boldsymbol{A}^{\frac{1}{2}}\boldsymbol{A}^{\frac{1}{2}}\boldsymbol{d}=(\boldsymbol{A}^{\frac{1}{2}}\boldsymbol{d})^{\mathrm{T}}\boldsymbol{A}^{\frac{1}{2}}\boldsymbol{d}$$

$$\nabla f(\boldsymbol{x})^{\mathrm{T}}\boldsymbol{d}=\nabla f(\boldsymbol{x})^{\mathrm{T}}\boldsymbol{A}^{-\frac{1}{2}}\boldsymbol{A}^{\frac{1}{2}}\boldsymbol{d}=(\boldsymbol{A}^{-\frac{1}{2}}\nabla f(\boldsymbol{x}))^{\mathrm{T}}(\boldsymbol{A}^{\frac{1}{2}}\boldsymbol{d})$$

令 $\boldsymbol{y}=\boldsymbol{A}^{\frac{1}{2}}\boldsymbol{d}$，那么式(4.1.7)可写作

$$\begin{aligned}&\min\quad (\boldsymbol{A}^{-\frac{1}{2}}\nabla f(\boldsymbol{x}))^{\mathrm{T}}\boldsymbol{y}\\&\text{s.t.}\quad \boldsymbol{y}^{\mathrm{T}}\boldsymbol{y}\leqslant 1\end{aligned}\tag{4.1.8}$$

对式(4.1.8)利用 Schwartz 不等式进行化简，得到

$$|(\boldsymbol{A}^{-\frac{1}{2}}\nabla f(\boldsymbol{x}))^{\mathrm{T}}\boldsymbol{y}|\leqslant\|\boldsymbol{A}^{-\frac{1}{2}}\nabla f(\boldsymbol{x})\|\,\|\boldsymbol{y}\|\leqslant\|\boldsymbol{A}^{-\frac{1}{2}}\nabla f(\boldsymbol{x})\|$$

将上式的绝对值符号去掉，可得

$$(\boldsymbol{A}^{-\frac{1}{2}}\nabla f(\boldsymbol{x}))^{\mathrm{T}}\boldsymbol{y}\geqslant-\|\boldsymbol{A}^{-\frac{1}{2}}\nabla f(\boldsymbol{x})\|$$

进一步化简得

$$\nabla f(\boldsymbol{x})^{\mathrm{T}}\boldsymbol{d}\geqslant-\|\boldsymbol{A}^{-\frac{1}{2}}\nabla f(\boldsymbol{x})\|\tag{4.1.9}$$

那么在点 $\boldsymbol{x}$ 处下降速度最快的方向，为式(4.1.8)中取得等号时的向量 $\boldsymbol{d}$ 的方向。

$$\boldsymbol{d}=\frac{-\boldsymbol{A}^{-1}\nabla f(\boldsymbol{x})}{(\nabla f(\boldsymbol{x})^{\mathrm{T}}\boldsymbol{A}^{-1}\nabla f(\boldsymbol{x}))^{\frac{1}{2}}}$$

虽然这里求出了 $\boldsymbol{A}$ 度量下的最速下降方向，但是在实际中通常所应用的均是欧式度量意义下的的最速下降法。故如果无特殊说明下的最速下降方向，均是指欧式度量意义下的最速下降方向。

4.1.2 最速下降算法

通过迭代法可以解决最速下降问题。其算法的迭代公式如下：

$$\boldsymbol{x}^{(k+1)}=\boldsymbol{x}^{(k)}+\lambda_k\boldsymbol{d}^{(k)}\tag{4.1.10}$$

其中，$\boldsymbol{d}^{(k)}$ 为点 $x^{(k)}$ 处的最速下降方向，即为其初始的搜索方向。λ_k 为沿着方向 $\boldsymbol{d}^{(k)}$ 的步长。那么有：

$$\boldsymbol{d}^{(k)}=-\nabla f(\boldsymbol{x}^{(k)})$$

$$f(\boldsymbol{x}^{(k)}+\lambda_k\boldsymbol{d}^{(k)})=\min_{\lambda\geqslant 0}f(\boldsymbol{x}^{(k)}+\lambda\boldsymbol{d}^{(k)})$$

即找到使函数 $f(\boldsymbol{x}^{(k)}+\lambda\boldsymbol{d}^{(k)})$ 取得最小值的 λ。

那么接下来给出计算步骤：

(1) 给出初始点 $\boldsymbol{x}^{(1)}\in\mathbb{R}^n$，即设 $k=1$。同时设置允许误差 $\varepsilon,\varepsilon>0$。

(2) 通过进行计算求得在该点处的搜索方向 $\boldsymbol{d}^{(k)}=-\nabla f(\boldsymbol{x}^{(k)})$。

(3) 对于 $\|\boldsymbol{d}^{(k)}\|$ 的大小，若小于允许误差，则停止计算，否则继续进行计算。

(4) 从 $\boldsymbol{x}^{(k)}$ 处沿方向 $\boldsymbol{d}^{(k)}$ 进行搜索，求得使函数 $f(\boldsymbol{x}^{(k)}+\lambda\boldsymbol{d}^{(k)})$ 取得最小值的 λ，即

$$f(\boldsymbol{x}^{(k)}+\lambda_k\boldsymbol{d}^{(k)})=\min_{\lambda\geqslant 0}f(x^{(k)}+\lambda\boldsymbol{d}^{(k)})$$

(5) 使 $\boldsymbol{x}^{(k+1)}=\boldsymbol{x}^{(k)}+\lambda_k\boldsymbol{d}^{(k)}$，将 $k+1$，从步骤(2)继续计算。

例 4.1.1 用最速下降法解决问题：

$$\min\ f(x)=x_1^2+2x_2^2$$

初点 $\boldsymbol{x}^{(1)}=(2,1)^{\mathrm{T}}$，$\varepsilon=\dfrac{1}{10}$。

解 首先进行第一次计算，计算目标函数的点 x 处的梯度：

$$\nabla f(\boldsymbol{x})=\begin{bmatrix}2x_1\\4x_2\end{bmatrix}$$

将初始点$(1,2)^{\mathrm{T}}$代入，求得探索的方向 $\boldsymbol{d}^{(1)}$：

$$\boldsymbol{d}^{(1)}=-\nabla f(\boldsymbol{x}^{(1)})=\begin{bmatrix}-4\\-4\end{bmatrix},\quad \|\boldsymbol{d}\|=\sqrt{16+16}=16\sqrt{2}>\frac{1}{10}$$

从 $\boldsymbol{x}^{(1)}$ 点出发，沿方向 $\boldsymbol{d}^{(1)}$ 进行一维搜索，计算步长 λ_1：

$$\min_{\lambda\geqslant 0}\phi(\lambda)\overset{\text{def}}{=}f(\boldsymbol{x}^{(1)}+\lambda\boldsymbol{d}^{(1)})$$

$$\boldsymbol{x}^{(1)}+\lambda\boldsymbol{d}^{(1)}=\begin{bmatrix}2\\1\end{bmatrix}+\lambda\begin{bmatrix}-4\\-4\end{bmatrix}=\begin{bmatrix}2-4\lambda\\1-4\lambda\end{bmatrix}$$

由此可得

$$\phi(\lambda)=(2-4\lambda)^2+2\,(1-4\lambda)^2$$

对其进行求导，从而求得其最小值

$$\phi'(\lambda)=96\lambda-32=0$$

从而解得 $\lambda_1=\dfrac{1}{3}$。那么在该直线上的极小点

$$\boldsymbol{x}^{(2)}=\boldsymbol{x}^{(1)}+\lambda_1\boldsymbol{d}^{(1)}=\begin{bmatrix}2\\1\end{bmatrix}+\frac{1}{3}\begin{bmatrix}-4\\-4\end{bmatrix}=\begin{bmatrix}\dfrac{2}{3}\\-\dfrac{1}{3}\end{bmatrix}$$

第二次迭代，$f(x)$在点 $\boldsymbol{x}^{(2)}$ 处的最速下降方向为：

$$\boldsymbol{d}^{(2)}=-\nabla f(\boldsymbol{x}^{(2)})=\begin{bmatrix}-\dfrac{4}{3}\\\dfrac{4}{3}\end{bmatrix},\quad \|\boldsymbol{d}^{(2)}\|=\frac{4}{3}\sqrt{2}>\frac{1}{10}$$

从 $\boldsymbol{x}^{(2)}$ 开始沿方向 $\boldsymbol{d}^{(2)}$ 进行一维搜索，解决下面的问题：

$$\min_{\lambda\geqslant 0}\phi(\lambda)\overset{\text{def}}{=}f(\boldsymbol{x}^{(2)}+\lambda\boldsymbol{d}^{(2)})$$

$$\boldsymbol{x}^{(2)}+\lambda\boldsymbol{d}^{(2)}=\begin{bmatrix}\dfrac{2}{3}\\-\dfrac{1}{3}\end{bmatrix}+\lambda\begin{bmatrix}-\dfrac{4}{3}\\\dfrac{4}{3}\end{bmatrix}=\begin{bmatrix}\dfrac{2-4\lambda}{3}\\\dfrac{4\lambda-1}{3}\end{bmatrix}$$

解得 $\lambda_2=\dfrac{1}{3}$。

$$x^{(3)}=x^{(2)}+\lambda_2 d^{(2)}=\begin{bmatrix}\frac{2}{9}\\ \frac{1}{9}\end{bmatrix}$$

第 3 次迭代计算，最速下降方向 $d^{(3)}$ 为：

$$d^{(3)}=-\nabla f(x^{(3)})=\begin{bmatrix}-\frac{4}{9}\\ -\frac{4}{9}\end{bmatrix},\quad \|d^{(3)}\|=\frac{4}{9}\sqrt{2}>\frac{1}{10}$$

从 $x^{(3)}$ 出发，沿 $d^{(3)}$ 进行一维搜索：

$$\min_{\lambda\geqslant 0}\phi(\lambda)\overset{\text{def}}{=}f(x^{(3)}+\lambda d^{(3)})$$

$$x^{(3)}+\lambda d^{(3)}=\begin{bmatrix}\frac{2}{9}\\ \frac{1}{9}\end{bmatrix}+\lambda\begin{bmatrix}-\frac{4}{9}\\ -\frac{4}{9}\end{bmatrix}=\begin{bmatrix}\frac{2-4\lambda}{9}\\ \frac{1-4\lambda}{9}\end{bmatrix}$$

解得 $\lambda_3=\frac{1}{3}$。那么

$$x^{(4)}=x^{(3)}+\lambda_3 d^{(3)}=\begin{bmatrix}\frac{2}{27}\\ -\frac{1}{27}\end{bmatrix}$$

第 4 次迭代计算：

$$d^{(4)}=-\nabla f(x^{(4)})=\begin{bmatrix}-\frac{4}{27}\\ \frac{4}{27}\end{bmatrix},\quad \|d^{(4)}\|=\frac{4}{27}\sqrt{2}>\frac{1}{10}$$

从 $x^{(4)}$ 沿着方向 $d^{(4)}$ 进行一维搜索

$$\min_{\lambda\geqslant 0}\phi(\lambda)\overset{\text{def}}{=}f(x^{(4)}+\lambda d^{(4)})$$

$$x^{(4)}+\lambda d^{(4)}=\begin{bmatrix}\frac{2}{27}\\ -\frac{1}{27}\end{bmatrix}+\lambda\begin{bmatrix}-\frac{4}{27}\\ \frac{4}{27}\end{bmatrix}=\begin{bmatrix}\frac{2-4\lambda}{27}\\ \frac{4\lambda-1}{27}\end{bmatrix}$$

解得 $\lambda_4=\frac{1}{3}$。那么

$$x^{(5)}=x^{(4)}+\lambda_4 d^{(4)}=\begin{bmatrix}\frac{2}{81}\\ \frac{1}{81}\end{bmatrix}$$

这时 $\|\nabla f(x^{(5)})\|=\frac{4}{81}\sqrt{2}<\frac{1}{10}$，满足精度要求。

故近似解 $\tilde{x}=\begin{bmatrix}\frac{2}{81}\\ \frac{1}{81}\end{bmatrix}$，而对于该问题的最优解为 $x^*=\begin{bmatrix}0\\ 0\end{bmatrix}$。

4.1.3 最速下降算法的收敛性

下面证明最速下降算法的收敛性。

定理 4.1.1 设 $f(\boldsymbol{x})$是一个连续可微的实函数,解集合 $\Omega=\{\bar{\boldsymbol{x}} \mid \nabla f(\bar{\boldsymbol{x}})=0\}$,最速下降算法所产生的序列$\{\boldsymbol{x}^{(k)}\}$含于一个紧集,那么序列$\{\boldsymbol{x}^{(k)}\}$其中的任意聚点$\hat{\boldsymbol{x}}\in\Omega$。

证明 最速下降算法 A 可以被表示为合成映射

$$A=MD$$

其中,$D(\boldsymbol{x})=(\boldsymbol{x},-\nabla f(\boldsymbol{x}))$是$\mathbb{R}^n\to\mathbb{R}^n\times\mathbb{R}^n$的映射。每给定一点 $\boldsymbol{x}$,经过算法 D 的作用,得到点 $\boldsymbol{x}$ 以及在点 $\boldsymbol{x}$ 处的负梯度。算法 M 是$\mathbb{R}^n\times\mathbb{R}^n\to\mathbb{R}^n$的映射。每给定一点 x 以及方向(负梯度方向),经 M 的作用,即一维搜索得到新的点。该点处的函数值比前面每一个迭代点处的函数值都要小。由于前文已经证明,当$\nabla f(\boldsymbol{x})\neq 0$ 时,M 是闭映射。由于 $f(\boldsymbol{x})$时连续可微实函数,故 D 是连续的,那么根据已知定理,A 在 $\boldsymbol{x}(\nabla f(\boldsymbol{x})\neq 0)$处是闭的。

当 $\boldsymbol{x}\notin\Omega$ 的时候,$\boldsymbol{d}=-\nabla f(\boldsymbol{x})\neq 0$,此时有$\nabla f(\boldsymbol{x})^{\mathrm{T}}\boldsymbol{d}<0$,故对于 $\boldsymbol{y}\in A(\boldsymbol{x})$,必定存在 $f(\boldsymbol{y})<f(\boldsymbol{x})$,由此可知,$f(\boldsymbol{x})$是一个关于 Ω 和 A 的下降函数。同时按照假设$\{\boldsymbol{x}^{(k)}\}$含于紧集。则根据收敛定理可得,算法是收敛的。

可以得到,最速下降法产生的序列是线性收敛的。其收敛性与极小点处的 Hesse 矩阵的特征值有关,存在以下定理。

定理 4.1.2 设 $f(\boldsymbol{x})$存在连续二阶偏导数,$\bar{\boldsymbol{x}}$为局部极小点,Hesse 矩阵$\nabla^2 f(\bar{\boldsymbol{x}})$所求的特征值中,最大的为 A,最小的特征值 $a>0$。那么可以得到,算法产生的序列$\{\boldsymbol{x}^{(a)}\}$收敛于 $\bar{\boldsymbol{x}}$,则目标函数值的序列$\{f(\boldsymbol{x}^{(a)})\}$向 $f(\bar{\boldsymbol{x}})$的收敛速度不大于$\left(\dfrac{A-a}{A+a}\right)^2$。其中设 $t=\dfrac{A}{a}$,则

$$\left(\frac{t-1}{t+1}\right)^2<1$$

t 称作对称正定矩阵$\nabla^2 f(\bar{x})$的条件数,条件数越小,收敛越快,反之亦然。

首先需要证明最速下降法存在锯齿现象,如图 4.1.1 所示。

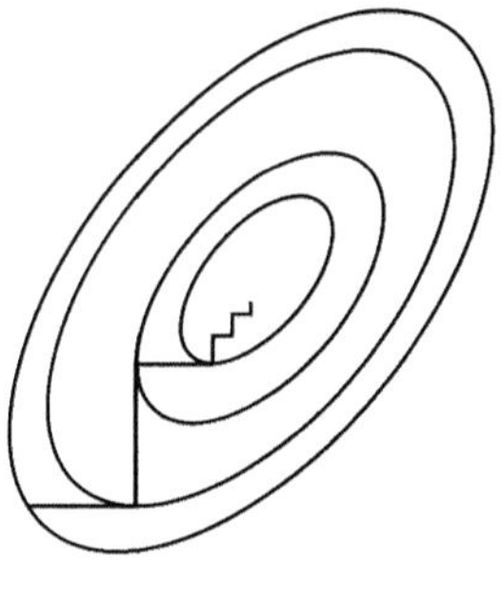

图 4.1.1 锯齿现象

$$\phi(t)=f(\boldsymbol{x}^{(k)}+t\boldsymbol{d}^{(k)})$$

对 $\phi(t)$进行求导计算,求出从点 $\boldsymbol{x}^{(k)}$ 沿方向 $\boldsymbol{d}^{(k)}$ 的极小点。

$$\phi'(t)=\nabla f(\boldsymbol{x}^{(k)}+t_k\boldsymbol{d}^{(k)})^{\mathrm{T}}\boldsymbol{d}^{(k)}=0 \tag{4.1.11}$$

已知搜索方向 $\boldsymbol{d}^{(k)}$ 代入式(4.1.11)计算

$$\boldsymbol{d}^{(k)}=-\nabla f(\boldsymbol{x}^{(k)})$$

$$\phi'(t)=\nabla f(\boldsymbol{x}^{(k)}+t\boldsymbol{d}^{(k)})^{\mathrm{T}}\boldsymbol{d}^{(k)}=\nabla f(\boldsymbol{x}^{(k+1)})^{\mathrm{T}}\boldsymbol{d}^{(k)}=0$$

$$\phi'(t)=-\nabla f(\boldsymbol{x}^{(k+1)})^{\mathrm{T}}\nabla f(\boldsymbol{x}^{(k)})=0$$

即可以证明相邻的两次计算中的搜索方向是正交的，即 $\boldsymbol{d}^{(k+1)}$ 和 $\boldsymbol{d}^{(k)}$ 是正交的。当接近函数的极小值点时，由于搜索方向每次都是正交的且步长很小，便出现了锯齿的现象。影响了收敛的速度。

这种影响当 Hesse 矩阵的 $\nabla^2 f(\bar{\boldsymbol{x}})$ 的条件数比较大时非常严重，原因如下：对于目标函数而言，其在极小值点附近的等值面可以近似看作椭球面，其长轴位于最小特征值对应的特征向量的方向，短轴对应于最大特征值的特征向量的方向。且其大小与特征值的平方根的大小成反比。当最大的特征值和最小的特征值相差的大小与椭圆的形状有关，相差越大，椭圆越扁。从而对于条件数很大时，如果要求出极小值点，就要进行很多次迭代，过程十分复杂，且效率不高。

综上所述，对于部分而言最速下降方向的确是函数值下降最快的方向，然而对于整体而言，却存在锯齿现象，使函数收敛到极小值点处的速度减缓，因此最速下降法并不是收敛最快的方法。由上可得，最速下降法可以在前期的计算或者中间步骤使用，在接近极小值点处使用该方法并不是一种好选择。

4.2 牛 顿 法

4.2.1 常规牛顿法

设 $f(\boldsymbol{x})$ 是二次可微实函数，$\boldsymbol{x}\in\mathbb{R}^n$，且 $x^{(k)}$ 是 $f(\boldsymbol{x})$ 的极小值点的一个估计值，并将 $f(\boldsymbol{x})$ 在该点处展开为 Taylor 级数，同时二阶近似。如下式：

$$f(\boldsymbol{x})\approx\phi(\boldsymbol{x})=f(\boldsymbol{x}^{(k)})+\nabla f(\boldsymbol{x}^{(k)})^{\mathrm{T}}(\boldsymbol{x}-\boldsymbol{x}^{(k)})+\frac{1}{2}(\boldsymbol{x}-\boldsymbol{x}^{(k)})^{\mathrm{T}}\nabla^2 f(\boldsymbol{x}^{(k)})(\boldsymbol{x}-\boldsymbol{x}^{(k)})$$

其中，$\nabla^2 f(\boldsymbol{x}^{(k)})$ 是 $f(\boldsymbol{x})$ 在 $\boldsymbol{x}^{(k)}$ 处的 Hesse 矩阵。

要解决 $\phi(\boldsymbol{x})$ 的平稳点，使 $\nabla\phi(\boldsymbol{x})=0$，即

$$\nabla f(\boldsymbol{x}^{(k)})+\nabla^2 f(\boldsymbol{x}^{(k)})(\boldsymbol{x}-\boldsymbol{x}^{(k)})=0 \tag{4.2.1}$$

如 $\nabla^2 f(\boldsymbol{x}^{(k)})$ 存在逆矩阵 $\nabla^2 f(\boldsymbol{x}^{(k)})^{-1}$，则可从上式得到牛顿法的公式

$$\boldsymbol{x}^{(k+1)}=\boldsymbol{x}^{(k)}-\nabla^2 f(\boldsymbol{x}^{(k)})^{-1}\nabla f(\boldsymbol{x}^{(k)}) \tag{4.2.2}$$

这样便可以通过式(4.2.2)来进行迭代运算，从而计算得到序列 $\{\boldsymbol{x}^{(k)}\}$。在一定的条件下，这个序列是收敛的。

定理 4.2.1 设 $f(\boldsymbol{x})$ 为二次连续可微函数，$\boldsymbol{x}\in\mathbb{R}^n$，$\bar{\boldsymbol{x}}$ 满足 $\nabla f(\bar{\boldsymbol{x}})=0$，$\nabla^2 f(\bar{\boldsymbol{x}})^{-1}$ 存在，设初点 $\boldsymbol{x}^{(1)}$ 充分接近 $\bar{\boldsymbol{x}}$，使得存在 $k_1,k_2>0$，满足 $k_1,k_2<1$，且对每一个 $\boldsymbol{x}\in X$，有

$$\boldsymbol{x}=\{\boldsymbol{x}\mid\|\boldsymbol{x}-\bar{\boldsymbol{x}}\|\leqslant\|\boldsymbol{x}^{(1)}-\bar{\boldsymbol{x}}\|\}$$

$$\|\nabla^2 f(\boldsymbol{x})^{-1}\|\leqslant k_1 \tag{4.2.3}$$

$$\frac{\|\nabla f(\bar{\boldsymbol{x}})-\nabla f(\boldsymbol{x})-\nabla^2 f(\boldsymbol{x})(\bar{\boldsymbol{x}}-\boldsymbol{x})\|}{\|\bar{\boldsymbol{x}}-\boldsymbol{x}\|}\leqslant k_2 \tag{4.2.4}$$

那么牛顿法产生的序列收敛于 $\bar{\boldsymbol{x}}$。

证明 根据式(4.2.2)，牛顿算法映射定义为

$$A(\boldsymbol{x})=\boldsymbol{x}-\nabla^2 f(\boldsymbol{x})^{-1}\nabla f(\boldsymbol{x}) \tag{4.2.5}$$

定义解集合 $\Omega=\{\bar{\boldsymbol{x}}\}$，令 $x\in X$，且 $\boldsymbol{x}\neq\bar{\boldsymbol{x}}$，令 $\boldsymbol{y}\in A(\boldsymbol{x})$，同时有 $\nabla f(\bar{\boldsymbol{x}})=0$，则有

$$y-\bar{x}=x-\nabla^2 f(x)^{-1}\nabla f(x)-\bar{x}=\nabla^2 f(x')^{-1}[\nabla f(\bar{x})-\nabla f(x)-\nabla^2 f(x)(\bar{x}-x)] \tag{4.2.6}$$

根据式(4.2.3)和式(4.2.4)，继续计算：

$$\begin{aligned}\|y-\bar{x}\| &\leqslant \|\nabla^2 f(x)^{-1}\| \ \|[\nabla f(\bar{x})-\nabla f(x)-\nabla^2 f(x)(\bar{x}-x)]\| \\ &\leqslant k_1 k_2 \|(\bar{x}-x)\| < \|\bar{x}-x\|\end{aligned} \tag{4.2.7}$$

由此可推得，函数 $a(x)=\|\bar{x}-x\|$ 为下降函数。

由式(4.2.7)可知，$y\in X$，故迭代产生的序列 $\{x^{(k)}\}\subset X$，根据定义可知 X 为紧集，则产生的序列也含于紧集。同时算法映射 A 在紧集 X 上是闭的。

综上所述，迭代产生的序列 $\{x^{(k)}\}$ 必收敛于 $\bar{x}$。

例 4.2.1　使用牛顿法解决 $f(x)=2x_1^3+x_2^2$ 的最小值。

在任意点 x 处，$f(x)$ 的梯度和 Hesse 矩阵为

$$\nabla f(x)=\begin{bmatrix}6x_1^2\\2x_2\end{bmatrix},\quad \nabla^2 f(x)=\begin{bmatrix}12x_1 & 0\\0 & 2\end{bmatrix}$$

取初点为 $x^{(1)}=(1,1)^{\mathrm{T}}$，进行第一次迭代计算。结果如下：

$$\nabla f(x^{(1)})=\begin{bmatrix}6\\2\end{bmatrix},\quad \nabla^2 f(x^{(1)})=\begin{bmatrix}12 & 0\\0 & 2\end{bmatrix}$$

$$\begin{aligned}x^{(2)}&=x^{(1)}-\nabla^2 f(x^{(1)})^{-1}\nabla f(x^{(1)})\\&=\begin{bmatrix}1\\1\end{bmatrix}-\begin{bmatrix}12\\0\end{bmatrix}^{-1}\begin{bmatrix}6\\2\end{bmatrix}=\begin{bmatrix}\frac{1}{2}\\0\end{bmatrix}\end{aligned}$$

第二次：

$$\nabla f(x^{(1)})=\begin{bmatrix}\frac{3}{2}\\0\end{bmatrix},\quad \nabla^2 f(x^{(1)})=\begin{bmatrix}6 & 0\\0 & 2\end{bmatrix}$$

$$\begin{aligned}x^{(3)}&=x^{(2)}-\nabla^2 f(x^{(2)})^{-1}\nabla f(x^{(2)})\\&=\begin{bmatrix}\frac{1}{2}\\0\end{bmatrix}-\begin{bmatrix}6 & 0\\0 & 2\end{bmatrix}^{-1}\begin{bmatrix}\frac{3}{2}\\0\end{bmatrix}=\begin{bmatrix}\frac{1}{4}\\0\end{bmatrix}\end{aligned}$$

依次进行计算，可得

$$x^{(4)}=\begin{bmatrix}\frac{1}{8}\\0\end{bmatrix},\quad x^{(5)}=\begin{bmatrix}\frac{1}{16}\\0\end{bmatrix}$$

而对于该问题的最优解为 $\bar{x}=\begin{bmatrix}0\\0\end{bmatrix}$，收敛速度较快。

实际上，对于牛顿的收敛速度有以下的关系：

$$\|x^{(k+1)}-\bar{x}\|\leqslant c\,\|x^{(k)}-\bar{x}\|^2 \tag{4.2.8}$$

其中，c 是常数，从式(4.2.8)可以看出牛顿法至少二阶收敛。(参考文献[14])

设一个二次凸函数

$$f(x)=x^{\mathrm{T}}Ax+b^{\mathrm{T}}x+c \tag{4.2.9}$$

其中，A 是对称正定矩阵。

首先求其最优解：

$$\nabla f(\boldsymbol{x})=\boldsymbol{A}\boldsymbol{x}+\boldsymbol{b}=0$$

可求得最优解：

$$\boldsymbol{x}=-\boldsymbol{A}^{-1}\boldsymbol{b}$$

而对于该函数使用牛顿法求解，任取其初始点 x_1，则有

$$\boldsymbol{x}_2=\boldsymbol{x}_1-\boldsymbol{A}^{-1}\nabla f(\boldsymbol{x}_1)=\boldsymbol{x}_1-\boldsymbol{A}^{-1}(\boldsymbol{A}\boldsymbol{x}_1+\boldsymbol{b})=-\boldsymbol{A}^{-1}\boldsymbol{b}$$

很显然，$\boldsymbol{x}_2=\bar{\boldsymbol{x}}$，对于任取的初始点而言，其经过一次的计算即可达到极小值点。

定义 4.2.1　若一个算法求解严格凸二次函数极小化问题时，从任意初始点出发，算法经有限次迭代后可达到函数的最小值点，则称该算法具有二次终止性。

但当初始点远离极小值点时，牛顿法可能不收敛。由于牛顿方向不一定是下降方向，经过多次的迭代计算，函数值反而可能上升，同时根据函数值下降所求得的点也不一定是沿牛顿方向的最好点。从而，学者们根据牛顿法，提出了修改，产生了阻尼牛顿法。

4.2.2　阻尼牛顿法

阻尼牛顿法相对于原来增加了一维搜索。其迭代公式为

$$\boldsymbol{x}^{(k+1)}=\boldsymbol{x}^{(k)}+t_k\boldsymbol{d}^{(k)} \tag{4.2.10}$$

其中，$\boldsymbol{d}^{(k)}=-\nabla^2 f(\boldsymbol{x}^{(k)})^{-1}\nabla f(\boldsymbol{x}^{(k)})$为牛顿方向，$t_k$ 是经过一维搜索所得到的步长，即

$$f(\boldsymbol{x}^{(k)}+t_k\boldsymbol{d}^{(k)})=\min_t(\boldsymbol{x}^{(k)}+t\boldsymbol{d}^{(k)})$$

阻尼牛顿法的计算步骤如下：

(1) 给定初始点 $\boldsymbol{x}^{(1)}$，设定允许误差 $\varepsilon>0$，同时置 $k=1$。

(2) 计算牛顿方向，即$\nabla^2 f(\boldsymbol{x}^{(k)})^{-1}$，$\nabla f(\boldsymbol{x}^{(k)})$。

(3) 若经过计算发现$\|\nabla f(\boldsymbol{x}^{(k)})\|<\varepsilon$，则停止迭代，否则，令

$$\boldsymbol{d}^{(k)}=-\nabla^2 f(\boldsymbol{x}^{(k)})^{-1}\nabla f(\boldsymbol{x}^{(k)})$$

(4) 从 $\boldsymbol{x}^{(k)}$ 出发，沿着方向 $\boldsymbol{d}^{(k)}$ 进行一维搜索。

$$\min_t(\boldsymbol{x}^{(k)}+t\boldsymbol{d}^{(k)})=f(\boldsymbol{x}^{(k)}+t_k\boldsymbol{d}^{(k)})$$

求得下一个点的坐标，$\boldsymbol{x}^{(k+1)}=\boldsymbol{x}^{(k)}+t_k\boldsymbol{d}^{(k)}$，将该点作为新一轮迭代点。

(5) 返回步骤(2)，将该点作为新的点进行计算。

阻尼牛顿法应用了一维搜索的方法，故其每次的迭代计算后，目标函数的值只可能下降，而不可能上升。可以证明在一定的条件下，阻尼牛顿法具有全局收敛性，且为二级收敛。

4.2.3　对牛顿法的进一步修正

牛顿法和阻尼牛顿法有一个共同缺点：有可能 Hesse 矩阵不是满秩的，从而不能通过计算得到后续的点。同时有可能出现$\nabla^2 f(\boldsymbol{x}^{(k)})$并不是正定矩阵，从而牛顿方向不是下降方向。例子如下。

例 4.2.2　使用阻尼牛顿法求解该函数的最小值：

$$f(\boldsymbol{x})=x_1^3+(x_2+2)^2+x_1x_2$$

取初始点 $\boldsymbol{x}^{(1)}=(0,0)^{\mathrm{T}}$。该函数的在点 $\boldsymbol{x}$ 处的梯度以及 Hesse 矩阵如下：

$$\nabla f(\boldsymbol{x})=\begin{bmatrix}3x_1^2+x_2\\x_1+2(x_2+2)\end{bmatrix},\qquad \nabla^2 f(\boldsymbol{x})=\begin{bmatrix}6x_1 & 1\\1 & 2\end{bmatrix}$$

则根据两式求得在初始点处牛顿方向的值：

$$\boldsymbol{d}^{(1)}=-\nabla f(\boldsymbol{x}^{(1)})\nabla^2 f(\boldsymbol{x}^{(1)})^{-1}=\begin{bmatrix}-4\\0\end{bmatrix}$$

从点 $\boldsymbol{x}^{(1)}$ 沿 $\boldsymbol{d}^{(1)}$ 做一维搜索,得

$$\boldsymbol{y}(t)=f(\boldsymbol{x}^{(1)}+t\boldsymbol{d}^{(1)})=-64t^3+4$$

$$y'(t)=-192t^2=0$$

解得 $t=0$。

则使用阻尼牛顿法没有得到新点,而初始点 $\boldsymbol{x}^{(1)}=(0,0)^{\mathrm{T}}$ 也不是最优解。可见对于该问题,阻尼牛顿法并不能很好地解决。原因是 $\boldsymbol{x}^{(1)}$ 处的 Hesse 矩阵并不是正定的。

为了解决这一问题,首先需要解决 Hesse 矩阵非正定的问题,接下来对其进行介绍。

我们考虑式(4.2.1),记搜索方向 $\boldsymbol{d}^{(k)}=\boldsymbol{x}-\boldsymbol{x}^{(k)}$

$$\nabla^2 f(\boldsymbol{x}^{(k)})\boldsymbol{d}^{(k)}=-\nabla f(\boldsymbol{x}^{(k)}) \tag{4.2.11}$$

解决 Hesse 矩阵$\nabla^2 f(\boldsymbol{x}^{(k)})$非正定问题的方法是,构造一个正定矩阵 $\boldsymbol{A}_k$,在式(4.2.11)中替换$\nabla^2 f(\boldsymbol{x}^{(k)})$从而得到下式

$$\boldsymbol{A}_k\boldsymbol{d}^{(k)}=-\nabla f(\boldsymbol{x}^{(k)}) \tag{4.2.12}$$

从而得到在点 $\boldsymbol{x}^{(k)}$ 处的下降方向为:

$$\boldsymbol{d}^{(k)}=-\boldsymbol{A}_k^{-1}\nabla f(\boldsymbol{x}^{(k)}) \tag{4.2.13}$$

再沿此方向进行一维搜索。

构造矩阵 $\boldsymbol{A}_k$ 的方法之一是

$$\boldsymbol{A}_k=\nabla^2 f(\boldsymbol{x}^{(k)})+\alpha_k\boldsymbol{I}$$

其中,$\boldsymbol{I}$ 是 n 阶单位矩阵,α_k 为适当的正数。只要通过选择 α_k,就可以保证 $\boldsymbol{A}_k$ 是对称正定矩阵。事实上,如果$\nabla^2 f(\boldsymbol{x}^{(k)})$的特征值是 β_k,那么 A_k 的特征值就是 $\alpha_k+\beta_k$。故 α_k 的大小可以决定矩阵是否为正定矩阵。

当 $\boldsymbol{x}^{(k)}$ 是鞍点时,存在

$$\nabla f(\boldsymbol{x}^{(k)})=0 \qquad \nabla^2 f(\boldsymbol{x}^{(k)})\text{不定}$$

因此对于式(4.2.12)不能使用,这时,$\boldsymbol{d}^{(k)}$ 可取为负曲率方向,即满足

$$\boldsymbol{d}^{(k)\mathrm{T}}\nabla^2 f(\boldsymbol{x}^{(k)})\boldsymbol{d}^{(k)}<0$$

的方向。当$\nabla^2 f(\boldsymbol{x}^{(k)})$不定时,该方向必定存在,且沿该方向进行一维搜索必定能使目标函数值下降。

能够证明,修正牛顿法是可以收敛的。

4.3 共轭梯度法

4.3.1 共轭方向

对于无约束的最优化算法而言,其中最为核心的问题是选择搜索方向。在这节将介绍基于共轭方向的共轭梯度法,首先介绍共轭方向的概念。

定义 4.3.1 设 $\boldsymbol{A}$ 为 $n\times n$ 阶对称正定矩阵,若$\mathbb{R}^n$中的两个方向 $\boldsymbol{d}_1$ 和 $\boldsymbol{d}_2$ 满足

$$\boldsymbol{d}_1^{\mathrm{T}}\boldsymbol{A}\boldsymbol{d}_2=0 \tag{4.3.1}$$

那么可以得到,这两个方向关于 $\boldsymbol{A}$ 正交。

若 $\boldsymbol{d}_1,\boldsymbol{d}_2,\cdots,\boldsymbol{d}_k$ 为$\mathbb{R}^n$的 k 个方向,它们两两关于矩阵 $\boldsymbol{A}$ 共轭,即满足

$$d_i^{\mathrm{T}} A d_j = 0, \quad i \neq j, \quad i,j = 1,\cdots,k \tag{4.3.2}$$

那么可以得到,这组方向是 A 共轭的,或称它们为 A 的 k 个共轭方向。

如果上述的矩阵 A 为单位矩阵,则两个方向关于 A 共轭等价于两个方向正交,因此共轭其实是推广的正交。对于一般情况而言,A 是一般的对称正定矩阵,那么可以得到方向 d_i 与方向 Ad_j 是正交的。

现在以正定二次函数为例来观察其几何意义。

设有二次函数

$$f(x) = \frac{1}{2}(x-\bar{x})^{\mathrm{T}} A (x-\bar{x}) \tag{4.3.3}$$

其中,A 是 $n \times n$ 对称正定矩阵,$\bar{x}$为一个定点,则函数 $f(x)$的等值面可以用下式表示:

$$\frac{1}{2}(x-\bar{x})^{\mathrm{T}} A (x-\bar{x}) = c$$

可以看到,等值面的形状是一个以$\bar{x}$为中心的椭球面。由于

$$\nabla f(\bar{x}) = A(x-\bar{x}) = 0$$

A 是正定的,从而$\bar{x}$是 $f(x)$的极小点。

设 x_1 是在某个等值面上的一点,那么在该点处对于等值面的法向量为:

$$\nabla f(x_1) = A(x_1 - \bar{x})$$

同时假设该等值面上存在一个方向 d_1,它是该等值面的切向量。同时存在 d_2,

$$d_2 = \bar{x} - x_1$$

因此可得

$$d_1^{\mathrm{T}} \nabla f(x_1) = d_1^{\mathrm{T}} A d_2 = 0$$

由此可得该点指向极小点的向量与该点处对于等值面的切向量关于 A 共轭,如图 4.3.1 所示。

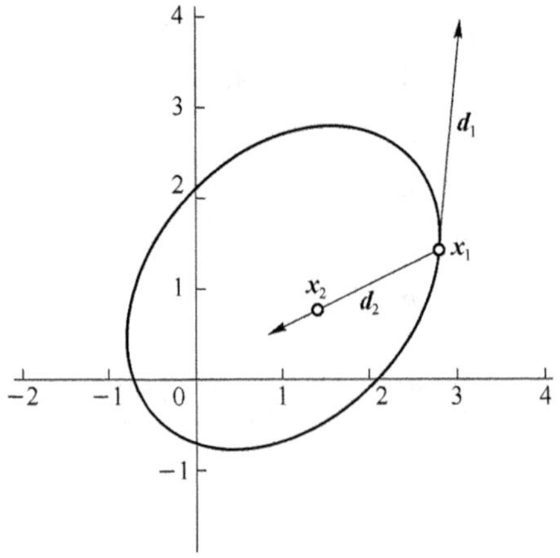

图 4.3.1　共轭方向示例

由此可知,式(4.3.3)所定义的二次函数若沿着方向 d_1 和方向 d_2 进行搜索,经过两次迭代必定可以找到极小点。

定理 4.3.1　设 A 为 n 阶对称正定矩阵,同时 k 个非零向量 $d_1, d_2, \cdots, d_k$ 是 A 共轭的,则这个向量组线性无关。

证明　设存在数 $a_1, a_2, \cdots, a_k$,使得

$$\sum_{j=1}^{k} a_j \boldsymbol{d}_j = 0 \tag{4.3.4}$$

对于该式两端左乘 $\boldsymbol{d}_i{}^{\mathrm{T}}\boldsymbol{A}$,得

$$\sum_{j=1}^{k} a_j \boldsymbol{d}_i{}^{\mathrm{T}} \boldsymbol{A} \boldsymbol{d}_j = 0$$

同时由于向量组关于矩阵 $\boldsymbol{A}$ 共轭,故可以化简

$$a_i \boldsymbol{d}_i{}^{\mathrm{T}} \boldsymbol{A} \boldsymbol{d}_i = 0 \tag{4.3.5}$$

由于已知 $\boldsymbol{A}$ 是正定矩阵,同时 $\boldsymbol{d}_i$ 是非零向量,故式(4.3.5)的 $\boldsymbol{d}_i{}^{\mathrm{T}}\boldsymbol{A}\boldsymbol{d}_i>0$,从而可以得到对于任意常数 a_i 而言,

$$a_i = 0,\quad i = 1,\cdots,k$$

因此,

$\boldsymbol{d}_1,\boldsymbol{d}_2,\cdots,\boldsymbol{d}_k$线性无关。

定理 4.3.2(扩张子空间定理)设有函数

$$f(\boldsymbol{x}) = \frac{1}{2}\boldsymbol{x}^{\mathrm{T}}\boldsymbol{A}\boldsymbol{x} + \boldsymbol{b}^{\mathrm{T}}\boldsymbol{x} + c$$

其中,$\boldsymbol{A}$ 是 n 阶对称正定矩阵,$\boldsymbol{d}_1,\boldsymbol{d}_2,\cdots,\boldsymbol{d}_k$ 是 $\boldsymbol{A}$ 共轭的非零向量,以任意的 $\boldsymbol{x}^{(1)}\in\mathbb{R}^n$为初始点,依次沿着方向 $\boldsymbol{d}_1,\boldsymbol{d}_2,\cdots,\boldsymbol{d}_k$ 进行搜索,从而得到 $\boldsymbol{x}^{(2)},\boldsymbol{x}^{(3)},\cdots,\boldsymbol{x}^{(k+1)}$,则 $\boldsymbol{x}^{(k+1)}$是函数 $f(\boldsymbol{x})$在线性流形 $\boldsymbol{x}^{(1)}+\Omega_k$ 上的唯一极小点,特别的,当 $k=n$ 时,$\boldsymbol{x}^{(k+1)}$是函数 $f(\boldsymbol{x})$在$\mathbb{R}^n$上的唯一极小点。其中 Ω_k 是 $\boldsymbol{d}_1,\boldsymbol{d}_2,\cdots,\boldsymbol{d}_k$ 所生成的子空间。

$$\Omega_k = \{\boldsymbol{x} \mid \boldsymbol{x} = \sum_{i=1}^{k}\lambda_i \boldsymbol{d}^{(i)}, \lambda_i \in (-\infty, +\infty)\} \tag{4.3.6}$$

只需证明在点 $\boldsymbol{x}^{(k+1)}$处,函数的梯度$\nabla f(\boldsymbol{x}^{(k+1)})$与子空间 Ω_k 正交。

接下来用归纳法简要证明$\nabla f(\boldsymbol{x}^{(k+1)})\perp\Omega_k$:

当 $k=1$ 时,根据定义可知

$$\nabla f(\boldsymbol{x}^{(2)}) \perp \Omega_1$$

当 $k=m<n$ 时,满足$\nabla f(\boldsymbol{x}^{(m+1)})\perp\Omega_m$,接下来证明$\nabla f(\boldsymbol{x}^{(m+2)})\perp\Omega_{m+1}$,根据二次函数梯度的表达式可得

$$\nabla f(\boldsymbol{x}^{(m+2)}) = \boldsymbol{A}\boldsymbol{x}^{(m+2)} + \boldsymbol{b} = \boldsymbol{A}(\boldsymbol{x}^{(m+1)} + \lambda_{m+1}\boldsymbol{d}^{(m+1)}) + \boldsymbol{b} = \nabla f(\boldsymbol{x}^{(m+1)}) + \lambda_{m+1}\boldsymbol{A}\boldsymbol{d}^{(m+1)}$$

那么,

$$\boldsymbol{d}^{(i)\mathrm{T}}\ \nabla f(\boldsymbol{x}^{(m+2)}) = \boldsymbol{A}\boldsymbol{x}^{(m+2)} + \boldsymbol{b} = \boldsymbol{d}^{(i)\mathrm{T}}\ \nabla f(\boldsymbol{x}^{(m+1)}) + \lambda_{m+1}\boldsymbol{d}^{(i)\mathrm{T}}\boldsymbol{A}\boldsymbol{d}^{(m+1)} \tag{4.3.7}$$

当 $i=m+1$,由一维搜索定义可得

$$\boldsymbol{d}^{(m+1)T}\ \nabla f(\boldsymbol{x}^{(m+2)}) = 0 \tag{4.3.8}$$

当 $1\leqslant i<m+1$ 时,由归纳法假设,有

$$\boldsymbol{d}^{(i)\mathrm{T}}\ \nabla f(\boldsymbol{x}^{(m+1)}) = 0 \tag{4.3.9}$$

由于 $\boldsymbol{d}^{(1)},\cdots,\boldsymbol{d}^{(m+1)}$关于 $\boldsymbol{A}$ 共轭,因此有

$$\boldsymbol{d}^{(i)\mathrm{T}}\boldsymbol{A}\boldsymbol{d}^{(m+1)} = 0 \tag{4.3.10}$$

由上可得

$$\boldsymbol{d}^{(i)\mathrm{T}}\nabla f(\boldsymbol{x}^{(m+2)}) = 0$$

即

$$\nabla f(\boldsymbol{x}^{(m+2)}) \perp \Omega_{m+1}$$

根据以上证明,$\boldsymbol{x}^{(k+1)}$是 $f(\boldsymbol{x})$在 $\boldsymbol{x}^{(1)}+\Omega_k$ 上的最小点。由于 $f(\boldsymbol{x})$是严格凸函数,由此可得点 $\boldsymbol{x}^{(k+1)}$必定是该流形上的唯一的极小点。

当 $k=n$ 时,$\boldsymbol{d}^{(1)},\boldsymbol{d}^{(2)},\cdots,\boldsymbol{d}^{(n)}$是$\mathbb{R}^n$的一组基,此时必有$\nabla f(\boldsymbol{x}^{(n+1)})=0$,接下来对其进行证明:

假设$\nabla f(\boldsymbol{x}^{(n+1)})\neq 0$,则有$\nabla f(\boldsymbol{x}^{(n+1)})=a_1\boldsymbol{d}^{(1)}+\cdots+a_n\boldsymbol{d}^{(n)}$

等号两边左乘$\nabla f(\boldsymbol{x}^{(n+1)})^{\mathrm{T}}$得

$$\nabla f(\boldsymbol{x}^{(n+1)})^{\mathrm{T}}\nabla f(\boldsymbol{x}^{(n+1)})=a_1\nabla f(\boldsymbol{x}^{(n+1)})^{\mathrm{T}}\boldsymbol{d}^{(1)}+\cdots+a_n\nabla f(\boldsymbol{x}^{(n+1)})^{\mathrm{T}}\boldsymbol{d}^{(n)}$$

可以看到等号左侧大于零,而等号右侧等于零。等号不成立,故$\nabla f(\boldsymbol{x}^{(n+1)})$必定为零。故 $\boldsymbol{x}^{(n+1)}$为函数 $f(\boldsymbol{x})$在$\mathbb{R}^n$上的唯一的极小点。

推论 在定理 4.3.2 的条件下,对于整数 k 而言,必有

$$\nabla f(\boldsymbol{x}^{(n+1)})^{\mathrm{T}}\boldsymbol{d}^{(k)}=0,\quad \forall k\leqslant n$$

对于二次凸函数而言,如果沿某一组共轭方向(非零向量)搜索,经过有限次的迭代必定会达到极小点。利用该性质可以构造具有二次终止性的算法,如下节所示。

4.3.2 共轭梯度法

共轭梯度法最初是为求解线性方程组而提出,后来该方法被用于求解无约束最优化问题,成为一种重要的最优化方法。

接下来介绍 Fletcher-Reeves 共轭梯度法,俗称 FR 法。

共轭梯度法的做法就是把共轭性与最速下降方法相结合,利用已知点处的梯度构造出一组共轭方向。沿此方向进行搜索,从而得出目标函数的极小值,上节提到的性质,这种方法具有二次终止性。

首先对较为简单的二次凸函数使用共轭梯度法,接着再把这种方法推广到一般函数的情况。

首先拿一个二次凸函数 $f(\boldsymbol{x})$举例:

$$f(\boldsymbol{x})=\frac{1}{2}\boldsymbol{x}^{\mathrm{T}}\boldsymbol{A}\boldsymbol{x}+\boldsymbol{b}^{\mathrm{T}}\boldsymbol{x}+c \tag{4.3.11}$$

其中,$\boldsymbol{x}\in\mathbb{R}^n$,$\boldsymbol{A}$ 为对称正定矩阵,c 为常数,求出 $f(\boldsymbol{x})$的极小值。

具体求解方法如下:

首先任意给定一个初始点,计算在该点处的梯度,若$\|\nabla f(\boldsymbol{x}^{(1)})\|=0$,则停止计算,否则,

$$\boldsymbol{d}^{(1)}=-\nabla f(\boldsymbol{x}^{(1)}) \tag{4.3.12}$$

沿方向 $\boldsymbol{d}^{(1)}$搜索,得到点 $\boldsymbol{x}^{(2)}$,计算$\nabla f(\boldsymbol{x}^{(2)})$,当$\|\nabla f(\boldsymbol{x}^{(2)})\|\neq 0$ 继续计算。利用$-\nabla f(\boldsymbol{x}^{(2)})$和 $\boldsymbol{d}^{(1)}$得到搜索方向 $\boldsymbol{d}^{(2)}$,再沿该方向搜索。

对于已知的点 $\boldsymbol{x}^{(k)}$和搜索方向 $\boldsymbol{d}^{(k)}$,则从 $\boldsymbol{x}^{(k)}$出发,沿着对应的搜索方向 $\boldsymbol{d}^{(k)}$进行一维搜索,如下:

$$\boldsymbol{x}^{(k+1)}=\boldsymbol{x}^{(k)}+\lambda\boldsymbol{d}^{(k)} \tag{4.3.13}$$

求解当 $\min f(\boldsymbol{x}^{(k)}+\lambda\boldsymbol{d}^{(k)})$时的 λ 值,并且记为 λ_k,如下:

$$\left.\begin{aligned}
&g(\lambda)=f(\boldsymbol{x}^{(k)}+\lambda\boldsymbol{d}^{(k)})\\
&g'(\lambda)=\nabla f(\boldsymbol{x}^{(k+1)})^{\mathrm{T}}\boldsymbol{d}^{(k)}=0\\
&(\boldsymbol{A}\boldsymbol{x}^{(k+1)}+\boldsymbol{b})^{\mathrm{T}}\boldsymbol{d}^{(k)}=0\\
&(\boldsymbol{A}\boldsymbol{x}^{(k)}+\boldsymbol{b}+\lambda\boldsymbol{A}\boldsymbol{d}^{(k)})^{\mathrm{T}}\boldsymbol{d}^{(k)}=0
\end{aligned}\right\} \tag{4.3.14}$$

$$(\nabla f(\boldsymbol{x}^{(k)})+\lambda \boldsymbol{A}\boldsymbol{d}^{(k)})^{\mathrm{T}}\boldsymbol{d}^{(k)}=0 \tag{4.3.15}$$

$$\lambda_k=-\frac{\nabla f(\boldsymbol{x}^{(k)})^{\mathrm{T}}\boldsymbol{d}^{(k)}}{\boldsymbol{d}^{(k)\mathrm{T}}\boldsymbol{A}\boldsymbol{d}^{(k)}} \tag{4.3.16}$$

即可得到 $\boldsymbol{x}^{(k+1)}$，计算 $\nabla f(\boldsymbol{x}^{(k+1)})$，如若 $\|\nabla f(\boldsymbol{x}^{(k+1)})\|=0$，则停止计算，否则继续计算下一个搜索方向，并使 $\boldsymbol{d}^{(k+1)}$ 和 $\boldsymbol{d}^{(k)}$ 关于 $\boldsymbol{A}$ 共轭：

$$\boldsymbol{d}^{(k+1)}=-\nabla f(\boldsymbol{x}^{(k+1)})+\beta_k\boldsymbol{d}^{(k)} \tag{4.3.17}$$

等式两侧左乘 $\boldsymbol{d}^{(k)\mathrm{T}}\boldsymbol{A}$

$$\boldsymbol{d}^{(k)\mathrm{T}}\boldsymbol{A}\boldsymbol{d}^{(k+1)}=-\boldsymbol{d}^{(k)\mathrm{T}}\boldsymbol{A}\,\nabla f(\boldsymbol{x}^{(k+1)})+\beta_k\boldsymbol{d}^{(k)\mathrm{T}}\boldsymbol{A}\boldsymbol{d}^{(k)}=0$$

由此可得

$$\beta_k=\frac{\boldsymbol{d}^{(k)\mathrm{T}}\boldsymbol{A}\,\nabla f(\boldsymbol{x}^{(k+1)})}{\boldsymbol{d}^{(k)\mathrm{T}}\boldsymbol{A}\boldsymbol{d}^{(k)}} \tag{4.3.18}$$

再从 $\boldsymbol{x}^{(k+1)}$ 出发，沿方向 $\boldsymbol{d}^{(k+1)}$ 搜索。

按照上面的步骤，即可计算得到一组搜索方向。接下来证明这组方向是关于 A 共轭的，故也具有二次终止性。

定理 4.3.3 对于正定二次函数而言，对于精确一维搜索的 Fletcher-Reeves 共轭梯度法在 $m\leqslant n$ 次一维搜索后即终止。同时对所有 $i(1\leqslant i\leqslant m)$，有下列性质：

(1) $\boldsymbol{d}^{(i)\mathrm{T}}\boldsymbol{A}\boldsymbol{d}^{(j)}=0 \quad (j=1,2,\cdots,i=1)$；

(2) $\nabla f(\boldsymbol{x}^{(i)})^{\mathrm{T}}\,\nabla f(\boldsymbol{x}^{(j)})=0\ (j=1,2,\cdots,i-1)$；

(3) $\nabla f(\boldsymbol{x}^{(i)})^{\mathrm{T}}\boldsymbol{d}^{(i)}=-\nabla f(\boldsymbol{x}^{(i)})^{\mathrm{T}}\,\nabla f(\boldsymbol{x}^{(i)})$（蕴含了 $\boldsymbol{d}^{(i)}\neq 0$）.

证明 显然 $m\geqslant 1$，现在使用归纳法来证明上述定理。

当 $i=1$ 时，由于 $\boldsymbol{d}^{(1)}=-\nabla f(\boldsymbol{x}^{(1)})$，性质 3 成立，当 $i=2$，性质 1 和性质 2 成立，从而性质 3 也成立。

假设对于某个 $i<m$，这些关系均成立，下面将证明在 $i+1$ 的情况也成立。

证明性质 2，由迭代公式

$$\boldsymbol{x}^{(i+1)}=\boldsymbol{x}^{(i)}+\lambda_i\boldsymbol{d}^{(i)}$$

$$\boldsymbol{A}\boldsymbol{x}^{(i+1)}+\boldsymbol{b}=\boldsymbol{A}\boldsymbol{x}^{(i)}+\boldsymbol{b}+\lambda_i\boldsymbol{A}\boldsymbol{d}^{(i)}$$

$$\nabla f(\boldsymbol{x}^{(i+1)})=\nabla f(\boldsymbol{x}^{(i)})+\lambda_i\boldsymbol{A}\boldsymbol{d}^{(i)} \tag{4.3.19}$$

其中的 λ_i 可由式(4.3.16)计算得出

$$\lambda_i=-\frac{\nabla f(\boldsymbol{x}^{(i)})^{\mathrm{T}}\boldsymbol{d}^{(i)}}{\boldsymbol{d}^{(i)\mathrm{T}}\boldsymbol{A}\boldsymbol{d}^{(i)}}=\frac{\nabla f(\boldsymbol{x}^{(i)})^{\mathrm{T}}\,\nabla f(\boldsymbol{x}^{(i)})}{\boldsymbol{d}^{(i)\mathrm{T}}\boldsymbol{A}\boldsymbol{d}^{(i)}}\neq 0 \tag{4.3.20}$$

由式(4.3.19)和式(4.3.17)可得

$$\begin{aligned}\nabla f(\boldsymbol{x}^{(i+1)})^{\mathrm{T}}\,\nabla f(\boldsymbol{x}^{(j)})&=[\nabla f(\boldsymbol{x}^{(i)})+\lambda_i\boldsymbol{A}\boldsymbol{d}^{(i)}]^{\mathrm{T}}\,\nabla f(\boldsymbol{x}^{(j)})\\&=\nabla f(\boldsymbol{x}^{(i)})^{\mathrm{T}}\,\nabla f(\boldsymbol{x}^{(j)})+\lambda_i\boldsymbol{A}\boldsymbol{d}^{(i)\mathrm{T}}(-\boldsymbol{d}^{(j)}+\beta_{j-1}\boldsymbol{d}^{(j-1)})\end{aligned} \tag{4.3.21}$$

当 $j=1$ 时，式(4.3.21)会变成 $\nabla f(\boldsymbol{x}^{(i+1)})^{\mathrm{T}}\,\nabla f(\boldsymbol{x}^{(1)})=\nabla f(\boldsymbol{x}^{(i)})^{\mathrm{T}}\,\nabla f(\boldsymbol{x}^{(1)})-\lambda_i\boldsymbol{d}^{(i)\mathrm{T}}\boldsymbol{A}\boldsymbol{d}^{(1)}$。当 $j=i$ 时，由归纳法假设 $\boldsymbol{d}^{(i)\mathrm{T}}\boldsymbol{A}\boldsymbol{d}^{(i-1)}=0$，对于下式化简。

$$-\lambda_i\boldsymbol{d}^{(i)\mathrm{T}}\boldsymbol{A}\boldsymbol{d}^{(i)}=-\nabla f(\boldsymbol{x}^{(i)})^{\mathrm{T}}\,\nabla f(\boldsymbol{x}^{(i)})$$

因此有

$$\nabla f(\boldsymbol{x}^{(i+1)})^{\mathrm{T}}\,\nabla f(\boldsymbol{x}^{(i)})=0$$

当 $j<i$ 时，根据归纳法假设，式(4.3.21)等号右端各项均为零，因此可得

$$\nabla f(\boldsymbol{x}^{(i+1)})^{\mathrm{T}}\,\nabla f(\boldsymbol{x}^{(i)})=0$$

接下来证明性质 1，运用式(4.3.17)和式(4.3.19)则有

$$\boldsymbol{d}^{(i+1)\mathrm{T}}\boldsymbol{A}\boldsymbol{d}^{(j)}=(-\nabla f(\boldsymbol{x}^{(i+1)})+\beta_i\boldsymbol{d}^{(i)})^{\mathrm{T}}\boldsymbol{A}\boldsymbol{d}^{(j)}$$

$$=-\nabla f(\boldsymbol{x}^{(i+1)})^{\mathrm{T}}\frac{\nabla f(\boldsymbol{x}^{(j+1)})-\nabla f(\boldsymbol{x}^{(j)})}{\lambda_j}+\beta_i\boldsymbol{d}^{(i)\mathrm{T}}\boldsymbol{A}\boldsymbol{d}^{(j)}$$

当 $j=i$ 时，把式(4.3.18)代入上式得

$$\boldsymbol{d}^{(i+1)\mathrm{T}}\boldsymbol{A}\boldsymbol{d}^{(j)}=0$$

当 $j<i$ 时，根据前面已证明的结论和归纳法假设，对式子进行化简，也可得到

$$\boldsymbol{d}^{(i+1)\mathrm{T}}\boldsymbol{A}\boldsymbol{d}^{(j)}=0$$

最后对于定理 4.3.3 中进行计算：

$$\nabla f(\boldsymbol{x}^{(i+1)})^{\mathrm{T}}\boldsymbol{d}^{(i+1)}=\nabla f(\boldsymbol{x}^{(i+1)})^{\mathrm{T}}(-\nabla f(\boldsymbol{x}^{(i+1)})+\beta_i\boldsymbol{d}^{(i)})=-\nabla f(\boldsymbol{x}^{(i+1)})^{\mathrm{T}}\nabla f(\boldsymbol{x}^{(i+1)})$$

综上，对于 $i+1$，三种关系也成立。

由上述的证明可知，通过 *FR* 共轭梯度法计算所得到的搜索方向 $\boldsymbol{d}^{(1)},\boldsymbol{d}^{(2)},\cdots,\boldsymbol{d}^{(m)}$ 是 $\boldsymbol{A}$ 共轭的，故经过有限次的迭代必达极小点。

需要指出的是，初始的搜索方向要选择最速下降方向。如果选择别的方向作为初始的方向，按照 Fletcher-Reeves 共轭梯度法计算得到其他的方向。当解决正定二次函数的极小化问题时，求得的方向并不能保证其共轭性。

例 4.3.1　求解下面这个问题：

$$f(\boldsymbol{x})=x_1^2+x_2^2+x_3^2$$

$$\min f(\boldsymbol{x})$$

解　取开始搜索的初始点以及初始的搜索方向分别为

$$\boldsymbol{x}^{(1)}=\begin{bmatrix}1\\1\\1\end{bmatrix},\quad \boldsymbol{d}^{(1)}=\begin{bmatrix}1\\1\\0\end{bmatrix}$$

经过简单的计算可以发现，$\boldsymbol{d}^{(1)}$ 并不是目标函数在 $\boldsymbol{x}^{(1)}$ 处的最速下降方向。接下来运用 FR 共轭梯度法来进行计算。

那么首先从 $\boldsymbol{x}^{(1)}$ 处出发，沿着方向 $\boldsymbol{d}^{(1)}$ 搜索，求得使函数 $f(\boldsymbol{x})$ 最小的步长 λ_1，

$$f(\boldsymbol{x}^{(1)}+\lambda_1\boldsymbol{d}^{(1)})=\min f(\boldsymbol{x}^{(1)}+\lambda\boldsymbol{d}^{(1)})$$

计算得到 $\lambda_1=-1$，从而计算得到 $\boldsymbol{x}^{(2)}$：

$$\boldsymbol{x}^{(2)}=\boldsymbol{x}^{(1)}+\lambda_1\boldsymbol{d}^{(1)}=\begin{bmatrix}0\\0\\1\end{bmatrix},\quad \nabla f(\boldsymbol{x}^{(2)})=\begin{bmatrix}0\\0\\1\end{bmatrix}$$

接下来使用式(4.3.18)计算得到 β_1，并求得搜索方向 $\boldsymbol{d}^{(2)}$，

$$\beta_1=\frac{1}{6}\quad,\quad \boldsymbol{d}^{(2)}=-\nabla f(\boldsymbol{x}^{(2)})+\beta_1\boldsymbol{d}^{(1)}=\begin{bmatrix}\frac{1}{6}\\\frac{1}{6}\\-1\end{bmatrix}$$

再次从 $\boldsymbol{x}^{(2)}$ 出发，沿 $\boldsymbol{d}^{(2)}$ 搜索，求步长 λ_2：

$$f(\boldsymbol{x}^{(2)}+\lambda_2\boldsymbol{d}^{(2)})=\min f(\boldsymbol{x}^{(2)}+\lambda\boldsymbol{d}^{(2)})$$

求得 $\lambda_2=\frac{18}{19}$，即可得到

$$\boldsymbol{x}^{(3)}=\boldsymbol{x}^{(2)}+\lambda_2\boldsymbol{d}^{(2)}=\begin{bmatrix}\frac{3}{19}\\ \frac{3}{19}\\ \frac{1}{19}\end{bmatrix},\quad \nabla f(\boldsymbol{x}^{(3)})=\begin{bmatrix}\frac{6}{19}\\ \frac{3}{19}\\ \frac{1}{19}\end{bmatrix}$$

同时计算得到 β_2 和 $\boldsymbol{d}^{(3)}$：

$$\beta_2=\frac{46}{361},\quad \boldsymbol{d}^{(3)}=-\nabla f(\boldsymbol{x}^{(3)})+\beta_2\boldsymbol{d}^{(2)}=\frac{1}{1\,083}\begin{bmatrix}-319\\ -148\\ -195\end{bmatrix}$$

容易验证，$\boldsymbol{d}^{(1)}$ 和 $\boldsymbol{d}^{(2)}$ 是关于 $\boldsymbol{A}$ 共轭的，$\boldsymbol{d}^{(2)}$ 和 $\boldsymbol{d}^{(3)}$ 也关于 A 共轭，但 $\boldsymbol{d}^{(1)}$ 和 $\boldsymbol{d}^{(3)}$ 却不共轭。故对于 $\boldsymbol{d}^{(1)}$，$\boldsymbol{d}^{(2)}$，$\boldsymbol{d}^{(3)}$ 并不是关于 $\boldsymbol{A}$ 共轭的。所以在 FR 法中，初始搜索方向必须取最速下降方向。

同时对于正定的二次函数，FR 共轭梯度法中的 β_i 不需要进行矩阵运算即可求出，下面给出定理。

定理 4.3.4 对于正定二次函数，FR 法中的因子 β_i 具有下列表达式：

$$\beta_i=\frac{\|\nabla f(\boldsymbol{x}^{(i+1)})\|^2}{\|\nabla f(\boldsymbol{x}^{(i)})\|^2},\quad i\geqslant 1,\nabla f(\boldsymbol{x}^{(i)})\neq 0$$

证明 利用已有知识，直接推导得

$$\beta_i=\frac{\boldsymbol{d}^{(i)\mathrm{T}}\boldsymbol{A}\,\nabla f(\boldsymbol{x}^{(i+1)})}{\boldsymbol{d}^{(i)\mathrm{T}}\boldsymbol{A}\boldsymbol{d}^{(i)}}=\frac{\nabla f\,(\boldsymbol{x}^{(i+1)})^{\mathrm{T}}\boldsymbol{A}(\boldsymbol{x}^{(i+1)}-\boldsymbol{x}^{(i)})/\lambda_i}{\boldsymbol{d}^{(i)\mathrm{T}}\boldsymbol{A}(\boldsymbol{x}^{(i+1)}-\boldsymbol{x}^{(i)})/\lambda_i}=\frac{\|\nabla f(\boldsymbol{x}^{(i+1)})\|^2}{-\boldsymbol{d}^{(i)\mathrm{T}}\nabla f(\boldsymbol{x}^{(i)})}\tag{4.3.22}$$

根据定理 4.3.3 可以得到

$$\boldsymbol{d}^{(i)\mathrm{T}}\nabla f(\boldsymbol{x}^{(i)})=-\|\nabla f(\boldsymbol{x}^{(i)})\|^2$$

故得到

$$\beta_i=\frac{\|\nabla f(\boldsymbol{x}^{(i+1)})\|^2}{\|\nabla f(\boldsymbol{x}^{(i)})\|^2}\tag{4.3.23}$$

对于二次凸函数，FR 法的计算步骤如下：

(1) 首先给定初始点 $\boldsymbol{x}^{(i)}$，设 $i=1$。

(2) 计算 $\nabla f(\boldsymbol{x}^{(i)})$，如果得到 $\|\nabla f(\boldsymbol{x}^{(i)})\|=0$，那么停止计算，得最小值点 $\bar{\boldsymbol{x}}=\boldsymbol{x}^{(i)}$，否则进行下一步。

(3) 构造搜索方向，令

$$\boldsymbol{d}^{(i)}=-\nabla f(\boldsymbol{x}^{(i)})+\beta_{i-1}\boldsymbol{d}^{(i-1)}$$

特别地，当 $i=1$ 时，$\beta_{i-1}=0$，或当 $i>1$ 时，运用式(4.3.23)计算因子 β_{i-1}。

(4) 计算下一个点 $\boldsymbol{x}^{(i+1)}$：

$$\boldsymbol{x}^{(i+1)}=\boldsymbol{x}^{(i)}+\lambda_i\boldsymbol{d}^{(i)}$$

其中，步长 λ_i 按照式(4.3.17)计算。

(5) 如果 $k=n$，那么停止计算，得到点 $\bar{\boldsymbol{x}}=\boldsymbol{x}^{(i+1)}$，否则将 k 加 1，回到步骤(2)。

例 4.3.2 用 FR 法求解下列问题：

$$\min\ f(\boldsymbol{x})\overset{\text{def}}{=}3x_1^2+x_2^2$$

给出初始点 $\boldsymbol{x}^{(1)}=(4,4)^{\mathrm{T}}$。

解 在任一点 $\boldsymbol{x}$ 处的梯度为

$$\nabla f(\boldsymbol{x})=\begin{bmatrix}6\boldsymbol{x}_1\\2\boldsymbol{x}_2\end{bmatrix}$$

第一次迭代，令

$$\boldsymbol{d}^{(1)}=-\nabla f(\boldsymbol{x}^{(1)})=\begin{bmatrix}-24\\-8\end{bmatrix}$$

从 $\boldsymbol{x}^{(1)}$ 点沿着方向 $\boldsymbol{d}^{(1)}$ 进行一维搜索，可得

$$\lambda_1=-\frac{\nabla f(\boldsymbol{x}^{(1)})^{\mathrm{T}}\boldsymbol{d}^{(1)}}{\boldsymbol{d}^{(1)\mathrm{T}}A\boldsymbol{d}^{(1)}}=\frac{(-24,-8)\begin{bmatrix}-24\\-8\end{bmatrix}}{(-24,-8)\begin{bmatrix}6&0\\0&2\end{bmatrix}\begin{bmatrix}-24\\-8\end{bmatrix}}=\frac{5}{28}$$

$$\boldsymbol{x}^{(2)}=\boldsymbol{x}^{(1)}+\lambda_1\boldsymbol{d}^{(1)}=\begin{bmatrix}4\\4\end{bmatrix}+\frac{5}{28}\begin{bmatrix}-24\\-8\end{bmatrix}=\begin{bmatrix}-\frac{2}{7}\\\frac{18}{7}\end{bmatrix}$$

在点 $\boldsymbol{x}^{(2)}$ 处，目标函数的梯度

$$\nabla f(\boldsymbol{x}^{(2)})=\begin{bmatrix}-\frac{12}{7}\\\frac{36}{7}\end{bmatrix}$$

接下来计算下一个搜索方向 $\boldsymbol{d}^{(2)}$，首先计算因子 β_1：

$$\beta_1=\frac{\|\nabla f(\boldsymbol{x}^{(2)})\|^2}{\|\nabla f(\boldsymbol{x}^{(1)})\|^2}=\frac{\frac{1}{49}(12^2+36^2)}{24^2+8^2}=\frac{9}{196}$$

则

$$\boldsymbol{d}^{(2)}=-\nabla f(\boldsymbol{x}^{(2)})+\beta_1\boldsymbol{d}^{(1)}=\begin{bmatrix}\frac{30}{49}\\-\frac{270}{49}\end{bmatrix}$$

从 $\boldsymbol{x}^{(2)}$ 处沿着搜索方向 $\boldsymbol{d}^{(2)}$ 进行一维搜索，结果如下：

$$\lambda_2=-\frac{\nabla f(\boldsymbol{x}^{(2)})^{\mathrm{T}}\boldsymbol{d}^{(2)}}{\boldsymbol{d}^{(2)\mathrm{T}}A\boldsymbol{d}^{(2)}}=\frac{7}{15}$$

接着计算 $\boldsymbol{x}^{(3)}$：

$$\boldsymbol{x}^{(3)}=\boldsymbol{x}^{(2)}+\lambda_2\boldsymbol{d}^{(2)}=\begin{bmatrix}-\frac{2}{7}\\\frac{18}{7}\end{bmatrix}+\frac{7}{15}\begin{bmatrix}\frac{30}{49}\\-\frac{270}{49}\end{bmatrix}=\begin{bmatrix}0\\0\end{bmatrix}$$

点 $\boldsymbol{x}^{(3)}$ 处的梯度 $\nabla f(\boldsymbol{x}^{(3)})=\begin{bmatrix}0\\0\end{bmatrix}$，已达到极小点 $\boldsymbol{x}^{(3)}=\begin{bmatrix}0\\0\end{bmatrix}$。

此例很好地证明了共轭梯度法的二次终止性。

4.3.3 用于一般函数的共轭梯度法

在前文介绍了对于二次函数的共轭梯度法，现在对其进行推广，使其可以用于极小化任意函数 $f(\boldsymbol{x})$，经过推广后的共轭梯度法，与原来方法有一定的差别，步长 λ_i 是用其他的一维搜

索方法来进行计算，而不能再用式(4.3.16)来计算。此外，其中的矩阵A需要通过计算Hesse矩阵$\nabla^2 f(\boldsymbol{x}^{(i)})$从而得到，显然用这种方法求得任意函数的极小点，一般来说，不是上述的有限步迭代。其迭代的延续可以使用不同的方案，一种是直接延续，即总是利用式(4.3.17)构造搜索方向，同时还存在一种方案，把n步作为新的一轮，每当完成一轮以后，计算并取最速下降方向来进行下一轮的计算，第二种策略成为“重新开始”或者“重置”，在每经过n次迭代后就要以最速下降方向来重新开始的共轭梯度法，有时候被称为传统的共轭梯度法。

下面是FR共轭梯度法的计算步骤：

(1) 首先给定初始点$\boldsymbol{x}^{(1)}$，对于给定的允许误差$\varepsilon>0$，使

$$\boldsymbol{y}^{(1)}=\boldsymbol{x}^{(1)},\quad \boldsymbol{d}^{(1)}=-\nabla f(\boldsymbol{y}^{(1)}),\quad k=i=1$$

(2) 若$\|\nabla f(\boldsymbol{y}^{(i)})\|<\varepsilon$，则停止计算，否则，做一维搜索，求$\lambda_i$，满足

$$f(\boldsymbol{y}^{(i)}+\lambda_i\boldsymbol{d}^{(i)})=\min_{\lambda\geqslant 0} f(\boldsymbol{y}^{(i)}+\lambda\boldsymbol{d}^{(i)})$$

令$\boldsymbol{y}^{(i+1)}=\boldsymbol{y}^{(i)}+\lambda_i\boldsymbol{d}^{(i)}$，

(3) 若$i<n$，则往下进行；否则，跳到步骤(5)。

(4) 令$\boldsymbol{d}^{(i+1)}=-\nabla f(\boldsymbol{y}^{(i+1)})+\beta_i\boldsymbol{d}^{(i)}$，其中，

$$\beta_i=\frac{\|\nabla f(\boldsymbol{y}^{(i+1)})\|^2}{\|\nabla f(\boldsymbol{y}^{(i)})\|^2}$$

然后使$i+1$，跳到步骤(2)。

(5) 令$\boldsymbol{x}^{(k+1)}=\boldsymbol{y}^{(n+1)}$，$\boldsymbol{y}^{(1)}=\boldsymbol{x}^{(k+1)}$，$\boldsymbol{d}^{(1)}=-\nabla f(\boldsymbol{y}^{(1)})$，置$i=1$，同时$k+1$，转到步骤(2)。

这里还应指出，在共轭梯度法中，有多种计算因子β_i的方法，除式(4.3.23)外，还有以下几种较为常见的形式：

$$\beta_i=\frac{\nabla f(\boldsymbol{x}^{(i+1)})^{\mathrm{T}}(\nabla f(\boldsymbol{x}^{(i+1)})-\nabla f(\boldsymbol{x}^{(i)}))}{\nabla f(\boldsymbol{x}^{(i)})^{\mathrm{T}}\nabla f(\boldsymbol{x}^{(i)})} \tag{4.3.24}$$

$$\beta_i=\frac{\nabla f(\boldsymbol{x}^{(i+1)})^{\mathrm{T}}(\nabla f(\boldsymbol{x}^{(i+1)})-\nabla f(\boldsymbol{x}^{(i)}))}{\boldsymbol{d}^{(i)\mathrm{T}}(\nabla f(\boldsymbol{x}^{(i+1)})-\nabla f(\boldsymbol{x}^{(i)}))} \tag{4.3.25}$$

$$\beta_i=\frac{\boldsymbol{d}^{(i)\mathrm{T}}\nabla^2 f(\boldsymbol{x}^{(i+1)})\nabla f(\boldsymbol{x}^{(i+1)})}{\boldsymbol{d}^{(i)\mathrm{T}}\nabla^2 f(\boldsymbol{x}^{(i+1)})\boldsymbol{d}^{(i)}} \tag{4.3.26}$$

式(4.3.24)是由Polak，Ribiere和Polyak提出的PRP共轭梯度法中的β_i的求法，Sorenson和Wolfe提出了式(4.3.25)，式(4.3.26)是由Daniel提出的，对于一个正定二次函数而言，初始搜索方向取负梯度时，由上述的对于FR法的推导过程可以看出，求β_i的四个方法是等价的。但对于一般的函数而言，得到的搜索方向却有些区别。对于这几种方法的计算结果的比较，很难给出确切的结论。

此外，运用共轭梯度法时有一些需要注意的地方，前面的讨论均假设一维搜索是精确的，但在实际的计算中，往往不会进行精度过高的搜索。但这样会有新的问题，按照式(4.3.17)可能不是下降方向。下面举个例子：

对于已知$\boldsymbol{d}^{(i+1)}=-\nabla f(\boldsymbol{x}^{(i+1)})+\beta_i\boldsymbol{d}^{(i)}$，等号两边同时左乘$\nabla f(\boldsymbol{x}^{(i+1)})^{\mathrm{T}}$，可得

$$\nabla f(\boldsymbol{x}^{(i+1)})^{\mathrm{T}}\boldsymbol{d}^{(i+1)}=-\nabla f(\boldsymbol{x}^{(i+1)})^{\mathrm{T}}\nabla f(\boldsymbol{x}^{(i+1)})+\beta_i\nabla f(\boldsymbol{x}^{(i+1)})^{\mathrm{T}}\boldsymbol{d}^{(i)} \tag{4.3.27}$$

当采用的是精确的一维搜索时，可知$\nabla f(\boldsymbol{x}^{(i+1)})$和$\boldsymbol{d}^{(i)}$正交，从而可得

$$\nabla f(\boldsymbol{x}^{(i+1)})^{\mathrm{T}}\boldsymbol{d}^{(i+1)}=-\|\nabla f(\boldsymbol{x}^{(i+1)})\|^2<0$$

由于$\boldsymbol{d}^{(i+1)}$是下降方向，但当采用非精确一维搜索时，$\nabla f(\boldsymbol{x}^{(i+1)})$和$\boldsymbol{d}^{(i)}$不一定会正交，这样有可能出现

$$\beta_i\nabla f(\boldsymbol{x}^{(i+1)})^{\mathrm{T}}\boldsymbol{d}^{(i)}>0$$

并且导致$\nabla f(\boldsymbol{x}^{(i+1)})^{\mathrm{T}}\boldsymbol{d}^{(i+1)}>0$，可以看出，这时的$\boldsymbol{d}^{(i+1)}$就成了上升方向，与预期偏离。

解决的方法之一就是，当$\boldsymbol{d}^{(i+1)}$不是下降方向的时候，重新以最速下降方向进行计算。然而，当一维搜索比较粗糙的时候，这种重新开始的次数可能很多，从而降低计算效率。

还有一种方法，在计算过程中增加附加的检验，设$\nabla f(\overline{\boldsymbol{x}}^{(i+1)})$，$\overline{\boldsymbol{d}}^{(i+1)}$，$\overline{\beta}_i$分别表示在检验点$\boldsymbol{x}^{(i)}+\mu_i\boldsymbol{d}^{(i)}$处计算得到的$\nabla f(\boldsymbol{x}^{(i+1)})$，$\boldsymbol{d}^{(i+1)}$，$\beta_i$，如果满足

$$-\nabla f(\overline{\boldsymbol{x}}^{(i+1)})\overline{\boldsymbol{d}}^{(i+1)}\geqslant\sigma\|\nabla f(\overline{\boldsymbol{x}}^{(i+1)})\|\|\overline{\boldsymbol{d}}^{(i+1)}\|$$

那么取μ_i作为步长λ_i，否则，进行精确的一维搜索，求最优步长λ_i，其中σ是很小的一个正数。

4.3.4 共轭梯度法的收敛性

前面已经证明过，共轭梯度法具有二次终止性，即对于正定的二次函数通过有限次的迭代必达到极小点。现在我们来证明，对于一般函数，共轭梯度法在一定的条件下是收敛的，此处以PRP方法为例，证明不做重新开始的PRP方法的收敛性。

我们先证明PRP方法是严格下降算法。

引理4.3.5 设$f(\boldsymbol{x})$是$\mathbb{R}^n$上连续可微实函数，PRP算法产生的序列为$\{\boldsymbol{x}^{(i)}\}$，又设在点$\boldsymbol{x}^{(i)}$处，目标函数的梯度$\nabla f(\boldsymbol{x}^{(i)})\neq 0$，则

$$f(\boldsymbol{x}^{(i+1)})<f(\boldsymbol{x}^{(i)})$$

证明 由算法定义，有

$$\boldsymbol{d}^{(i)}=-\nabla f(\boldsymbol{x}^{(i)})+\beta_{i-1}\boldsymbol{d}^{(i-1)} \tag{4.3.28}$$

上式等号两端左乘$\nabla f(\boldsymbol{x}^{(i)})^{\mathrm{T}}$，那么

$$\nabla f(\boldsymbol{x}^{(i)})^{\mathrm{T}}\boldsymbol{d}^{(i)}=-\nabla f(\boldsymbol{x}^{(i)})^{\mathrm{T}}\nabla f(\boldsymbol{x}^{(i)})+\beta_{i-1}\nabla f(\boldsymbol{x}^{(i)})^{\mathrm{T}}\boldsymbol{d}^{(i-1)} \tag{4.3.29}$$

由一维搜索定义可知

$$\nabla f(\boldsymbol{x}^{(i)})^{\mathrm{T}}\boldsymbol{d}^{(i-1)}=0$$

因此，由式(4.3.29)得到

$$\nabla f(\boldsymbol{x}^{(i)})^{\mathrm{T}}\boldsymbol{d}^{(i)}=-\|\nabla f(\boldsymbol{x}^{(i)})\|^2<0$$

那么$\boldsymbol{d}^{(i)}$是在$\boldsymbol{x}^{(i)}$处的下降方向，由于

$$f(\boldsymbol{x}^{(i+1)})=f(\boldsymbol{x}^{(i)}+\lambda_i\boldsymbol{d}^{(i)})=\min_{\lambda}f(\boldsymbol{x}^{(i)}+\lambda\boldsymbol{d}^{(i)})$$

因此必有

$$f(\boldsymbol{x}^{(i+1)})<f(\boldsymbol{x}^{(i)})$$

接下来证明下列引理。

引理4.3.6 设$f(\boldsymbol{x})$是$\mathbb{R}^n$上的二次连续可微凸函数，对任意点$\hat{\boldsymbol{x}}\in\mathbb{R}^n$，存在正数$m$和$M$使得当$\boldsymbol{x}\in C=\{\boldsymbol{x}\mid f(\boldsymbol{x})\leqslant f(\hat{\boldsymbol{x}})\}$和$\boldsymbol{y}\in\mathbb{R}^n$时，存在

$$m\|\boldsymbol{y}\|^2\leqslant\boldsymbol{y}^{\mathrm{T}}\nabla^2 f(\boldsymbol{x})\boldsymbol{y}\leqslant M\|\boldsymbol{y}\|^2 \tag{4.3.30}$$

取得初始点$\boldsymbol{x}^{(1)}\in C$，$\boldsymbol{x}^{(i)}$，$\boldsymbol{d}^{(i)}$以及因子$\beta_i$均是由PRP方法进行计算所得，则

$$\|\nabla f(\boldsymbol{x}^{(i)})\|\leqslant\|\boldsymbol{d}^{(i)}\|\leqslant\frac{m+M}{m}\|\nabla f(\boldsymbol{x}^{(i)})\| \tag{4.3.31}$$

证明 在PRP方法中，计算β_{i-1}的公式是

$$\beta_{i-1}=\frac{(\nabla f(\boldsymbol{x}^{(i)})-\nabla f(\boldsymbol{x}^{(i-1)}))^{\mathrm{T}}\nabla f(\boldsymbol{x}^{(i)})}{\nabla f(\boldsymbol{x}^{(i-1)})^{\mathrm{T}}\nabla f(\boldsymbol{x}^{(i-1)})},\quad i>1 \tag{4.3.32}$$

根据一维搜索的定义，可得

$$\nabla f(\boldsymbol{x}^{(i)})^{\mathrm{T}}\boldsymbol{d}^{(i-1)}=0,\ i>1 \tag{4.3.33}$$

又容易证明

$$\nabla f(\boldsymbol{x}^{(i-1)})^{\mathrm{T}}\nabla f(\boldsymbol{x}^{(i-1)})=-\nabla f(\boldsymbol{x}^{(i-1)})^{\mathrm{T}}\boldsymbol{d}^{(i-1)},\quad i<1 \tag{4.3.34}$$

将式(4.3.33)和式(4.3.34)代入式(4.3.32)，得

$$\beta_{i-1}=\frac{(\nabla f(\boldsymbol{x}^{(i)})-\nabla f(\boldsymbol{x}^{(i-1)}))^{\mathrm{T}}\nabla f(\boldsymbol{x}^{(i)})}{(\nabla f(\boldsymbol{x}^{(i)})-\nabla f(\boldsymbol{x}^{(i-1)}))^{\mathrm{T}}\boldsymbol{d}^{(i-1)}},\quad i>1 \tag{4.3.35}$$

把式子在点 $\boldsymbol{x}^{(i-1)}$ 处展开，则函数 $f(\boldsymbol{x})$ 在点 $\boldsymbol{x}^{(i)}$ 处的梯度 $\nabla f(\boldsymbol{x}^{(i)})$ 可以表示为

$$\nabla f(\boldsymbol{x}^{(i)})=\nabla f(\boldsymbol{x}^{(i-1)})+\lambda_{i-1}\int_0^1\nabla^2 f(\boldsymbol{x}^{(i-1)}+t\lambda_{i-1}\boldsymbol{d}^{(i-1)})\boldsymbol{d}^{(i-1)}\mathrm{d}t$$

从而

$$\nabla f(\boldsymbol{x}^{(i)})-\nabla f(\boldsymbol{x}^{(i-1)})=\lambda_{i-1}\int_0^1\nabla^2 f(\boldsymbol{x}^{(i-1)}+t\lambda_{i-1}\boldsymbol{d}^{(i-1)})\boldsymbol{d}^{(i-1)}\mathrm{d}t \tag{4.3.36}$$

利用式(4.3.36)和式(4.3.30)，并利用对称矩阵 $\boldsymbol{A}$ 的范数定义，即

$$\|A\|=\sup_{\|\boldsymbol{x}\|=1}\|A\boldsymbol{x}\|=\sup_{\|\boldsymbol{x}\|=1}\boldsymbol{x}^{\mathrm{T}}A\boldsymbol{x}$$

以及凸函数的水平集 C 为凸集，可得

$$\begin{aligned}|(\nabla f(\boldsymbol{x}^{(i)})-\nabla f(\boldsymbol{x}^{(i-1)}))^{\mathrm{T}}\nabla f(\boldsymbol{x}^{(i)})|&=\left|\lambda_{i-1}\int_0^1\boldsymbol{d}^{(i-1)\mathrm{T}}\nabla^2 f(\boldsymbol{x}^{(i-1)}+t\lambda_{i-1}\boldsymbol{d}^{(i-1)})\nabla f(\boldsymbol{x}^{(i)})\mathrm{d}t\right|\\&\leqslant\lambda_{i-1}\int_0^1\|\boldsymbol{d}^{(i-1)}\|\|\nabla^2 f(\boldsymbol{x}^{(i-1)}+t\lambda_{i-1}\boldsymbol{d}^{(i-1)})\nabla f(\boldsymbol{x}^{(i)})\|\mathrm{d}t\\&\leqslant\lambda_{i-1}\|\boldsymbol{d}^{(i-1)}\|M\|\nabla f(\boldsymbol{x}^{(i)})\|\end{aligned} \tag{4.3.37}$$

利用式(4.3.36)和式(4.3.31)，并考虑 Hesse 矩阵 $\nabla^2 f(\boldsymbol{x})$ 正定，又可推得

$$\begin{aligned}|(\nabla f(\boldsymbol{x}^{(i)})-\nabla f(\boldsymbol{x}^{(i-1)}))^{\mathrm{T}}\boldsymbol{d}^{(i-1)}|&=\left|\lambda_{i-1}\int_0^1\boldsymbol{d}^{(i-1)\mathrm{T}}\nabla^2 f(\boldsymbol{x}^{(i-1)}+t\lambda_{i-1}\boldsymbol{d}^{(i-1)})\boldsymbol{d}^{(i-1)}\mathrm{d}t\right|\\&\geqslant\lambda_{i-1}\int_0^1 \mathrm{m}\|\boldsymbol{d}^{(i-1)}\|^2\mathrm{d}t=\lambda_{i-1}\mathrm{m}\|\boldsymbol{d}^{(i-1)}\|^2\end{aligned} \tag{4.3.38}$$

由式(4.3.35)、式(4.3.37)以及式(4.3.38)可得

$$|\beta_{i-1}|\leqslant\frac{M}{m}\frac{\|\nabla f(\boldsymbol{x}^{(i)})\|}{\|\boldsymbol{d}^{(i-1)}\|} \tag{4.3.39}$$

根据 PRP 方法的规定，有

$$\boldsymbol{d}^{(i)}=-\nabla f(\boldsymbol{x}^{(i)})+\beta_{i-1}\boldsymbol{d}^{(i-1)}$$

通过三角不等式，并考虑式(4.3.39)，则

$$\begin{aligned}\|\boldsymbol{d}^{(i)}\|&\leqslant\|\nabla f(\boldsymbol{x}^{(i)})\|+\|\beta_{i-1}\boldsymbol{d}^{(i-1)}\|\\&\leqslant\|\nabla f(\boldsymbol{x}^{(i)})\|+\frac{M}{m}\frac{\|\nabla f(\boldsymbol{x}^{(i)})\|}{\|\boldsymbol{d}^{(i-1)}\|}\|\boldsymbol{d}^{(i-1)}\|=\left(1+\frac{M}{m}\right)\|\nabla f(\boldsymbol{x}^{(i)})\|\end{aligned} \tag{4.3.40}$$

另一方面，由于

$$\begin{aligned}\|\boldsymbol{d}^{(i)}\|^2&=\|-\nabla f(\boldsymbol{x}^{(i)})+\beta_{i-1}\boldsymbol{d}^{(i-1)}\|^2\\&=-\nabla f(\boldsymbol{x}^{(i)})^{\mathrm{T}}(-\nabla f(\boldsymbol{x}^{(i)})+\beta_{i-1}\boldsymbol{d}^{(i-1)})+\beta_{i-1}\boldsymbol{d}^{(i-1)\mathrm{T}}(-\nabla f(\boldsymbol{x}^{(i)})+\beta_{i-1}\boldsymbol{d}^{(i-1)})\\&=\|\nabla f(\boldsymbol{x}^{(i)})\|^2+\beta_{i-1}^2\|\boldsymbol{d}^{(i-1)}\|^2\geqslant\|\nabla f(\boldsymbol{x}^{(i)})\|^2\end{aligned}$$

因此有

$$\|\boldsymbol{d}^{(i)}\|\geqslant\|\nabla f(\boldsymbol{x}^{(i)})\| \tag{4.3.41}$$

式(4.3.40)和式(4.3.41)表明定理结论成立。

下面给出 PRP 算法的收敛性定理同时给予证明。

定理 4.3.7 设 $f(\boldsymbol{x})$是$\mathbb{R}^n$上的二次连续可微凸函数，同时式(4.3.31)成立，任取初始点 $\boldsymbol{x}^{(1)}\in\mathbb{R}^n$，水平集

$$S_\alpha=\{\boldsymbol{x}\mid f(\boldsymbol{x})\leqslant f(\boldsymbol{x}^{(1)})\} \tag{4.3.42}$$

为紧集，则 PRP 方法为严格下降算法，即当 $\boldsymbol{x}^{(i)}$处的梯度$\nabla f(\boldsymbol{x}^{(i)})\neq 0$ 时，必存在

$$f(\boldsymbol{x}^{(i+1)})<f(\boldsymbol{x}^{(i)}),\quad k=1,2,\cdots \tag{4.3.43}$$

同时算法计算得到的序列终止或收敛于函数 $f(\boldsymbol{x})$在$\mathbb{R}^n$上的唯一的极小点。

证明 引理 4.3.5 已经证明了 PRP 方法是严格下降算法，接下来证明定理的后半部，设$\nabla f(\boldsymbol{x}^{(i)})\neq 0$。

由式(4.3.36)必有

$$(\nabla f(\boldsymbol{x}^{(i+1)})-\nabla f(\boldsymbol{x}^{(i)}))^{\mathrm{T}}\boldsymbol{d}^{(i)}=\lambda_i\int_0^1\boldsymbol{d}^{(i)\mathrm{T}}\ \nabla^2 f(\boldsymbol{x}^{(i)}+t\lambda_i\boldsymbol{d}^{(i)})\boldsymbol{d}^{(i)}\,\mathrm{d}t \tag{4.3.44}$$

由此得到

$$\lambda_k=\frac{(\nabla f(\boldsymbol{x}^{(i+1)})-\nabla f(\boldsymbol{x}^{(i)}))^{\mathrm{T}}\boldsymbol{d}^{(i)}}{\int_0^1\boldsymbol{d}^{(i)\mathrm{T}}\ \nabla^2 f(\boldsymbol{x}^{(i)}+t\lambda_i\boldsymbol{d}^{(i)})\boldsymbol{d}^{(i)}\,\mathrm{d}t} \tag{4.3.45}$$

由于

$$\begin{aligned}&(\nabla f(\boldsymbol{x}^{(i+1)})-\nabla f(\boldsymbol{x}^{(i)}))^{\mathrm{T}}\boldsymbol{d}^{(i)}=-\nabla f(\boldsymbol{x}^{(i)})^{\mathrm{T}}\boldsymbol{d}^{(i)}\\&=-\nabla f(\boldsymbol{x}^{(i)})^{\mathrm{T}}(-\nabla f(\boldsymbol{x}^{(i)})+\beta_{i-1}\boldsymbol{d}^{(i-1)})=\|\nabla f(\boldsymbol{x}^{(i)})\|^2\end{aligned}$$

以及

$$\int_0^1\boldsymbol{d}^{(i)\mathrm{T}}\ \nabla^2 f(\boldsymbol{x}^{(i)}+t\lambda_i\boldsymbol{d}^{(i)})\boldsymbol{d}^{(i)}\,\mathrm{d}t\leqslant M\|\boldsymbol{d}^{(i)}\|^2$$

和式(4.3.40)、式(4.3.45)可得

$$\lambda_i\geqslant\frac{\|\nabla f(\boldsymbol{x}^{(i)})\|^2}{M\|\boldsymbol{d}^{(i)}\|^2}\geqslant\frac{m^2}{M(M+m)^2} \tag{4.3.46}$$

对于所有$\hat{\lambda}_i\in[0,\lambda_i]$，根据 Taylor 定理有

$$\mathrm{f}(\boldsymbol{x}^{(i)}+\hat{\lambda}_i\boldsymbol{d}^{(i)})=f(\boldsymbol{x}^{(i)})+\hat{\lambda}_i\nabla f(\boldsymbol{x}^{(i)})^{\mathrm{T}}\boldsymbol{d}^{(i)}+\frac{1}{2}\hat{\lambda}_i^2\boldsymbol{d}^{(i)\mathrm{T}}\nabla^2 f(\hat{\eta}^{(i)})\boldsymbol{d}^{(i)}$$

其中，$\hat{\eta}^{(i)}$是在 $\boldsymbol{x}^{(i)}$与 $\boldsymbol{x}^{(i)}+\hat{\lambda}_i\boldsymbol{d}^{(i)}$连线中间的某一点。

由于 S_α 为凸集，必有 $\hat{\eta}^{(i)}\in S_\alpha$，因此根据假设有

$$\boldsymbol{d}^{(i)\mathrm{T}}\nabla^2 f(\hat{\eta}^{(i)})\boldsymbol{d}^{(i)}\leqslant M\|\boldsymbol{d}^{(i)}\|^2$$

此外，$\nabla f(\boldsymbol{x}^{(i)})^{\mathrm{T}}\boldsymbol{d}^{(i)}=-\|\nabla f(\boldsymbol{x}^{(i)})\|^2$，于是由式(4.3.47)推得

$$f(\boldsymbol{x}^{(i)}+\hat{\lambda}_i\boldsymbol{d}^{(i)})\leqslant f(\boldsymbol{x}^{(i)})-\hat{\lambda}_i\|\nabla f(\boldsymbol{x}^{(i)})\|^2+\frac{1}{2}\hat{\lambda}_i M\|\boldsymbol{d}^{(i)}\|^2 \tag{4.3.47}$$

将式(4.3.40)代入式(4.3.47)，得

$$f(\boldsymbol{x}^{(i)}+\hat{\lambda}_i\boldsymbol{d}^{(i)})\leqslant f(\boldsymbol{x}^{(i)})-\hat{\lambda}_i\|\nabla f(\boldsymbol{x}^{(i)})\|^2+\frac{1}{2}\hat{\lambda}_i\frac{M(M+m)^2}{m^2}\|\nabla f(\boldsymbol{x}^{(i)})\|^2 \tag{4.3.48}$$

由于 $\hat{\lambda}_i\in[0,\lambda_i]$，从而根据式(4.3.46)可令

$$\hat{\lambda}_i=\frac{m^2}{M(M+m)^2} \tag{4.3.49}$$

由于$\nabla f(\boldsymbol{x}^{(i+1)})=f(\boldsymbol{x}^{(i)}+\lambda_i\boldsymbol{d}^{(i)})=\min\limits_{\lambda\geqslant 0}f(\boldsymbol{x}^{(i)}+\lambda\boldsymbol{d}^{(i)})$

因此
$$f(\boldsymbol{x}^{(i+1)})\leqslant f\left(\boldsymbol{x}^{(i)}+\frac{m^2}{M(M+m)^2}\boldsymbol{d}^{(i)}\right) \tag{4.3.50}$$
由式(4.3.50)和式(4.3.48)可以得到
$$\begin{aligned}f(\boldsymbol{x}^{(i+1)})&\leqslant f(\boldsymbol{x}^{(i)})-\frac{m^2}{M(M+m)^2}\|\nabla f(\boldsymbol{x}^{(i)})\|^2+\frac{m^2}{2M(M+m)^2}\|\nabla f(\boldsymbol{x}^{(i)})\|^2\\&=f(\boldsymbol{x}^{(i)})-\frac{m^2}{2M(M+m)^2}\|\nabla f(\boldsymbol{x}^{(i)})\|^2\end{aligned} \tag{4.3.51}$$
由式(4.3.51)可得
$$\|\nabla f(\boldsymbol{x}^{(i)})\|^2\leqslant\frac{2M(M+m)^2}{m^2}[f(\boldsymbol{x}^{(i)})-f(\boldsymbol{x}^{(i+1)})] \tag{4.3.52}$$
由于 S_α 为紧集，$\{\boldsymbol{x}^{(i)}\}$ 收敛到 S_α 中一点 $\bar{\boldsymbol{x}}$，又由于 $f(\boldsymbol{x})$ 连续，在紧集 S_α 上有下界，因此由式(4.3.52)推知
$$\lim_{i\to\infty}\|\nabla f(\boldsymbol{x}^{(i)})\|=\|\nabla f(\bar{\boldsymbol{x}})\|=0$$
由于 $f(\boldsymbol{x})$ 是严格凸函数，所以 $\bar{\boldsymbol{x}}$ 是 $f(\boldsymbol{x})$ 在 $\mathbb{R}^n$ 上唯一的极小点。

关于共轭梯度法的收敛速率，Crowder 和 Wolfe 证明了共轭梯度法的收敛速率不会低于最速下降法，同时不用标准初始方向 $\boldsymbol{d}^{(1)}=-\nabla f(\boldsymbol{x}^{(1)})$ 时，共轭梯度法的收敛速度可能会很慢。

共轭梯度法的一个优点是存储量比较小，事实上，FR 法只存储了 3 个 n 维向量，因此，共轭梯度法十分适合有些变量较多的大规模的问题。

4.4 拟 牛 顿 法

4.4.1 拟牛顿条件

前文介绍了牛顿法，其突出的优点是它收敛速度快，但牛顿法需要计算二阶偏导数，同时目标函数的 Hesse 矩阵也有可能非正定。故提出了拟牛顿法，从而克服牛顿法存在的缺点。它的基本思想是通过使用不包含二阶导数的矩阵来近似牛顿法中的 Hesse 矩阵的逆矩阵。构造近似矩阵的方法不同，对应于不同的拟牛顿法。拟牛顿法已经被验证是一种比较有效的算法。

下面分析如何构造拟牛顿法的近似矩阵。

前文已给出牛顿法的迭代公式，即
$$\boldsymbol{x}^{(i+1)}=\boldsymbol{x}^{(i)}+\lambda_i\boldsymbol{d}^{(i)} \tag{4.4.1}$$
其中，$\boldsymbol{d}^{(i)}$ 是在点 $\boldsymbol{x}^{(i)}$ 处的牛顿方向
$$\boldsymbol{d}^{(i)}=-\nabla^2 f(\boldsymbol{x}^{(i)})^{-1}\nabla f(\boldsymbol{x}^{(i)}) \tag{4.4.2}$$
λ_i 是从 $\boldsymbol{x}^{(i)}$ 出发沿牛顿方向的最优搜索步长。

为构造 $\nabla^2 f(\boldsymbol{x}^{(i)})^{-1}$ 的近似矩阵 $\boldsymbol{H}_i$，先分析 $\nabla^2 f(\boldsymbol{x}^{(i)})^{-1}$ 与一阶导数的关系。

设在第 k 次迭代后，得到点 $\boldsymbol{x}^{(i+1)}$，我们将目标函数 $f(\boldsymbol{x})$ 在该点处展开成 Taylor 级数，并取二阶近似，得到
$$\begin{aligned}f(\boldsymbol{x})\approx{}&f(\boldsymbol{x}^{(i+1)})+\nabla f(\boldsymbol{x}^{(i+1)})^{\mathrm{T}}(\boldsymbol{x}-\boldsymbol{x}^{(i+1)})\\&+\frac{1}{2}(\boldsymbol{x}-\boldsymbol{x}^{(i+1)})^{\mathrm{T}}\nabla^2 f(\boldsymbol{x}^{(i+1)})(\boldsymbol{x}-\boldsymbol{x}^{(i+1)})\end{aligned}$$

由此可知，在 $\boldsymbol{x}^{(i+1)}$ 附近有

$$\nabla f(\boldsymbol{x})\approx\nabla f(\boldsymbol{x}^{(i+1)})+\nabla^2 f(\boldsymbol{x}^{(i+1)})(\boldsymbol{x}-\boldsymbol{x}^{(i+1)})$$

令 $\boldsymbol{x}=\boldsymbol{x}^{(i)}$，则

$$\nabla f(\boldsymbol{x}^{(i)})\approx\nabla f(\boldsymbol{x}^{(i+1)})+\nabla^2 f(\boldsymbol{x}^{(i+1)})(\boldsymbol{x}^{(i)}-\boldsymbol{x}^{(i+1)})$$

设上式中的

$$\boldsymbol{p}^{(k)}=\boldsymbol{x}^{(i+1)}-\boldsymbol{x}^{(i)} \tag{4.4.3}$$

$$\boldsymbol{q}^{(k)}=\nabla f(\boldsymbol{x}^{(i+1)})-\nabla f(\boldsymbol{x}^{(i)}) \tag{4.4.4}$$

则

$$\boldsymbol{q}^{(k)}\approx\nabla^2 f(\boldsymbol{x}^{(i+1)})\boldsymbol{p}^{(k)} \tag{4.4.5}$$

又设 Hesse 矩阵$\nabla^2 f(\boldsymbol{x}^{(i+1)})$可逆，那么

$$\boldsymbol{p}^{(k)}\approx\nabla^2 f(\boldsymbol{x}^{(i+1)})^{-1}\boldsymbol{q}^{(k)} \tag{4.4.6}$$

由上可知，先计算出 $\boldsymbol{p}^{(k)}$ 和 $\boldsymbol{q}^{(k)}$，则可根据式(4.4.6)计算大致估计在 $\boldsymbol{x}^{(i+1)}$ 处的 Hesse 矩阵和矩阵的逆，因此若矩阵 $\boldsymbol{H}_{i+1}$ 满足

$$\boldsymbol{p}^{(k)}=\boldsymbol{H}_{i+1}\boldsymbol{q}^{(k)} \tag{4.4.7}$$

则可将其替代牛顿法的 Hesse 矩阵$\nabla^2 f(\boldsymbol{x}^{(i+1)})$的逆矩阵。

式(4.4.7)有时被称为拟牛顿条件，下面将讨论如何确定能够满足这个条件的矩阵 $\boldsymbol{H}_{i+1}$。

4.4.2 秩 1 校正

当$\nabla^2 f(\boldsymbol{x}^{(i)})^{-1}$是 n 阶的对称正定矩阵时，满足拟牛顿条件的矩阵 $\boldsymbol{H}_i$ 也应是 n 阶对称正定矩阵，构造的方法是：首先取 $\boldsymbol{H}_i$ 为任意一个 n 阶对称正定矩阵(通常取 n 阶单位矩阵)，然后通过修正 $\boldsymbol{H}_i$ 给出 $\boldsymbol{H}_{i+1}$，如下：

$$\boldsymbol{H}_{i+1}=\boldsymbol{H}_i+\Delta\boldsymbol{H}_i \tag{4.4.8}$$

其中，$\Delta\boldsymbol{H}_i$ 被称为校正矩阵。

确定 $\Delta\boldsymbol{H}_i$ 的方法之一是，令

$$\Delta\boldsymbol{H}_i=\alpha_i\boldsymbol{z}^{(i)}\boldsymbol{z}^{(i)\mathrm{T}} \tag{4.4.9}$$

其中，α_i 为常数，$\boldsymbol{z}^{(i)}$ 为 n 维列向量，这样定义的 $\Delta\boldsymbol{H}_i$ 是一个秩为 1 的对称矩阵，$\boldsymbol{z}^{(i)}$ 的选择应使式(4.4.7)得到满足，令

$$\boldsymbol{p}^{(i)}=\boldsymbol{H}_i\boldsymbol{q}^{(i)}+\alpha_i\boldsymbol{z}^{(i)}\boldsymbol{z}^{(i)\mathrm{T}}\boldsymbol{q}^{(i)}$$

由此得到

$$\boldsymbol{z}^{(i)}=\frac{\boldsymbol{p}^{(i)}-\boldsymbol{H}_i\boldsymbol{q}^{(i)}}{\alpha_i\boldsymbol{z}^{(i)\mathrm{T}}\boldsymbol{q}^{(i)}} \tag{4.4.11}$$

另一方面，由式(4.4.4)可得

$$\boldsymbol{q}^{(i)\mathrm{T}}\boldsymbol{p}^{(i)}=\boldsymbol{q}^{(i)\mathrm{T}}\boldsymbol{H}_i\boldsymbol{q}^{(i)}+\boldsymbol{\alpha}_i\boldsymbol{q}^{(i)\mathrm{T}}\boldsymbol{z}^{(i)}\boldsymbol{z}^{(i)\mathrm{T}}\boldsymbol{q}^{(i)}$$

$$\boldsymbol{q}^{(i)\mathrm{T}}(\boldsymbol{p}^{(i)}-\boldsymbol{H}_i\boldsymbol{q}^{(i)})=\boldsymbol{\alpha}_i(\boldsymbol{z}^{(i)\mathrm{T}}\boldsymbol{q}^{(i)})^2 \tag{4.4.12}$$

将式(4.4.9)、式(4.4.11)和式(4.4.12)代入式(4.4.8)，并进行化简，得

$$\boldsymbol{H}_{i+1}=\boldsymbol{H}_i+\frac{(\boldsymbol{p}^{(i)}-\boldsymbol{H}_i\boldsymbol{q}^{(i)})(\boldsymbol{p}^{(i)}-\boldsymbol{H}_i\boldsymbol{q}^{(i)})^{\mathrm{T}}}{\boldsymbol{q}^{(i)\mathrm{T}}(\boldsymbol{p}^{(i)}-\boldsymbol{H}_i\boldsymbol{q}^{(i)})} \tag{4.4.13}$$

式(4.4.13)为秩 1 校正公式。

通过秩 1 校正来极小化函数 $f(\boldsymbol{x})$，在第 k 次迭代中，使搜索方向

$$\boldsymbol{d}^{(i)}=-\boldsymbol{H}_i\nabla f(\boldsymbol{x}^{(i)}) \tag{4.4.14}$$

然后沿着方向 $\boldsymbol{d}^{(i)}$ 进行搜索，求解步长 λ_i，满足

$$f(\boldsymbol{x}^{(i)}+\lambda_i\boldsymbol{d}^{(i)})=\min_{\lambda\geqslant 0} f(\boldsymbol{x}^{(i)}+\lambda\boldsymbol{d}^{(i)})$$

进而得到后续点

$$\boldsymbol{x}^{(i+1)}=\boldsymbol{x}^{(i)}+\lambda_i\boldsymbol{d}^{(i)} \tag{4.4.15}$$

求出点 $\boldsymbol{x}^{(i+1)}$ 处的梯度 $\nabla f(\boldsymbol{x}^{(i+1)})$ 以及对应的 $\boldsymbol{p}^{(i)}$ 和 $\boldsymbol{q}^{(i)}$，再利用式(4.4.13)计算 $\boldsymbol{H}_{i+1}$，并用式(4.4.14)求出在这点处的搜索方向 $\boldsymbol{d}^{(i+1)}$。按照上述的步骤重复进行计算，直至 $\|\nabla f(\boldsymbol{x}^{(i)})\|<\varepsilon$，$\varepsilon$ 为事先给定的允许误差。

上述的方法在一定的条件下是收敛的，并具有二次终止性，可参考文献[11][12]。

运用秩 1 校正，也存在一些需要注意的问题。首先，仅当 $\boldsymbol{q}^{(i)\mathrm{T}}(\boldsymbol{p}^{(i)}-\boldsymbol{H}_i\boldsymbol{q}^{(i)})>0$ 时，由式(4.4.13)所得到的 $\boldsymbol{H}_{i+1}$ 才能保证其正定性，但对于这方面无法证明。即使满足条件 $\boldsymbol{q}^{(i)T}(\boldsymbol{p}^{(i)}-\boldsymbol{H}_i\boldsymbol{q}^{(i)})>0$，由于存在舍入误差的影响，可能导致 $\nabla\boldsymbol{H}_i$ 无界，从而对数值的计算产生影响，因此这种方法有一些局限性。

4.4.3 DFP 算法

DFP 方法是由 Davidon 首先提出的，Fletcher 和 Powell 改进了它，故称为变尺度法，该方法中定义的校正矩阵为

$$\nabla\boldsymbol{H}_i=\frac{\boldsymbol{p}^{(i)}\boldsymbol{p}^{(i)\mathrm{T}}}{\boldsymbol{p}^{(i)\mathrm{T}}\boldsymbol{q}^{(i)}}-\frac{\boldsymbol{H}_i\boldsymbol{q}^{(i)}\boldsymbol{q}^{(i)\mathrm{T}}\boldsymbol{H}_i}{\boldsymbol{q}^{(i)\mathrm{T}}\boldsymbol{H}_i\boldsymbol{q}^{(i)}} \tag{4.4.16}$$

容易验证，这样定义校正矩阵 $\nabla\boldsymbol{H}_i$，得到的矩阵

$$\boldsymbol{H}_{i+1}=\boldsymbol{H}_i+\frac{\boldsymbol{p}^{(i)}\boldsymbol{p}^{(i)\mathrm{T}}}{\boldsymbol{p}^{(i)\mathrm{T}}\boldsymbol{q}^{(i)}}-\frac{\boldsymbol{H}_i\boldsymbol{q}^{(i)}\boldsymbol{q}^{(i)\mathrm{T}}\boldsymbol{H}_i}{\boldsymbol{q}^{(i)\mathrm{T}}\boldsymbol{H}_i\boldsymbol{q}^{(i)}} \tag{4.4.17}$$

满足拟牛顿条件(4.4.7)，这样，式(4.4.17)称为 DEP 公式。

DEP 方法的计算步骤如下：

(1) 给定初始点 $\boldsymbol{x}^{(1)}\in\mathbb{R}^n$，同时设允许误差 $\varepsilon>0$。

(2) 置 $\boldsymbol{H}_1=\boldsymbol{I}_n$($\boldsymbol{I}_n$ 为单位矩阵)，计算出在 $\boldsymbol{x}^{(1)}$ 处的梯度 $\nabla f(\boldsymbol{x}^{(1)})$，置 $k=1$。

(3) 使 $\boldsymbol{d}^{(i)}=-\boldsymbol{H}_i\nabla f(\boldsymbol{x}^{(i)})$。

(4) 从点 $\boldsymbol{x}^{(i)}$ 出发，沿着方向 $\boldsymbol{d}^{(i)}$ 搜索，求步长 λ_i，使其满足

$$f(\boldsymbol{x}^{(i)}+\lambda_i\boldsymbol{d}^{(i)})=\min_{\lambda\geqslant 0} f(\boldsymbol{x}^{(i)}+\lambda\boldsymbol{d}^{(i)})$$

则下一个点

$$\boldsymbol{x}^{(i+1)}=\boldsymbol{x}^{(i)}+\lambda_i\boldsymbol{d}^{(i)}$$

(5) 检验其是否满足收敛准则，若 $\|\nabla f(\boldsymbol{x}^{(i+1)})\|\leqslant\varepsilon$，则停止迭代，得到点 $\bar{\boldsymbol{x}}=\boldsymbol{x}^{(i+1)}$；否则进行步骤(6)。

(6) 若 $k=n$，则令 $\boldsymbol{x}^{(1)}=\boldsymbol{x}^{(i+1)}$，返回步骤(2)；否则进行步骤(7)。

(7) 令 $\boldsymbol{p}^{(i)}=\boldsymbol{x}^{(i+1)}-\boldsymbol{x}^{(i)}$，利用式(4.4.17)计算 $\boldsymbol{H}_{i+1}$，使 $k+1$，返回步骤(3)。

例 4.4.1 利用 DFP 方法求解问题

$$\min \quad 2x_1^2+x_2^2-2x_2+1$$

解

取初始点 $\boldsymbol{x}^{(1)}=\begin{bmatrix}2\\2\end{bmatrix}$ 以及初始矩阵 $\boldsymbol{H}_1=\begin{bmatrix}1&0\\0&1\end{bmatrix}$。

在点 $\boldsymbol{x}=\begin{bmatrix}x_1\\x_2\end{bmatrix}$ 处的梯度 $\nabla f(\boldsymbol{x})=\begin{bmatrix}4x_1\\2(x_2-1)\end{bmatrix}$。

第 1 次迭代计算，点 $\boldsymbol{x}^{(1)}$ 处的梯度为

$$\nabla f(\boldsymbol{x}^{(1)})=\begin{bmatrix}8\\2\end{bmatrix}$$

故搜索方向

$$\boldsymbol{d}^{(1)}=-H_1\nabla f(\boldsymbol{x}^{(1)})=\begin{bmatrix}-8\\-2\end{bmatrix}$$

从 $\boldsymbol{x}^{(1)}$ 出发沿 $\boldsymbol{d}^{(1)}$ 做一维搜索，即问题：

$$\min_{\lambda\geqslant 0}\quad f(\boldsymbol{x}^{(1)}+\lambda\boldsymbol{d}^{(1)})$$

其中，$\boldsymbol{x}^{(1)}+\lambda\boldsymbol{d}^{(1)}=\begin{bmatrix}2-8\lambda\\2-2\lambda\end{bmatrix}$。

经计算 $\lambda_1=\dfrac{17}{66}$，则

$$\boldsymbol{x}^{(2)}=\boldsymbol{x}^{(1)}+\lambda\boldsymbol{d}^{(1)}=\frac{1}{33}\begin{bmatrix}-2\\49\end{bmatrix}$$

$$\nabla f(\boldsymbol{x}^{(2)})=\begin{bmatrix}\dfrac{-8}{33}\\\dfrac{32}{33}\end{bmatrix}$$

接下来进行第 2 次迭代，首先计算 $\boldsymbol{p}^{(1)}$ 和 $\boldsymbol{q}^{(1)}$：

$$\boldsymbol{p}^{(1)}=\lambda_1\boldsymbol{d}^{(1)}=\frac{17}{66}\begin{bmatrix}-8\\-2\end{bmatrix}=-\frac{17}{33}\begin{bmatrix}4\\1\end{bmatrix}$$

$$\boldsymbol{q}^{(1)}=\nabla f(\boldsymbol{x}^{(2)})-\nabla f(\boldsymbol{x}^{(1)})=-\frac{17}{33}\begin{bmatrix}16\\2\end{bmatrix}$$

计算矩阵

$$\begin{aligned}\boldsymbol{H}_2&=\boldsymbol{H}_1+\frac{\boldsymbol{p}^{(1)}\boldsymbol{p}^{(1)\mathrm{T}}}{\boldsymbol{p}^{(1)\mathrm{T}}\boldsymbol{q}^{(1)}}-\frac{\boldsymbol{H}_1\boldsymbol{q}^{(1)}\boldsymbol{q}^{(1)\mathrm{T}}\boldsymbol{H}_1}{\boldsymbol{q}^{(1)\mathrm{T}}\boldsymbol{H}_1\boldsymbol{q}^{(1)}}\\&=\begin{bmatrix}1&0\\0&1\end{bmatrix}+\frac{1}{66}\begin{bmatrix}16&4\\4&1\end{bmatrix}-\frac{1}{130}\begin{bmatrix}128&16\\16&2\end{bmatrix}\\&=\frac{1}{4\,290}\begin{bmatrix}1\,106&-268\\-268&4\,289\end{bmatrix}\end{aligned}$$

$$\boldsymbol{d}^{(2)}=-\boldsymbol{H}_2\nabla f(\boldsymbol{x}^{(2)})=\frac{8}{65}\begin{bmatrix}1\\-8\end{bmatrix}$$

从 $\boldsymbol{x}^{(2)}$ 出发，沿方向 $\boldsymbol{d}^{(2)}$ 进行搜索，如下：

$$\min_{\lambda\geqslant 0}\quad f(\boldsymbol{x}^{(2)}+\lambda\boldsymbol{d}^{(2)})$$

求解过程略，求得 $\lambda_2=\dfrac{65}{132}$，继续计算 $\boldsymbol{x}^{(3)}$：

$$\boldsymbol{x}^{(3)}=\boldsymbol{x}^{(2)}+\lambda_2\boldsymbol{d}^{(2)}=\begin{bmatrix}\dfrac{-2}{33}\\\dfrac{49}{33}\end{bmatrix}+\frac{65}{132}\cdot\frac{8}{65}\begin{bmatrix}1\\-8\end{bmatrix}=\begin{bmatrix}0\\1\end{bmatrix}$$

对于 $\boldsymbol{x}^{(3)}$ 而言，其梯度

$$\nabla f(\boldsymbol{x}^{(3)})=\begin{bmatrix}0\\0\end{bmatrix}$$

故最优解 $(x_1,x_2)=(0,1)$。

该例子经过了两次搜索就达到了极小点，这并不是偶然发生的，下面继续证明 DFP 方法具有二次终止性。

4.4.4 DPF 算法得正定性及二次终止性

先证明，在一定的条件下，DFP 方法所构造的矩阵 $\boldsymbol{H}_i(i=2,3,\cdots)$ 均为正定矩阵，即具有正定性，因此搜索方向为

$$\boldsymbol{d}^{(i)}=-\boldsymbol{H}_i\nabla f(\boldsymbol{x}^{(i)})$$

均为下降方向，这样保证了函数 $f(x)$ 在每次迭代后函数值是下降的。

定理 4.4.1 若 $\nabla f(\boldsymbol{x}^{(i)})\neq 0(i=1,2,\cdots,n)$，则通过 DFP 方法所构建的矩阵 $\boldsymbol{H}_i$ 为正定矩阵。

证明 用归纳法来证明。

在 DFP 方法中，$\boldsymbol{H}_1$ 是一个给定的对称正定矩阵。

设 $\boldsymbol{H}_j$ 是对称正定矩阵，接下来证明 $\boldsymbol{H}_{j+1}$ 也是对称正定矩阵。根据 $\boldsymbol{H}_{j+1}$ 的定义可得其对称，下面证明它是正定的。

如果任意的非零向量 $\boldsymbol{y}\in\mathbb{R}^n$ 存在，那么

$$\begin{aligned}\boldsymbol{y}^{\mathrm{T}}\boldsymbol{H}_{j+1}\boldsymbol{y}&=\boldsymbol{y}^{\mathrm{T}}\boldsymbol{H}_j\boldsymbol{y}+\frac{\boldsymbol{y}^{\mathrm{T}}\boldsymbol{p}^{(j)}\boldsymbol{p}^{(j)\mathrm{T}}\boldsymbol{y}}{\boldsymbol{p}^{(j)\mathrm{T}}\boldsymbol{q}^{(j)}}-\frac{\boldsymbol{y}^{\mathrm{T}}\boldsymbol{H}_j\boldsymbol{q}^{(j)}\boldsymbol{q}^{(j)\mathrm{T}}\boldsymbol{H}_j\boldsymbol{y}}{\boldsymbol{q}^{(j)\mathrm{T}}\boldsymbol{H}_j\boldsymbol{q}^{(j)}}\\&=\boldsymbol{y}^{\mathrm{T}}\boldsymbol{H}_j\boldsymbol{y}+\frac{(\boldsymbol{y}^{\mathrm{T}}\boldsymbol{p}^{(j)})^2}{\boldsymbol{p}^{(j)\mathrm{T}}\boldsymbol{q}^{(j)}}-\frac{(\boldsymbol{y}^{\mathrm{T}}\boldsymbol{H}_j\boldsymbol{q}^{(j)})^2}{\boldsymbol{q}^{(j)\mathrm{T}}\boldsymbol{H}_j\boldsymbol{q}^{(j)}}\end{aligned}\tag{4.4.18}$$

因为 $\boldsymbol{H}_j$ 是对称正定矩阵，故总会有对称矩阵 $\boldsymbol{H}_j^{\frac{1}{2}}$，使得 $\boldsymbol{H}_j=\boldsymbol{H}_j^{\frac{1}{2}}\boldsymbol{H}_j^{\frac{1}{2}}$。

令 $\boldsymbol{p}=\boldsymbol{H}_j^{\frac{1}{2}}\boldsymbol{y}$，$\boldsymbol{q}=\boldsymbol{H}_j^{\frac{1}{2}}\boldsymbol{q}^{(j)}$，则有

$$\left.\begin{aligned}\boldsymbol{y}^{\mathrm{T}}\boldsymbol{H}_j\boldsymbol{y}&=\boldsymbol{p}^{\mathrm{T}}\boldsymbol{p}\\\boldsymbol{y}^{\mathrm{T}}\boldsymbol{H}_j\boldsymbol{q}^{(j)}&=\boldsymbol{p}^{\mathrm{T}}\boldsymbol{q}\\\boldsymbol{q}^{(j)\mathrm{T}}\boldsymbol{H}_j\boldsymbol{q}^{(j)}&=\boldsymbol{q}^{\mathrm{T}}\boldsymbol{q}\end{aligned}\right\}\tag{4.4.19}$$

因此，式(4.4.18)可写成

$$\begin{aligned}\boldsymbol{y}^{\mathrm{T}}\boldsymbol{H}_{j+1}\boldsymbol{y}&=\boldsymbol{p}^{\mathrm{T}}\boldsymbol{p}+\frac{(\boldsymbol{y}^{\mathrm{T}}\boldsymbol{p}^{(j)})^2}{\boldsymbol{p}^{(j)\mathrm{T}}\boldsymbol{q}^{(j)}}-\frac{(\boldsymbol{p}^{\mathrm{T}}\boldsymbol{q})^2}{\boldsymbol{q}^{\mathrm{T}}\boldsymbol{q}}\\&=\frac{(\boldsymbol{p}^{\mathrm{T}}\boldsymbol{p})(\boldsymbol{q}^{\mathrm{T}}\boldsymbol{q})-(\boldsymbol{p}^{\mathrm{T}}\boldsymbol{q})^2}{\boldsymbol{q}^{\mathrm{T}}\boldsymbol{q}}+\frac{(\boldsymbol{y}^{\mathrm{T}}\boldsymbol{p}^{(j)})^2}{\boldsymbol{p}^{(j)\mathrm{T}}\boldsymbol{q}^{(j)}}\end{aligned}\tag{4.4.20}$$

现在证明式(4.4.20)等号右端大于零，证明方法是，先证明第 1 项非负，再证第 2 项非负，最后证明这两项不能同时为零。

根据 Schwartz 不等式，有

$$(\boldsymbol{p}^{\mathrm{T}}\boldsymbol{p})(\boldsymbol{q}^{\mathrm{T}}\boldsymbol{q})\geqslant(\boldsymbol{p}^{\mathrm{T}}\boldsymbol{q})^2$$

因此必有

$$\frac{(\boldsymbol{p}^{\mathrm{T}}\boldsymbol{p})(\boldsymbol{q}^{\mathrm{T}}\boldsymbol{q})-(\boldsymbol{p}^{\mathrm{T}}\boldsymbol{q})^2}{\boldsymbol{q}^{\mathrm{T}}\boldsymbol{q}}\geqslant 0\tag{4.4.21}$$

考虑到方向 $\boldsymbol{d}^{(j)}$ 的定义，那么式(4.4.20)中的 $\boldsymbol{p}^{(j)\mathrm{T}}\boldsymbol{q}^{(j)}$ 有

$$\boldsymbol{p}^{(j)\mathrm{T}}\boldsymbol{q}^{(j)}=\lambda_j\boldsymbol{d}^{(j)\mathrm{T}}(\nabla f(\boldsymbol{x}^{(j+1)})-\nabla f(\boldsymbol{x}^{(j)}))=-\lambda_j\boldsymbol{d}^{(j)\mathrm{T}}\nabla f(\boldsymbol{x}^{(j)})$$
$$=-\lambda_j\,(-\boldsymbol{H}_j\,\nabla f(\boldsymbol{x}^{(j)}))^{\mathrm{T}}\,\nabla f(\boldsymbol{x}^{(j)})=\lambda_j\,\nabla f\,(\boldsymbol{x}^{(j)})^{\mathrm{T}}\boldsymbol{H}_j\,\nabla f(\boldsymbol{x}^{(j)})$$

由于 $\lambda_j>0,\nabla f(\boldsymbol{x}^{(j)})\neq 0,\boldsymbol{H}_j$ 正定，因此有

$$\boldsymbol{p}^{(j)\mathrm{T}}\boldsymbol{q}^{(j)}>0 \tag{4.4.22}$$

由此可知

$$\frac{(\boldsymbol{y}^{\mathrm{T}}\boldsymbol{p}^{(j)})^2}{\boldsymbol{p}^{(j)\mathrm{T}}\boldsymbol{q}^{(j)}}\geqslant 0 \tag{4.4.23}$$

式(4.4.21)和式(4.4.23)说明了式(4.4.20)的等号右侧亮相均为非负值，则再证它们不能同时为零。

设第一项为零，则 $\boldsymbol{p}//\boldsymbol{q}$，那么 $\boldsymbol{p}=\beta\boldsymbol{q}$，$\beta$ 为非零常数，由此得出

$$\boldsymbol{y}=\beta\boldsymbol{q}^{(j)}$$

于是有

$$\boldsymbol{y}^T\boldsymbol{p}^{(j)}=\beta\boldsymbol{q}^{(j)\mathrm{T}}\boldsymbol{p}^{(j)}$$

考虑到式(4.4.22)，必有

$$(\boldsymbol{y}^{\mathrm{T}}\boldsymbol{p}^{(j)})^2>0$$

即第二项为正。

由以上的证明可知 $\boldsymbol{y}^{\mathrm{T}}\boldsymbol{H}_{j+1}\boldsymbol{y}>0,\boldsymbol{H}_{j+1}$ 为正定矩阵。

若目标函数是正定二次函数，则 DFP 方法经过有限次数的迭代必能达到极小点。

定理 4.4.2　设用 DFP 方法解下列问题

$$\min\quad f(\boldsymbol{x})\overset{\text{def}}{=}\frac{1}{2}\boldsymbol{x}^{\mathrm{T}}A\boldsymbol{x}+b^{\mathrm{T}}\boldsymbol{x}+c$$

其中，$\boldsymbol{A}$ 为 n 阶对称正定矩阵，取初点 $\boldsymbol{x}^{(1)}\in\mathbb{R}^n$，令 $\boldsymbol{H}_1$ 是 n 阶对称正定矩阵，则存在

$$\boldsymbol{p}^{(i)\mathrm{T}}\boldsymbol{A}\boldsymbol{p}^{(j)}=0,\quad 1\leqslant i<j\leqslant k \tag{4.4.24}$$

$$H_{k+1}\boldsymbol{A}\boldsymbol{p}^{(i)}=\boldsymbol{p}^{(i)},\quad 1\leqslant i\leqslant k \tag{4.4.25}$$

其中，

$$\boldsymbol{p}^{(i)}=\boldsymbol{x}^{(i+1)}-\boldsymbol{x}^{(i)}=\lambda_i\boldsymbol{d}^{(i)}\,(\lambda_i\neq 0,k\leqslant n)$$

证明　用归纳法，对 k 收纳。

当 $k=1$ 时，有

$$\boldsymbol{H}_2\boldsymbol{A}\boldsymbol{p}^{(1)}=(\boldsymbol{H}_1+\frac{\boldsymbol{p}^{(1)}\boldsymbol{p}^{(1)T}}{\boldsymbol{p}^{(1)T}\boldsymbol{q}^{(1)}}-\frac{\boldsymbol{H}_1\boldsymbol{q}^{(1)}\boldsymbol{q}^{(1)\mathrm{T}}\boldsymbol{H}_1}{\boldsymbol{q}^{(1)\mathrm{T}}\boldsymbol{H}_1\boldsymbol{q}^{(1)}})\boldsymbol{A}\boldsymbol{p}^{(1)} \tag{4.4.26}$$

由于

$$\boldsymbol{A}\boldsymbol{p}^{(i)}=\boldsymbol{A}(\boldsymbol{x}^{(i+1)}-\boldsymbol{x}^{(i)})=\nabla\boldsymbol{f}(\boldsymbol{x}^{(i+1)})-\nabla\boldsymbol{f}(\boldsymbol{x}^{(i)})=\boldsymbol{q}^{(i)} \tag{4.4.27}$$

将其代入式(4.4.26)，得出

$$\boldsymbol{H}_2\boldsymbol{A}\boldsymbol{p}^{(1)}=\boldsymbol{p}^{(1)}$$

则式(4.4.25)成立。

当 $k=2$ 时，利用上述结果易证明式(4.4.24)成立，具体证明方法如下：

$$\boldsymbol{p}^{(1)\mathrm{T}}\boldsymbol{A}\boldsymbol{p}^{(2)}=\boldsymbol{p}^{(1)\mathrm{T}}\boldsymbol{A}(-\lambda_2\boldsymbol{H}_2\,\nabla\boldsymbol{f}(\boldsymbol{x}^{(2)}))=-\lambda_2\,\nabla\boldsymbol{f}\,(\boldsymbol{x}^{(2)})^{\mathrm{T}}\boldsymbol{H}_2\boldsymbol{A}\boldsymbol{p}^{(1)}$$
$$=-\lambda_2\,\nabla\boldsymbol{f}\,(\boldsymbol{x}^{(2)})^{\mathrm{T}}\boldsymbol{p}^{(1)}=0$$

由此结果易证，当 $k=2$ 时，式(4.4.25)也成立。

现在，设 $k=m$ 时，式(4.4.24)和式(4.4.25)成立，证明当 $k=m+1$ 时这些关系同样也成立。

首先，证 $k=m+1$ 时，式(4.4.24)成立，根据归纳法的假设，$\boldsymbol{p}^{(m+1)}$ 和 $\boldsymbol{p}^{(1)},\cdots,\boldsymbol{p}^{(m)}$ 中每一个关于 $\boldsymbol{A}$ 共轭，根据关于式(4.4.25)的归纳法假设，当 $1\leqslant i\leqslant m$ 时，有

$$\boldsymbol{H}_{m+1}\boldsymbol{A}\boldsymbol{p}^{(i)}=\boldsymbol{p}^{(i)}$$

利用此条件，则

$$\begin{aligned}\boldsymbol{p}^{(i)\mathrm{T}}\boldsymbol{A}\boldsymbol{p}^{(m+1)}&=\boldsymbol{p}^{(i)\mathrm{T}}\boldsymbol{A}(-\lambda_{m+1}\boldsymbol{H}_{m+1}\nabla f(\boldsymbol{x}^{(m+1)}))=-\lambda_{m+1}\nabla f(\boldsymbol{x}^{(m+1)})^{\mathrm{T}}\boldsymbol{H}_{m+1}\boldsymbol{A}\boldsymbol{p}^{(i)}\\&=-\lambda_{m+1}\nabla f(\boldsymbol{x}^{(m+1)})^{\mathrm{T}}\boldsymbol{p}^{(i)}=-\lambda_{m+1}\lambda_i\nabla f(\boldsymbol{x}^{(m+1)})^{\mathrm{T}}\boldsymbol{d}^{(i)}\end{aligned}\tag{4.4.28}$$

根据定理 4.3.23 的推论，有

$$\nabla f(\boldsymbol{x}^{(m+1)})^{\mathrm{T}}\boldsymbol{d}^{(i)}=0,\quad i<m+1$$

因此，由上可知

$$\boldsymbol{p}^{(i)\mathrm{T}}\boldsymbol{A}\boldsymbol{p}^{(m+1)}=0$$

再证当 $k=m+1$ 时，式(4.4.25)成立。

对于 $1\leqslant i\leqslant m+1$，有

$$\boldsymbol{H}_{m+2}\boldsymbol{A}\boldsymbol{p}^{(i)}=\left(\boldsymbol{H}_{m+1}+\frac{\boldsymbol{p}^{(m+1)}\boldsymbol{p}^{(m+1)\mathrm{T}}}{\boldsymbol{p}^{(m+1)\mathrm{T}}\boldsymbol{q}^{(m+1)}}-\frac{\boldsymbol{H}_{m+1}\boldsymbol{q}^{(m+1)}\boldsymbol{q}^{(m+1)\mathrm{T}}\boldsymbol{H}_{m+1}}{\boldsymbol{q}^{(m+1)\mathrm{T}}\boldsymbol{H}_{m+1}\boldsymbol{q}^{(m+1)}}\right)\boldsymbol{A}\boldsymbol{p}^{(i)}\tag{4.4.29}$$

当 $i=m+1$ 时，根据式(4.4.27)，将 $\boldsymbol{A}\boldsymbol{p}^{(m+1)}=\boldsymbol{q}^{(m+1)}$，代入式(4.4.29)则

$$\boldsymbol{H}_{m+2}\boldsymbol{A}\boldsymbol{p}^{(m+1)}=\boldsymbol{p}^{(m+1)}$$

当 $i<m+1$ 时，根据对于式(4.4.25)的归纳法假设，及式(4.4.24)当 $k=m+1$ 时成立，并考虑到式(4.4.27)，则有

$$\boldsymbol{q}^{(m+1)}\boldsymbol{H}_{m+1}\boldsymbol{A}\boldsymbol{p}^{(i)}=\boldsymbol{q}^{(m+1)}\boldsymbol{p}^{(i)}=\boldsymbol{p}^{(m+1)\mathrm{T}}\boldsymbol{A}\boldsymbol{p}^{(i)}=0$$

因此，式(4.4.29)等号右侧化简后如下：

$$\boldsymbol{H}_{m+2}\boldsymbol{A}\boldsymbol{p}^{(i)}=\boldsymbol{H}_{m+1}\boldsymbol{A}\boldsymbol{p}^{(i)}=\boldsymbol{p}^{(i)}$$

推论 在定理 4.4.2 的条件下，必有

$$\boldsymbol{H}_{m+1}=\boldsymbol{A}^{-1}$$

令

$$D=(\boldsymbol{p}^{(1)},\boldsymbol{p}^{(2)},\ldots,\boldsymbol{p}^{(n)})$$

则由式(4.4.25)，有

$$\boldsymbol{H}_{n+1}AD=D\tag{4.4.30}$$

由于 $\boldsymbol{p}^{(1)},\boldsymbol{p}^{(2)},\ldots,\boldsymbol{p}^{(n)}$ 是一组关于 $\boldsymbol{A}$ 共轭的非零向量，因此它们是线性无关的，从而矩阵 D 是可逆矩阵，由式(4.4.30)可得 $\boldsymbol{H}_{n+1}=\boldsymbol{A}^{-1}$。

由于 $\boldsymbol{p}^{(i)}=\lambda_i\boldsymbol{d}^{(i)}$，因此 $\boldsymbol{p}^{(1)},\boldsymbol{p}^{(2)},\cdots,\boldsymbol{p}^{(k)}$ 关于 $\boldsymbol{A}$ 共轭等价于 $\boldsymbol{d}^{(1)},\boldsymbol{d}^{(2)},\cdots,\boldsymbol{d}^{(k)}$ 关于 $\boldsymbol{A}$ 共轭。故 DFP 方法中构造出的搜索方向是一组 $\boldsymbol{A}$ 共轭方向，DFP 方法具有二次终止性。

关于 DFP 方法用于一般函数时的收敛性。

如果 $f(\boldsymbol{x})$ 是$\mathbb{R}^n$上的二次连续可微实函数，且对任意的 $\hat{\boldsymbol{x}}\in\mathbb{R}^n$，存在常数 $m>0$，使得当 $\boldsymbol{x}\in C(\hat{\boldsymbol{x}})=\{\boldsymbol{x}\mid f(\boldsymbol{x})\leqslant f(\hat{\boldsymbol{x}})\}$，$\boldsymbol{y}\in\mathbb{R}^n$时，有

$$m\|\boldsymbol{y}\|^2\leqslant\boldsymbol{y}^{\mathrm{T}}\nabla^2 f(\boldsymbol{x})\boldsymbol{y}$$

则 DFP 方法产生的序列 $\{\boldsymbol{x}^{(k)}\}$ 或终止于或收敛于 $f(\boldsymbol{x})$ 在$\mathbb{R}^n$上的唯一极小点。

4.4.5　BFGS公式及Broyden族

之前利用拟牛顿条件(4.4.7)导出了DFP公式。下面用不含二阶导数的矩阵 D_{k+1} 近似Hesse矩阵 $\nabla^2 f(\boldsymbol{x}^{(k+1)})$，从而由式(4.4.5)给出另一种形式的拟牛顿条件，即

$$\boldsymbol{q}^{(k)}=\boldsymbol{B}_{k+1}\boldsymbol{p}^{(k)} \tag{4.4.31}$$

由于在式(4.4.7)中，用 $\boldsymbol{B}_{k+1}$ 取代 $\boldsymbol{H}_{k+1}$，同时交换 $\boldsymbol{p}^{(k)}$ 和 $\boldsymbol{q}^{(k)}$，形式同式(4.4.31)，因此只需在 H_k 的递推公式中互换 $\boldsymbol{p}^{(k)}$ 和 $\boldsymbol{q}^{(k)}$，同时用 $\boldsymbol{D}_{k+1}$ 和 $\boldsymbol{B}_k$ 分别取代 $\boldsymbol{H}_{k+1}$ 和 $\boldsymbol{H}_k$，就能得到 $\boldsymbol{B}_k$ 的递推公式，而不必另行推导，那么 $\boldsymbol{B}_k$ 的修正公式为

$$\boldsymbol{B}_{k+1}=\boldsymbol{B}_k+\frac{\boldsymbol{p}^{(k)}\boldsymbol{p}^{(k)\mathrm{T}}}{\boldsymbol{p}^{(k)\mathrm{T}}\boldsymbol{q}^{(k)}}-\frac{\boldsymbol{B}_k\boldsymbol{q}^{(k)}\boldsymbol{q}^{(k)\mathrm{T}}\boldsymbol{B}_k}{\boldsymbol{q}^{(k)\mathrm{T}}\boldsymbol{B}_k\boldsymbol{q}^{(k)}} \tag{4.4.32}$$

此式称为关于矩阵 $\boldsymbol{B}$ 的BFGS修正公式，或称为DFP公式的对偶公式。

设 $\boldsymbol{B}_{k+1}$ 可逆，则由式(4.4.31)可知：

$$\boldsymbol{p}^{(k)}=\boldsymbol{B}_{k+1}^{-1}\boldsymbol{q}^{(k)}$$

由此可看出，B_{k+1}^{-1} 满足拟牛顿条件，故可使

$$\boldsymbol{H}_{k+1}=\boldsymbol{B}_{k+1}^{-1} \tag{4.4.33}$$

这样，可以由式(4.4.32)出发，得到关于 $\boldsymbol{H}$ 的BFGS公式：

$$\boldsymbol{H}_{k+1}^{\mathrm{BFGS}}=\boldsymbol{H}_k+\left(1+\frac{\boldsymbol{q}^{(k)\mathrm{T}}H_k\boldsymbol{q}^{(k)}}{\boldsymbol{p}^{(k)\mathrm{T}}\boldsymbol{q}^{(k)}}\right)\frac{\boldsymbol{p}^{(k)}\boldsymbol{p}^{(k)\mathrm{T}}}{\boldsymbol{p}^{(k)\mathrm{T}}\boldsymbol{q}^{(k)}}-\frac{\boldsymbol{p}^{(k)}\boldsymbol{q}^{(k)\mathrm{T}}\boldsymbol{H}_k+\boldsymbol{H}_k\boldsymbol{q}^{(k)}\boldsymbol{p}^{(k)\mathrm{T}}}{\boldsymbol{p}^{(k)\mathrm{T}}\boldsymbol{q}^{(k)}} \tag{4.4.34}$$

这个公式在1970年由Broyden，Fletcher，Goldfarb和Shanno提出的，它可以像DFP式(4.4.17)一样使用，并且根据验证，它比DFP公式更好，故得到广泛的应用。

DFP和BFGS公式都有由 $\boldsymbol{p}^{(k)}$ 和 $\boldsymbol{H}_k\boldsymbol{q}^{(k)}$ 构成的对称秩2校正，因此这两个公式经过加权组合仍具有同样的形式。下面考虑所有这类修正公式组成的集合，定义

$$\boldsymbol{H}_{k+1}^{\mu}=(1-\mu)\boldsymbol{H}_{k+1}^{\mathrm{DFP}}+\mu\boldsymbol{H}_{k+1}^{\mathrm{BFGS}} \tag{4.4.35}$$

其中，μ 是一个参数，可取任意实数。当 $\mu=0$ 或 $\mu=1$ 时，式(4.4.35)分别变为DFP修正和BFGS修正。

式(4.4.35)所代表的全体修正公式称为Broy*den* 族。可以证明，秩1校正也是这个族的成员。若将式(4.4.17)和式(4.4.34)代入式(4.4.35)，则得到 *Boryden* 族的显式表达

$$\begin{aligned}\boldsymbol{H}_{k+1}^{\mu}&=\boldsymbol{H}_k+\frac{\boldsymbol{p}^{(k)}\boldsymbol{p}^{(k)\mathrm{T}}}{\boldsymbol{p}^{(k)\mathrm{T}}\boldsymbol{q}^{(k)}}-\frac{\boldsymbol{H}_k\boldsymbol{q}^{(k)}\boldsymbol{q}^{(k)\mathrm{T}}\boldsymbol{H}_k}{\boldsymbol{q}^{(k)\mathrm{T}}\boldsymbol{H}_k\boldsymbol{q}^{(k)}}+\mu\boldsymbol{v}^{(k)}\boldsymbol{v}^{(k)\mathrm{T}}\\&=\boldsymbol{H}_{k+1}^{\mathrm{DFP}}+\mu\boldsymbol{v}^{(k)}\boldsymbol{v}^{(k)\mathrm{T}}\end{aligned} \tag{4.4.36}$$

其中，

$$\boldsymbol{v}^{(k)}=(\boldsymbol{q}^{(k)\mathrm{T}}\boldsymbol{H}_k\boldsymbol{q}^{(k)})^{\frac{1}{2}}\left(\frac{\boldsymbol{p}^{(k)}}{\boldsymbol{p}^{(k)\mathrm{T}}\boldsymbol{q}^{(k)}}-\frac{\boldsymbol{H}_k\boldsymbol{q}^{(k)}}{\boldsymbol{q}^{(k)\mathrm{T}}\boldsymbol{H}_k\boldsymbol{q}^{(k)}}\right) \tag{4.4.37}$$

在拟牛顿法的每次迭代中，可用Broyden族的一个成员作为修正公式。

由于DFP和BFGS修正都满足拟牛顿条件(4.4.7)，因此Broyden族的全体成员均满足这个条件。进而，DFP方法所具有的许多性质，Broyden方法同样也具有。下列定理就是定理4.4.2的直接推广。

定理4.4.3　设 $f(\boldsymbol{x})=\frac{1}{2}\boldsymbol{x}^{\mathrm{T}}\boldsymbol{A}\boldsymbol{x}+\boldsymbol{b}^{\mathrm{T}}\boldsymbol{x}+c$，其中 $\boldsymbol{A}$ 是 n 阶对称正定矩阵，则对于Broyden方法，成立

$$\boldsymbol{p}^{(i)\mathrm{T}}\boldsymbol{A}\boldsymbol{p}^{(j)}=0,\quad 1\leqslant i<j\leqslant k$$
$$\boldsymbol{H}_{k+1}\boldsymbol{A}\boldsymbol{p}^{(i)}=\boldsymbol{p}^{(i)},\quad 1\leqslant i\leqslant k$$

证明方法同定理 4.4.2。

值得注意,Broyden 族并非对 μ 的所有取值都会保持正定性。当 $\mu<0$ 时,$\boldsymbol{H}^{\mu}$ 有可能奇异,故为保持正定性,μ 应为非负值。由于正定矩阵与非正定矩阵之和仍为正定矩阵,因此当 $\mu\geqslant 0$ 时必定是正定的。

Broyden 族只是给出一类拟牛顿算法,它只包含一个参数。也有的文献介绍的 Huang 族包含三个参数,Broyden 族是 Huang 族的一个子族,可参考文献[18]。

拟牛顿法是无约束最优化方法中最为有效的一类算法,其具有许多优点,例如其迭代只需一阶导数而不必计算 Hesse 矩阵,当使 $\boldsymbol{H}_k$ 正定时,算法产生的方向均为下降方向,同时该算法具有二次终止性,对于一般情形而言,具有超线性收敛速率,并具有 n 步二次收敛速率。故拟牛顿算法集中了许多算法的长处,但其缺点是所需存储量较大。

4.5 信赖域方法

4.5.1 简介

前面介绍的无约束最优化方法,一般策略是,先给定点 $\boldsymbol{x}^{(k)}$ 后,定义搜索方向 $\boldsymbol{d}^{(k)}$,再从 $\boldsymbol{x}^{(k)}$ 出发沿 $\boldsymbol{d}^{(k)}$ 进行一维搜索。信赖域方法则是另一种方式。在给定一点 $\boldsymbol{x}^{(k)}$ 后,确定一个变化范围,取一个 $\boldsymbol{x}^{(k)}$ 为中心的球域称为信赖域,从而在这个区域内优化函数的二次逼近式,进而求出后继点 $\boldsymbol{x}^{(k+1)}$,如结果不满足精度的要求,再定义以 $\boldsymbol{x}^{(k+1)}$ 为中心的信赖域,再在此新的区域内优化二次逼近式,直至精度满足要求为止。下面就此简要分析,例如下面一个无约束问题:

$$\min f(\boldsymbol{x}),\quad \boldsymbol{x}\in\mathbb{R}^n \tag{4.5.1}$$

将 $f(\boldsymbol{x})$ 在点 $\boldsymbol{x}^{(k)}$ 展开,取其二次近似

$$f(\boldsymbol{x})\approx f(\boldsymbol{x}^{(k)})+\nabla f(\boldsymbol{x}^{(k)})^{\mathrm{T}}(\boldsymbol{x}-\boldsymbol{x}^{(k)})+\frac{1}{2}(\boldsymbol{x}-\boldsymbol{x}^{(k)})^{\mathrm{T}}\nabla^2 f(\boldsymbol{x}^{(k)})(\boldsymbol{x}-\boldsymbol{x}^{(k)})$$

记 $\boldsymbol{d}=\boldsymbol{x}-\boldsymbol{x}^{(k)}$,得到二次模型

$$\phi_k(\boldsymbol{d})=f(\boldsymbol{x}^{(k)})+\nabla f(\boldsymbol{x}^{(k)})^{\mathrm{T}}\boldsymbol{d}+\frac{1}{2}\boldsymbol{d}^{\mathrm{T}}\nabla^2 f(\boldsymbol{x}^{(k)})\boldsymbol{d} \tag{4.5.2}$$

为了在 $\boldsymbol{x}^{(k)}$ 附近用 $\phi_k(\boldsymbol{d})$ 近似 $f(\boldsymbol{x}^{(k)}+\boldsymbol{d})$,限定 $\boldsymbol{d}$ 的取值范围,令 $\|\boldsymbol{d}\|\leqslant \boldsymbol{r}_k$,$\boldsymbol{r}_k$ 是给定的常数,称为信赖域半径。这样,求函数 $f(\boldsymbol{x})$ 的极小点可以变为求一系列子问题。

$$\min \phi_k(\boldsymbol{d})\overset{\text{def}}{=}f(\boldsymbol{x}^{(k)})+\nabla f(\boldsymbol{x}^{(k)})^{\mathrm{T}}\boldsymbol{d}+\frac{1}{2}\boldsymbol{d}^{\mathrm{T}}\nabla^2 f(\boldsymbol{x}^{(k)})\boldsymbol{d} \tag{4.5.3}$$
$$\text{s.t.}\quad \|\boldsymbol{d}\|\leqslant r_k$$

式中范数 $\|\cdot\|$ 未作具体的规定,可选择不同形式。在后面的讨论中,均为欧式范数,$\|\cdot\|=\|\cdot\|_2$,如此约束 $\|\boldsymbol{d}\|\leqslant r_k$ 可写成 $(\boldsymbol{d}^{\mathrm{T}}\boldsymbol{d})^{\frac{1}{2}}\leqslant r_k$。

若 $\boldsymbol{d}^{(k)}$ 是式(4.5.3)的最优解,则存在乘子 $\hat{w}\geqslant 0$,使得

$$\nabla^2 f(\boldsymbol{x}^{(k)})\boldsymbol{d}^{(k)}+\nabla f(\boldsymbol{x}^{(k)})+\frac{}{(\boldsymbol{d}^{(k)\mathrm{T}}\boldsymbol{d}^{(k)})^{\frac{1}{2}}}\boldsymbol{d}^{(k)}=0$$
$$\hat{w}(\|\boldsymbol{d}^{(k)}\|-r_k)=0$$

记作

$$w=\frac{\hat{w}}{(\boldsymbol{d}^{(k)\mathrm{T}}\boldsymbol{d}^{(k)})^{\frac{1}{2}}} \tag{4.5.4}$$

得到 $\boldsymbol{d}^{(k)}$ 为最优解的必要条件

$$\begin{cases}\nabla^2 f(\boldsymbol{x}^{(k)})\boldsymbol{d}^{(k)}+\nabla f(\boldsymbol{x}^{(k)})+w\boldsymbol{d}^{(k)}=0\\ w(\|\boldsymbol{d}^{(k)}\|-r_k)=0\\ w\geqslant 0\\ \|\boldsymbol{d}^{(k)}\|\leqslant r_k\end{cases} \tag{4.5.5}$$

设 $\nabla^2 f(\boldsymbol{x}^{(k)})+w\boldsymbol{I}$ 可逆，由式(4.5.5)得到

$$\|\boldsymbol{d}^{(k)}\|=\|(\nabla^2 f(\boldsymbol{x}^{(k)})+w\boldsymbol{I})^{-1}\nabla f(\boldsymbol{x}^{(k)})\| \tag{4.5.6}$$

式(4.5.5)的解 $\boldsymbol{d}^{(k)}$ 与信赖域半径 r_k 有关。分析可得，如果 r_k 很大，那么 w 的值可能很小，从而 $\boldsymbol{d}^{(k)}$ 接近牛顿方向，即

$$\boldsymbol{d}^{(k)}\approx-\nabla^2 f(\boldsymbol{x}^{(k)})^{-1}\nabla f(\boldsymbol{x}^{(k)})$$

如果 r_k 很小，则 w 会很大，这时，

$$\boldsymbol{d}^{(k)}\approx-\frac{1}{w}\nabla f(\boldsymbol{x}^{(k)})$$

即 $\boldsymbol{d}^{(k)}$ 接近最速下降方向。当信赖域半径 r_k 由小到大逐渐增大时，$\boldsymbol{d}^{(k)}$ 在最速下降方向与牛顿方向之间连续变化。

求出式(4.5.3)的最优解 $\boldsymbol{d}^{(k)}$ 后，要根据函数实际下降值与预测下降值的比来决定点 $\boldsymbol{x}^{(k)}+\boldsymbol{d}^{(k)}$ 能否作为式(4.5.1)的近似解。即

$$\rho_k=\frac{f(\boldsymbol{x}^{(k)})-f(\boldsymbol{x}^{(k)}+\boldsymbol{d}^{(k)})}{f(\boldsymbol{x}^{(k)})-\varphi_k(\boldsymbol{d}^{(k)})} \tag{4.5.7}$$

如果 ρ_k 比较大，那么认为逼近成功，使 $\boldsymbol{x}^{(k+1)}=\boldsymbol{x}^{(k)}+\boldsymbol{d}^{(k)}$；如果 ρ_k 太小，那么认为不成功，后续的点仍取 $\boldsymbol{x}^{(k)}$。信赖域的计算步骤如下：

(1) 给定可行点 $\boldsymbol{x}^{(1)}$，信赖域半径 r_1，参数 $0<\mu<\nu<1$ 及精度要求 ε。一般来说，$\mu=\frac{1}{4}$，$\nu=\frac{3}{4}$，$k=1$。

(2) 计算 $f(\boldsymbol{x}^{(k)})$，$\nabla f(\boldsymbol{x}^{(k)})$。若 $\|\nabla f(\boldsymbol{x}^{(k)})\|\leqslant\varepsilon$，则计算完成，可得解 $\boldsymbol{x}^{(k)}$；否则计算 $\nabla^2 f(\boldsymbol{x}^{(k)})$。

(3) 求解子问题

$$\begin{aligned}&\min\ \phi_k(\boldsymbol{d})\overset{\text{def}}{=}f(\boldsymbol{x}^{(k)})+\nabla f(\boldsymbol{x}^{(k)})^{\mathrm{T}}\boldsymbol{d}+\frac{1}{2}\boldsymbol{d}^{\mathrm{T}}\nabla^2 f(\boldsymbol{x}^{(k)})\boldsymbol{d}\\ &\text{s.t.}\quad \|\boldsymbol{d}\|\leqslant r_k\end{aligned}$$

从而得到子问题的最优解 $\boldsymbol{d}^{(k)}$，接着计算 $\rho_k=\dfrac{f(\boldsymbol{x}^{(k)})-f(\boldsymbol{x}^{(k)}+\boldsymbol{d}^{(k)})}{f(\boldsymbol{x}^{(k)})-\varphi_k(\boldsymbol{d}^{(k)})}$。

(4) 如果 $\rho_k\leqslant\mu$，那么认为不成功，令 $\boldsymbol{x}^{(k+1)}=\boldsymbol{x}^{(k)}$，如 $\rho_k>\mu$，令 $\boldsymbol{x}^{(k+1)}=\boldsymbol{x}^{(k)}+\boldsymbol{d}^{(k)}$。

(5) 修改 r_k，如果 $\rho_k\leqslant\mu$，那么令 $r_{k+1}=\frac{1}{2}r_k$，如果 $\mu<\rho_k<\nu$，令 $r_{k+1}=r_k$；如果 $\rho_k\geqslant\nu$，那么 $r_{k+1}=2r_k$。

(6) 使 $k+1$，转步骤(2)。

例 4.5.1 考虑无约束问题：

$$\min \quad f(\boldsymbol{x})=\boldsymbol{x}_1^4+\boldsymbol{x}_1^2+\boldsymbol{x}_2^2-6\boldsymbol{x}_2+10$$

取初始点 $\boldsymbol{x}^{(1)}=\begin{bmatrix}0\\0\end{bmatrix}$，信赖域半径 $r_1=1$，取 $\mu=\dfrac{1}{4}$，$\nu=\dfrac{3}{4}$，使用信赖域方法求其最优解。

解 经计算得到函数 $f(\boldsymbol{x}^{(1)})=10$，梯度值 $\nabla f(\boldsymbol{x}^{(1)})=\begin{bmatrix}0\\-6\end{bmatrix}$，目标函数的 Hesse 矩阵为 $\nabla^2 f(\boldsymbol{x}^{(1)})=\begin{bmatrix}2&0\\0&2\end{bmatrix}$。

先求解其子问题：

$$\begin{aligned}\min\quad & \phi_1(\boldsymbol{d})\overset{\text{def}}{=}f(\boldsymbol{x}^{(1)})+\nabla f(\boldsymbol{x}^{(1)})^{\mathrm{T}}\boldsymbol{d}+\frac{1}{2}\boldsymbol{d}^{\mathrm{T}}\nabla^2 f(\boldsymbol{x}^{(1)})\boldsymbol{d}\\ \text{s.t.}\quad & \|\boldsymbol{d}\|\leqslant 1\end{aligned}$$

即求解：

$$\begin{aligned}\min\quad & \phi_1(\boldsymbol{d})=10-6d_2+d_2^2+d_1^2\\ \text{s.t.}\quad & d_2^2+d_1^2\leqslant 1\end{aligned}$$

求解计算得到其 K-T 点，也是其最优解 $\boldsymbol{d}^{(1)}=\begin{bmatrix}0\\1\end{bmatrix}$，函数值 $f(\boldsymbol{x}^{(1)}+\boldsymbol{d}^{(1)})=5$，同时 $\phi_1(\boldsymbol{d}^{(1)})=5$，计算其实际下降量与预测下降量的比：

$$\rho_1=\frac{f(\boldsymbol{x}^{(1)})-f(\boldsymbol{x}^{(1)}+\boldsymbol{d}^{(1)})}{f(\boldsymbol{x}^{(1)})-\phi_1(\boldsymbol{d}^{(1)})}=1$$

则 $\rho_1>\nu$，即逼近成功，使 $\boldsymbol{x}^{(2)}=\boldsymbol{x}^{(1)}+\boldsymbol{d}^{(1)}=\begin{bmatrix}0\\1\end{bmatrix}$，同时 $r_2=2r_1=2$。

进行第 2 次迭代计算，得

$$f(\boldsymbol{x}^{(2)})=5,\quad \nabla f(\boldsymbol{x}^{(2)})=\begin{bmatrix}0\\-4\end{bmatrix},\quad \nabla^2 f(\boldsymbol{x}^{(2)})=\begin{bmatrix}2&0\\0&2\end{bmatrix}$$

解子问题

$$\begin{aligned}\min\quad & \phi_2(\boldsymbol{d})=5-4d_2+d_2^2+d_1^2\\ \text{s.t.}\quad & d_2^2+d_1^2\leqslant 4\end{aligned}$$

得到子问题的解 $\boldsymbol{d}^{(2)}=\begin{bmatrix}0\\2\end{bmatrix}$，进而计算得到 $f(\boldsymbol{x}^{(2)}+\boldsymbol{d}^{(2)})=1$，$\varphi_1(\boldsymbol{d}^{(2)})=1$，从而计算 ρ_2 的值：

$$\rho_2=\frac{f(\boldsymbol{x}^{(2)})-f(\boldsymbol{x}^{(2)}+\boldsymbol{d}^{(2)})}{f(\boldsymbol{x}^{(2)})-\phi_2(\boldsymbol{d}^{(2)})}=1>\nu$$

从而令 $\boldsymbol{x}^{(3)}=\boldsymbol{x}^{(2)}+\boldsymbol{d}^{(2)}=\begin{bmatrix}0\\3\end{bmatrix}$，$r_3=2r_2=4$。

进行第 3 次迭代，计算可得，$f(\boldsymbol{x}^{(3)})=1$，$\nabla f(\boldsymbol{x}^{(3)})=\begin{bmatrix}0\\0\end{bmatrix}$，则 $\boldsymbol{x}^{(3)}=\begin{bmatrix}0\\3\end{bmatrix}$ 为函数的最优解。

4.5.2 算法的收敛性

在一定条件下，信赖域方法具有全局收敛性。

定理 4.5.1 设 $f(\boldsymbol{x})$ 是 $\mathbb{R}^n$ 上的实函数，$\boldsymbol{x}^{(1)}$ 是给定的初始点，$S=\{\boldsymbol{x}\mid f(\boldsymbol{x})\leqslant f(\boldsymbol{x}^{(1)})\}$ 是有

界闭集，$f(\boldsymbol{x})$，$\nabla f(\boldsymbol{x})$，$\nabla^2 f(\boldsymbol{x})$都在$S$上连续，用信赖域方法求得序列$\{\boldsymbol{x}^{(k)}\}$，则$\lim\limits_{k\to\infty}\|\nabla f(\boldsymbol{x}^{(k)})\|=0$。

证明 由于$\nabla^2 f(\boldsymbol{x})$在有界闭集$S$上连续，故存在正数$M$，使得对应于每个$k$都有$\|\nabla f(\boldsymbol{x}^{(k)})\|\leqslant M$。

先证明$\{\|\nabla f(\boldsymbol{x}^{(k)})\|\}$存在收敛到0的子序列。用反证法，假设对所有充分大的k均有$\|\nabla f(\boldsymbol{x}^{(k)})\|\geqslant\varepsilon$，$\varepsilon$是某个正数，下面推其矛盾。

首先估计经第k次迭代函数值的预测下降量$f(\boldsymbol{x}^{(k)})-\phi_k(\boldsymbol{d}^{(k)})$，根据定义，这是在信赖域上的最大下降量。为给出最大下降量的一个下界，取最速下降方向：

$$\boldsymbol{d}=-\frac{\nabla f(\boldsymbol{x}^{(k)})}{\|\nabla f(\boldsymbol{x}^{(k)})\|}$$

沿着这个方向步长为λ时的下降量

$$\begin{aligned}Q(\lambda)&=f(\boldsymbol{x}^{(k)})-\phi_k\left(-\lambda\frac{\nabla f(\boldsymbol{x}^{(k)})}{\|\nabla f(\boldsymbol{x}^{(k)})\|}\right)\\&=f(\boldsymbol{x}^{(k)})-\left[f(\boldsymbol{x}^{(k)})+\nabla f(\boldsymbol{x}^{(k)})^{\mathrm{T}}\left(-\lambda\frac{\nabla f(\boldsymbol{x}^{(k)})}{\|\nabla f(\boldsymbol{x}^{(k)})\|}\right)\right]\\&\quad+\frac{1}{2}\left(-\lambda\frac{\nabla f(\boldsymbol{x}^{(k)})}{\|\nabla f(\boldsymbol{x}^{(k)})\|}\right)^{\mathrm{T}}\nabla^2 f(\boldsymbol{x}^{(k)})\left(-\lambda\frac{\nabla f(\boldsymbol{x}^{(k)})}{\|\nabla f(\boldsymbol{x}^{(k)})\|}\right)\Bigg]\\&=\|\nabla f(\boldsymbol{x}^{(k)})\|\lambda-\frac{\nabla f(\boldsymbol{x}^{(k)})^{\mathrm{T}}\nabla^2 f(\boldsymbol{x}^{(k)})\nabla f(\boldsymbol{x}^{(k)})}{2\|\nabla f(\boldsymbol{x}^{(k)})\|^2}\lambda^2\end{aligned}\tag{4.5.8}$$

当$Q'(\lambda)=0$时，解得其平稳点

$$\bar{\lambda}=\frac{\|\nabla f(\boldsymbol{x}^{(k)})\|^3}{\nabla f(\boldsymbol{x}^{(k)})^{\mathrm{T}}\nabla^2 f(\boldsymbol{x}^{(k)})\nabla f(\boldsymbol{x}^{(k)})}\tag{4.5.9}$$

由于$\boldsymbol{d}$是最速下降方向，因此$\bar{\lambda}>0$。

当$\bar{\lambda}\in(0,r_k)$时，下降量

$$\bar{Q}=\frac{\|\nabla f(\boldsymbol{x}^{(k)})\|^4}{2\nabla f(\boldsymbol{x}^{(k)})^{\mathrm{T}}\nabla^2 f(\boldsymbol{x}^{(k)})\nabla f(\boldsymbol{x}^{(k)})}\geqslant\frac{\|\nabla f(\boldsymbol{x}^{(k)})\|^2}{2M}\tag{4.5.10}$$

当$\bar{\lambda}\geqslant r_k$时，如考虑到式(4.5.9)

$$\nabla f(\boldsymbol{x}^{(k)})^{\mathrm{T}}\nabla^2 f(\boldsymbol{x}^{(k)})\nabla f(\boldsymbol{x}^{(k)})r_k\leqslant\|\nabla f(\boldsymbol{x}^{(k)})\|^3\tag{4.5.11}$$

时，预测点$\boldsymbol{x}^{(k+1)}=\boldsymbol{x}^{(k)}-\dfrac{r_k\nabla f(\boldsymbol{x}^{(k)})}{\|\nabla f(\boldsymbol{x}^{(k)})\|}$，由式(4.5.8)同时考虑到式(4.5.11)，有函数值的预测下降量

$$\bar{Q}=r_k\|\nabla f(\boldsymbol{x}^{(k)})\|-\frac{\nabla f(\boldsymbol{x}^{(k)})^{\mathrm{T}}\nabla^2 f(\boldsymbol{x}^{(k)})\nabla f(\boldsymbol{x}^{(k)})}{2\|\nabla f(\boldsymbol{x}^{(k)})\|^2}\geqslant\frac{1}{2}r_k\|\nabla f(\boldsymbol{x}^{(k)})\|\tag{4.5.12}$$

综合式(4.5.4)和式(4.5.12)，预测下降量

$$f(\boldsymbol{x}^{(k)})-\phi_k(\boldsymbol{d}^{(k)})\geqslant\frac{1}{2}\|\nabla f(\boldsymbol{x}^{(k)})\|\min\left\{r_k,\frac{\|\nabla f(\boldsymbol{x}^{(k)})\|}{M}\right\}\tag{4.5.13}$$

下面，利用式(4.5.13)推导$\lim\limits_{k\to\infty}r_k=0$。

由(4.5.7)中定义的“成功比”可得

$$\frac{f(\boldsymbol{x}^{(k)})-f(\boldsymbol{x}^{(k+1)})}{f(\boldsymbol{x}^{(k)})-\phi_k(\boldsymbol{d}^{(k)})}>\mu$$

由此得到

$$f(\boldsymbol{x}^{(k)})-f(\boldsymbol{x}^{(k+1)})>\mu[f(\boldsymbol{x}^{(k)})-\phi_k(\boldsymbol{d}^{(k)})]$$
$$\geqslant\frac{1}{2}\mu\|\nabla f(\boldsymbol{x}^{(k)})\|\min\left\{r_k,\frac{\|\nabla f(\boldsymbol{x}^{(k)})\|}{M}\right\} \tag{4.5.14}$$

根据假设，对充分大的 k，$\|\nabla f(\boldsymbol{x}^{(k)})\|\geqslant\varepsilon$，因此由式(4.5.14)可得

$$f(\boldsymbol{x}^{(k)})-f(\boldsymbol{x}^{(k+1)})>\frac{1}{2}\mu\varepsilon\min\left\{r_k,\frac{\varepsilon}{M}\right\} \tag{4.5.15}$$

由于$\{f(\boldsymbol{x}^{(k)})\}$为单调减有下界数列，必有极限，因此当 $k\to\infty$，式(4.5.15)左端趋向于 0，从而右端也趋于 0。由此可见，对于成功步 $\lim\limits_{k_i\to\infty}r_{k_i}=0$。任意两个成功步之间的不成功步，均会导致信赖域半径减小，综上分析，$\lim\limits_{k\to\infty}r_k=0$。

接下来证明，$\lim\limits_{k\to\infty}\rho_k=1$。

由于

$$\rho_k-1=\frac{f(\boldsymbol{x}^{(k)})-f(\boldsymbol{x}^{(k)}+\boldsymbol{d}^{(k)})}{f(\boldsymbol{x}^{(k)})-\phi_k(\boldsymbol{d}^{(k)})}-1$$
$$=\frac{-f(\boldsymbol{x}^{(k)}+\boldsymbol{d}^{(k)})+\phi_k(\boldsymbol{d}^{(k)})}{f(\boldsymbol{x}^{(k)})-\phi_k(\boldsymbol{d}^{(k)})} \tag{4.5.16}$$

但对于充分大的 k，由式(4.5.13)知式(4.5.16)的分母

$$f(\boldsymbol{x}^{(k)})-\phi_k(\boldsymbol{d}^{(k)})\geqslant\frac{1}{2}\|\nabla f(\boldsymbol{x}^{(k)})\|r_k\geqslant\frac{1}{2}\varepsilon r_k$$

式(4.5.16)的分子

$$-f(\boldsymbol{x}^{(k)}+\boldsymbol{d}^{(k)})+\phi_k(\boldsymbol{d}^{(k)})=-[f(\boldsymbol{x}^{(k)})+\nabla f(\boldsymbol{x}^{(k)})^{\mathrm{T}}\boldsymbol{d}^{(k)}+\frac{1}{2}\boldsymbol{d}^{(k)\mathrm{T}}\nabla^2 f(\boldsymbol{x}^{(k)}+\xi_k\boldsymbol{d}^{(k)})\boldsymbol{d}^{(k)}]$$
$$+[f(\boldsymbol{x}^{(k)})+\nabla f(\boldsymbol{x}^{(k)})^{\mathrm{T}}\boldsymbol{d}^{(k)}+\frac{1}{2}\boldsymbol{d}^{(k)\mathrm{T}}\nabla^2 f(\boldsymbol{x}^{(k)})\boldsymbol{d}^{(k)}]$$
$$=-\frac{1}{2}\boldsymbol{d}^{(k)\mathrm{T}}\nabla^2 f(\boldsymbol{x}^{(k)}+\xi_k\boldsymbol{d}^{(k)})\boldsymbol{d}^{(k)}+\frac{1}{2}\boldsymbol{d}^{(k)\mathrm{T}}\nabla^2 f(\boldsymbol{x}^{(k)})\boldsymbol{d}^{(k)}$$

因此

$$|\rho_k-1|=\frac{\left|-\frac{1}{2}\boldsymbol{d}^{(k)\mathrm{T}}\nabla^2 f(\boldsymbol{x}^{(k)}+\xi_k\boldsymbol{d}^{(k)})\boldsymbol{d}^{(k)}+\frac{1}{2}\boldsymbol{d}^{(k)\mathrm{T}}\nabla^2 f(\boldsymbol{x}^{(k)})\boldsymbol{d}^{(k)}\right|}{f(\boldsymbol{x}^{(k)})-\phi_k(\boldsymbol{d}^{(k)})}$$
$$\leqslant\frac{\|\boldsymbol{d}^{(k)}\|^2M}{\frac{1}{2}\varepsilon r_k}\leqslant\frac{2Mr_k}{\varepsilon}$$

在前文已提到，$\lim\limits_{k\to\infty}r_k=0$，因此$\lim\limits_{k\to\infty}\rho_k=1$。

另一方面，根据算法定义，$\rho_k>\mu$ 时，r_k 非减，这与 $\lim\limits_{k\to\infty}r_k=0$ 时 $\lim\limits_{k\to\infty}\rho_k=1$ 矛盾，因此$\{\|\nabla f(\boldsymbol{x}^{(k)})\|\}$存在收敛到 0 的子序列。

接下来证明$\lim\limits_{k\to\infty}\|\nabla f(\boldsymbol{x}^{(k)})\|=0$，利用反证法，假设存在子序列$\{\nabla f(\boldsymbol{x}^{(k)})\}$和正数 ε，对于每个 k_i 有

$$\|\nabla f(\boldsymbol{x}^{(k_i)})\|\geqslant\varepsilon \tag{4.5.17}$$

前文已经证明，$\{\|\nabla f(\boldsymbol{x}^{(k)})\|\}$存在一个收敛到 0 的子序列，故存在指标集$\{l_i\}$，对每个 l_i，存在

$$\|\nabla f(\boldsymbol{x}^{(l_i)})\|<\frac{\varepsilon}{3} \tag{4.5.18}$$

对每个 $k_i\leqslant k<l_i$，存在 $\|\nabla f(\boldsymbol{x}^{(k)})\|\geqslant\frac{\varepsilon}{3}$。

如果 $k_i\leqslant k<l_i$，同时第 k 次迭代成功，则由式(4.5.14)可得

$$f(\boldsymbol{x}^{(k)})-f(\boldsymbol{x}^{(k+1)})\geqslant\frac{1}{6}\mu\varepsilon\min\left\{r_k,\frac{\varepsilon}{3M}\right\}$$

由于不等式左端趋近于 0，故

$$f(\boldsymbol{x}^{(k)})-f(\boldsymbol{x}^{(k+1)})\geqslant\frac{1}{6}\mu\varepsilon\|\boldsymbol{x}^{(k+1)}-\boldsymbol{x}^{(k)}\| \tag{4.5.19}$$

由于不成功时，$\boldsymbol{x}^{(k+1)}=\boldsymbol{x}^{(k)}$，则式(4.5.19)对每个 $k_i\leqslant k<l_i$ 成立，故可推得

$$\begin{aligned}
&\frac{1}{6}\mu\varepsilon\|\boldsymbol{x}^{(k_i)}-\boldsymbol{x}^{(l_i)}\|\\
&\leqslant\frac{1}{6}\mu\varepsilon(\|\boldsymbol{x}^{(k_i)}-\boldsymbol{x}^{(k_i+1)}\|+\|\boldsymbol{x}^{(k_i+1)}-\boldsymbol{x}^{(k_i+2)}\|+\cdots+\|\boldsymbol{x}^{(l_i-1)}-\boldsymbol{x}^{(l_i)}\|)\\
&\leqslant[f(\boldsymbol{x}^{(k_i)})-f(\boldsymbol{x}^{(k_i+1)})]+[f(\boldsymbol{x}^{(k_i+1)})-f(\boldsymbol{x}^{(k_i+2)})]+\cdots+[f(\boldsymbol{x}^{(l_i-1)})-f(\boldsymbol{x}^{(l_i)})]\\
&\leqslant f(\boldsymbol{x}^{(k_i)})-f(\boldsymbol{x}^{(l_i)})
\end{aligned}$$

当指标趋向于无穷的时候，$f(\boldsymbol{x}^{(k_i)})-f(\boldsymbol{x}^{(l_i)})$趋近于 0，因此$\frac{1}{6}\mu\varepsilon\|\boldsymbol{x}^{(k_i)}-\boldsymbol{x}^{(l_i)}\|$也趋于 0。$\nabla f(\boldsymbol{x})$在有界闭集 S 上是连续的，当$\|\boldsymbol{x}^{(k_i)}-\boldsymbol{x}^{(l_i)}\|$趋于 0 时，$\|\nabla f(\boldsymbol{x}^{(k_i)})-\nabla f(\boldsymbol{x}^{(l_i)})\|$趋于 0，因此取充分大的指标 i，可以保证

$$\|\nabla f(\boldsymbol{x}^{(k_i)})-\nabla f(\boldsymbol{x}^{(l_i)})\|\leqslant\frac{\varepsilon}{3} \tag{4.5.20}$$

由式(4.5.17)、式(4.5.18)和式(4.5.20)得出

$$\begin{aligned}
\varepsilon&\leqslant\|\nabla f(\boldsymbol{x}^{(k_i)})\|=\|\nabla f(\boldsymbol{x}^{(k_i)})-\nabla f(\boldsymbol{x}^{(l_i)})+\nabla f(\boldsymbol{x}^{(l_i)})\|\\
&\leqslant\|\nabla f(\boldsymbol{x}^{(k_i)})-\nabla f(\boldsymbol{x}^{(l_i)})\|+\|\nabla f(\boldsymbol{x}^{(l_i)})\|\leqslant\frac{\varepsilon}{3}+\frac{\varepsilon}{3}<\varepsilon
\end{aligned}$$

产生矛盾，故$\lim\limits_{k\to\infty}\|\nabla f(\boldsymbol{x}^{(k)})\|=0$。

第 5 章　惩罚函数法

在此章中，介绍了另外一类约束最优化方法——惩罚函数法，其基本思路是借助惩罚函数把约束问题转化为无约束问题，从而通过无约束最优化方法来求解。

5.1　外点罚函数法

5.1.1　罚函数的概念

考虑一个约束问题

$$\begin{aligned}\min\quad & f(\boldsymbol{x})\\ \text{s.t.}\quad & g_i(\boldsymbol{x})\geqslant 0,\quad i=1,\cdots,m\\ & h_j(\boldsymbol{x})=0,\quad j=1,\cdots,l\end{aligned}\tag{5.1.1}$$

其中，$f(\boldsymbol{x})$，$g_i(\boldsymbol{x})(i=1,\cdots,m)$和 $h_j(\boldsymbol{x})(j=1,\cdots,l)$是$\mathbb{R}^n$上的连续函数，从而考虑这类问题的求解方法。

上述问题具有约束非线性，从而不能利用消元法将该问题化为无约束问题，故在求解时必须使目标函数值下降，同时又要满足约束条件。该方法通过将目标函数和约束函数组成辅助函数，从而将原问题转化为极小化辅助函数的无约束问题来解决。

比如，对于等式约束问题

$$\begin{aligned}\min\quad & f(\boldsymbol{x})\\ \text{s.t.}\quad & h_j(\boldsymbol{x})=0,\ j=1,\cdots,l\end{aligned}\tag{5.1.2}$$

从而定义辅助函数

$$F_1(\boldsymbol{x},\sigma)=f(\boldsymbol{x})+\sigma\sum_{j=1}^{l}h_j^2(\boldsymbol{x})\tag{5.1.3}$$

参数 σ 是一个很大的正数，如此就可以将(5.1.2)转化为如下的无约束问题

$$\min\quad F_1(\boldsymbol{x},\sigma)\tag{5.1.4}$$

显然，式(5.1.4)的最优解必使得 $h_j(\boldsymbol{x})$接近 0。如若不然，对于式(5.1.3)的第 2 项将是很大的正数，该点必不是极小点，从而，求解问题(5.1.4)能够得到问题(5.1.2)的近似解。

对于不等式约束问题

$$\begin{aligned}\min\quad & f(\boldsymbol{x})\\ \text{s.t.}\quad & g_i(\boldsymbol{x})\geqslant 0,\ j=1,\cdots,m\end{aligned}\tag{5.1.5}$$

辅助函数的形式同等式约束情形不同，但构造辅助函数的基本思想相同。在可行点，辅助函数值等于原来的目标函数值；在不可行点，辅助函数值等于原来的目标函数值加上一个非常大的正数。根据此原则，对于不等式约束问题(5.1.5)，定义函数

$$F_2(\boldsymbol{x},\sigma)=f(\boldsymbol{x})+\sigma\sum_{i=1}^{m}\left[\max\{0,-g_i(\boldsymbol{x})\}\right]^2 \tag{5.1.6}$$

其中，σ 是很大的正数，当 x 是可行点时，

$$\max\{0,-g_i(\boldsymbol{x})\}=0$$

当 x 不是可行点时，

$$\max\{0,-g_i(\boldsymbol{x})\}=-g_i(\boldsymbol{x})$$

如此，可将式(5.1.5)变为无约束问题

$$\min \quad F_2(\boldsymbol{x},\sigma) \tag{5.1.7}$$

并通过式(5.1.7)求得式(5.1.5)的近似解。

把上述思想进行推广，对于一般的情况式(5.1.1)，可以定义函数

$$F(\boldsymbol{x},\sigma)=f(\boldsymbol{x})+\sigma P(\boldsymbol{x}) \tag{5.1.8}$$

其中，$P(\boldsymbol{x})$具有下列的形式：

$$P(\boldsymbol{x})=\sum_{i=1}^{m}\phi(g_i(\boldsymbol{x}))+\sum_{j=1}^{l}\psi(h_i(\boldsymbol{x})) \tag{5.1.9}$$

函数 φ 和 ψ 的典型取法如下：

$$\phi=\left[\max\{0,-g_i(\boldsymbol{x})\}\right]^{\alpha}$$

$$\psi=|h_j(\boldsymbol{x})|^{\beta}$$

其中，$\alpha\geqslant 1,\beta\geqslant 1$，均为给定常数，通常取作 $\alpha=\beta=2$。

这样，就可以将约束问题(5.1.1)转化为无约束问题

$$\min \quad F(\boldsymbol{x},\sigma)\overset{\text{def}}{=}f(\boldsymbol{x})+\sigma P(\boldsymbol{x}) \tag{5.1.10}$$

其中，σ 是很大的正数，$P(\boldsymbol{x})$是连续函数。

根据定义，当 x 是可行点时，$P(\boldsymbol{x})=0$，从而可得 $F(\boldsymbol{x},\sigma)=f(\boldsymbol{x})$；但当 $\boldsymbol{x}$ 不是可行点时，在 $\boldsymbol{x}$ 处，$\sigma P(\boldsymbol{x})$是很大的常数，用于对点脱离可行域的一种罚，作用是在极小化过程中使迭代点靠近可行域。故求解问题(5.1.10)可以得到约束问题(5.1.1)的近似解，而且 σ 越大，近似程度越好，通常将 $\sigma P(\boldsymbol{x})$称为罚项，σ 为罚因子，$F(\boldsymbol{x},\sigma)$则称为罚函数。

例 5.1.1 求解下列问题

$$\begin{aligned}&\min \quad 2x\\&\text{s.t.} \quad x-3\geqslant 0\end{aligned} \tag{5.1.11}$$

解 令

$$P(x)=\left[\max\{0,-g(x)\}\right]^2=\begin{cases}0, & x\geqslant 3\\(x-3)^2, & x<3\end{cases}$$

罚函数

$$F(x,\sigma)=f(x)+\sigma P(x)$$

那么可通过求解下列无约束问题，求解(5.1.11)的近似解：

$$\min \quad 2x+\sigma P(x) \tag{5.1.12}$$

我们用解析方法解无约束问题(5.1.12)，那么根据罚函数 $F(x,\sigma)$的定义，可知：

$$\frac{\mathrm{d}F}{\mathrm{d}x}=\begin{cases}2, & x\geqslant 3\\2+2\sigma(x-3), & x<3\end{cases}$$

使

$$\frac{\mathrm{d}F}{\mathrm{d}x}=0$$

可得

$$\bar{x}_\sigma=3-\frac{1}{\sigma}$$

显然,σ 越大,$\bar{x}_\sigma$ 越接近问题(5.1.11)的最优解,当 $\sigma\to+\infty$时,可得 $\bar{x}_\sigma\to\bar{x}=3$。

例 5.1.2 求解下列的非线性规划问题:

$$\begin{aligned}&\min\quad f(\boldsymbol{x})\overset{\text{def}}{=}x_1^2+(x_2+1)2\\&\text{s.t.}\quad x_1-2\geqslant 0\end{aligned}$$

解 定义罚函数

$$\begin{aligned}\min\quad F(\boldsymbol{x},\sigma)&=x_1^2+(x_2+1)^2+\sigma[\max\{0,-(x_1-2)\}]^2\\&=\begin{cases}x_1^2+(x_2+1)^2, & x_1\geqslant 2\\x_1^2+(x_2+1)^2+\sigma(x_1-2)^2, & x_1<2\end{cases}\end{aligned}$$

应用解析法求解

$$\min\quad F(\boldsymbol{x},\sigma)$$

根据 $F(\boldsymbol{x},\sigma)$的定义,有

$$\frac{\partial F}{\partial x_1}=\begin{cases}2x_1, & x_1\geqslant 2\\2x_1+2\sigma(x_1-2), & x_1<2\end{cases}$$

$$\frac{\partial F}{\partial x_2}=2(x_2+1)$$

当

$$\frac{\partial F}{\partial x_1}=0,\quad \frac{\partial F}{\partial x_2}=0$$

可求得

$$\bar{\boldsymbol{x}}_\sigma=\begin{bmatrix}x_1\\x_2\end{bmatrix}=\begin{bmatrix}\frac{2\sigma}{1+\sigma}\\-1\end{bmatrix}$$

则当 $\sigma\to+\infty$,有

$$\bar{\boldsymbol{x}}_\sigma\to\bar{\boldsymbol{x}}=\begin{bmatrix}2\\-1\end{bmatrix}$$

$\bar{\boldsymbol{x}}$ 恰为约束问题的最优解。

此例罚函数的等值线由两部分组成。在原来问题的可行域内,是以$(0,-1)^{\mathrm{T}}$ 为圆心的圆的一部分,其方程是

$$x_1^2+(x_2+1)^2=r^2$$

在其可行域外,为椭圆的一部分,方程为

$$x_1^2+(x_2+1)^2+\sigma(x_1-2)^2=r^2$$

易知椭圆的中心在

$$\bar{\boldsymbol{x}}_\sigma=\begin{bmatrix}\frac{2\sigma}{1+\sigma}\\-1\end{bmatrix}$$

由以上两例可得,当罚因子 $\sigma\to+\infty$时,无约束问题的最优解 $\bar{\boldsymbol{x}}_\sigma$ 趋向一个极限点 $\bar{\boldsymbol{x}}$,这个

极限点正是原来约束问题的最优解。此外，无约束问题的最优解 $\bar{x}$，往往会不满足原来问题的约束条件，因为它是从可行域外部趋向于 $\bar{x}$ 的，故 $F(\boldsymbol{x},\sigma)$ 也称为外点罚函数，与其相对应的最优化方法称为外点罚函数法，简称外点法。

5.1.2 外点罚函数法计算步骤

在实际计算时，罚因子 σ 的选择十分重要。如果 σ 过大，那么会给罚函数的极小化增加计算上的困难；如果 σ 太小，那么罚函数的极小点就会远离约束问题的最优解，效率会很低。因此，一般的策略是取一个趋向无穷的严格递增正数列 $\{\sigma_k\}$，从某个 σ_i 开始，对每个 k，求解

$$\min \quad f(\boldsymbol{x})+\sigma_k P(\boldsymbol{x}) \tag{5.1.13}$$

从而得到一个极小点的序列 $\{\bar{\boldsymbol{x}}_k\}$，在适当的条件下，序列将收敛于约束问题的最优解。如此，通过求解一系列无约束问题来获得约束问题的最优解的方法被称为序列无约束极小化方法，简称为 SUMT 方法。

外点罚函数法计算步骤如下：

(1) 给定初始点 $\boldsymbol{x}^{(0)}$，初始罚因子 σ_1，放大系数 $c>1$，允许误差 $\varepsilon>0$，同时置 $k=1$。

(2) 以 $x^{(k-1)}$ 为初点，求解无约束问题

$$\min \quad f(\boldsymbol{x})+\sigma_k P(\boldsymbol{x})$$

设其极小点为 $\boldsymbol{x}^{(k)}$。

(3) 若 $\sigma_k P(\boldsymbol{x}^{(k)})<\varepsilon$，则停止计算，计算得到点 $\boldsymbol{x}^{(k)}$；否则，令 $\sigma_{k+1}=c\sigma_k$，使 $k+1$，返回步骤(2)。

5.1.3 收敛性

首先证明下面两个引理。

引理 5.1.1 设 $0<\sigma_k<\sigma_{k+1}$，分别取罚因子为 σ_k 及 σ_{k+1} 时无约束问题的全局极小点为 $x^{(k)}$ 和 $x^{(k+1)}$，则下列各式成立：

(1) $F(\boldsymbol{x}^{(k)},\sigma_k)\leqslant F(\boldsymbol{x}^{(k+1)},\sigma_{k+1})$；

(2) $P(\boldsymbol{x}^{(k)})\geqslant P(\boldsymbol{x}^{(k+1)})$；

(3) $f(\boldsymbol{x}^{(k)})\leqslant f(\boldsymbol{x}^{(k+1)})$。

证明 先证(1)，根据 $\boldsymbol{x}^{(k)}$ 是 $F(\boldsymbol{x},\sigma_k)$ 的全局极小点，由 $\sigma_k<\sigma_{k+1}$ 及 $F(\boldsymbol{x},\sigma)$ 的定义，必有

$$\begin{aligned}F(\boldsymbol{x}^{(k)},\sigma_k)&=f(\boldsymbol{x}^{(k)})+\sigma_k P(\boldsymbol{x}^{(k)})\\&\leqslant f(\boldsymbol{x}^{(k+1)})+\sigma_k P(\boldsymbol{x}^{(k+1)})\\&\leqslant f(\boldsymbol{x}^{(k+1)})+\sigma_{k+1} P(\boldsymbol{x}^{(k+1)})\\&=F(\boldsymbol{x}^{(k+1)},\sigma_{k+1})\end{aligned}$$

再证(2)，因为 $\boldsymbol{x}^{(k)}$ 和 $\boldsymbol{x}^{(k+1)}$ 分别是 $F(\boldsymbol{x},\sigma_k)$ 和 $F(\boldsymbol{x},\sigma_{k+1})$ 的全局极小点，因此必有

$$f(\boldsymbol{x}^{(k)})+\sigma_k P(\boldsymbol{x}^{(k)})\leqslant f(\boldsymbol{x}^{(k+1)})+\sigma_k P(\boldsymbol{x}^{(k+1)}) \tag{5.1.14}$$

$$f(\boldsymbol{x}^{(k+1)})+\sigma_{k+1} P(\boldsymbol{x}^{(k+1)})\leqslant f(\boldsymbol{x}^{(k)})+\sigma_{k+1} P(\boldsymbol{x}^{(k)}) \tag{5.1.15}$$

将上面两式的两端分别相加，整理得

$$(\sigma_{k+1}-\sigma_k)P(\boldsymbol{x}^{(k)})\geqslant(\sigma_{k+1}-\sigma_k)P(\boldsymbol{x}^{(k+1)}) \tag{5.1.16}$$

由于 $\sigma_{k+1}>\sigma_k$，那么可得

$$P(\boldsymbol{x}^{(k)})\geqslant P(\boldsymbol{x}^{(k+1)}) \tag{5.1.17}$$

最后证(3)，由于 $\boldsymbol{x}^{(k)}$ 是 $F(\boldsymbol{x},\sigma_k)$ 得全局极小点，因此有

$$f(\boldsymbol{x}^{(k)})+\sigma_k P(\boldsymbol{x}^{(k)})\leqslant f(\boldsymbol{x}^{(k+1)})+\sigma_k P(\boldsymbol{x}^{(k+1)}) \tag{5.1.18}$$

则可得

$$f(\boldsymbol{x}^{(k)})\leqslant f(\boldsymbol{x}^{(k+1)})$$

由上述引理可得，如果迭代不中止，那么$\{f(\boldsymbol{x}^{(k)})\}$和$\{F(\boldsymbol{x}^{(k)},\sigma_k)\}$为非减序列，$\{P(\boldsymbol{x}^{(k)})\}$为非增序列。

引理 5.1.2 设$\bar{\boldsymbol{x}}$是问题(5.1.1)的最优解，且对任意的$\sigma_k>0$，由于式(5.1.8)所定义的$F(\boldsymbol{x},\sigma_k)$存在全局极小点$\boldsymbol{x}^{(k)}$，则对每一个$k$，下式成立

$$f(\bar{\boldsymbol{x}})\geqslant F(\boldsymbol{x}^{(k)},\sigma_k)\geqslant f(\boldsymbol{x}^{(k)}) \tag{5.1.19}$$

证明 由于$\sigma_k P(\boldsymbol{x}^{(k)})\geqslant 0$，则有

$$F(\boldsymbol{x}^{(k)},\sigma_k)=f(\boldsymbol{x}^{(k)})+\sigma_k P(\boldsymbol{x}^{(k)})\geqslant f(\boldsymbol{x}^{(k)}) \tag{5.1.20}$$

由于$\bar{\boldsymbol{x}}$是问题(5.1.1)的最优解，故同时为其可行点，根据$P(\boldsymbol{x})$的定义，必有

$$P(\bar{\boldsymbol{x}})=0$$

又考虑到$\boldsymbol{x}^{(k)}$是$F(\boldsymbol{x},\sigma_k)$的全局极小点，则

$$\begin{aligned}f(\bar{\boldsymbol{x}})&=f(\bar{\boldsymbol{x}})+\sigma_k P(\bar{\boldsymbol{x}})\\&\geqslant f(\boldsymbol{x}^{(k)})+\sigma_k P(\boldsymbol{x}^{(k)})\\&=F(\boldsymbol{x}^{(k)},\sigma_k)\end{aligned} \tag{5.1.21}$$

由式(5.1.20)和式(5.1.21)可得，式(5.1.19)成立。

定理 5.1.3 设问题(5.1.1)的可行域S非空，且存在一个$\varepsilon>0$，使得集合

$$S_\varepsilon=\{\boldsymbol{x}\,|\,g_i(\boldsymbol{x})\geqslant-\varepsilon,\ i=1,\cdots,m,\ |h_j(\boldsymbol{x})|\leqslant\varepsilon, j=1,\cdots,l\} \tag{5.1.22}$$

是紧的，又设$\{\sigma_k\}$是趋向无穷大的严格递增正数列，且对于每个k，式(5.1.13)存在全局最优解$\boldsymbol{x}^{(k)}$，那么$\{\boldsymbol{x}^{(k)}\}$存在一个收敛子序列$\{\boldsymbol{x}^{(k_j)}\}$，并且任何这样的收敛子序列的极限都是问题(5.1.1)的最优解。

证明 根据假设，S是紧集，同时$f(\boldsymbol{x})$是连续函数，因此问题(5.1.1)存在一个全局最优解$\bar{x}$。

由引理 5.1.1 和引理 5.1.2 可知，$\{F(\boldsymbol{x}^{(k)},\sigma_k)\}$和$\{f(\boldsymbol{x}^{(k)})\}$均为单调增有上界序列，故可设

$$\lim_{k\to\infty}F(\boldsymbol{x}^{(k)},\sigma_k)=\hat{F} \tag{5.1.23}$$

$$\lim_{k\to\infty}f(\boldsymbol{x}^{(k)})=\hat{f} \tag{5.1.24}$$

于是存在

$$\lim_{k\to\infty}\sigma_k P(\boldsymbol{x}^{(k)})=\hat{F}-\hat{f} \tag{5.1.25}$$

由于当$k\to\infty$，$\sigma_k\to\infty$，因此由式(5.1.25)可得

$$\lim_{k\to\infty}P(\boldsymbol{x}^{(k)})=0 \tag{5.1.26}$$

根据$P(\boldsymbol{x})$的定义，当$\boldsymbol{x}\in S$时，$P(\boldsymbol{x})=0$，当$x\notin S$时，$P(\boldsymbol{x})>0$，再考虑式(5.1.26)，由此可以断定，对每个$\delta>0$，存在正整数$K(\delta)$，使得当$k>K(\delta)$时，有$\boldsymbol{x}^{(k)}\in S_\delta$。于是，存在充分大的正整数$\hat{K}(\varepsilon)$，使得所有满足$k>\hat{K}(\varepsilon)$的点$\boldsymbol{x}^{(k)}\in S_\varepsilon$，又知$S_\varepsilon$是紧集，因此存在收敛子序列$\{\boldsymbol{x}^{(k_j)}\}$，设

$$\lim_{k_j\to\infty}\boldsymbol{x}^{(k_j)}=\hat{\boldsymbol{x}} \tag{5.1.27}$$

由式(5.1.26)可知

$$P(\hat{\boldsymbol{x}})=0$$

因此 $\hat{\boldsymbol{x}}\in S$。

由于 $\bar{x}$ 是问题(5.1.1)的全局最优解，则有

$$f(\bar{\boldsymbol{x}})\leqslant f(\hat{\boldsymbol{x}}) \tag{5.1.28}$$

根据引理 5.1.2，对每一个 k_j，存在

$$f(\boldsymbol{x}^{(k_j)})\leqslant f(\bar{\boldsymbol{x}})$$

当 $k_j\to\infty$ 时，可得

$$f(\hat{\boldsymbol{x}})\leqslant f(\bar{\boldsymbol{x}}) \tag{5.1.29}$$

由式(5.1.28)和式(5.1.29)可得

$$f(\hat{\boldsymbol{x}})=f(\bar{\boldsymbol{x}}) \tag{5.1.30}$$

因此 $\hat{\boldsymbol{x}}$ 是问题(5.1.1)全局最优解。

此外，由 $f(\boldsymbol{x}^{(k)})\leqslant F(\boldsymbol{x}^{(k)},\sigma_k)$ 可得

$$\hat{f}\leqslant\hat{F} \tag{5.1.31}$$

另一方面，由于 $f(\boldsymbol{x})$ 连续，则

$$\lim_{k_j\to\infty} f(\boldsymbol{x}^{(k_j)})=f(\hat{\boldsymbol{x}})$$

又考虑到式(5.1.24)和式(5.1.30)，那么

$$\hat{f}=f(\hat{\boldsymbol{x}})=f(\bar{\boldsymbol{x}})$$

从而由 $F(\boldsymbol{x}^{(k)},\sigma_k)\leqslant f(\bar{\boldsymbol{x}})$ 推得

$$\hat{F}\leqslant f(\bar{\boldsymbol{x}})=\hat{f} \tag{5.1.32}$$

由式(5.1.31)和式(5.1.32)可得

$$\hat{F}=\hat{f} \tag{5.1.33}$$

这样，由式(5.1.25)可得

$$\lim_{k\to\infty}\sigma_k P(\boldsymbol{x}^{(k)})=0 \tag{5.1.34}$$

故取 $\sigma_k P(\boldsymbol{x}^{(k)})<\varepsilon$ 作为终止准则。

5.2 内点罚函数法

5.2.1 内点罚函数的基本思想

内点罚函数法是由内点出发，并保持在可行域内部进行搜索的一种方法。因此，这种方法适用于下列只有不等式约束的问题：

$$\begin{aligned}\min\quad & f(\boldsymbol{x}) \\ \text{s. t.}\quad & g_i(\boldsymbol{x})\geqslant 0,\ i=1,\cdots,m\end{aligned} \tag{5.2.1}$$

其中，$f(x)$，$g_i(\boldsymbol{x})(i=1,\cdots,m)$ 是连续函数，现将可行域记为

$$S=\{x\mid g_i(\boldsymbol{x})\geqslant 0,i=1,\cdots,m\} \tag{5.2.2}$$

保持迭代点含于可行域内部的方法是定义一个障碍函数

$$G(\boldsymbol{x},r)=f(\boldsymbol{x})+rB(\boldsymbol{x}) \tag{5.2.3}$$

其中，$B(\boldsymbol{x})$ 为连续函数，当点 x 趋向可行域边界时，$B(\boldsymbol{x})\to+\infty$。

两种最重要的形式为

$$B(\boldsymbol{x})=\sum_{i=1}^{m}\frac{1}{g_i(\boldsymbol{x})} \tag{5.2.4}$$

和

$$B(\boldsymbol{x})=-\sum_{i=1}^{m}\log g_i(\boldsymbol{x}) \tag{5.2.5}$$

r是很小的正数。这样,当$\boldsymbol{x}$趋向边界时,函数$G(\boldsymbol{x},r)\to+\infty$;否则,否则$r$取值很小,则$G(\boldsymbol{x},r)$的取值近似$f(\boldsymbol{x})$。因此,可通过求解下列的问题从而得到问题(5.2.1)的近似解:

$$\begin{aligned}\min\quad & G(\boldsymbol{x},r)\\ \text{s. t.}\quad & \boldsymbol{x}\in \text{int } S\end{aligned} \tag{5.2.6}$$

由于$B(\boldsymbol{x})$的存在,在可行域边界形成"围墙",因此约束问题(5.2.6)的解$\bar{x}_r$,必含于可行域的内部。

式(5.2.6)仍是约束问题,由于$B(x)$的阻拦作用是自动实现的,故从计算的观点看,式(5.2.6)可当作无约束问题进行处理。

5.2.2 内点罚函数的计算步骤

根据障碍函数$G(\boldsymbol{x},r)$的定义,可以发现,r的取值越小,约束问题(5.2.6)的最优解越接近约束问题(5.2.1)的最优解。但是,仍存在与外点法相似的问题,当r过小时,约束问题(5.2.6)会变得困难。因此,仍采取序列无约束极小化方法(SUMT),取一个严格单调减并且趋于零的罚因子(障碍因子)数列$\{r_k\}$,对于每一个k,从内部出发,求解问题

$$\begin{aligned}\min\quad & G(\boldsymbol{x},r_k)\\ \text{s. t.}\quad & \boldsymbol{x}\in \text{int } S\end{aligned} \tag{5.2.7}$$

内点罚函数计算步骤如下:

(1) 给定初始内点$\boldsymbol{x}^{(0)}\in \text{int } S$,允许误差$\varepsilon>0$,初始参数为$r_1$,缩小系数$\beta\in(0,1)$,置$k=1$。

(2) 以$\boldsymbol{x}^{(k-1)}$为初始点,求解下列问题:

$$\begin{aligned}\min\quad & f(\boldsymbol{x})+r_kB(\boldsymbol{x})\\ \text{s. t.}\quad & \boldsymbol{x}\in \text{int } S\end{aligned}$$

其中,$B(\boldsymbol{x})$由式(5.2.4)定义,设求得的极小点为$\boldsymbol{x}^{(k)}$。

(3) 若$r_kB(x^{(k)})<\varepsilon$,则停止计算,得到点$x^{(k)}$;否则,令$r_{k+1}=\beta r_k$,使$k+1$,返回步骤(2)。

例 5.2.1 用内点罚函数法求解下列问题:

$$\begin{aligned}\min\quad & \frac{1}{3}x_1{}^3+x_2+1\\ \text{s. t.}\quad & x_1\geqslant 0\\ & x_2+1\geqslant 0\end{aligned}$$

解 定义障碍函数

$$G(\boldsymbol{x},r_k)=\frac{1}{3}x_1^3+x_2+1+r_k\left(\frac{1}{x_1}+\frac{1}{x_2+1}\right)$$

下面用解析方法求解该问题:

$$\begin{aligned}\min\quad & G(\boldsymbol{x},r_k)\\ \text{s. t.}\quad & \boldsymbol{x}\in S\end{aligned}$$

令

$$\frac{\partial G}{\partial x_1}=x_1^2-\frac{r_k}{x_1^2}=0$$

$$\frac{\partial G}{\partial x_2}=1-\frac{r_k}{(x_2+1)^2}=0$$

解得

$$\bar{x}_{r_k}=(x_1,x_2)=(\sqrt[4]{r_k},\sqrt{r_k}-1)$$

当 $r_k\to 0$ 时，$\bar{x}_{r_k}\to\bar{x}=(0,-1)$，得到 $\bar{x}$ 为问题的最优解。

5.2.3 收敛性

关于内点罚函数的收敛性，存在如下定理：

定理 5.2.1 设在问题(5.2.1)中，可行域内部 int S 非空，且存在一个最优解。设对于每一个 r_k，障碍函数 $G(\boldsymbol{x},r_k)$ 在 int S 内都存在极小点，并且内点罚函数产生的全局极小点序列 $\{\boldsymbol{x}^{(k)}\}$ 存在子序列收敛到 $\bar{x}$，那么 $\bar{x}$ 为问题的全局最优解。

证明 先证 $\{G(\boldsymbol{x}^{(k)},r_k)\}$ 是单调减同时有下界的序列。

设 $\boldsymbol{x}^{(k)},\boldsymbol{x}^{(k+1)}\in$ int S，分别是 $G(\boldsymbol{x},r_k)$ 和 $G(\boldsymbol{x},r_{k+1})$ 的全局极小点，由于 $r_{k+1}<r_k$，所以有

$$\begin{aligned}G(\boldsymbol{x}^{(k+1)},r_{k+1})&=f(\boldsymbol{x}^{(k+1)})+r_{k+1}B(\boldsymbol{x}^{(k+1)})\leqslant f(\boldsymbol{x}^{(k)})+r_{k+1}B(\boldsymbol{x}^{(k)})\\&\leqslant f(\boldsymbol{x}^{(k)})+r_kB(\boldsymbol{x}^{(k)})=G(\boldsymbol{x}^{(k)},r_k)\end{aligned}\tag{5.2.8}$$

设 $\boldsymbol{x}^*$ 是问题(5.2.1)的全局最优解。由于 $\boldsymbol{x}^{(k)}$ 是可行点，所以

$$f(\boldsymbol{x}^{(k)})\geqslant f(\boldsymbol{x}^*)$$

又知

$$G(\boldsymbol{x}^{(k)},r_k)\geqslant f(\boldsymbol{x}^{(k)})$$

因此有

$$G(\boldsymbol{x}^{(k)},r_k)\geqslant f(\boldsymbol{x}^*)\tag{5.2.9}$$

式(5.2.8)和式(5.2.9)表明，$\{G(\boldsymbol{x}^{(k)},r_k)\}$ 为单调减有下界序列。并由此可得，该序列存在极限

$$\hat{G}\geqslant f(\boldsymbol{x}^*)$$

接下来证明 $\hat{G}=f(\boldsymbol{x}^*)$。用反证法，假设 $\hat{G}>f(\boldsymbol{x}^*)$，由于 $f(\boldsymbol{x})$ 是连续函数，因此存在正数 δ，使得 $\|\boldsymbol{x}-\boldsymbol{x}^*\|<\delta$，且 $x\in$ int S，有

$$f(\boldsymbol{x})-f(\boldsymbol{x}^*)\leqslant\frac{1}{2}[\hat{G}-f(\boldsymbol{x}^*)]$$

即

$$f(\boldsymbol{x})\leqslant\frac{1}{2}[\hat{G}+f(\boldsymbol{x}^*)]\tag{5.2.10}$$

任取一个点 $\hat{x}\in$ int S，使 $\|\hat{x}-x^*\|<\delta$，由于 $r_k\to 0$，故存在 K，当 $k>K$ 时

$$r_kB(\hat{\boldsymbol{x}})<\frac{1}{4}[\hat{G}-f(\boldsymbol{x}^*)]$$

这样，当 $k>K$ 时，根据 $G(\boldsymbol{x}^{(k)},r_k)$ 的定义，同时考虑式(5.2.10)，必有

$$\begin{aligned}G(\boldsymbol{x}^{(k)},r_k)&=f(\boldsymbol{x}^{(k)})+r_kB(\boldsymbol{x}^{(k)})\\&\leqslant f(\hat{\boldsymbol{x}})+r_kB(\hat{\boldsymbol{x}})\\&\leqslant\frac{1}{2}[\hat{G}+f(\boldsymbol{x}^*)]+\frac{1}{4}[\hat{G}-f(\boldsymbol{x}^*)]\\&=\hat{G}-\frac{1}{4}[\hat{G}-f(\boldsymbol{x}^*)]\end{aligned}$$

上式与 $G(\boldsymbol{x}^{(k)},r_k)\to\hat{G}$ 相矛盾。故可得

$$\hat{G}=f(\boldsymbol{x}^*)$$

下面证明 $\bar{\boldsymbol{x}}$ 是全局最优解。

设 $\{\boldsymbol{x}^{(k_j)}\}$ 是 $\{\boldsymbol{x}^{(k)}\}$ 的收敛子序列，且 $\lim\limits_{k_j\to\infty}\boldsymbol{x}^{(k_j)}=\bar{\boldsymbol{x}}$，由于 $\boldsymbol{x}^{(k_j)}$ 是可行域 S 的内点，即满足

$$g_i(\boldsymbol{x}^{(k_j)})>0,\ i=1,\cdots,m$$

及 $g_i(\boldsymbol{x})$ 是连续函数，故

$$\lim_{k_j\to\infty}g_i(\boldsymbol{x}^{(k_j)})=g_i(\bar{\boldsymbol{x}})\geqslant 0,\quad i=1,\cdots,m \tag{5.2.11}$$

由此可知，$\bar{\boldsymbol{x}}$ 是可行点。根据假设，$\boldsymbol{x}^*$ 为全局最优解，故

$$f(\boldsymbol{x}^*)\leqslant f(\bar{\boldsymbol{x}}) \tag{5.2.12}$$

很容易得到，式(5.2.12)必为等式，假设 $f(\boldsymbol{x}^*)<f(\bar{\boldsymbol{x}})$，则

$$\lim_{k_j\to\infty}\{f(\boldsymbol{x}^{(k_j)})-f(\boldsymbol{x}^*)\}=f(\bar{\boldsymbol{x}})-f(\boldsymbol{x}^*)>0$$

这样，当 $k_j\to\infty$ 时，

$$\begin{aligned}G(\boldsymbol{x}^{(k_j)},r_{k_j})-f(\boldsymbol{x}^*)&=f(\boldsymbol{x}^{(k_j)})-f(\boldsymbol{x}^*)+r_{k_j}B(\boldsymbol{x}^{(k_j)})\\&\geqslant f(\boldsymbol{x}^{(k_j)})-f(\boldsymbol{x}^*)\end{aligned}$$

不趋于零，与

$$\lim_{k\to\infty}G(\boldsymbol{x}^{(k)},r_k)=\hat{G}=f(\boldsymbol{x}^*)$$

相矛盾，因此必有 $f(\boldsymbol{x}^*)=f(\bar{\boldsymbol{x}})$，从而 $\bar{x}$ 是问题(5.2.1)的全局最优解。

上面介绍的外点法和内点法均采用序列无约束极小化技巧，过程十分简单，同时对于导数不存在的情况也可以求解，故得到广泛应用。但上述的罚函数法存在固有的缺点，那就是当罚因子趋向其极限时，罚函数的 Hesse 矩阵的条件数会无限增大，越来越病态，罚函数这种性态给无约束极小化带来了很大的困难，为克服该缺点，Hestenes 和 Powell 各自提出了乘子法，接下来介绍乘子法。

5.3 乘 子 法

5.3.1 乘子法的基本思想

首先考虑约束为等式的情况

$$\begin{aligned}\min\quad & f(\boldsymbol{x})\\ \text{s.t.}\quad & h_j(\boldsymbol{x})=0,\quad j=1,\cdots,l\end{aligned} \tag{5.3.1}$$

其中，$f,h_j(j=1,\cdots,l)$ 是二次连续可微函数，$x\in\mathbb{R}^n$。

运用乘子法首先要定义增广 Lagrange 函数(乘子罚函数)：

$$\begin{aligned}\phi(\boldsymbol{x},\boldsymbol{v},\boldsymbol{\sigma})&=f(\boldsymbol{x})-\sum_{j=1}^{l}v_jh_j(\boldsymbol{x})+\frac{\sigma}{2}\sum_{j=1}^{l}h_j^2(\boldsymbol{x})\\&=f(\boldsymbol{x})-v^{\mathrm{T}}h(\boldsymbol{x})+\frac{\sigma}{2}h(\boldsymbol{x})^{\mathrm{T}}h(\boldsymbol{x})\end{aligned} \tag{5.3.2}$$

其中，$\sigma>0$，

$$v=\begin{bmatrix}v_1\\ \vdots\\ v_l\end{bmatrix},\quad h(\boldsymbol{x})=\begin{bmatrix}h_1(\boldsymbol{x})\\ \vdots\\ h_l(\boldsymbol{x})\end{bmatrix}$$

$\phi(\boldsymbol{x},\boldsymbol{v},\sigma)$与 Lagrange 函数的区别在于增加了罚项

$$\frac{\sigma}{2}h(\boldsymbol{x})^{\mathrm{T}}h(\boldsymbol{x})$$

而与罚函数的区别在于增加了乘子项$(-v^{\mathrm{T}}h(\boldsymbol{x}))$。这种区别使增广 Lagrange 函数与 Lagrange 函数及罚函数具有不同的性态。对于$\phi(\boldsymbol{x},\boldsymbol{v},\sigma)$只要取足够大的罚因子$\sigma$,不必趋向无穷大,就可通过极小化$\phi(\boldsymbol{x},\boldsymbol{v},\sigma)$求得问题(5.3.1)的局部最优解。为证明这个结果,做如下假设。

设$\bar{\boldsymbol{x}}$是等式约束问题(5.3.1)的一个局部最优解,且满足二阶充分条件,即存在乘子$\boldsymbol{v}=(\bar{v}_1,\cdots,\bar{v}_l)^{\mathrm{T}}$使得

$$\nabla f(\bar{\boldsymbol{x}})-\boldsymbol{A}\boldsymbol{v}=0 \tag{5.3.3}$$

$$h_j(\bar{\boldsymbol{x}})=0,\quad j=1,\cdots,l \tag{5.3.4}$$

且对每一个满足$\boldsymbol{d}^{\mathrm{T}}\nabla h_j(\bar{\boldsymbol{x}})=0\quad(j=1,\cdots,l)$的非零向量$\boldsymbol{d}$,存在

$$\boldsymbol{d}^{\mathrm{T}}\nabla_x^2 L(\bar{\boldsymbol{x}},\bar{\boldsymbol{v}})\boldsymbol{d}>0 \tag{5.3.5}$$

且

$$\boldsymbol{A}=(\nabla h_1(\bar{\boldsymbol{x}}),\cdots,\nabla h_l(\bar{\boldsymbol{x}})) \tag{5.3.6}$$

现在给出定理并证明。

定理 5.3.1 $\bar{\boldsymbol{x}}$和$\bar{\boldsymbol{v}}$满足问题(5.3.1)的局部最优解的二阶充分条件,那么存在$\sigma'\geqslant 0$,使得对所有的$\sigma>\sigma'$,$\bar{x}$是$\phi(\boldsymbol{x},\boldsymbol{v},\sigma)$的严格局部极小点。反之,若存在$\boldsymbol{x}^{(0)}$,使得

$$h_j(\boldsymbol{x}^{(0)})=0,\quad j=1,\cdots,l \tag{5.3.7}$$

且对于某个$\boldsymbol{v}^{(0)}$,$\boldsymbol{x}^{(0)}$是$\phi(\boldsymbol{x},\boldsymbol{v}^{(0)},\sigma)$的无约束极小点,又满足极小点的二阶充分条件,则$\boldsymbol{x}^{(0)}$是问题(5.3.1)的严格局部最优解。

证明 首先证明定理的前半部,由式(5.3.2)可得

$$\nabla_x\phi(\boldsymbol{x},\boldsymbol{v},\sigma)=\nabla f(\boldsymbol{x})-\sum_{j=1}^{l}\bar{v}_j\nabla h_j(\boldsymbol{x})+\sigma\sum_{j=1}^{l}h_j(\boldsymbol{x})\nabla h_j(\boldsymbol{x}) \tag{5.3.8}$$

根据假设,$\bar{\boldsymbol{x}}$必为问题(5.3.1)的 K-T 点,那么考虑到式(5.3.3)和式(5.3.4),有

$$\nabla_x\phi(\boldsymbol{x},\bar{\boldsymbol{v}},\sigma)=0 \tag{5.3.9}$$

下面证明,在$\bar{\boldsymbol{x}}$处$\phi(\boldsymbol{x},\bar{\boldsymbol{v}},\sigma)$关于$x$的 Hesse 矩阵$\nabla_x^2\phi(\bar{\boldsymbol{x}},\bar{\boldsymbol{v}},\sigma)$是正定的。

由式(5.3.8)可得

$$\begin{aligned}\nabla_x^2\phi(\bar{\boldsymbol{x}},\bar{\boldsymbol{v}},\sigma)&=\nabla^2 f(\boldsymbol{x})-\sigma\sum_{j=1}^{l}\bar{v}_j\nabla^2 h_j(\boldsymbol{x})+\sigma\sum_{j=1}^{l}h_j(\boldsymbol{x})\nabla^2 h_j(\boldsymbol{x})\\&\quad+\sigma\sum_{j=1}^{l}\nabla h_j(\boldsymbol{x})\nabla h_j(\boldsymbol{x})^{\mathrm{T}}\\&=\nabla^2 f(\boldsymbol{x})-\sum_{j=1}^{l}(\bar{v}_j-\sigma h_j(\boldsymbol{x}))\nabla^2 h_j(\boldsymbol{x})\\&\quad+\sigma\sum_{j=1}^{l}\nabla h_j(\boldsymbol{x})\nabla h_j(\boldsymbol{x})^{\mathrm{T}}\\&=\boldsymbol{Q}+\sigma\boldsymbol{A}\boldsymbol{A}^{\mathrm{T}}\end{aligned} \tag{5.3.10}$$

其中,

$$\boldsymbol{Q}=\nabla^2 f(\boldsymbol{x})-\sum_{j=1}^{l}(\bar{v}_j-\sigma h_j(\boldsymbol{x}))\nabla^2 h_j(\boldsymbol{x})$$

$$\boldsymbol{A}=(\nabla h_1(\boldsymbol{x}),\cdots,\nabla h_i(\boldsymbol{x}))$$

在点 $\bar{x}$ 处，有

$$\nabla_x^2\phi(\bar{x},\bar{v},\sigma)=\bar{Q}+\sigma\bar{A}\bar{A}^T$$

设 rank $\bar{A}=r\leqslant l$，令 $B_{n\times r}$ 为关于 $\bar{A}$ 的正交基矩阵($B^TB=I$)，即 B 的 r 个列是 $\bar{A}$ 的 l 个列所产生的子空间的一组正交基，故存在

$$\bar{A}=BC \tag{5.3.11}$$

其中，$C=B^T\bar{A}$，秩为 r。

对于任意的非零向量 $u\in\mathbb{R}^n$，令

$$u=p+Bq$$

其中，p 满足 $B^Tp=0$，显然，$\bar{A}^Tp=0$，即

$$\nabla h_j(\bar{x})^Tp=0,\quad j=1,\cdots,l$$

由上可得

$$\begin{aligned}u^T\nabla_x^2\phi(\bar{x},\bar{v},\sigma)u&=(p+Bq)^T(\bar{Q}+\sigma\bar{A}\bar{A}^T)(p+Bq)\\&=p^T\bar{Q}p+2p^T\bar{Q}Bp+q^TB^T\bar{Q}Bp+\sigma q^TCC^Tq\end{aligned}$$

由于 $\bar{x}$ 是问题(5.3.1)的局部最优解，且满足二阶充分条件，故存在数 $a>0$，使

$$p^T\bar{Q}p\geqslant a\|p\|^2$$

设 b 是 $\bar{Q}B$ 的最大奇异值，$e=\|B^T\bar{Q}B\|_2$，又设 $\mu>0$ 是 CC^T 的最小特征值，那么

$$u^T\nabla_x^2\phi(\bar{x},\bar{v},\sigma)u\geqslant a\|p\|^2-2b\|p\|\|q\|+(\sigma\mu-e)\|q\|^2$$

其中，$u\neq0$，则 p 和 q 不同时为零向量。因此若取充分大的 σ，使得

$$\sigma\mu-e-\frac{b^2}{a}>0$$

即使得

$$\sigma>\frac{b^2+ae}{au}$$

则下式总成立

$$u^T\nabla_x^2\phi(\bar{x},\bar{v},\sigma)u>0 \tag{5.3.12}$$

由此可知，存在

$$\sigma'=\frac{b^2+ae}{au}$$

当罚因子 $\sigma>\sigma'$ 时，均有$\nabla_x^2\phi(\bar{x},\bar{v},\sigma)$正定。此时，由式(5.3.9)和式(5.3.12)可知，点 $\bar{x}$ 必为 $\phi(x,\bar{v},\sigma)$的严格局部极小点。

再证该定理的后半部分，由于 $x^{(0)}$ 是 $\phi(x,v^{(0)},\sigma)$的极小点，且满足二阶充分条件，故有

$$\nabla_x\phi(x^{(0)},v^{(0)},\sigma)=0 \tag{5.3.13}$$

以及对没一个非零向量 $d\in\mathbb{R}^n$，使下式成立

$$d^T\nabla_x^2\phi(x^{(0)},v^{(0)},\sigma)d>0 \tag{5.3.14}$$

由式(5.3.8)和式(5.3.13)并考虑到

$$h_j(x^{(0)})=0,\quad j=1,\cdots,l$$

则得到

$$\nabla f(x^{(0)})-\sum_{j=1}^{l}v_j^{(0)}\nabla h_j(x^{(0)})=0 \tag{5.3.15}$$

因此 $x^{(0)}$ 是问题(5.3.1)的 $K-T$ 点。由式(5.3.10)和式(5.3.14)可知，对每个满足这两

个式子的非零向量 d 存在

$$\boldsymbol{d}^{\mathrm{T}}(\nabla^2 f(\boldsymbol{x}^{(0)})-\sum_{j=1}^{l} v_j^{(0)} \nabla^2 h_j(\boldsymbol{x}^{(0)}))d>0 \tag{5.3.16}$$

由于式(5.3.15)和式(5.3.16)成立，则 $\boldsymbol{x}^{(0)}$ 是问题(5.3.1)的严格局部最优解。

根据上述的定理，如果知道最优乘子 $\bar{\boldsymbol{v}}$，那么只要取充分大的罚因子 σ，不需趋向于无穷大即可通过极小化 $\phi(\boldsymbol{x},\bar{\boldsymbol{v}},\sigma)$ 求出问题(5.3.1)的解。但是，最优乘子 $\bar{\boldsymbol{v}}$ 事先未知，故需要研究如何确定 $\bar{\boldsymbol{v}}$ 和 σ。一般的方法是，先给定充分大的 σ 和 Lagrange 乘子的初始估计 $\boldsymbol{v}$，进而不断地在迭代过程中修正 $\boldsymbol{v}$，使 $\boldsymbol{v}$ 趋向于 $\bar{\boldsymbol{v}}$。修正的公式不难给出。设在第 k 次迭代中，Lagrange 乘子向量的估计为 $\boldsymbol{v}^{(k)}$，罚因子取 σ，从而得到 $\phi(\boldsymbol{x},\boldsymbol{v}^{(k)},\sigma)$ 的极小点 $\boldsymbol{x}^{(k)}$，这时有

$$\nabla_x\phi(\boldsymbol{x}^{(k)},\boldsymbol{v}^{(k)},\sigma)=\nabla f(\boldsymbol{x}^{(k)})-\sum_{j=1}^{l}(v_j^{(k)}-\sigma h_j(\boldsymbol{x}^{(k)}))\nabla h_j(\boldsymbol{x}^{(k)})=0 \tag{5.3.17}$$

对于问题(5.3.1)的最优解 $\bar{\boldsymbol{x}}$，当 $\nabla h_1(\bar{\boldsymbol{x}}),\cdots,\nabla h_l(\bar{\boldsymbol{x}})$ 线性无关时，应有

$$\nabla f(\bar{\boldsymbol{x}})-\sum_{j=1}^{l}\bar{v}_j \nabla h_j(\bar{\boldsymbol{x}})=0 \tag{5.3.18}$$

假如 $\boldsymbol{x}^{(k)}=\bar{\boldsymbol{x}}$，则必有 $\bar{v}_j=v_j^{(k)}-\sigma h_j(\boldsymbol{x}^{(k)})$，然而一般来说，$\boldsymbol{x}^{(k)}$ 并非是 $\bar{\boldsymbol{x}}$，故该等式并不成立，但可由此给出修正乘子 $\boldsymbol{v}$ 的公式，令

$$v_j^{(k+1)}=v_j^{(k)}-\sigma h_j(\boldsymbol{x}^{(k)}),\quad j=1,\cdots,l \tag{5.3.19}$$

然后再进行第 $k+1$ 次迭代，求 $\phi(\boldsymbol{x},\boldsymbol{v}^{(k+1)},\sigma)$ 的无约束极小点，这样做下去，可使得 $\boldsymbol{v}^{(k)}\to\bar{\boldsymbol{v}}$，从而 $\boldsymbol{x}^{(k)}\to\bar{\boldsymbol{x}}$。如果 $\{\boldsymbol{v}^{(k)}\}$ 不收敛，或收敛太慢，则增大参数 σ，再进行迭代。收敛的速度用 $\|h(\boldsymbol{x}^{(k)})\|/\|h(\boldsymbol{x}^{(k-1)})\|$ 来衡量。

5.3.2 等式约束问题乘子法计算步骤

乘子法的计算步骤如下：

(1) 给定初始点 $\boldsymbol{x}^{(0)}$，乘子向量初始估计 $\boldsymbol{v}^{(1)}$，参数 σ，允许误差 $\varepsilon>0$，常数 $a>1,\beta\in(0,1)$，置 $k=1$。

(2) 以 $\boldsymbol{x}^{(k-1)}$ 为初点，解无约束问题

$$\min \quad \phi(\boldsymbol{x},\boldsymbol{v}^{(k)},\sigma)$$

得到 $\boldsymbol{x}^{(k)}$。

(3) $\|h(\boldsymbol{x}^{(k)})\|<\varepsilon$，则停止计算，得到点 $\boldsymbol{x}^{(k)}$；否则，进行步骤(4)。

(4) 若

$$\frac{\|h(\boldsymbol{x}^{(k)})\|}{\|h(\boldsymbol{x}^{(k-1)})\|}\geqslant\beta$$

则置 $\sigma:=a\sigma$，转步骤(5)；否则，则直接进行步骤(5)。

(5) 用式(5.3.19)计算 $\bar{\boldsymbol{v}}_j^{(k+1)}(j=1,\cdots,l)$，使 $k+1$，转步骤(2)。

例 5.3.1 用乘子法求解下列问题：

$$\begin{aligned}&\min \quad x_1^2+x_2^2-x_1x_2\\&\text{s.t.} \quad x_1+x_2-2=0\end{aligned}$$

解 对于此例，增广 Lagrange 函数

$$\phi(\boldsymbol{x},v,\sigma)=x_1^2+x_2^2-x_1x_2-v(x_1+x_2-2)+\frac{\sigma}{2}(x_1+x_2-2)^2$$

取罚因子 $\sigma=2$，令 Lagrange 乘子的初始估计 $v^{(1)}=2$，由此出发求最优解。

下面用解析法求函数 $\phi(\boldsymbol{x},v,\sigma)$ 的极小点。

在第 1 次迭代中，易得 $\phi(\boldsymbol{x},v^{(1)},\sigma)$ 的极小点为

$$x^{(1)}=\begin{bmatrix}x_1^{(1)}\\x_2^{(1)}\end{bmatrix}=\begin{bmatrix}\dfrac{6}{5}\\\dfrac{6}{5}\end{bmatrix}$$

那么，在第 k 次迭代取乘子 $v^{(k)}$，增广 Lagrange 函数 $\phi(\boldsymbol{x},v^{(k)},\sigma)$ 的极小点为

$$\boldsymbol{x}^{(k)}=\begin{bmatrix}x_1^{(k)}\\x_2^{(k)}\end{bmatrix}=\begin{bmatrix}\dfrac{1}{5}(\boldsymbol{v}^{(k)}+4)\\\dfrac{1}{5}(\boldsymbol{v}^{(k)}+4)\end{bmatrix}$$

现在通过修正 $v^{(k)}$，求 $v^{(k+1)}$，则

$$\begin{aligned}v^{(k+1)}&=v^{(k)}-\sigma h(\boldsymbol{x}^{(k)})\\&=v^{(k)}-2\left(\frac{1}{5}(v^{(k)}+4)+\frac{1}{5}(v^{(k)}+4)-2\right)\\&=\frac{1}{5}v^{(k)}+\frac{4}{5}\end{aligned}$$

容易得到 $k\to\infty$，序列 $\{v^{(k)}\}$ 收敛，且

$$\lim_{k\to\infty}v^{(k)}=1$$

同时 $\lim\limits_{k\to\infty}v^{(k)}=1$，$x_2^{(k)}\to1$。得到最优乘子

$$\bar{v}=1$$

问题的最优解为

$$\bar{\boldsymbol{x}}=\begin{bmatrix}\bar{x}_1\\\bar{x}_2\end{bmatrix}=\begin{bmatrix}1\\1\end{bmatrix}$$

在实际的计算中，σ 的取值也十分重要。若 σ 过小，则收敛减慢甚至不收敛。若 σ 过大，则会增加计算的难度。

5.3.3 不等式问题的乘子法

先考虑只有不等式约束的问题

$$\begin{aligned}\min\quad & f(\boldsymbol{x})\\ \text{s.t.}\quad & g_j(\boldsymbol{x})\geqslant0,\quad j=1,\cdots,m\end{aligned}\tag{5.3.20}$$

为利用关于等式约束问题所得到的结果，引入变量 y_j，把不等式约束问题(5.3.20)化为等式约束问题

$$\begin{aligned}\min\quad & f(\boldsymbol{x})\\ \text{s.t.}\quad & g_j(\boldsymbol{x})-y_j^2=0,\quad j=1,\cdots,m\end{aligned}$$

这样可定义增广 Lagrange 函数

$$\bar{\phi}(\boldsymbol{x},\boldsymbol{y},\boldsymbol{w},\sigma)=f(x)-\sum_{j=1}^{m}w_j(g_j(x)-y_j^2)+\frac{\sigma}{2}\sum_{j=1}^{m}(g_j(x)-y_j^2)^2\tag{5.3.21}$$

从而把问题(5.3.20)转化为求解

$$\min\quad \bar{\phi}(\boldsymbol{x},\boldsymbol{y},\boldsymbol{w},\sigma)\tag{5.3.22}$$

用配方法将 $\bar{\phi}(\boldsymbol{x},\boldsymbol{y},\boldsymbol{w},\sigma)$ 化为

$$\begin{aligned}\bar{\phi} &= f(\boldsymbol{x}) + \sum_{j=1}^{m}\left[-w_j(g_j(\boldsymbol{x}) - y_j^2) + \frac{\sigma}{2}(g_j(\boldsymbol{x}) - y_j^2)^2\right] \\ &= f(\bar{x}) + \sum_{j=1}^{m}\left\{\frac{\sigma}{2}\left[y_j^2 - \frac{1}{\sigma}(\sigma g_j(\boldsymbol{x}) - w_j)\right]^2 - \frac{w_j^2}{2\sigma}\right\}\end{aligned} \tag{5.3.23}$$

为使 $\bar{\phi}$ 关于 y_j 取极小，y_j 取值如下：

当 $\sigma g_j(\boldsymbol{x}) - w_j \geqslant 0$ 时，

$$y_j^2 = \frac{1}{\sigma}(\sigma g_j(\boldsymbol{x}) - w_j)$$

当 $\sigma g_j(\boldsymbol{x}) - w_j < 0$ 时，

$$y_j = 0$$

综合以上两种情形，即

$$y_j^2 = \frac{1}{\sigma}\max\{0, \sigma g_j(\boldsymbol{x}) - w_j\} \tag{5.3.24}$$

将式(5.3.24)代入式(5.3.23)，由此定义增广 Lagrange 函数

$$\phi(\boldsymbol{x}, \boldsymbol{w}, \sigma) = f(x) + \frac{1}{2\sigma}\sum_{j=1}^{m}\{[\max(0, w_j - \sigma g_j(x))]^2 - w_j^2\} \tag{5.3.25}$$

将问题(5.3.20)转化为求解无约束问题

$$\min \quad \phi(\boldsymbol{x}, \boldsymbol{w}, \sigma) \tag{5.3.26}$$

对于同时含有不等式约束和等式约束的问题

$$\begin{aligned} \min \quad & f(\boldsymbol{x}) \\ \text{s.t.} \quad & g_j(\boldsymbol{x}) \geqslant 0, \quad j = 1, \cdots, m \\ & h_j(\boldsymbol{x}) = 0, \quad j = 1, \cdots, l \end{aligned} \tag{5.3.27}$$

应定义增广 Lagrange 函数

$$\begin{aligned}\phi(\boldsymbol{x}, \boldsymbol{w}, \boldsymbol{v}, \sigma) &= f(x) + \frac{1}{2\sigma}\sum_{j=1}^{m}\{[\max(0, w_j - \sigma g_j(x))]^2 - w_j^2\} \\ &\quad - \sum_{j=1}^{l} v_j h_j(x) + \frac{\sigma}{2}\sum_{j=1}^{l} h_j^2(x)\end{aligned} \tag{5.3.28}$$

在迭代中，与只有等式约束问题类似，也是取定充分大的参数 σ，并通过修正第 k 次迭代中的乘子 $\boldsymbol{w}^{(k)}$ 和 $\boldsymbol{v}^{(k)}$，得到第 $k+1$ 次迭代中的乘子 $\boldsymbol{w}^{(k+1)}$ 和 $\boldsymbol{v}^{(k+1)}$。修正公式如下：

$$\begin{cases} w_j^{(k+1)} = \max(0, w_j^{(k)} - \sigma g_j(\boldsymbol{x}^{(k)})), & j = 1, \cdots, m \\ v_j^{(k+1)} = v_j^{(k)} - \sigma h_j(\boldsymbol{x}^{(k)}), & j = 1, \cdots, l \end{cases} \tag{5.3.29}$$

计算步骤与等式约束相同。

例 5.3.2　用乘子法求解下列问题：

$$\begin{aligned} \min \quad & 2x_1^2 + x_2^2 \\ \text{s.t.} \quad & x_1 + x_2 \geqslant 2 \end{aligned}$$

解　增广 Lagrange 函数为

$$\begin{aligned}\phi(\boldsymbol{x}, w, \sigma) &= 2x_1^2 + x_2^2 + \frac{1}{2\sigma}\{[\max(0, w - \sigma(x_1 + x_2 - 2))]^2 - w^2\} \\ &= \begin{cases} 2x_1^2 + x_2^2 + \dfrac{1}{2\sigma}\{[w - \sigma(x_1 + x_2 - 2)]^2 - w^2\}, & x_1 + x_2 - 2 \leqslant \dfrac{w}{\sigma} \\ 2x_1^2 + x_2^2 - \dfrac{w^2}{2\sigma}, & x_1 + x_2 - 2 > \dfrac{w}{\sigma} \end{cases}\end{aligned}$$

$$\frac{\partial \phi}{\partial x_1}=\begin{cases}4x_1-(w-\sigma(x_1+x_2-2)), & x_1+x_2-2\leqslant\frac{w}{\sigma}\\ 4x_1 & x_1+x_2-2>\frac{w}{\sigma}\end{cases}$$

$$\frac{\partial \phi}{\partial x_2}=\begin{cases}2x_2-(w-\sigma(x_1+x_2-2)), & x_1+x_2-2\leqslant\frac{w}{\sigma}\\ 2x_2 & x_1+x_2-2>\frac{w}{\sigma}\end{cases}$$

令

$$\nabla_x\varphi(\boldsymbol{x},w,\sigma)=0$$

得到 $\phi(\boldsymbol{x},w,\sigma)=0$ 的无约束极小点

$$x_1=\frac{w+2\sigma}{4+3\sigma},\quad x_2=\frac{2(w+2\sigma)}{4+3\sigma}$$

取 $\sigma=2,w^{(1)}=1$，得到 $\phi(\boldsymbol{x},w^{(1)},\sigma)$的极小点

$$x^{(1)}=\begin{bmatrix}x_1^{(1)}\\ x_2^{(1)}\end{bmatrix}=\begin{bmatrix}\frac{1}{2}\\ 1\end{bmatrix}$$

修正 $w^{(1)}$，可得

$$w^{(2)}=\max\left(0,1-2(\frac{1}{2}+1-2)\right)=2$$

求得 $\phi(\boldsymbol{x},w^{(2)},\sigma)$的极小点

$$\boldsymbol{x}^{(2)}=\begin{bmatrix}x_1^{(2)}\\ x_2^{(2)}\end{bmatrix}=\begin{bmatrix}\frac{2}{3}\\ \frac{4}{3}\end{bmatrix}$$

以此类推，可得在第 k 次迭代取乘子 $w^{(k)}$，求得 $\phi(\boldsymbol{x},w^{(k)},\sigma)$的极小点

$$\boldsymbol{x}^{(k)}=\begin{bmatrix}\frac{1}{10}(w+4)\\ \frac{1}{5}(w+4)\end{bmatrix}$$

修正 $w^{(k)}$，得到

$$w^{(k+1)}=\max(0,w^{(k)}-2(x_1^{(k)}+x_2^{(k)}-2))=\frac{2}{5}w^{(k)}+\frac{8}{5}$$

显然按照上式迭代得到的序列$\{w^{(k)}\}$是收敛的。$k\to\infty$，则 $w^{(k)}\to\frac{8}{3}$，同时

$$\boldsymbol{x}^{(k)}=\begin{bmatrix}\frac{2}{3}\\ \frac{4}{3}\end{bmatrix}$$

在乘子法中，由于参数 σ 不必趋向于无穷大即可求得约束问题的最优解，因此避免了罚函数的缺点。同时经验表明，乘子法优于罚函数，故得到了广泛应用。

第6章 动态规划

动态规划(*dynamic programming*)是通过组合子问题的解来解决问题,即将问题划分为若干子问题,递归地解决子问题,然后组合这些子问题的解来解决原问题。与分治算法不同,动态规划应用于当子问题有重叠的情况,也就得不同的子问题具有相同的子子问题(*sub*－*sub*－*problem*)。动态规划算法仅解决一次子子问题,然后把它们的解保存在一个表格中,从而避免了每次解决一个子子问题时都要重新计算。

我们通常将动态规划应用于最优化问题。这类问题可以有许多可能的解决方案,每一个解决方案都可以得到一个值,我们希望找到一个具有最优值(最小值或最大值)的解决方案。我们称这种解决方案为问题的一个最优解, 而不是最优解,因为可能有多种方案可以达到最优值。

我们按照下面 4 个步骤来应用动态规划算法:

(1) 刻画一个最优解的结构;

(2) 递归地定义最优解的值;

(3) 通常以自下而上的方法计算最优解的值;

(4) 根据计算的信息构建一个最优解。

步骤(1)～(3)是动态规划求解问题的基础。当我们仅仅需要一个最优解的值,而不是解本身,可以忽略步骤(4)。当我们需要执行步骤(4)时,有时我们会在步骤(3)中维护一些额外的信息,以便我们能轻松地构造出一个最优解。

下面我们使用动态规划来解决一些最优化问题。6.1 节讨论了如何将钢管(rod)切成短钢条,使得总价值最大。6.2 节讨论了使用动态规划解决问题两个关键特征。6.3 节讨论了如何使用最少的标量乘法来完成一个矩阵链的运算。

6.1 钢管切割

我们使用动态规划的第一个例子是如何切割钢管的简单问题。某公司购买了长钢管,要将其切割成较短的钢管出售。每一次切割都是免费的。某公司的管理人员希望知道切割钢管的最佳方案。

假设我们知道某公司将长度为 i 英寸的钢管定价为 p_i($i=1,2,\cdots$, 单位:元),钢管的长度是固定的整英寸。图 6.1.1 是价格表的样例。

长度 i	1	2	3	4	5	6	7	8	9	10
价格 p_i	1	5	8	9	10	17	17	20	24	30

图 6.1.1 钢管的价格样例,每个长度为 i 英寸的钢管为公司带来 p_i 元的收益

以下是钢管切割(rod cutting)问题。给定一个长度为 n 英寸的钢管以及价格表 p_i($i=1$,

2,…,n),求取切割方案,使得销售收益 r_n 最大化。注意,如果长度为 n 的钢管的价格 p_n 足够大,最佳的方案也许是根本不需要切割。

让我们考虑 $n=4$ 的情况,图 6.1.2 展示切割一根长度为 4 英寸的钢管的所有可能情况,其中包括完全不切割的情况。我们可以看到将 4 英寸钢管切割成 2 个 2 英寸能产生最优的收益 $p_2+p_2=5+5=10$。

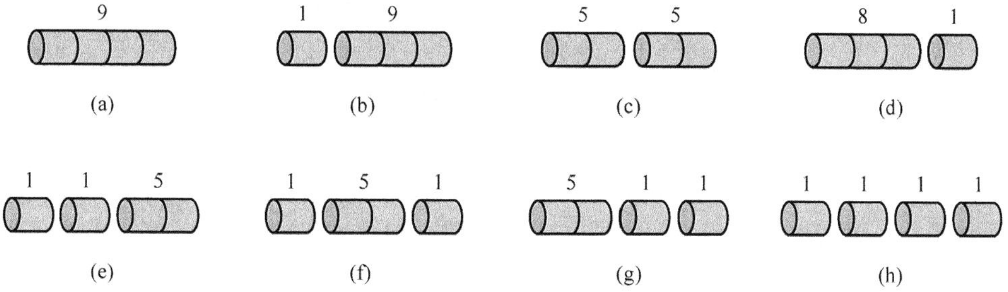

图 6.1.2 切割长度为 4 的钢管的 8 种切割方案

根据图 6.1.1 的价格样例在每一段切割的钢管上面标记了价格。最优的策略是(c)部分,将钢管切割为两段 2 英寸的钢管,总价值为 10。

我们可以将长度为 n 的钢管以 2^{n-1} 不同的方案切割,因为在距离钢管左侧 i 英寸 $i=1,2,\cdots,n-1$ 的地方我们可以选择切割或者不切割。(如果我们要求按长度非递减的顺序切割小段钢管,那么我们就不需要考虑那么多种情况。对于 $n=4$,我们只需要考虑 5 种情况:图 6.1.2 中的(a)(b)(c)(e)(h)5 个部分,计算切割方案的数量约等于 $e^{\pi\sqrt{2n/3}}/4n\sqrt{3}$。这个数量远小于 2^{n-1},但仍远大于 n 的任何多项式,我们不再深入探讨这个问题。)我们使用普通的加法表示分解的钢管,所以 7=2+2+3 表示长度为 7 的钢管分成了三段——两段长度为 2,一段长度为 3。如果一个最优解将钢管分成 k 段($1\leqslant k\leqslant n$),那么最优切割方案

$$n=i_1+i_2+\cdots+i_k$$

分成长度为 $i_1,i_2,\cdots,i_k$ 的钢管得到的最大收益

$$r_n=p_{i_1}+p_{i_2}+\cdots+p_{i_k}$$

对于我们的样例问题,我们可以得到最优收益值 $r_i(i=1,2,\cdots,10)$ 及其相应的切割方案:

$r_1=1$,切割方案 1=1(不切割),

$r_2=5$,切割方案 2=2(不切割),

$r_3=8$,切割方案 3=3(不切割),

$r_4=10$,切割方案 4=2+2,

$r_5=13$,切割方案 5=2+3,

$r_6=17$,切割方案 6=6(不切割),

$r_7=18$,切割方案 7=1+6 或 7=2+2+3,

$r_8=22$,切割方案 8=2+6,

$r_9=25$,切割方案 9=3+6,

$r_{10}=30$,切割方案 10=10(不切割),

更一般而言,我们可以根据更短的钢管的最优收益来构建 $r_n(n>1)$:

$$r_n=\max(p_n,r_1+r_{n-1},r_2+r_{n-2},\cdots,r_{n-1}+r_1) \tag{6.1.1}$$

第一个参数 p_n 对应于完全不切割并按原来长度 n 英寸直接出售的价格。其他的 $n-1$ 个参数对应于其他的切割方案得到的收益，对于 $i=1,2,\cdots,n-1$，我们将钢管切割成长度为 i 和 $n-i$ 的两段，然后再对这两段进一步切割，分别获取这两段对应的收益 r_i 和 r_{n-i}。由于我们无法预知哪一个 i 值会获得最大收益，我们必须考虑所有可能的 i 值，然后选取能得到最大收益的方案。如果直接出售就可以获得最大收益，我们当然可以选择不切割。

注意到要解决大小为 n 的原问题，我们需要解决类型一样但大小更小一点的问题。一旦我们对钢管做了第一次切割，我们可以考虑将两段当成独立的钢管切割的问题。组合两个相关子问题的最优解，最大化两段的收益，当成原问题的最解。我们把这种钢管切割问题满足最优子结构(optimal substructure)：问题的最优解是相关子问题的最优解的集合，而子问题我们可以独立地解决。

一个相关但更简单处理钢管问题的方法是使用递归结构，从左侧切割下长度为 i 的一段，剩下的右侧长度为 $n-1$，而我们只对剩下的右侧段进一步分割，左侧的不动。我们可以看到长度为 n 的钢管以这样的方式分割：左侧切割为第一部分，剩下的部分继续分割。这样我们可以不做任何切割得到解决方案(couch the solution)，第一部分大小 $i=n$，收益为 p_n，剩下的大小为 0，相应的收益为 $r_0=0$。因此我们可以得到式(6.1.1)的简化版：

$$r_n=\max_{1\leqslant i\leqslant n}(p_i+r_{n-i}) \tag{6.1.2}$$

在这个方程式中，一个最优解只与一个相关的子问题(剩余的右侧部分)有关，而不是跟分割的两段都有关。

自顶向下递归实现。

下面的过程以一个直接的、自顶向下的、递归的方法实现了式(6.1.2)的计算：

```
CUT-ROD (p, n)
1  if n == 0
2    return 0
3  q = - ∞
4  for i = 1 to n
5    q = max (q, p[i] + CUT-ROD (p, n - 1))
6  return q
```

CUT-ROD 过程的输入是价格矩阵 $p[1..n]$以及整数 n，返回值为长度为 n 的钢管可能获取的最大收益。如果 $n=0$，那么就没有收益，所以 CUT-ROD 的第 2 行返回 0，第 3 行初始化最大收益 $q=-\infty$，第 4 行和第 5 行的 for 循环正确地计算了 $q=\max\limits_{1\leqslant i\leqslant n}(p_i+\text{CUT-ROD}(p,n-i))$，第 6 行返回收益值。简单的归纳法可以证明这个结果与式(6.1.2)计算出的 r_n 是一样的。

如果用编程语言编程 CUT-ROD 并在计算机上运行，会发现，一旦输入稍微变大一些，程序可能需要很长的时间来运行。对于 $n=40$，程序需要运行几分钟，甚至有可能超过 1 个小时。事实上，每次 n 增加 1，程序的运行时间大概会延长 1 倍。

为什么 CUT-ROD 的效率这么低？问题在于 CUT-ROD 会一次又一次地以同样的参数值递归地调用它自己，反复地解决同样的子问题。图 6.1.3 清晰地显示了放 $n=4$ 时发生的情况：对于 $i=1,2,\cdots,n$，CUT-ROD(p,n)会调用 CUT-ROD$(p,n-1)$。也就是对于 $j=0,1,\cdots$，

$n-1$，CUT-ROD(p,n)会调用 CUT-ROD(p,j)。当此过程递归展开，所做的工作(用 n 的函数形式)会呈爆炸式增长。

为了分析 CUT-ROD 的运行时间，令 $T(n)$表示当第二个参数为 n 时调用 CUT-ROD 的次数。这个表达式等价于根为 n 的递归树(recursion tree)的子树节点的个数。此值包括了根节点最初调用的一次，因此 $T(0)=1$ 并且

$$T(n)=1+\sum_{j=0}^{n-1}T(j) \tag{6.1.3}$$

初始值 1 表示根节点的调用，$T(j)$计算了 CUT-ROD(p,j)产生的所有调用(包括递归调用)次数，其中 $j=n-i$、

$$T(n)=2^n \tag{6.1.4}$$

因此 CUT-ROD 的运行时间是 n 的指数级函数。

回过头来看，这个指数级运行时间并不令人惊讶，CUT-ROD 明确考虑了长度为 n 的钢管所有可能的 2^{n-1}种切割方案。该递归调用树中有 2^{n-1}个叶节点，每一个叶节点代表一种可能的切割方案。从根节点到叶节点的路径上面的标签表示每一次切割前右侧端的钢管长度，也就是说，这个标签给出了相应的切割点(从钢管的右侧端开始测量)。

图 6.3.1 这个递归树展示了 $n=4$ 时，CUT-ROD(p,n)的调用过程。每一个节点标号是相应子问题的 n 的大小，从父节点 s 到子节点 t 的边表示钢管从左侧端切下 $s-t$ 的大小，然后继续递归求大小为 t 的子问题。从根节点到叶节点的路径表示切割长度为 n 的钢管的 2^{n-1}种方案中的一种。一般来说，这个递归树有 2^n 个节点和 2^{n-1}个叶节点。

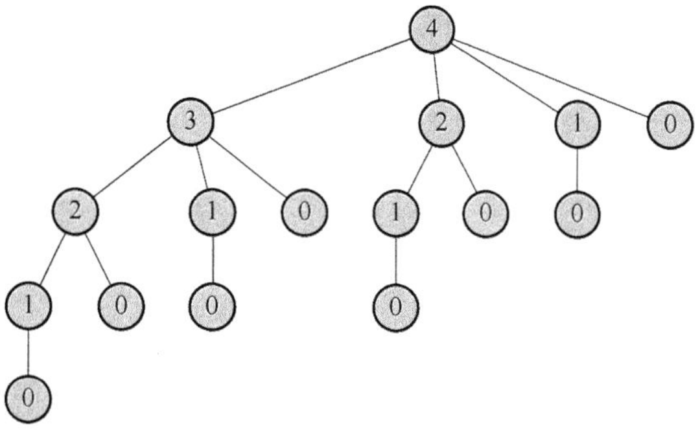

图 6.1.3 $n=4$ 时，CUT-ROD(p,n)的调用过程

下面使用动态规划算法求最优钢管切割问题。

我们现在使用动态规划算法将 CUT-ROD 转化为一种更高效的算法。

动态规划方法的工作原理如下：可以看到一般的递归算法因为重复解决相同的子问题使得效率很低，因此我们选择每个子问题只解决一次，然后保存该结果。当我们后面再一次需要这个子问题的解时，就可以直接查找，而不需要重新计算。因此动态规划需要额外的内存来节省运算时间，它是权衡时间与内存的一个例子。在时间上的节省可能是巨大的：将一个指数形式的时间转换成多项式的时间求解。当子问题的数量是输入规模的多项式时，我们可以在多项式时间内解决每一个子问题，那么动态规划的运行时间就是多项式的。

通常有两种等效的方法来实现动态规划，我们将通过钢管切割的例子来分别进行说明。

第一种方法是带备忘机制的自顶向下的方法。在这个方法中，我们以自然的递归方式编

写过程，但是对其进行修改以保存每一个子问题的结果（通常存储在数组或者哈希表中）。现在这个过程首先检查之前是否已解决这个子问题。如果是，它将返回保存的值，从而在该级别保存进一步的计算结果；如果不是，则该过程以常规的方式计算该值。我们说递归程序已经被记住，它“记住”了之前计算的结果。

第二个方法是自底向上的方法。这个方法通常定义一个子问题的“规模”概念。当解决任何特定的子问题只取决于解决“更小”的子问题时，我们按规模对子问题进行排序，并按从小到大的顺序解决这些子问题。当解决一个特定子问题时，我们已经解决了它所依赖的更小的问题，并且保存了结果。我们只要解决每个子问题一次，当第一次求解它时，我们已经解决了它的所有前提子问题。

这两种方法产生的算法具有相同的渐近运行时间，自顶向下的方法实际上没有递归检查所有可能的子问题（除特殊情况外）。自底向上的方法减少了过程调用的开销，因此它具有更好的恒定因子(constant factors)。

下面是带有备忘机制的自顶向下的CUT-ROD过程的伪代码：

```
MEMOIZED-CUT-ROD (p, n)
1  let r[0..n] be a new array
2  for i = 0 to n
3      r[i] = - ∞
4  return MEMOIZED-VUT-ROD-AUX (p, n, r)

MEMOIZED-CUT-ROD-AUX (p, n, r)
1  if r[n]≥0
2      return r[n]
3  if n == 0
4      q = 0
5  else q = - ∞
6      for i = 1 to n
7          q = max(q,p[i] + MEMOEIZED-CUT-ROD-AUX(p,n - 1,r))
8  r[n] = q
9  return q
```

在这里，主程序MEMOIZED-CUT-ROD初始化一个新的辅助数组$r[0..n]$值为$-\infty$，这是常见的表示未知数的方法（已知的收益始终非负）。然后调用辅助程序MEMOIZED-CUT-ROD-AUX。

MEMOIZED-CUT-ROD-AUX过程就是我们之前的CUT-ROD过程的备忘版本。首先检查第1行看想要的解是否已经知道，若已经知道，则第2行就返回这个值，否则第3~7行就用常规方法计算这个值q，在第8行保存q值到$r[n]$中，在第9行返回这个值。

自底向上的版本更简单：

```
BOTTOM-UP-CUT-ROD (p, n)
1  let r[0..n] be a new array
2  r[0] = 0
3  for j = 1 to n
4      q = - ∞
5      for i = 1 to j
6          q = max(q, p[i] + r[j - i])
7      r[j] = q
8  return r[n]
```

对于自底向上的动态规划方法，BOTTOM-UP-CUT-ROD 使用子问题的自然排序：如果 $i<j$，那么规模为 i 的问题比规模为 j 的问题“更小”。因此，该过程依次求解 $j=0,1,\cdots,n$ 的子问题。

BOTTOM-UP-CUT-ROD 过程的第 1 行创建一个保存子问题结果的数组 $r[0..n]$，第 2 行将 $r[n]$的值初始化为 0，因为长度为 0 的钢管没有收益，第 3～6 行对于 $j=1,2,\cdots,n$，以由小到大的顺序依次求解规模大小为 j 的子问题。解决规模大小 j 的问题使用的方法与 CUT-ROD 过程是一样的，只是现在的第 6 行直接查看 $r[j-i]$而不是递归调用来获得大小为 $j-i$ 的子问题的解。第 7 行将规模大小为 j 的子问题的解存入 $r[j]$。最后第 8 行返回 $r[n]$，也就是最佳收益 r_n。

自底向上和自顶向下的方法有相同的渐近运行时间。由于 BOTTOM-UP-CUT-ROD 过程的双层嵌套循环结构，其运行时间为 $O(n^2)$。第 5～6 行的内部 for 循环的迭代次数构成算术级数(arithmetic series)。自顶向下的方法的运行时间同样是 $O(n^2)$，尽管它的运行时间很难看清。因为要解决一个之前解决了的子问题，调用会立即返回，MEMOIZED-CUT-ROD 只需要解决每个子问题一次。它需要对每个大小为 $0,1,\cdots,n$ 的子问题求解。为了解决大小为 n 的子问题时，第 6～7 行的 for 循环需要迭代 n 次，因此 MEMOIZED-CUT-ROD 的所有递归调用执行 for 循环的次数构成算术级数，加起来也是 $O(n^2)$，与 BOTTOM-UP-CUT-ROD 内部的 for 循环递归一样。

下面介绍子问题图。

当思考一个动态规划问题时，我们应该了解所涉及的子问题集以及子问题之间的相互依赖关系。

问题的子问题图准确地包含了此信息。图 6.1.4 显示了 $n=4$ 的钢管切割问题的子问题图。它是一个有向图，每个不同的子问题就是一个顶点。如果确定子问题 x 的最优解需要考虑到子问题 y 的最优解，那么子问题图具有从子问题 x 的顶点到子问题 y 的顶点的有向边。例如，如果用于求解 x 的自顶向下的递归过程直接调用自身来求解 y，则子问题图包含从 x 到 y 的有向边。我们可以将子问题图视为自顶向下递归方法的递归树的“简化”或“折叠”版本。在该方法中，我们将同一子问题的所有节点合并为单个顶点，并将所有边从父级指向子级。

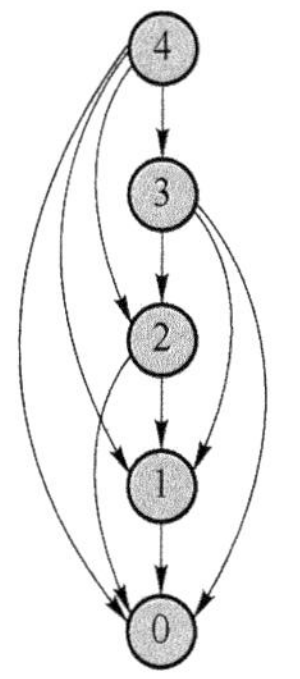

图 6.1.4 $n=4$ 的钢管切割问题的子问题图

图 6.1.4 中的顶点的标签给出了相应子问题的大小。有向边(x,y)

表示解决子问题 x 时需要解决子问题 y。此图是图 6.1.3 的递归树的简化版本，其中所有具有相同标签的节点都合并为单个顶点，并且所有边从父级到子级。

动态规划的自底向上的方法是以这样的顺序考虑子问题图的顶点：在求解子问题 y 之前，先求解与给定子问题 x 相邻的子问题 y（相邻关系并不一定对称）。在解决了它所依赖的所有子问题之前，不会考虑任何子问题的求解。

子问题图的规模大小 $G=(V,E)$ 可以帮助我们确定动态规划算法的运行时间。由于我们解决每个子问题一次，因此运行时间就是需要解决的子问题所花时间的总和。通常，求解一个子问题所花的时间与子问题图中相应顶点的度数（输出有向边的数量）成比例，子问题的数量等于子问题图中的顶点数。在这种常见情况下，动态规划的运行时间与顶点和边的数量的关系是线性的。

下面介绍重构解。

我们针对钢管切割问题的动态规划方案返回了最优解，但并未返回实际的解决方案：零件尺寸列表。我们可以扩展动态规划方法，以便不仅记录每个子问题计算的最优解，而且还记录导致最优解的选择。有了这些信息，我们可以轻松地打印出最优解。

这里是 BOTTOM-UP-CUT-ROD 的扩展版本，对于每个钢管长度 j，不仅计算最大收益 r_j，还计算最优切割时的第一段长度 s_j：

```
ENTENDED-BOTTOM-UP-CUT-ROD (p, n)
1  let r[0..n] and s[0..n] be a new array
2  r[0] = 0
3  for j = 1 to n
4       q = - ∞
5       for i = 1 to j
6          if q<p[i] + r[j - i]
7               q = max(q, p[i] + r[j - i])
8               s[j] = i
9          r[j] = q
10 return r and s
```

这个过程与 BOTTOM-UP-CUT-ROD 类似，区别是在第一行创建了一个数组 s，并在第 8 行更新 $s[j]$ 为 i，这个 i 是解决大小为 j 的子问题的最优切割时的第一段大小。

下面的过程给定了价格表 p 以及钢管长度 n，然后调用 ENTENDED-BOTTOM-UP-CUT-ROD 得到最优的每一段的大小数组 $s[1..n]$，然后将长度为 n 的钢管分解的每一段长度打印出来：

```
PRINT-CUT-ROD-SOLUTION (p, n)
(r,s) = EXTENDED-BOTTOM-UP-CUT-ROD(p,n)
while n>0
     print s[n]
     n = n - s[n]
```

在我们的钢管切割问题例子里面，调用 ENTENDED-BOTTOM-UP-CUT-ROD(p,10)将会返回一下数组：

i	0	1	2	3	4	5	6	7	8	9	10
$r[i]$	0	1	5	8	10	13	17	18	22	25	10
$s[i]$	0	1	2	3	2	2	6	1	2	3	10

调用 PRINT-CUT-ROD-SOLUTION(p,10)只会打印 10,但是 $n=7$ 的调用会打印 1 和 6,相应的最优切割收益为 r_7。

6.2 动态规划原理

尽管上面讲了使用动态规划解决问题的例子,但是什么时候才能使用动态规划呢?本节我们讨论使用动态规划方法解决最优化问题的两个关键要素:最优子结构和重叠子问题。我们会再次讨论备忘机制,更深入地讨论在自顶向下的递归方法里备忘机制如何帮助我们更好地利用子问题的重叠特性。

6.2.1 最优子结构

应用动态规划解决最优化问题的第一步是刻画一个最优解的结构。前面说过,如果一个问题的最优解包括子问题的最优解,那么我们称这个问题具有最优子结构特性。当一个问题具有最优子结构,我们就有一个好的依据说这个问题也许可以使用动态规划方法。在动态规划,我们根据子问题的最优解构造原问题的最优解。因此我们必须小心确保最优解用到的所有子问题。

我们前面讲到的例子是具有最优子结构的。在 6.1 节中,我们看到切割长度为 n 的钢管的最优方案(如果最优方案需要切割)是由第一次切割得到的两段钢管最优方案的组合。

可以遵循下面的通用模式找到最优子结构:

(1) 求一个问题的解时总是需要做一个选择,比如切割钢管的第一次切割位置。做了这个选择后,就会产生一个或者多个子问题待求解。

(2) 给定一个问题,假设已经知道了第一次的选择能够得到最优解。现在并不需要关心是如何得到这个选择的,只是假设已经知道了。

(3) 给定这个选择后,需要确定做出这个选择后产生的子问题,以及如何最好地刻画子问题的空间。

(4) 通过“剪切-粘贴”技术可以知道,作为构成原问题最优解的组成部分,每个子问题的解就是它本身的最优解。可以通过反证法证明:假设每个子问题的解并不是最优的,那么我们就可以从原问题的解中“剪切”掉每个子问题的非最优解,然后“粘贴”最优解,那么我们可以得到一个原问题更优的解,这个跟最初的解是原问题的最优解相矛盾。如果原问题的最优解产生了多个子问题,通常来说它们是很相似的,我们可以通过简单地修改“剪切-粘贴”使其应用于其他子问题。

有一个很好的经验法则可以刻画子问题的空间:使空间尽可能简单,然后根据需要进行拓展。例如,在我们求解钢管切割问题时,子问题的空间是,对于每一个 i 值,长度为 i 的钢管的最优切割问题。这个子问题的空间很好,因此我们没必要尝试更一般的子问题的空间。

不同问题的最优子结构是不同的,主要体现在以下两个方面:

(1) 原问题的最优解涉及多少子问题;

(2) 在确定最优解使用哪些子问题时,我们需要知道有多少种情况。

在钢管切割问题中,长度为 n 的钢管切割问题的最优解只使用一个子问题(长度为 $n-i$ 的钢管最优切割方案),但是我们需要考虑 i 的 n 种不同取值来确定哪个 i 值能得到最优解。

动态规划算法的运行时间依赖于以下两个因素的乘积来粗略估计:子问题的数量以及每个子问题我们可以有的选择。在钢管切割问题中,我们总共有 $\Theta(n)$ 个子问题,每个子问题有 n 种可能的选择,因此运行时间为 $O(n^2)$。

一般来说,子问题图也可以做同样的分析。每个顶点对应一个子问题,每个子问题可能的选择对应指向子问题的有向边。在钢管切割问题中,子问题图中有 n 个顶点,每个顶点最多有 n 条有向边,因此运行时间为 $O(n^2)$。

动态规划经常以自底向上的方式使用最优子结构。也就是说,我们首先找到子问题的最优解,有了这些已经解决了的子问题,我们就可以找到原问题的最优解。在求解原问题的最优解时,我们需要在涉及的子问题中,找出能得到原问题最优解的子问题。求解原问题最优解的代价通常是求解子问题的代价加上由此次选择产生的代价。例如,在钢管切割问题里,我们首先求解子问题,确定长度 $i=0,1,\cdots,n-1$ 的钢管的最优切割方案,然后使用式(6.1.2)来确定哪个子问题构成长度为 n 的钢管的最优切割方案。此次选择本身产生得到代价就是式(6.1.2)中的 p_i。

使用动态规划时需要判断问题是否具有最优子结构。考虑下面两个问题,给定了有向图 $G=(V,E)$ 以及两个顶点 $u,v\in V$。

无权最短路径:找到一条从 u 到 v 包含最少有向边的路径。这条路径必须是最简单的,因为如果路径里面有环,那么把环去掉会产生一条更少边的路径。

无权最长路径:找到一条从 u 到 v 包含最多有向边的路径。必须确定这条路径是简单的,否则路径里面有环,我们就可以不停地沿着环走,使得这条路径无限长。

下面我们证明无权最短路径具有最优子结构特性。假设 $u\neq v$,那么这个问题是非平凡的。那么,从 u 到 v 的任意路径 p 都至少包含一个中间顶点 w(注意,这个顶点 w 可以是 u 或者 v)。因此,我们可以将路径 $u\xrightarrow{p}v$ 分解成 $u\xrightarrow{p_1}w\xrightarrow{p_2}v$。显然路径 p 中有向边的数量等于路径 p_1 中有向边的数量加上 p_2 中的数量。我们可以说如果 p 是从 u 到 v 的最优(最短)路径,那么 p_1 就是从 u 到 w 的最短路径。为什么这么说呢?我们可以使用"剪切-粘贴"方式证明:如果有其他一条从 u 到 w 的路径 p_1',它包含的有向边的数量比 p_1 更少,那么我们可以将 p_1 换成 p_1'产生一个比 p 具有更少有向边数的路径 $u\xrightarrow{p_1'}w\xrightarrow{p_2}v$,而这与 p 是最优路径相矛盾。同样地,p_2 是从 w 到 v 的最短路径。因此我们可以通过考虑所有的中间顶点 w 找到从 u 到 v 的最短路径,找到从 u 到 w 的最短路径以及从 w 到 v 的最短路径,然后选择两条路径最短的顶点 w。

现在可能觉得无权最长路径也具有最优子结构。毕竟如果将最长路径 $u\xrightarrow{p}v$ 分解成子路径 $u\xrightarrow{p_1}w\xrightarrow{p_2}v$,那么 p_1 一定是从 u 到 w 的最长路径,p_2 一定是从 w 到 v 的最长路径吗?答案是否定的。图 6.2.1 给出了一个例子。考虑到从 q 到 t 的最长简单路径是 $q\to r\to t$。那么 $q\to r$ 是从 q 到 r 的最长简单路径吗?当然不是,$q\to s\to t\to r$ 才是最长简单路径。那么 $r\to t$ 是从 r 到 t 的最长简单路径吗?当然也不是,因为 $r\to q\to s\to t$ 比它更长。

图 6.2.1 所示这个有向图表明无权有向图最长简单路径不具有最优子结构,$q\to r\to t$ 是从

q 到 t 的最长简单路径，但是 $q \to r$ 不是从 q 到 r 的最长简单路径，$r \to t$ 也不是 r 到 t 的最长简单路径。

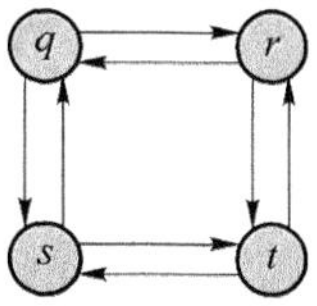

图 6.2.1 案例有向图

这个例子告诉我们最长简单路径，不仅问题缺乏最优子结构，甚至我们都不能使用子问题的解组合成原问题的“合法”解。如果我们组合最长简单路径 $q \to s \to t \to r$ 和 $r \to q \to s \to t$，得到的 $q \to s \to t \to r \to q \to s \to t$ 并不是简单路径。确实，无权最长简单路径好像没有最优子结构，目前也没有有效的动态规划方法解决这类问题。

为什么最长简单路径的子结构与最短路径有这么大的区别呢？因为尽管最长路径和最短路径问题的解都使用了两个子问题，但是最长简单路径的子问题是相关的，而最短简单路径的子问题是不相关的。我们把一个子问题的解对另一个子问题的解没有影响称为不相关。对于图 6.2.1 中的例子，我们找到从 q 到 t 的最长简单路径有两个子问题：从 q 到 r 的最长简单路径以及从 r 到 t 的最长简单路径。对于第一个子问题，我们选择路径 $q \to s \to t \to r$，这里我们使用了顶点 s 和 t，因此后面的第二个子问题不能再使用这些顶点，不然两个子问题的解组合起来的路径将不是简单路径。如果我们无法在第二个子问题里面使用顶点 t，那么根本不可能解决子问题，因为 t 是原问题的顶点，是必须要使用到的，而不像中间顶点 r 一样是可以忽略的。因为我们在第一个子问题里面使用了顶点 s 和 t，我们就不能在另一个子问题里使用，但是我们又必须要使用其中的一个来求最优解，因此我们说这两个子问题是相关的。换个角度看，我们求解子问题使用了某个资源（在这里是顶点），导致这个资源在另一个子问题里不能使用。

那么为什么求解最短简单路径的子问题是无关的？从本质上来说是因为求解这些子问题是不共享资源的。如果顶点 w 在从 u 到 v 的最短简单路径 p 上，那么我们可以通过拼接任意最短路径 $u \xrightarrow{p_1} w$ 和任意最短路径 $w \xrightarrow{p_2} v$ 来形成 u 到 v 的最短路径。我们可以确定，除顶点 w 外，没有其他顶点会同时出现在路径 p_1 和 p_2 中，这是为什么呢？假设有一个顶点 $x \neq w$ 同时出现在 p_1 和 p_2 中，那么我们可以将 p_1 分解为 $u \xrightarrow{p_{ux}} x \to w$，将 p_2 分解为 $w \to x \xrightarrow{p_{xv}} v$，根据最优子结构知道路径 p 的边数等于 p_1 和 p_2 的边数之和，假设为 e。现在我们重构从 u 到 v 的路径 $p' = u \xrightarrow{p_{ux}} x \xrightarrow{p_{xv}} v$，因为我们已经切除了从 x 到 w 以及从 w 到 x 的路径，这切掉的两条路径都至少包含一条边，因此 p' 最多只包含 $e-2$ 条边，这与 p 是最短路径相矛盾。因此，我们可以确定最短路径问题的子问题是无关的。

6.1 节中讨论的问题具有子问题无关的性质。钢管切割问题中，为了确定长度为 n 的钢管的最优切割方案，我们需要知道长度为 $i(i=0,1,\cdots,n-1)$ 的钢管的最优切割方案。因为长度为 n 的问题的最优解包含一个子问题的解（在我们切割第一段之后），子问题的无关性是肯定的。

6.2.2 重叠子问题

能够使用动态规划求解优化问题的第二个特性是子问题的空间必须足够“小”，算法的递归算法会一次又一次地求解相同的子问题，而不是产生新的子问题。一般来说，不同子问题的数目是输入规模的多项式函数。当递归算法重复解决相同的子问题时，我们就说这个优化问题具有重叠子问题特性。动态规划算法利用重叠子问题的特性，只需要解决每个子问题一次，然后保存到一张表中，当需要的时候去表里找就可以，每次查找的代价只是常数时间。

在 6.1 节中，我们简单分析了钢管切割问题中的递归算法是如何通过指数次的调用来求解子问题，而我们的动态规划算法将运行时间从指数级降到平方级。这就是因为利用了重叠子问题的特性，不用计算每一个子问题，只需要把重复的子问题计算一次保存起来，之后再碰到调用就可以了，节省了大量时间。

6.3 节我们将利用矩阵链乘法详细讨论重叠子问题的特性。

6.3 矩阵链乘法

这里给出一个通过动态规划解决矩阵链乘法问题的例子。给定一 n 个矩阵的序列（矩阵链）$\boldsymbol{A}_1, \boldsymbol{A}_2, \cdots, \boldsymbol{A}_n$，我们希望计算它们的点积：

$$\boldsymbol{A}_1\boldsymbol{A}_2\cdots\boldsymbol{A}_n \tag{6.3.1}$$

为了计算表达(6.3.1)，我们用括号来明确计算次序，然后使用基本算法来计算结果。矩阵乘法有结合律，所以任意加括号都可以得到相同的结果。我们可以说一个矩阵链是完全括号化的(fully parenthesized)。如果它是单一矩阵或者是两个完全括号化的点积，两边都有括号。例如，有一个矩阵链 $\boldsymbol{A}_1, \boldsymbol{A}_2, \boldsymbol{A}_3, \boldsymbol{A}_4$，那么我们可以将点积 $\boldsymbol{A}_1\boldsymbol{A}_2\boldsymbol{A}_3\boldsymbol{A}_4$ 完全括号化为以下 5 种形式：

$$(\boldsymbol{A}_1(\boldsymbol{A}_2(\boldsymbol{A}_3\boldsymbol{A}_4)))$$
$$(\boldsymbol{A}_1((\boldsymbol{A}_2\boldsymbol{A}_3)\boldsymbol{A}_4))$$
$$((\boldsymbol{A}_1\boldsymbol{A}_2)(\boldsymbol{A}_3\boldsymbol{A}_4))$$
$$((\boldsymbol{A}_1(\boldsymbol{A}_2\boldsymbol{A}_3))\boldsymbol{A}_4)$$
$$(((\boldsymbol{A}_1\boldsymbol{A}_2)\boldsymbol{A}_3)\boldsymbol{A}_4)$$

我们如何对矩阵链括号化可能会对计算点积的代价产生重大影响。首先考虑将两个矩阵相乘的代价。下面的伪代码给出了标准算法，属性 rows 和 columns 就是矩阵中的行数和列数。

```
MATRIX-MULTIPLY(A,B)
if A.columns≠B.rows
     error "incompatible dimensions"
else let C be a new A.rows × B.columns matrix
     for i = 1 to A.rows
          for j = 1 to B.columns
             c_ij = 0
             for k = 1 to A.columns
                    c_ij = c_ij + a_ik · b_kj
     return C
```

当矩阵 $\boldsymbol{A}$ 和矩阵 $\boldsymbol{B}$ 兼容(compatible)时，即 $\boldsymbol{A}$ 的行数一定要等于 $\boldsymbol{B}$ 的列数时，才能计算它们的乘积。如果 $\boldsymbol{A}$ 是 $p\times q$ 的矩阵，$\boldsymbol{B}$ 是 $q\times r$ 的矩阵，那么乘积结果矩阵 $\boldsymbol{C}$ 就是 $p\times r$ 的矩阵。计算 $\boldsymbol{C}$ 的时间由第 8 行计算标量乘法 pqr 的次数来决定。下文我们将用标量乘法的次数来表示计算代价。

我们以三个矩阵 $\boldsymbol{A}_1,\boldsymbol{A}_2,\boldsymbol{A}_3$ 的乘法来说明不同的加括号方式所需的计算代价。假如三个矩阵的维度分别是 10×100，100×5，5×50，如果我们以 $((\boldsymbol{A}_1\boldsymbol{A}_2)\boldsymbol{A}_3)$ 这种加括号的方式，计算 $\boldsymbol{A}_1\boldsymbol{A}_2$ 得到 10×5 的矩阵需要 $10\times100\times5=5\,000$ 次标量计算，加上乘以 $\boldsymbol{A}_3$ 所需的 $10\times5\times50=2\,500$ 次标量计算，总共需要有 7 500 次标量计算。相反地，我们采用 $(\boldsymbol{A}_1(\boldsymbol{A}_2\boldsymbol{A}_3))$ 这种加括号的方式，计算 $\boldsymbol{A}_2\boldsymbol{A}_3$ 得到 100×50 的矩阵需要 $100\times5\times50=25\,000$ 次标量计算，加上乘以 $\boldsymbol{A}_1$ 所需的 $10\times100\times50=50\,000$ 次标量计算，总共需要有 75 000 次标量计算。因此，按照第一种加括号的方式计算点积比第二种方式快 10 倍。

我们将矩阵链乘法问题声明如下：给定矩阵链 $\boldsymbol{A}_1,\boldsymbol{A}_2,\cdots,\boldsymbol{A}_n$，矩阵 $\boldsymbol{A}_i$ 的维度为 $p_{i-1}\times p_i$，$i=1,2,\cdots,n$，求点乘 $\boldsymbol{A}_1\boldsymbol{A}_2\cdots\boldsymbol{A}_n$ 括号化的方案，使得所需标量乘法的次数最少。

注意，在矩阵链乘法问题中，我们并不需要计算矩阵乘法的最终结果。我们的目标只是确定代价最低的运算次序。通常，确定最佳顺序所花费的时间比实际进行矩阵乘法(例如，仅执行 7 500 标量乘法而不是 75 000)时节省的时间要多。

下面介绍如何计算括号化方案的数量。

在通过动态规划解决矩阵链乘法问题之前，我们得知道列出所有可能的括号化方案并不会产生一个高效的算法。将 n 个矩阵的序列产生的可选择的括号化方案的数量表示为 $P(n)$。当 $n=1$ 时，我们只有一个矩阵，因此只有一种完全括号化的方案来计算矩阵乘积。当 $n\geqslant2$ 时，一个完全括号化的矩阵乘法是两个完全括号化的矩阵子积(subproduct)的乘积，而两个子积的划分可以在第 k 个和第 $k+1$ 个中间，$k=1,2,\cdots,n$。因此，我们可以得到下面递归公式：

$$P(n)=\begin{cases}1, & n=1\\ \sum_{k=1}^{n-1}P(k)P(n-k), & n\geqslant2\end{cases}\tag{6.3.2}$$

可以证明递归式(6.3.2)的结果是 $\Omega(2^n)$。因此括号化方案的数量与 n 成指数关系，使用穷举法确定一个矩阵链的最优括号化方案是一个糟糕的策略。

下面介绍应用动态规划的方法来求解矩阵链的最优括号化方案。

我们将按照本章开始所述的 4 个步骤来进行：

(1) 刻画一个最优解的结构；

(2) 递归地定义最优解的值；

(3) 以自下而上的方法计算最优解的值；

(4) 根据计算的信息构建一个最优解。

下面我们按照这个顺序，展示如何将每一个步骤应用到问题中。

步骤(1)：最优括号化方案的结构

动态规划的第一步是找出最优子结构，然后使用子结构从子问题的最优解构造出原问题的最优解。在矩阵链乘法问题中，此步骤实现如下。为了方便，我们使用 $\boldsymbol{A}_{i..j}$ 表示 $\boldsymbol{A}_i\boldsymbol{A}_{i+1}\cdots\boldsymbol{A}_j$ 的结果矩阵，其中 $i\leqslant j$。注意到，如果问题是不平凡的，即 $i<j$，那么就需要对 $\boldsymbol{A}_i\boldsymbol{A}_{i+1}\cdots\boldsymbol{A}_j$ 进

行括号化，就必须在某个 $\boldsymbol{A}_k$ 和 $\boldsymbol{A}_{k+1}$ 之间将矩阵链断开（k 是 $i\leqslant k<j$ 区间内的任意整数）。也就是说，对于某个 k 值，我们首先计算矩阵 $\boldsymbol{A}_{i..k}$ 和 $\boldsymbol{A}_{k+1..j}$，然后两个矩阵相乘得到最终的结果矩阵 $\boldsymbol{A}_{i..j}$。以这种方式括号化的代价就是计算矩阵 $\boldsymbol{A}_{i..k}$ 的代价，加上计算矩阵 $\boldsymbol{A}_{k+1..j}$ 的代价，以及最后两个矩阵相乘的代价。

这个问题的最优子结构如下。假设 $\boldsymbol{A}_i\boldsymbol{A}_{i+1}\cdots\boldsymbol{A}_j$ 最佳括号化的分割点在 $\boldsymbol{A}_k$ 和 $\boldsymbol{A}_{k+1}$ 之间。然后继续对"前缀"链 $\boldsymbol{A}_i\boldsymbol{A}_{i+1}\cdots\boldsymbol{A}_k$ 进行括号化，我们应该采用独立求解它时的最优方案。为什么这么做呢？如果存在更小的代价来括号化 $\boldsymbol{A}_i\boldsymbol{A}_{i+1}\cdots\boldsymbol{A}_k$，那么我们可以将此最优解代入 $\boldsymbol{A}_i\boldsymbol{A}_{i+1}\cdots\boldsymbol{A}_j$，以此得到的解比原来的最优解代价更低：产生矛盾。对最优括号化 $\boldsymbol{A}_i\boldsymbol{A}_{i+1}\cdots\boldsymbol{A}_j$ 中产生的子链 $\boldsymbol{A}_{k+1}\boldsymbol{A}_{k+2}\cdots\boldsymbol{A}_j$ 使用相同的方式：它必须是自身的最优括号化方案。

现在我们使用最优子结构来展示如何从子问题的最优解构造出原问题的最优解。我们已经看到，对于矩阵链乘法问题的一个非平凡实例的任何解都需要我们分解矩阵来求解，并且任何最优解中都包含子问题的最优解。因此，我们可以通过将矩阵问题分解为两个子问题（对 $\boldsymbol{A}_i\boldsymbol{A}_{i+1}\cdots\boldsymbol{A}_k$ 和 $\boldsymbol{A}_{k+1}\boldsymbol{A}_{k+2}\cdots\boldsymbol{A}_j$ 进行最优括号化），找到子问题的最优解，然后组合子问题的最优解，来为矩阵链乘法问题建立最优解。我们必须确保在寻找分割点时，已经考虑了所有可能的分割位置，以便确保我们找到的是最优分割点。

步骤(2)：递归求解(a recursive solution)

接下来，我们根据子问题的最优解递归地定义原问题最优解的代价。对于矩阵链乘法问题，我们将确定对 $\boldsymbol{A}_i\boldsymbol{A}_{i+1}\cdots\boldsymbol{A}_j$（$1\leqslant i\leqslant j\leqslant n$）进行括号化产生的最小代价作为子问题。令 $m[i,j]$ 表示为了计算矩阵 $\boldsymbol{A}_{i..j}$ 所需要的最少的标量乘法次数，对于整个问题来说，计算 $\boldsymbol{A}_{1..n}$ 的最低代价就是 $m[1,n]$。

我们递归定义 $m[i,j]$ 的过程如下。如果 $i=j$，那么问题是平凡的，矩阵链就只包括一个矩阵 $\boldsymbol{A}_{i..i}=\boldsymbol{A}_i$，就不需要做任何标量乘法运算。因此对于 $i=1,2,\cdots,n$，$m[i,i]=0$。为了计算当 $i<j$ 的 $m[i,j]$，我们利用第(1)步的最优子结构来计算它。假设 $\boldsymbol{A}_i\boldsymbol{A}_{i+1}\cdots\boldsymbol{A}_j$ 括号化的最优分割点在 $\boldsymbol{A}_k$ 和 $\boldsymbol{A}_{k+1}$（$i\leqslant k<j$）之间。然后 $m[i,j]$ 等于计算子矩阵链 $\boldsymbol{A}_{i..k}$ 和 $\boldsymbol{A}_{k+1..j}$ 的代价加上两个相乘的代价。前面说到每个矩阵 $\boldsymbol{A}_i$ 的维度是 $p_{i-1}\times p_i$，可以看到计算 $\boldsymbol{A}_{i..k}\boldsymbol{A}_{k+1..j}$ 需要 $p_{i-1}p_kp_j$ 次标量运算。因此我们可以得到

$$m[i,j]=m[i,k]+m[k+1,j]+p_{i-1}p_kp_j$$

这个递归等式是假设我们知道 k 值的情况下得到的，但是这个 k 值我们并不知道。然而 k 值有 $j-i$ 种可能，令 $k=i,i+1,\cdots,j-1$。由于最优括号化方案肯定要用前面的 k 中的一个值，我们需要一个一个尝试找到最优的那个。因此，$\boldsymbol{A}_i\boldsymbol{A}_{i+1}\cdots\boldsymbol{A}_j$ 进行括号化产生的最小代价递归地定义如下：

$$m[i,j]=\begin{cases}0, & i=j\\ \min\limits_{i\leqslant k<j}\{m[i,k]+m[k+1,j]+p_{i-1}p_kp_j\}, & i<j\end{cases} \tag{6.3.3}$$

这里我们基于递归式(6.3.3)写出下面的算法：

```
RECURSIVE-MATRIX-CHAIN(p,i,j)
if i==j
    return 0
m[i,j] = ∞
for k = i to j-1
    q = RECURSIVE-MATRIX-CHAIN(p,i,k)
        + RECURSIVE-MATRIX-CHAIN(p,k+1,j)
        + p_{i-1}p_k p_j
    if q< m[i,j]
        m[i,j] = q
return m[i,j]
```

图 6.3.1 展示了调用 RECURSIVE-MATRIX-CHAIN(p,1,4)所产生的递归树。每一个节点都由参数 i 和 j 标记,可以看到一些对值出现了很多次。

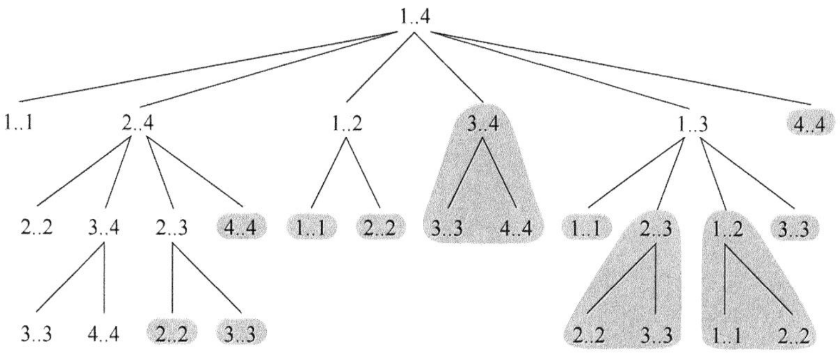

图 6.3.1 调用 RECURSIVE-MATRIX-CHAIN(p,1,4)所产生的递归树

每一个节点都由参数 i 和 j 标记。每个阴影子树的计算都由后面的 MEMOIZED-MATRIX-CHAIN 查表代替。

$m[i,j]$的值给出了子问题最优解的代价,但是没有提供我们进行构造最优解的所有信息。为此我们定义 $s[i,j]$表示 $\boldsymbol{A}_i\boldsymbol{A}_{i+1}\cdots\boldsymbol{A}_j$ 进行括号化的最优分割点的 k 值。也就是 $s[i,j]$找到的 k 值使得 $m[i,j]=m[i,k]+m[k+1,j]+p_{i-1}p_kp_j$。

步骤(3):计算最优代价(computing the optimal costs)

这里我们可以很容易地基于递归式(6.3.3)写一个算法来计算 $\boldsymbol{A}_1\boldsymbol{A}_2\cdots\boldsymbol{A}_n$ 的代价 $m[1,n]$。正如我们的钢管切割问题,这个递归算法是指数时间级的,并不比穷举地检查每一种括号化的方案来得快。

观察到我们求解的子问题的数目相对来说较少:对于满足 $1\leqslant i\leqslant j\leqslant n$ 的 i 和 j 对应一个子问题,总共$\binom{n}{2}+n=\Theta(n^2)$种。一个递归算法在递归树的不同枝叶里面可能反复遇到相同的子问题。重叠子问题特性是应用动态规划的第二个特征(第一个特征是最优子结构)。

利用前面 6.2 节所说的重叠子问题特性就可以将算法变得高效得多,矩阵链乘法问题的子问题只有 $\Theta(n^2)$种,动态规划算法对于每一个子问题只计算一次,而递归算法则不一样,它对于遇到的每一个子问题,都会计算一次,大大地浪费了时间。因此凡是碰到求解一个问题需要反复求解相同的子问题时,都可以考虑使用动态规划算法,该算法能够极大地减少计算时间，提高效率。

因此这里不采用递归式(6.3.3)来递归地求解，而采用自底向上的表格法来求解最优代价。(我们在后面展示对应的带备忘机制的自顶向下的方法。)

我们将在下面的 MATRIX-CHAIN-ORDER 过程中实现自底向上的表格法。对于 $i=1,2,\cdots,n$，假设 $\boldsymbol{A}_i$ 的维度为 $p_{i-1}\times p_i$，输入是一个序列 $p=p_1,p_2,\cdots,p_n$，其中 p.length$=n+1$。这个过程使用一个辅助表格 $m[1..n,1..n]$ 来存储代价 $m[i,j]$，使用另一个辅助表格 $s[1..n-1,2..n]$ 来记录实现最优代价 $m[i,j]$ 的 k 值，然后使用表格 s 来构造最优解。

为了实现自底向上的方法，我们必须确定求解 $m[i,j]$ 时需要访问哪些表格。式(6.3.3)展示了计算一个有 $j-i+1$ 个矩阵的矩阵链相乘的代价 $m[i,j]$ 只依赖于少于 $j-i+1$ 个矩阵链相乘的最优代价。也就是说，对于 $k=i,i+1,\cdots,j-1$，矩阵 $\boldsymbol{A}_{i..k}$ 是 $k-i+1<j-i+1$ 个矩阵的乘积，矩阵 $\boldsymbol{A}_{k+1..j}$ 是 $j-k<j-i+1$ 个矩阵的乘积。因此，算法应该按照长度递增的顺序求解矩阵链的括号化问题，并按顺序将结果填入表格 m。对于矩阵链 $\boldsymbol{A}_i\boldsymbol{A}_{i+1}\cdots\boldsymbol{A}_j$ 最优括号化的子问题，我们将子问题的规模定义为链的长度 $j-i+1$。

```
MATRIX-CHAIN-ORDER(p)
1  n = p.length-1
2  let m[1..n,1..n] and s[1..n-1,2..n] be a new tables
3  for i = 1 to n
4       m[i,i] = 0
5  for l = 2 to n
6       for i = 1 to n - l + 1
7            j = i + l - 1
8            m[i,j] = ∞
9            for k = i to j - 1
10                q = m[i,k] + m[k+1,j] + p_{i-1} p_k p_j
11                if q < m[i,j]
12                     m[i,j] = q
13                     s[i,j] = k
14 return m and s
```

算法的 3~4 行首先计算对于任意的 $i=1,2,\cdots,n$(链长为 1 的最低计算代价)，$m[i,i]=0$。然后在 5~13 行的 for 循环的第一个循环里，使用递归式(6.3.3)对 $i=1,2,\cdots,n-1$ 计算 $m[i,i+1]$(链长 $l=2$ 的最低计算代价)，第二个循环，对于 $i=1,2,\cdots,n-2$ 计算 $m[i,i+2]$(链长 $l=3$ 的最低计算代价)，以此类推。每一步循环中，10~13 行计算的 $m[i,j]$ 仅依赖于已经计算出来的 $m[i,k]$ 和 $m[k+1,j]$。

图 6.3.2 展示了 $n=6$ 的矩阵链的计算过程。由于我们定义的 $m[i,j]$ 只能在 $i\leqslant j$ 时有意义，所以对于表格 m 严格来说我们只使用主对角线上的部分。图里面展示的表格是经过旋转的，旋转主对角线至水平方向。矩阵链的规模写在图的底下。在这个布局中，我们可以看到子矩阵链 $\boldsymbol{A}_i\boldsymbol{A}_{i+1}\cdots\boldsymbol{A}_j$ 相乘的代价 $m[i,j]$ 位于 $\boldsymbol{A}_i$ 的东北方向的线与 $\boldsymbol{A}_j$ 西北方向的线的交点上。表格同一水平上的项对应同一长度的矩阵链。MATRIX-CHAIN-ORDER 按照从下往上、从左到右的顺序计算所有行。当计算 $m[i,j]$ 时，我们会使用到 $p_{i-1}p_kp_j(k=i,i+1,\cdots,j-1)$，

以及 $m[i,j]$ 西南和东南的所有项。

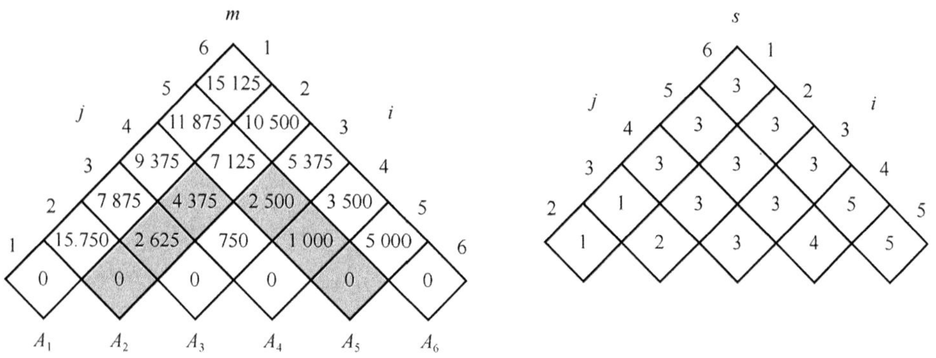

图 6.3.2　当 $n=6$，矩阵 $\boldsymbol{A}_1$、$\boldsymbol{A}_2$、$\boldsymbol{A}_3$、$\boldsymbol{A}_4$、$\boldsymbol{A}_5$、$\boldsymbol{A}_6$ 的维度分别为 30×35、35×15、15×5、5×10、10×20、20×25，由 MATRIX-CHAIN-ORDER 计算出的表 m 和 s

简单检查 MATRIX-CHAIN-ORDER 的循环嵌套结构，可以看到算法的运行时间是 $O(n^3)$。这个循环有 3 层深度，每个循环的索引(l、i 和 k)最多只能取 $n-1$ 个值。该算法还需要 $\Theta(n^2)$ 的空间来存储 m 和 s 表格。因此，MATRIX-CHAIN-ORDER 比起穷举法列出所有可能的括号化方案来寻求最优解的指数型方法要有效得多。

正如 6.1 节钢管切割问题中讲述的一样，我们有另外一种动态规划算法，在保持算法使用自顶向下策略的时候，同时达到与自底向上动态规划算法一样的效率，那就是在递归算法中加入备忘机制，跟自底向上方法一样，我们需要维护一个记录子问题的解的表，但是整个流程还是递归算法的流程。

带备忘机制的递归算法为每一个子问题维护一个表项，以记录子问题的解。每一个表项初始化为一个特殊的字符，表示还没有记录子问题的解。当递归调用碰到新的子问题的时候，计算它的解然后将其存入表项中，当后面再次遇到相同的子问题的时候就可以直接查表获取子问题的解。

下面是带备忘机制的 RECURSIVE-MATRIX-CHAIN 算法。注意它与带备忘机制的钢管切割问题的相似之处。

```
MEMOIZED-MATRIX-CHAIN (p)
n = p.length - 1
let m[1..n,1..n] be a new tables
for i = 1 to n
    for j = i to n
        m[i,j] = ∞
return LOOKUP-CHAIN(m,p,1,n)

LOOKUP-CHAIN (m,p,i,j)
if m[i,j] < ∞
return m[i,j]
if i == j
    m[i,j] = 0
```

```
5 else for k = i to j - 1
6        q = LOOKUP - CHAIN(m,p,i,k)
             + LOOKUP-CHAIN(m,p,i,k) + p_{i-1} p_k p_j
7        if q < m[i,j]
8             m[i,j] = q
9 return m[i,j]
```

MEMOIZED-MATRIX-CHAIN 过程与 MATRIX-CHAIN-ORDER 类似，维护一个记录 $m[i,j]$值的表 $m[1..n,1..n]$，$m[i,j]$是计算矩阵链 $\boldsymbol{A}_{i..j}$所需要的最少标量乘法次数。每一个表项初始化为∞表示还没有存入过值。调用 LOOKUP-CHAIN(m,p,i,j)，如果在第 1 行发现 $m[i,j]<\infty$，那么在第 2 行直接返回之前计算过的代价 $m[i,j]$。否则像 RECURSIVE-MATRIX-CHAIN 一样计算出代价并保存到 $m[i,j]$里面，并返回。因此，虽然 LOOKUP-CHAIN(m,p,i,j)会一直返回 $m[i,j]$，但是只有以特定的 i 和 j 值的第一次调用时才真正计算。

图 6.3.1 表明了相比 RECURSIVE-MATRIX-CHAIN 来说，MEMOIZED-MATRIX-CHAIN 是如何节省时间的。有阴影的子树表明该值只需要查表，而不需要重新计算。

与自底向上的动态规划算法 MATRIX-CHAIN-ORDER 类似，MEMOIZED-MATRIX-CHAIN 的运行时间为 $O(n^3)$。MEMOIZED-MATRIX-CHAIN 的第 5 行的执行时间为 $\Theta(n^2)$，我们可以将对 LOOKUP-CHAIN 的调用分为下面两种情况：

(1) $m[i,j]=\infty$的调用，所以需要执行第 3～9 行；

(2) $m[i,j]<\infty$的调用，因此 LOOKUP-CHAIN 在第 2 行就返回。

第一种调用发生 $\Theta(n^2)$次，每个表项一次。第二种调用都是利用第一种调用所产生的的递归调用，每当调用 LOOKUP-CHAIN 时，都会产生 $O(n)$次调用。因此，第二种调用一共有 $O(n^3)$次，每次花费 $O(1)$次时间，第一种调用每次花费 $O(n)$次时间加上它产生的递归的时间，因此算法的总运行时间为 $O(n^3)$。备忘机制将一个运行时间为指数级的算法转换成一个多项式级的算法。

总的来说，我们为了求解矩阵链乘法问题，既可以使用带备忘机制的自顶向下的动态规划方法，也可以使用自底向上的动态规划方法，两者所需的时间均为 $O(n^3)$。两个方法都利用了重叠子问题的特性。矩阵链问题总共有 $\Theta(n^2)$个子问题，两个方法都只计算每个子问题一次。没有备忘机制，递归算法将会花费指数级的时间来求解，因此它会重复计算相同的子问题。

通常来说，如果每个子问题都必须要解决一次，那么自底向上的方法往往比带备忘机制的自顶向下的方法更快，因为自底向上的算法没有递归调用的开销，维护表的开销也小。相反，如果子问题空间里面的子问题并不需要全部都求解一次，那么备忘机制就有优势，因为它只会求解它需要的子问题。

步骤(4)：重构最优解(constructing an optimal solution)

MATRIX-CHAIN-ORDER 尽管指出了计算矩阵链乘法所需要的最少的标量乘法次数，但是并没有指明如何计算这个矩阵链。表格 $s[1..n-1,2..n]$告诉了我们如何计算所需要的信息。每一个表 $s[i,j]$记录了一个 k 值，这个 k 值告诉了 $A_iA_{i+1}\cdots A_j$ 最优括号化的分割点是在 $\boldsymbol{A}_k$ 和 $\boldsymbol{A}_{k+1}$之间。因此我们知道计算 $\boldsymbol{A}_{1\cdots n}$的最优方案里面的最后一次矩阵相乘在 $\boldsymbol{A}_{1\cdots s[1,n]}$ 和 $\boldsymbol{A}_{s[1,n]+1\cdots n}$之间。我们可以用相同的方法递归地求出更早的矩阵相乘，因为 $s[1,s[1,n]]$决

定了计算 $\boldsymbol{A}_{1\cdots s[1,n]}$ 时的最后一次矩阵乘法运算，$s[s[1,n]+1,n]$ 决定了计算 $\boldsymbol{A}_{s[1,n]+1\cdots n}$ 时的最后一次矩阵乘法运算。下面的递归过程给出了 $\langle \boldsymbol{A}_i, \boldsymbol{A}_{i+1}, \cdots, \boldsymbol{A}_j \rangle$ 的最优括号化方案，其输入为 MATRIX-CHAIN-ORDER 计算得到的表 s 以及 i 和 j。调用 PRINT-OPTIMAL-PARENS $(s,1,n)$ 给出了 $\langle \boldsymbol{A}_1, \boldsymbol{A}_2, \cdots, \boldsymbol{A}_n \rangle$ 的最优括号化方案。

```
PRINT-OPTIMAL-PARENS(s,i,j)
if i == j
    print "A"
else print "("
    PRINT-OPTIMAL-PARENS(s,i,s[i,j])
    PRINT-OPTIMAL-PARENS(s,s[i,j]+1,j)
    print ")"
```

在图 6.3.2 的例子中，调用 PRINT-OPTIMAL-PARENS$(s,1,6)$ 可以得到最优括号化方案 $((\boldsymbol{A}_1(\boldsymbol{A}_2\boldsymbol{A}_3))((\boldsymbol{A}_4\boldsymbol{A}_5)\boldsymbol{A}_6))$。

第 7 章　启发式算法

启发式算法(heuristics algorithm)是相对于最优化算法提出的。最优化算法有三要素：变量(decision variable)、约束条件(constraints)和目标函数(objective function)。但在实际计算过程中,优化问题很可能没有确定的目标函数,无法找到真实的最优解,而且计算代价非常大,甚至现有的计算机技术也无法解决此类问题。继而学者们又提出另一种方法,即启发式算法,一个基于直观或经验构造的算法,在可接受的计算成本内(指计算时间和空间)给出待解决组合优化问题实例的一个可行解,该可行解与最优解的偏离程度一般不能被预计。现阶段,启发式算法主要分为两类:邻域搜索类和群体仿生类。邻域搜索类包括爬山(hill climbing)算法、模拟退火算法(simulated annealing,SA)等传统启发式算法,群体仿生类包括差分进化(differential evolution,DE)算法和粒子群(particle swarm optimization,PSO)算法等基于群体的启发式算法。

7.1　邻域搜索类启发式算法

在解决优化问题时,邻域搜索类算法可以被看作是在当前问题的邻域上"行走",或者看作是在当前搜索空间内的搜索轨迹。"行走"(或轨迹)是由迭代过程执行的,即从当前解移动到搜索空间中的另一个解。此类算法可高效地解决不同领域的各种优化问题。

不同邻域搜索算法的区别就在于:邻域动作的定义以及选择邻近解的策略,这也是决定算法好坏的关键之处。7.1.1 小节和 7.1.2 小节介绍了著名的邻域搜索类启发式算法:局部搜索法(又称爬山法)和模拟退火法。

7.1.1　局部搜索算法

局部搜索(local search,LS)算法是最早提出的启发式算法,也是最简单的启发式算法,又被称为爬山法、下降法、迭代改进等。

1. 算法基本思想

局部搜索算法的基本思想是:随机从一个初始解开始,通过邻域动作产生初始解的邻近解,然后根据某种策略选择邻近解。一直重复以上过程,直到达到终止条件。局部搜索法选择邻近解的策略是,在每次迭代中,从当前解的邻近解空间中选择一个最优解作为当前解,直到达到局部最优。

2. 邻域动作

邻域动作就是一个函数,通过这个函数,针对当前解 s,产生 s 对应的邻近解集合。例如,对于一个 bool 型问题,假设其当前解为 $s=1001$,当将邻域动作定义为翻转其中一个 bit 时,得到的邻近解集合为 $N(s)=\{0001,1101,1011,1000\}$,其中 $N(s)\in S$。同理,当将邻域动作定义为互换相邻 bit 时,得到的邻近解集合为 $N(s)=\{0101,1001,1010\}$。

3. 算法实现流程

(1) 随机选择一个登山的起点。

(2) 每次拿相邻节点与当前节点进行比对,如果当前节点是最大的,那么返回当前节点作为最大值(即山峰最高点);反之就用最优的邻居节点替换当前节点。

(3) 重复第(2)步,从而实现向山峰的高处攀爬的目的,直至该点的邻近节点中不再有比其大的点。

(4) 选择该点作为本次爬山的顶点,即该算法获得的最优解。

4. 局部搜索算法的优缺点

局部搜索算法的优点是实现简单,缺点是很容易陷入局部最优解,不一定能搜索到全局最优解。

如图 7.1.1 所示,假设 C 点为当前解,爬山算法搜索到 A 点这个局部最优解就会停止搜索,因为在 A 点无论向哪个方向小幅度移动都不能得到更优的解。但是很显然,全局最优解在 B 点处,因此爬山算法得到的结果与初始点的选取有很大关联。解决方法是随机生成一些初始点,从每个初始点出发进行搜索,找到各自的最优解,再从这些最优解中选择一个最好的结果作为最终解。

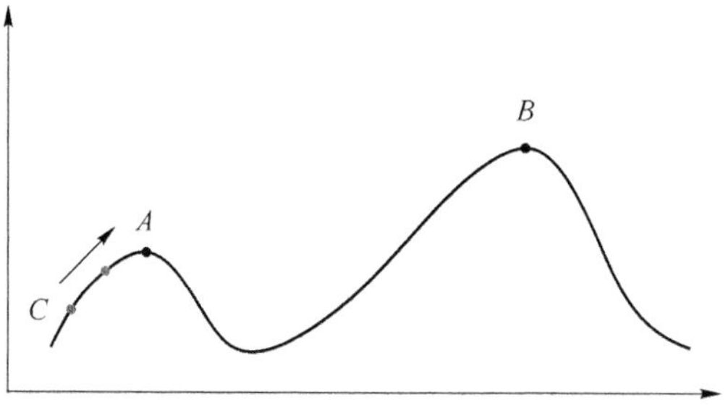

图 7.1.1 局部搜索算法选择更优的邻域解位置移动

7.1.2 模拟退火算法

1. 算法概述

爬山法是完完全全的贪心算法(greedy algorithm),只把眼光放在局部最优解上,因此只能搜索到局部的最优值。模拟退火(simulated annealing,SA)也是一种贪心算法,但不同于爬山算法的是,模拟退火算法在搜索过程会引入随机因素。

2. 算法基本思想

为防止陷入局部最优,模拟退火算法以一定概率接受比当前解差的解,因此有可能会跳出这个局部的最优解,达到全局的最优解。以图 7.1.2 为例,模拟退火算法在搜索到局部最优解 A 后,会以一定的概率接受向右继续移动。也许经过几次这样的不是局部最优的移动后会到达 A 和 B 之间的峰谷 E,于是就跳出了局部最大值 A。接受差解的概率根据 Metropolis 准则发展而来,随着迭代次数的增加而下降,或者说是随着温度 T 的下降而下降。

3. 算法实现流程

(1) 从初始解 s 开始,并初始化一个温度 T(充分大)和 T 值的迭代次数 L。

(2) 在每次迭代过程中,从当前解的邻居解中随机选择一个解,若随机选择的邻居解比当前解的质量好,则替换当前解,若质量比当前解差,则以一定的概率接受这个差解,来替换当前解。

（3）最后通过衰减 T 值更新温度，进行下一次迭代。

（4）直到达到迭代次数或者满足终止条件。

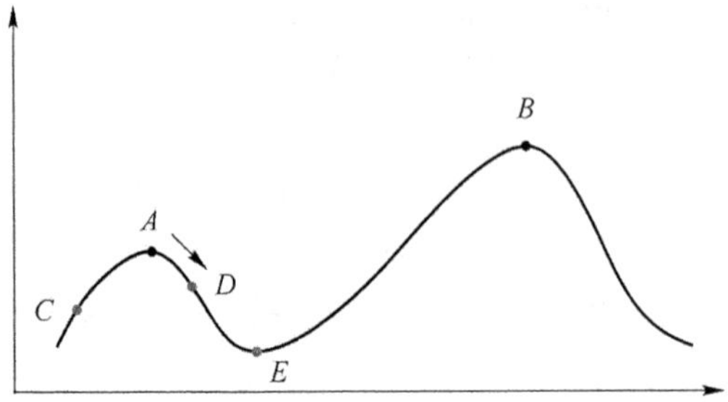

图 7.1.2 模拟退火算法跳出局部最优

4. 接受非当前解的概率

模拟退火算法根据固体退火原理中的 Metropolis 准则计算接受非当前解的概率 p，p 是一个关于 T 和 $f(s')-f(s)$ 的函数，函数形式为

$$p(T,s',s)=\begin{cases}1, & f(s')>f(s)\\ \exp\left(-\dfrac{|f(s')-f(s)|}{T}\right), & f(s')\leqslant f(s)\end{cases} \tag{7.1.1}$$

- 若 $f(s')>f(s)$（即移动后得到更优解），则总是接受该移动。
- 若 $f(s')\leqslant f(s)$（即移动后的解比当前解要差），则以一定的概率接受移动，而且这个概率随着时间推移逐渐降低，移动也逐渐趋向稳定）。相当于上图中，从 A 移向 AB 之间的小波谷时，每次右移（即接受一个更差值）的概率在逐渐降低。如果这个坡特别长，那么很有可能最终不会翻过这个坡。如果它不太长，就很有可能会翻过它，这取决于衰减 T 值的设定。

该算法有两个阶段：随机移动与迭代更新。这两个阶段体现了启发式算法核心思想：多样性和集中性。前者提供了一个广阔的搜索空间，后者使其收敛于最大值（或者局部最大值）。

5. 模拟退火算法的简单应用

本节将利用模拟退火算法来求解著名的旅行商问题（travelling salesman problem，TSP），它也是最早被提出的非确定性多项式（non-deterministic polynomial，NP）问题：设有 N 个城市，分别用 $c_1,\cdots,c_N$ 表示。任何两个城市 c_i 和 c_j 之间的距离都是确定的，且用 $d(i,j)$ 表示。TSP 问题就是要确定一条遍访每个城市的最短路线，精确地解决 TSP 的算法复杂度是 $O(2^N)$，使用模拟退火算法则可以快速地获得一条近似最优路径。求解 TSP 问题的模型可描述如下：

（1）解空间

解空间 S 是遍历每个城市的所有路径 $P(k)$ 的集合，即 $c_1,\cdots,c_N$ 所有循环排列的集合。$P(k)$ 表示第 k 条路径，并记 $c_{N+1}=c_1$。设初始路径 $P(1)$ 为 $c_1,\cdots,c_N$ 的顺序排列 $\{c_1,\cdots,c_N\}$。

（2）目标函数

本例的目标函数是访问所有城市的路径总长度 $L(P(k))$，也称为代价函数，最后的结果是找到使此代价函数最小的遍历路径。

(3) 产生新解

随机产生 1 和 N 之间的两个不相同的数 m 和 p，并且交换城市 m 和城市 p 在路径中的顺序以产生一条新的路径。例如，当前路径 $P(k)$ 为 $\{c_1,\cdots,c_m,\cdots,c_p,\cdots,c_N\}$，交换两城市顺序后产生的新路径 $P(k+1)$ 即为 $\{c_1,..,c_p,\cdots,c_m,\cdots,c_N\}$。在 TSP 问题中，可以采用的变换方式有很多种，这里采用的方式是随机交换两个城市在路径中的顺序，此外，还可以采用逆转 m 和 p 之间所有城市顺序等方式。当然策略不同，得到的结果也会存在差别。

(4) 更新当前解

若 $L(P(k+1))<L(P(k))$，则接受 $P(k+1)$ 为新的路径，否则以概率 $\exp\left(-\frac{|L(P(k+1))-L(P(k))|}{T}\right)$ 接受 $P(k+1)$，然后不断降温，即不断更新 T 值。

(5) 重复新解产生以及当前解更新的过程

重复新解产生以及当前解更新的过程，直到满足退出条件。

7.2 群体仿生类启发式算法

群体仿生类启发式算法有许多共同的概念，它们可以被看作是群体解的迭代改进。首先，初始化种群。然后，生成一个新的种群解。最后，通过选择操作将新种群整合到当前种群中。当满足给定条件(停止条件)时，搜索过程停止。进化算法、分散搜索算法、分布估计算法、粒子群算法、蜂群算法、人工免疫系统等算法都属于这类启发式算法。7.2.1 小节介绍了进化算法中的差分进化算法，7.2.2 小节介绍了群体智能算法中的粒子群优化算法。

7.2.1 差分进化算法

1. 算法概述

差分进化(differential evolution，DE)算法是一种基于群体差异的启发式随机搜索算法。该算法是由 R. Storn 和 K. Price 为求解 Chebyshev 多项式而提出的，它的本质是一种基于实数编码的具有保优思想的贪婪遗传算法。

2. 算法基本思想

差分进化算法的基本思想来源于一种更早提出进化算法——遗传算法(genetic algorithm，GA)，将问题的求解表示成“染色体”适者生存的过程，通过种群进化，包括配对交叉、变异和自然选择等操作，最终收敛到“最适应环境”的个体，从而求得问题的最优解或满意解。

两种算法思想的不同之处在于，差分进化算法的变异是利用在种群中随机选取的两个个体的差分向量作为第三个个体的变异源，再将差分向量加权后按照一定的规则与第三个个体求和而产生变异个体，而遗传算法是根据变异概率来控制个体自身的变异。

3. 算法实现流程

对于无约束问题：

$$\min f(x_1,x_2,\cdots x_D)$$
$$\text{s.t. } x_j^L\leqslant x_j\leqslant x_j^U,\quad j=1,2,\cdots,D$$

其中，D 是解空间的维数，x_j^L、x_j^U 分别表示第 j 个分量 x_j 取值范围的上界和下界。利用差分进化算法求解，过程主要分为初始化、变异、交叉和选择等几个步骤。

(1) 初始化

随机产生一个大小确定的初始种群 pop(0)：

$$\{\boldsymbol{X}_i(0) \mid x_{i,j}^L \leqslant x_{i,j}(0) \leqslant x_{i,j}^U;\quad i=1,2,\cdots,\mathrm{NP}; j=1,2,\cdots,D\} \tag{7.2.1}$$

其中，$\boldsymbol{X}_i(0)$代表第0代种群中的第i条“染色体”(即个体)，$x_{i,j}(0)$代表第0代种群中的第i条“染色体”的第j个“基因”，NP代表种群大小。

注意，每个个体代表解空间内的某一个解，而基因代表解的各个分量。

种群的初始化方式如下(伪代码)：

```
for i = 1:NP
    for j = 1:D
        x_{i,j}(0) = x^L_{i,j} + rand(0,1)(x^U_{i,j} - x^L_{i,j})
    end
end
```

其中，rand(0,1)代表(0,1)区间内均匀分布的随机数。

(2) 变异

差分进化算法通过差分策略实现个体变异，这也是区别于遗传算法的重要标志。常见的差分策略是选取种群中两个不同的个体进行差分，将其差向量缩放后与第三个随机选取的个体进行向量合成：

在第g代种群 $\mathrm{pop}(g)=\{\boldsymbol{X}_1(g),\cdots,\boldsymbol{X}_i(g),\cdots,\boldsymbol{X}_{\mathrm{NP}}(g)\}$中，随机选取三个个体$\boldsymbol{X}_{r1}(g)$、$\boldsymbol{X}_{r2}(g)$和$\boldsymbol{X}_{r3}(g)$，利用$\boldsymbol{X}_{r1}(g)$与$\boldsymbol{X}_{r2}(g)$的差分向量对$\boldsymbol{X}_{r3}(g)$进行变异生成$\boldsymbol{V}_i(g+1)$：

$$\boldsymbol{V}_i(g+1)=\boldsymbol{X}_{r3}(g)+F\cdot(\boldsymbol{X}_{r1}(g)-\boldsymbol{X}_{r2}(g)) \tag{7.2.2}$$

其中，F是缩放因子，其值为一个确定的常数，用于控制差分向量的权重。

在进化过程中，为了保证解的有效性，必须判断“染色体”中各“基因”(即各个分量)是否满足边界条件，如果不满足边界条件，则重新生成该“基因”。

(3) 交叉

交叉操作的目的是增强种群的多样性。将原个体$\boldsymbol{X}_i(g)$和变异个体$\boldsymbol{V}_i(g+1)$进行交叉生成试验个体$\boldsymbol{U}_i(g+1)$，$\boldsymbol{U}_i(g+1)$的每一个分量按照如下公式计算：

$$u_{i,j}(g+1)=\begin{cases} v_{i,j}(g+1), & \mathrm{rand}(0,1)\leqslant P_{\mathrm{cr}} \text{或} j=j_{\mathrm{rand}} \\ x_{i,j}(g), & \text{其他} \end{cases} \tag{7.2.3}$$

其中P_{cr}为交叉概率，j_{rand}为$[1,D]$闭区间内的随机整数。

图7.2.1为7个基因位的“染色体”交叉过程，为了确保变异中间体$\boldsymbol{V}_i(g+1)$的每个“染色体”至少有一个“基因”遗传给下一代，第一个交叉操作的基因是随机取出$\boldsymbol{V}_i(g+1)$的第j_{rand}位“基因”作为交叉后的“染色体”$\boldsymbol{U}_i(g+1)$的第j_{rand}位“基因”。后续的交叉过程，则是通过交叉概率来为$\boldsymbol{U}_i(g+1)$选择$\boldsymbol{X}_i(g)$或$\boldsymbol{V}_i(g+1)$的等位基因。

(4) 选择

该过程根据适应度函数的值，从变异交叉后的向量$\boldsymbol{U}_i(g+1)$和原向量$\boldsymbol{X}_i(g)$中选择出适应度更高的进入下一代种群，即选择较优的个体作为新个体$\boldsymbol{X}_i(g+1)$：

$$\boldsymbol{X}_i(g+1)=\begin{cases} \boldsymbol{U}_i(g+1), & f(\boldsymbol{U}_i(g+1))\leqslant f(\boldsymbol{X}_i(g)) \\ \boldsymbol{X}_i(g), & \text{其他} \end{cases} \tag{7.2.4}$$

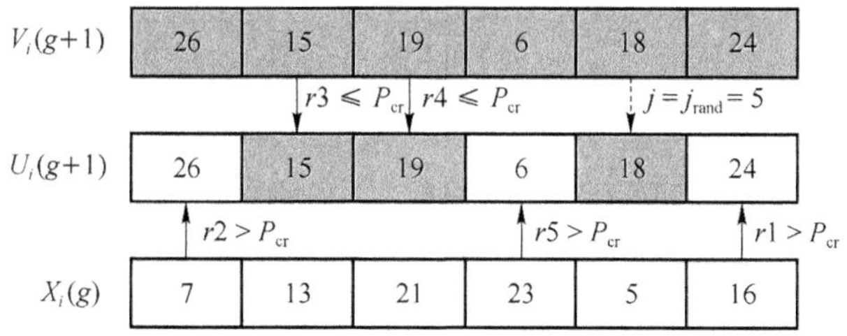

图 7.2.1 交叉操作过程

7.2.2 粒子群算法

受蚂蚁、蜜蜂、黄蜂、白蚁、鱼和鸟等物种集体行为启发的算法被称为群体智能算法。基于群体智能的算法主要特点是粒子是单纯的非复杂的代理，它们通过间接的通信媒介进行协作，并在决策空间中进行运动。最常见的群体智能算法是蚁群算法和粒子群算法。本节内容将针对粒子群算法进行介绍。

1. 算法概述

粒子群算法(particle swarm optimization，PSO)是通过模拟鸟群觅食行为而设计的一种群智能优化算法，其基本核心是利用群体中的个体对信息的共享从而使得整个群体的运动在问题求解空间中产生从无序到有序的演化过程，最终获得问题的最优解。

PSO 和进化算法有很多共同之处。二者都随机初始化种群，而且都使用适应值来评价系统。但是粒子群算法没有差分进化算法的“交叉”和“变异”等操作，通过追随当前搜索到的最优值来寻找全局最优，所需要调整的参数很少，简单易行，收敛速度快，已成为现代优化方法领域研究的热点。

2. 算法基本思想

鸟群在一个空间中随机觅食，区域内只有一个食物源，鸟群的任务是找到这个食物源(全局最优解)。所有的鸟都不知道食物具体在哪里，但它们知道当前位置与食物的大概距离。粒子群算法就是把鸟看成一个个具有位置和速度两个属性的粒子，每个粒子根据自身已经找到的离食物最近的位置，参考其他粒子共享于整个集群中的最优位置去改变自己的飞行方向，最后会发现，整个集群大致向同一个地方聚集，而这个地方就是离食物最近的区域。

3. 算法实现流程

在基本模型中，一个粒子群由在 D 维搜索空间中运动的 N 个粒子组成，粒子 i 的位置表示为矢量 $\boldsymbol{x}_i=(x_{i1},x_{i2},\cdots,x_{iD})$，速度表示为矢量 $v_i=(v_{i1},v_{i2},\cdots,v_{iD})$。粒子群算法根据以下两个因素依次将其位置 $\boldsymbol{x}_i$ 调整为全局最优：目前为止自身所访问的最佳位置 xbes t_i 和目前为止整个粒子群所访问的最佳位置 gbest。

在第 t 次迭代中，粒子 i 通过以下公式来更新自己的速度：

$$\begin{aligned} v_i(t)=v_i(t-1)&+c_1\cdot \mathrm{rand}(0,1)\cdot(\mathrm{xbes}\,t_i-\boldsymbol{x}_i(t-1)) \\ &+c_2\cdot \mathrm{rand}(0,1)\cdot(\mathrm{gbest}-\boldsymbol{x}_i(t-1)) \end{aligned} \tag{7.2.5}$$

通过以下公式来更新自己的位置：

$$\boldsymbol{x}_i(t)=\boldsymbol{x}_i(t-1)+v_i(t) \tag{7.2.6}$$

其中，常数 c_1 和 c_2 表示学习因子，通常 $c_1=c_2=2$。

对于式(7.2.5)，第一项为记忆项，表示上次速度大小和方向的影响；第二项称为自我认知项，是一个从当前位置指向粒子自身最佳位置的矢量，表示粒子的动作来源于自己经验的部分；第三项称为群体认知项，是一个从当前位置指向种群最佳位置的矢量，反映了粒子间的协同合作和知识共享。粒子就是通过自己的经验和同伴中最好的经验来决定下一步的运动。

以上面两个公式为基础，再来看一个公式：

$$v_i(t)=\omega\cdot v_i(t-1)+c_1\cdot \mathrm{rand}(0,1)\cdot(\mathrm{xbes}\,t_i-x_i(t-1))+c_2\cdot \mathrm{rand}(0,1)\cdot(\mathrm{gbest}-x_i(t-1))\tag{7.2.7}$$

其中，ω 叫作惯性因子，其值为非负。ω 越大，全局寻优能力越强，局部寻优能力越弱；ω 越小，全局寻优能力越弱，局部寻优能力越强。ω 的引入能获得比固定值更好的寻优结果。ω 可在PSO搜索过程中线性变化，也可以根据PSO的某个性能指标动态改变。

式(7.2.6)和式(7.2.7)被视为标准PSO算法。该算法实现流程如下：

(1) 对粒子群进行随机初始化(群体规模为N)，包括随机位置和速度；

(2) 计算每个粒子的适应值；

(3) 对每个粒子，将其适应值与其经过的最好位置的适应值进行比较，如果较好，则将其作为当前的最好位置 xbes t_i；

(4) 对整个粒子群，将群体当前最优位置的适应值与全局最优位置的适应值作比较，如果较好，则将其作为当前全局最优位置 gbest；

(5) 根据式(7.2.6)、式(7.2.7)调整粒子速度和位置；

(6) 若未达到结束条件则，转至第(2)步。

迭代终止条件根据具体问题一般选为最大迭代次数 G_k 或(和)微粒群迄今为止搜索到的最优位置满足预定最小适应阈值。

第 2 部分　最优化工具

第 8 章　Python 中的优化工具箱

8.1　CVXOPT 介绍

CVXOPT 是一个基于 Python 编程语言的免费软件包，用来解决凸优化问题。它可以与交互式 Python 解释器一起使用，还可以通过执行 Python 脚本在命令行使用，还可以通过 Python 扩展模块集成到其他软件中使用。它利用 Python 广泛的标准库以及 Python 作为高级编程语言的优势，使凸优化应用程序的软件开发变得简单。

CVXOPT 用两个矩阵对象扩展了内置的 Python 对象：一个用于稠密矩阵的对象 matrix 和另一个用于稀疏矩阵的对象 spmatrix。下面我们介绍 CVXOPT 优化示例，其中包括用 Python 编写的凸优化求解器、与其他一些优化库的接口以及用于分段线性凸优化问题的建模工具。

8.2　建　　模

cvxopt.modeling 模块可用于指定和解决具有凸状分段线性的目标和约束函数的优化问题。使用这种建模工具，可以通过下面两步建立优化问题：首先定义优化变量（参阅 8.2.1 变量部分）；然后使用线性运算（向量加法和减法、矩阵向量乘法、索引和切片）以及最大值、最小值、绝对值和求和的嵌套求值（参阅 8.2.2 函数部分）来指定目标函数和约束函数。

8.2.1　变量

优化变量由对象 variable 表示：

```
cvxopt.modeling. variable([size[, name]])
```

定义的是向量变量，第一个参数是向量的维度（默认值为正整数 1），第二个参数是字符串，表示变量名。第二个参数是可选的，默认值为""，该参数仅在三种情况下才能用到：一是使用 print 语句显示变量（或者依赖于变量的对象，如函数或者约束）时；二是调用内置函数 repr 或 str 时；三是将线性规划写入 MPS 文件时。

函数 len 返回变量的长度。变量 x 有下面两个属性：

```
name
变量名
value
```

要么是 None，要么是维度为(len(x)，1)的密集'd'矩阵，'d'表示矩阵的数据类型为 double（下同）。

创建变量 x 时，属性 x.value 置为 None。后面可以为它赋值，比如求解以 x 为变量之一的线性规划时。也可以进行显式赋值 x.value=y。y 必须是整数或者浮点数，或者是维度为(len(x),1)的'd'矩阵。如果 y 是整数或者浮点数，那么 x.value 的所有元素均设置为 y 的值。

```
>>> from cvxopt import matrix
>>> from cvxopt.modeling import variable
>>> x = variable(3,'a')
>>> len(x)
3
>>> print(x.name)
a
>>> print(x.value)
None
>>> x.value = matrix([1.,2.,3.])
>>> print(x.value)
[ 1.00e+00]
[ 2.00e+00]
[ 3.00e+00]
>>> x.value = 1
>>> print(x.value)
[ 1.00e+00]
[ 1.00e+00]
[ 1.00e+00]
```

8.2.2　函数

可以通过对变量和其他函数的重载操作来定义目标函数或者约束函数。函数 f 被定义为列向量，其长度为 len(f)且长度值取决于函数变量的值。函数具有两个公共属性：

```
variables
```

返回函数变量列表的副本

```
value
```

表示函数值。如果任何函数 f 的变量均为 None，那么 f.value()返回值为 None。否则，它将会返回一个维度为(len(f),1)的密集'd'矩阵，该矩阵是由函数 f 的变量的 value 属性经过计算得到的。

函数 f 支持三种类型的函数：仿射函数、凸状分段线性函数和凹状分段线性函数。

1. 仿射函数

仿射函数是向量值函数它的形式如下：

$$f(x_1,\cdots,x_n)=A_1x_1+\cdots+A_nx_n+b \tag{8.2.1}$$

其中，系数可以是标量或密集矩阵或稀疏矩阵。常数项是标量或列向量。

仿射函数来自于下面的操作。

(1) 一元操作

对于变量 x，一元运算 +x 会产生一个以 x 为变量的仿射函数，系数为 1.0，常数项为 0.0。一元运算 -x 返回一个以 x 为变量的仿射函数，系数为 -1.0，常数项为 0.0。对于仿射函数 f，+f 表示将 f 完全复制，而 -f 表示对 f 的系数和常数项的符号全都相反后的复制。

(2) 加法和减法

仿射函数、变量和常量的求和或者求差会生成新的仿射函数。求和式子里的常数项可以是整数、浮点数或者一列密集或稀疏的'd'矩阵。

加法和减法遵循矩阵的加法和减法操作，其中变量和仿射函数是密集的一列'd'矩阵。特别的是，可以将标量(整数、浮点数、1×1 的密集'd'矩阵、长度为 1 的变量、长度为 1 的仿射函数)与仿射函数或者长度大于 1 的变量相加。

(3) 乘法

假设 v 是仿射函数或者变量，a 是一个整数、浮点数、密集或稀疏的'd'矩阵。只要遵循矩阵运算的矩阵乘法或者标量乘法，那么 a * v 和 v * a 就是有效的仿射函数，v 可以解释为一列矩阵。特别的是，如果 a * v 要能够计算，那么 a 是标量(整数、浮点数、1×1 的密集'd'矩阵)，或者是一个 a.size[1]=len(v)的矩阵(密集或稀疏)。同理，v * a 能够定义除非 a 是标量，或者 len(v)=1 并且 a 是一列矩阵。

(4) 点积

下面的两个函数返回的是标量仿射函数，这个函数定义为常数向量与变量或者仿射函数的点积。

```
cvxopt.modeling. sum(v)
```

参数是一个仿射函数或者变量。结果是长度为 1 的仿射函数，值是参数 v 的各分量之和。

```
cvxopt.modeling. dot(u,v)
```

如果 v 是变量或者仿射函数，u 是维度为(len(v),1)的'd'矩阵，那么 dot(u,v)和 dot(v,u)等于 u.trans() * v。

如果 u 和 v 都是密集矩阵，那么 dot 等于函数 blas.dot，返回的是两个矩阵的内积。

在下面的例子中，变量 x 长度为 1，y 长度为 2。函数 f 和 g 分别是：

$$f(x,y)=\begin{bmatrix}2\\2\end{bmatrix}x+y+\begin{bmatrix}3\\3\end{bmatrix}$$

$$\begin{aligned}g(x,y)&=\begin{bmatrix}1&3\\2&4\end{bmatrix}f(x,y)+\begin{bmatrix}1&1\\1&1\end{bmatrix}y+\begin{bmatrix}1\\-1\end{bmatrix}\\&=\begin{bmatrix}8\\12\end{bmatrix}x+\begin{bmatrix}2&4\\3&5\end{bmatrix}y+\begin{bmatrix}13\\17\end{bmatrix}\end{aligned}$$

```
>>> from cvxopt.modeling import variable
>>> x = variable(1,'x')
>>> y = variable(2,'y')
>>> f = 2*x + y + 3
>>> A = matrix([[1., 2.], [3.,4.]])
>>> b = matrix([1.,-1.])
>>> g = A*f + sum(y) + b
>>> print(g)
affine function of length 2
constant term:
[ 1.30e+01]
[ 1.70e+01]
linear term: linear function of length 2
coefficient of variable(2,'y'):
[ 2.00e+00  4.00e+00]
[ 3.00e+00  5.00e+00]
coefficient of variable(1,'x'):
[ 8.00e+00]
[ 1.20e+01]
```

(5) 原位/原地操作(in-place operations)

对于仿射函数 f 的运算 f += u 和 f -= u,其中 u 是常数、变量或者仿射函数,如果运算不改变 f 的长度〔即,u 的长度为 len(f)或者 1〕,那么这个运算才是合理的。原地乘法 f *= u 和除法 f /= u 只有 u 是整数、浮点数或者 1×1 的矩阵才是合理的。

(6) 索引和切片

矩阵可以使用一个或者两个参数建立索引。在矩阵 A 的单参数索引中,索引从-len(A)到 len(A)-1,它是一维数组中的索引,该一维数组是 A 按列排序的系数。负数索引的使用与 Python 一致:对于负数 k,A[k]与 A[len(A) + k]返回的元素相同。

下面实现四种不同类型的单参数索引:

a) 索引是单个整数。返回一个数字,例如 A[0]是 A 的第一个元素。

b) 索引是整数矩阵。返回一个列矩阵:命令 A[matrix([0,1,2,3])]返回由 A 的前四个元素组成的 4×1 维矩阵。索引矩阵的大小将被忽略:A[matrix([0,1,2,3],(2,2))]返回相同的 4x1 维矩阵。

c) 索引是整数列表。返回一个列矩阵,例如 A[[0,1,2,3]]是由 A 的第 0 个、第 1 个、第 2 个、第 3 个元素组成的 4×1 维矩阵。

d) 索引可以是 Python 切片。返回一列矩阵(可能是 0×1 或 1×1)。例如,A[:: 2]是通过取 A 的每个其他元素(以列优先顺序存储)定义的列矩阵。A[0:0]是大小为(0,1)的矩阵。

因此,单参数索引返回标量(如果索引是整数)或者维度为一列的矩阵。这与单参数索引以列优先顺序访问矩阵的解释一致。

请注意,索引列表或索引矩阵是等效的,它们都是有用的,尤其是当我们对索引集进行操作时。例如,如果I和J是列表,则I+J是串联列表,而2 * I是I重复两次。如果它们是矩阵,则将这些运算解释为算术运算。对于大型索引集,使用整数矩阵进行索引操作比使用列表进行索引操作更快。

下面的例子说明了单参数索引:

```
>>> from cvxopt import matrix, spmatrix
>>> A = matrix(range(16), (4,4), 'd')
>>> print(A)
[ 0.00e+00  4.00e+00  8.00e+00  1.20e+01]
[ 1.00e+00  5.00e+00  9.00e+00  1.30e+01]
[ 2.00e+00  6.00e+00  1.00e+01  1.40e+01]
[ 3.00e+00  7.00e+00  1.10e+01  1.50e+01]
>>> A[4]
4.0
>>> I = matrix([0, 5, 10, 15])
>>> print(A[I])       # the diagonal
[ 0.00e+00]
[ 5.00e+00]
[ 1.00e+01]
[ 1.50e+01]
>>> I = [0,2];  J = [1,3]
>>> print(A[2*I+J])  # duplicate I and append J
[ 0.00e+00]
[ 2.00e+00]
[ 0.00e+00]
[ 2.00e+00]
[ 1.00e+00]
[ 3.00e+00]
>>> I = matrix([0, 2]);  J =  matrix([1, 3])
>>> print(A[2*I+J])  # multiply I by 2 and add J
[ 1.00e+00]
[ 7.00e+00]
>>> print(A[4::4])   # get every fourth element skipping the first four
[ 4.00e+00]
[ 8.00e+00]
[ 1.20e+01]
```

但是在这里,变量和仿射函数仅允许使用上面所述的四种类型的单参数索引(不包括两个参数的索引),索引和切片的结果是仿射函数。

```
>>> x = variable(4,'x')
>>> f = x[::2]
>>> print(f)
linear function of length 2
linear term: linear function of length 2
coefficient of variable(4,'x'):
[ 1.00e+00      0           0           0     ]
[     0         0       1.00e+00        0     ]
>>> y = variable(3,'x')
>>> g = matrix(range(12),(3,4),'d') * x - 3 * y + 1
>>> print(g[0] + g[2])
affine function of length 1
constant term:
[ 2.00e+00]
linear term: linear function of length 1
coefficient of variable(4,'x'):
[ 2.00e+00  8.00e+00  1.40e+01  2.00e+01]
coefficient of variable(3,'x'):
[-3.00e+00      0      -3.00e+00]
```

2. 分段线性函数

凸状分段线性(convex piecewise-linear)函数的一般表达式为

$$f(x_1,\cdots,x_n)=b+A_1x_1+\cdots+A_nx_n+\sum_{k=1}^{K}\max(y_1,y_2,\cdots,y_{m_k}) \tag{8.2.2}$$

这个表达式的最大值是其向量自变量的分量最大值,可以是常数矢量、变量、仿射函数或者凸状分段线性函数。

凹状分段线性(concave piecewise-linear)函数的一般表达式为

$$f(x_1,\cdots,x_n)=b+A_1x_1+\cdots+A_nx_n+\sum_{k=1}^{K}\min(y_1,y_2,\cdots,y_{m_k}) \tag{8.2.3}$$

其中,min 的参数可以是常数、变量、仿射函数或者凹状分段线性函数。

分段线性函数可以通过下面的运算来创建。

(1) 最大值

如果 f=max(y_1,y_2,…)里面的参数不包括任何变量或者函数,那么可以使用 Python 内置的 max 直接计算。

如果一个或多个参数是变量或函数,那么 max 返回一个分段线性函数,该函数定义为参数的逐元素最大值。换句话说,f[k]=max(y1[k],y2[k],…),其中 k 为 0,…,len(f)−1。f 的长度为各参数长度的最大值。每个参数的长度必须等于 len(f)或者 1。长度为 1 的参数可以理解为有相同输入的长度为 len(f)的向量。

参数可以是整型或者浮点型的标量、只有一列的密集'd'矩阵、变量、仿射函数或者凸状分段线性函数。

只有一个参数时,f=max(u)可以看成 f=max(u[0],u[1],…,u[len(u)−1])。

(2) 最小值

与 max 类似但是返回的是凹状分段线性函数。参数可以是整型或者浮点型的标量、只有一列的密集'd'矩阵、变量、仿射函数或者凹状分段线性函数。

(3) 绝对值

如果 u 是变量或者仿射函数,那么 f=abs(u)返回的是凸状分段线性函数 max(u, -u)。

(4) 一元加减法

+f 创建 f 的副本。如果 f 是凸的,那么-f 是凹状分段线性函数;如果 f 是凹的,那么-f 是凸状分段线性函数。

(5) 加法和减法

如果分段线性函数的求和和求差的结果是凸函数或者凹函数,那么这个操作是能够使用的。例如,可以两个凸函数或者两个凹函数求和,但是不能一个凹函数和一个凸函数求和。sum(f)命令等于 f[0]+f[1]+…+f[len(f)-1]。

(6) 乘法

如果 a 是整数、浮点数、1×1 的矩阵,那么可以定义分段线性函数 f 的标量乘法为 a * f。当且仅当 a 是 1×1 的密集或者稀疏'd'矩阵,才能定义矩阵-矩阵(matrix-matrix)乘法 a * f 或者 f * a。

(7) 索引和切片

分段线性函数允许上面讲到的 4 种单参数类型的索引(生成仿射函数那节)。索引和切片的结果是新的分段线性函数。

在下面的例子中,f 是长度为 10 的向量变量 x 的 L1 范数,g 是它的无穷范数,h 函数如下:

$$h(x) = \sum_k \phi(x[k]), \quad \phi(u) = \begin{cases} 0, & |u| \leqslant 1 \\ |u|-1, & 1 \leqslant |u| \leqslant 2 \\ 2|u|-3, & |u| \geqslant 2 \end{cases}$$

```
>>> from cvxopt.modeling import variable, max
>>> x = variable(10,'x')
>>> f = sum(abs(x))
>>> g = max(abs(x))
>>> h = sum(max(0, abs(x) - 1, 2 * abs(x) - 3))
```

(8) 原位/原地操作(in-place operations)

如果 f 是分段线性的,那么可以定义原位操作 f+=u,f-=u,f *=u,f/=u。如果这些操作不改变 f 的长度,那么可以定义对应的拓展操作 f=f+u,f=f-u,f=f * u 和 f=f/u。

8.2.3 约束

线性等式和不等式的约束如下:

$$f(x_1, \cdots, x_n)=0, \quad f(x_1, \cdots, x_n) \leqslant 0 \tag{8.2.4}$$

其中,f 是凸函数,由约束对象表示。等式约束由下面的形式创建:

```
f1 == f2
```

这里的 f1 和 f2 可以是任何对象,二者的差 f1-f2 是仿射函数。不等式约束由下面的形式创建：

```
f1 <= f2
f2 >= f1
```

其中，f1 和 f2 可以是任何对象，二者的差 f1-f2 是凸状分段线性函数。比较运算符首先将表达式分别转换为 f1-f2 == 0 和 f1-f2 <= 0，然后返回具有约束函数 f1-f2 的新的约束对象。

下面，我们对长度为 5 的变量创建三个约束：

$$0 \leqslant x \leqslant 1, \quad 1^{T} x = 2$$

```
>>> x = variable(5,'x')
>>> c1 = (x <= 1)
>>> c2 = (x >= 0)
>>> c3 = (sum(x) == 2)
```

内置函数 len 返回约束函数的维度。

约束有四个公共属性：

```
type
```

如果约束是等式约束返回'='，如果是不等式约束则返回'<'。

```
value
```

返回约束函数的值。

```
multiplier
```

对于约束 c，c. multiplier 是维度 len(c)的变量对象。它用来表示与约束相关的拉格朗日乘数或对偶变量。它的值初始化为 None，可以通过对 c. multiplier. value 进行赋值来修改它。

```
name
```

表示约束名，改变约束名也会改变 c 的乘数(multiplier)的名称。例如，命令 c. name = 'newname'也会将 c. multiplier. name 改成'newname_mul'。

8.2.4 优化问题

通过调用下面的函数来构造优化问题：

```
cvxopt.modeling. op([objective[, constraints[, name]]])
```

第一个参数指定最小化的目标函数。它可以是长度为 1 的仿射函数或者凸状分段线性函数，也可以是长度为 1 的变量，或者是标量常数(整数、浮点数、1×1 的密集'd'矩阵)。默认值为 0.0。

第二个参数是单个约束条件或者约束条件的列表。默认值为空列表。

第三个参数是这个优化问题的名称，用字符串表示。默认值为空字符串。

下面介绍属性和方法，这些属性和方法对于检查和修改优化问题是很有用的。

```
objective
```

目标或者损失函数，可以通过修改此属性来改变一个现有的问题。

```
variables()
```

返回问题变量的列表。

```
constraints()
```

返回约束列表。

```
inequalities()
```

返回不等式约束列表。

```
equalities()
```

返回等式约束列表。

```
delconstraint(c)
```

删除问题的约束 c。

具有凸状分段线性的目标和约束的优化问题，我们可以调用方法 solve 来解决。

```
solve([format[, solver]])
```

这个函数将优化问题转化为矩阵形式的线性规划，然后调用求解器来求解。

第一个参数可以是'dense'或者'sparse'，表示线性规划中所要使用的矩阵的类型。默认值为'dense'。

第二个参数是 None，'glpk'，'mosek'三者中的一个，在线性规划中从下面三个可用的求解器中选择其中之一：使用 Python 写的默认求解器、GLPK 求解器(如果已安装)或者 MOSEK LP 求解器(如果已安装)。默认值为 None。

求解器通过设置属性 self. status，修改变量的属性值和问题的约束乘数来展示优化的结果。

- 如果求解问题的最优解，那么 self. status 设为'optimal'。将问题中变量的 value 属性设置为其计算的解，将问题约束的乘数的 value 属性设置为其计算的对偶最优解。
- 如果确定问题不可行(infeasible)，那么将 self. status 设为'primal infeasible'，变量的 value 属性设置为 None，问题约束的乘数的 value 属性设置为原始不可行证明(certificate of primal infeasibility)。使用'glpk'选项时，solve 不提供不可行证明。
- 如果确定问题双重不可行，那么将 self. status 设置为'dual infeasible'，将问题约束的乘数的 value 属性设置为 None，将变量的 value 属性设置为双重不可行证明。使用'glpk'选项时，solve 不提供不可行证明。
- 如果不能成功解决问题，那么把 self. status 设置为'unknown'。变量和约束乘数的 value 属性均设置为 None。

下面是求解线性规划的一个例子：

$$\begin{aligned}\text{minimize}\quad & -4x-5y\\ \text{subject to}\quad & 2x+y\leqslant 3\\ & x+2y\leqslant 3\\ & x\geqslant 0,y\geqslant 0\end{aligned}$$

```
>>> from cvxopt.modeling import op
>>> x = variable()
>>> y = variable()
>>> c1 = ( 2*x+y <= 3 )
>>> c2 = ( x+2*y <= 3 )
>>> c3 = ( x >= 0 )
>>> c4 = ( y >= 0 )
>>> lp1 = op(-4*x-5*y, [c1,c2,c3,c4])
>>> lp1.solve()
>>> lp1.status
'optimal'
>>> print(lp1.objective.value())
[-9.00e+00]
>>> print(x.value)
[ 1.00e+00]
>>> print(y.value)
[ 1.00e+00]
>>> print(c1.multiplier.value)
[ 1.00e+00]
>>> print(c2.multiplier.value)
[ 2.00e+00]
>>> print(c3.multiplier.value)
[ 2.87e-08]
>>> print(c4.multiplier.value)
[ 2.80e-08]
```

下面我们使用矩阵形式解决相同的线性规划问题：

```
>>> from cvxopt.modeling import op, dot
>>> x = variable(2)
>>> A = matrix([[2.,1.,-1.,0.], [1.,2.,0.,-1.]])
>>> b = matrix([3.,3.,0.,0.])
>>> c = matrix([-4.,-5.])
>>> ineq = ( A*x <= b )
>>> lp2 = op(dot(c,x), ineq)
>>> lp2.solve()
>>> print(lp2.objective.value())
[-9.00e+00]
>>> print(x.value)
[ 1.00e+00]
[ 1.00e+00]
```

```
>>> print(ineq.multiplier.value)
[1.00e+00]
[2.00e+00]
[2.87e-08]
[2.80e-08]
```

op 类还包括读写 MPS 格式的文件的两种方法：

```
tofile(filename) :noindex:
```

如果问题是线性规划(LP)问题，那么使用 MPS 格式将其写入文件名为 filename 的文件中。行和列的标签由 LP 的变量名和约束名分配。

```
fromfile(filename) :noindex:
```

从 filename 文件中读取 LP 问题。这个文件必须是固定格式的 MPS 文件。MPS 格式的一些特征是不支持的：以美元符号开头的注释，'DE''DL''DG'和'DN'的行类型，以及读取多个右侧、边界或者范围向量的能力。

8.2.5 示例

1. 鲁棒线性规划

鲁棒线性规划：

$$\begin{aligned}&\text{minimize} \quad \boldsymbol{c}^{\mathrm{T}}\boldsymbol{x}\\&\text{subject to} \quad \sup_{\|\boldsymbol{u}\|_{\infty}\leqslant 1}(\boldsymbol{a}_i+\boldsymbol{v})^{\mathrm{T}}\boldsymbol{x}\leqslant b_i, \quad i=1,\cdots,m\end{aligned}$$

相当于下面问题：

$$\begin{aligned}&\text{minimize} \quad \boldsymbol{c}^{\mathrm{T}}\boldsymbol{x}\\&\text{subject to} \quad \boldsymbol{a}_i^{\mathrm{T}}\boldsymbol{x}+\|\boldsymbol{x}\|_1\leqslant b_i, \quad i=1,\cdots,m\end{aligned}$$

下面的代码使用随机生成的数据计算解以及下面 LP 问题的解：

$$\begin{aligned}&\text{minimize} \quad \boldsymbol{c}^{\mathrm{T}}\boldsymbol{x}\\&\text{subject to} \quad \boldsymbol{a}_i^{\mathrm{T}}\boldsymbol{x}+\boldsymbol{1}^{\mathrm{T}}\boldsymbol{y}\leqslant b_i, \quad i=1,\cdots,m\\&\qquad\qquad -\boldsymbol{y}\leqslant\boldsymbol{x}\leqslant\boldsymbol{y}\end{aligned}$$

```
from cvxopt import normal, uniform
from cvxopt.modeling import variable, dot, op, sum

m, n = 500, 100
A = normal(m,n)
b = uniform(m)
c = normal(n)

x = variable(n)
op(dot(c,x), A*x+sum(abs(x)) <= b).solve()

x2 = variable(n)
```

```
y = variable(n)
op(dot(c,x2), [A * x2 + sum(y) <= b, -y <= x2, x2 >= y]).solve()
```

2. L1 范数支持向量分类器

分类问题中出现下面问题：

$$\begin{aligned}&\text{minimize}\ \|\boldsymbol{x}\|_1+\mathbf{1}^{\mathrm{T}}\boldsymbol{u}\\&\text{subject to}\ \boldsymbol{A}\boldsymbol{x}\geqslant\mathbf{1}-\boldsymbol{u}\\&\qquad\boldsymbol{u}\geqslant 0\end{aligned}$$

可以按如下方式解决：

```
x = variable(A.size[1],'x')
u = variable(A.size[0],'u')
op(sum(abs(x)) + sum(u), [A * x >= 1-u, u >= 0]).solve()
```

等效的无约束公式如下：

```
x = variable(A.size[1],'x')
op(sum(abs(x)) + sum(max(0,1 - A * x))).solve()
```

第 9 章　MATLAB 中的优化工具箱

9.1　MATLAB 中的优化工具箱

9.1.1　优化工具箱中的函数

优化工具箱中的函数如表 9.1.1～表 9.1.6 所示。

表 9.1.1　最小化函数

函　数	描　述
fgoalattain	多目标达到问题
fminbnd	有边界的标量非线性最小化
fmincon	有约束的非线性最小化
fminmax	最大最小化
fminsearch，fminunc	无约束非线性最小化
fseminf	半无限问题
linprog	线性规划
quadprog	二次规划

表 9.1.2　方程求解函数

函　数	描　述
\	线性方程求解
fsolve	非线性方程求解
fzero	标量非线性方程求解

表 9.1.3　最小二乘(拟合)函数

函　数	描　述
\	线性最小二乘
lsqlin	有约束线性最小二乘
lsqcurvefit	非线性曲线拟合
lsqnonlin	非线性最小二乘
lsqnonneg	非负线性最小二乘

表 9.1.4 实用函数

函 数	描 述
optimset	设置参数
optimget	返回结构体 options 中指定参数的值

表 9.1.5 大型方法的演示函数

函 数	描 述
circustent	马戏团帐篷问题-二次课题
molecule	用无约束非线性最小化进行分子组成求解
optdeblur	用有边界线性最小二乘法进行图形处理

表 9.1.6 中型方法的演示函数

函 数	描 述
bandemo	香蕉函数的最小化
dfildemo	过滤器设计的有限精度
goaldemo	目标达到举例
optdemo	演示过程菜单
tutdemo	教程演示

9.1.2 参数的设置

利用 optimset 函数来创建编辑参数结构；optimget 函数返回优化 options 结构体 options 中指定参数的值。

1. optimget 函数

语法：

```
val = optimget(options,'param')
val = optimget(options,'param',default)
```

说明：val = optimget(options,'param') 返回优化 options 结构体 options 中指定参数的值。用户只需键入参数唯一定义名称的几个前导字符即可。参数名称忽略大小写。如果优化 options 结构体 options 中未定义指定的参数，那么 val = optimget(options,'param',default) 返回 default。请注意，这种形式的函数主要由其他优化函数使用。

示例：该语句返回结构体 my_options 中的优化选项参数 Display 的值。

```
val = optimget(my_options,'Display')
```

该语句返回结构体 my_options 中的优化选项参数 Display 的值（同前例），但如果未定义 Display 参数，则返回值'final'。

```
optnew = optimget(my_options,'Display','final');
```

2. optimset 函数

语法：

```
Options = optimset(Name,Value)
optimset
options = optimset
options = optimset(optimfun)
options = optimset(oldopts,Name,Value)
options = optimset(oldopts,newopts)
```

说明：options = optimset(Name,Value)返回 options，其中包含使用一个或多个名称-值对组参数设置的指定参数。

optimset(不带输入或输出实参)显示完整的形参列表及其有效值。

options = optimset(不带输入参数)创建 options 结构体 options，其中所有参数设置为[ ]。

options = optimset(optimfun)创建 options，其中所有参数名称和默认值与优化函数 optimfun 相关。

options = optimset(oldopts,Name,Value)创建 oldopts 的副本，并使用一个或多个名称-值对组参数修改指定的参数。

options = optimset(oldopts,newopts)合并现有 options 结构体 oldopts 和新 options 结构体 newopts。newopts 中拥有非空值的任何参数将覆盖 oldopts 中对应的参数。

示例：

(1) 下面的语句创建一个称为 options 的优化选项结构，其中显示参数设为'iter'，TolFun 参数设置为 1e-8：

```
options = optimset('Display','iter','TolFun',1e-8)
```

(2) 下面的语句创建一个称为 options 的优化结构的复件，改变 TolX 参数的值，将新值保存到 optnew 参数中：

```
optnew = optimset(options,'TolX',1e-4);
```

(3) 下面的语句返回 options 优化结构，其中包含所有的参数名和与 fminbnd 函数相关的默认值：

```
options = optimset('fminbnd')
```

(4) 若只希望看到 fminbnd 函数的默认值，只需要简单地键入下面的语句就行了：

```
optimset fminbnd
```

或者输入下面的命令，其效果与上面的相同：

```
optimset('fminbnd')
```

9.1.3 模型输入时需注意的问题

在使用优化工具箱时，优化函数对其约束函数和目标函数的格式有一定的要求，所以用户在进行模型输入时需要注意以下几个问题。

(1) 目标函数最小化

优化函数 fminbnd、fminsearch、fminunc、fmincon、fgoalattain、fminmax 和 lsqnonlin 都是

解决目标函数最小化的问题，若遇到求最大化的问题，可以将原函数求负值“－”，将原问题转化为求其最小。

(2) 约束非正

优化工具箱要求非线性不等式约束形式为 $C_i(x)\leqslant 0$，可以将原约束取负。例如，$C_i(x)\geqslant 0$ 形式的约束等价于 $-C_i(x)\leqslant 0$；$C_i(x)\geqslant b$ 形式的约束等价于 $-C_i(x)+b\leqslant 0$。

(3) 避免使用全局变量

9.1.4 @(函数句柄)函数

@可以用来调用函数，@函数返回指定 MATLAB 函数的句柄，其调用格式为：

```
handle = @function
```

利用@来调用函数有下面几点好处：

(1) 用句柄将一个函数传递给另一个函数；

(2) 减少定义函数的文件个数；

(3) 改进重复操作；

(4) 保证函数计算的可靠性。

下面的例子为 myfun 函数创建一个函数句柄，并将它指定为 fun 变量。

```
fun = @myfun;
```

同样将句柄传递给另一个函数，同时也传递了所有的变量。本例子将刚刚创建的函数句柄传递给 fminbnd 函数，然后在区间[2,3]上进行最小化。

```
x = fminbnd(@myfun,2,3)
```

9.2 最小化问题

9.2.1 单变量最小化

fminbnd-查找单变量函数在定区间上的最小值

此 MATLAB 函数返回一个值 x，该值是 fun 中描述的标量值函数在区间 x1＜x＜x2 中的局部最小值。(1) x ＝ fminbnd (fun, x1, x2)返回区间[x1,x2]上 fun 参数描述的标量函数的最小值。

(2) x ＝ fminbnd (fun, x1, x2, options)

由 options 参数指定的优化参数进行最小化。

(3) x ＝ fminbnd (fun, x1, x2, options, P1, P2, …)

提供另外的参数 P1、P2 等，传给目标函数 fun，若没有设置 options 选项，则令 options＝[ ]。

(4) [x, fval] ＝ fminbnd (____)

返回解 x 处的目标函数值。

(5) [x, fval, exitflag] ＝ fminbnd (____)

返回 exitflag 值描述 fminbnd 函数的退出条件。

(6) [x, fval, exitflag, output] ＝ fminbnd (____)

返回包含优化信息的结构输出。

参数描述如表 9.2.1 所示。

表 9.2.1 参数描述

参 数	描 述
fun	要求最小化的目标函数。fun 函数输入标量参数 x,返回在 x 处的目标函数值 f。可以将目标函数指定为命令行,例如 x=fminbnd(inline(' ',x0))。同样,fun 参数可以是一个包含函数名的字符串。对应的函数可以是 M 文件、内部函数或者 MEX 文件。若 fun='myfun',则文件 M 中的函数 myfun.m 应为下面的格式: function f=myfun(x) f=
options	优化参数选项。可以用 optimset 函数设置改变参数的值。options 参数有以下几种选项: ① Display-显示的水平。'off'不显示输出;'iter'显示每一步的迭代过程的输出;'final'显示最终结果。 ② MaxFunEvals-函数评价的最大允许次数。 ③ To1X-x 处的终止容限。
exitflag	描述退出条件: ① >0 表示目标函数在 x 处收敛。 ② 0 表示已经达到函数评价或迭代的最大次数。 ③ >0 表示目标函数不收敛。
output	该参数包含下列的优化信息: ① output. iterations-迭代次数 ② output. algorithm-所采用的算法 ③ output. funcCount-函数评价次数

例 9.2.1 求函数 sinx 在区间(0,2π)上的最小值。

```
x = fminbnd(@sin,0,2 * pi)
x = f
    4.7124
```

所以函数 sinx 在点 x=4.7124 处取得最小值。

```
y = sin(x)
y =
   - 1.0000
```

最小值处的函数值为:y=-1.000。

9.2.2 线性规划

linprog-求解线性规划

此 MATLAB 函数解决具有像 $\boldsymbol{Ax}\leqslant\boldsymbol{b}$ 约束的 $f(\boldsymbol{x})$ 的最小值。其中,f,x,b,beq,lb,ub 为

向量,A 和 Aeq 为矩阵。

(1) x = linprog (f, A, b)

求解问题 min f'* x,约束条件为 A * x <= b。

(2) x = linprog (f, A, b, Aeq, beq)

求解上面的问题,但增加等式约束,即 Aeq * x = beq。若没有不等式存在,则令 A=[ ]、b=[ ]。

(3) x = linprog (f, A, b, Aeq, beq, lb, ub)

定义变量 x 的下界 lb 和上界 ub,使得 x 始终在该范围内。若没有等式约束,令 Aeq=[ ]、beq=[ ]。

(4) x = linprog (f, A, b, Aeq, beq, lb, ub, x0)

设置初值为 x0。该选项只适用于中型问题,默认时大型算法将忽略初值。

(5) x = linprog (f, A, b, Aeq, beq, lb, ub, x0, options)

用 options 指定的优化参数进行最小化。

(6) [x, fval] = linprog (____)

返回在解 x 处的目标函数值 fval。

(7) [x,fval,exitflag,output] = linprog(____)

返回包含优化信息的输出变量 output。

(8) [x,fval,exitflag,output,lambda] = linprog(____)

将解 x 处的拉格朗日乘子返回到 lambda 参数中。

参数描述如下:

lambda 参数-lambda 参数是在解 x 处的拉格朗日乘子。

lambda. lower-lambda 的下界

lambda. upper-lambda 的上界

lambda. ineqlin-lambda 的线性不等式

lambda. eqlin-lambda 的线性等式

* 其他参数意义同前。

例 9.2.2　求解如下线性规划问题:

$$\begin{aligned} \min \quad & f(\boldsymbol{x}) = -5x_1 - 4x_2 - 6x_3 \\ \text{s.t.} \quad & -x_2 + x_3 \leqslant 20 \\ & 3x_1 + 2x_2 + 4x_3 \leqslant 42 \\ & 3x_1 + 2x_2 \leqslant 30 \\ & x_1, x_2, x_3 \geqslant 0 \end{aligned}$$

```
>> f = [-5; -4; -6];
>> A = [1 -1 1;3 2 4;3 2 0];
>> b = [20;42;30];
>> lb = [0;0;0];
>> [x,fval,exitflag,output,lambda] = linprog(f,A,b,[],[],lb)

Optimal solution found.
```

```
x =
            0
      15.0000
       3.0000
fval =
          -78
exitflag =
            1
      output =
包含以下字段的 struct：
       iterations：3
    constrviolation:0
message:'Optimal solution found.'
algorithm:'dual-simplex'
firstorderopt:1.7764e-15
lambda =
包含以下字段的 struct：
    lower：[3×1 double]
    upper：[3×1 double]
    eqlin：[]
    ineqlin：[3×1 double]
```

9.2.3 无约束非线性规划问题

1. fminunc-求多变量无约束函数的最小值

此 MATLAB 函数从点 x0 开始，并尝试找到 fun 函数的局部最小值 x。

(1) x = fminunc (fun，x0)

给定初值 x0，求 fun 函数的局部极小点 x。x 可以是标量、向量或者矩阵。

(2) x = fminunc (fun，x0，options)

用 options 参数中指定的优化参数进行最小化。

(3) x = fminunc (fun，x0，options，P1，P2，…)

将问题参数 p1、p2 等直接输给目标函数 fun，将 options 参数设置为空矩阵，作为 options 参数的默认值。

(4) [x，fval] = fminunc(____)

将解 x 处的目标函数的值返回到 fval 参数中。

(5) [x，fval，exitflag，output] = fminunc (____)

返回 exitflag 值，返回包含优化信息的结构输出。

(6) [x，fval，exitflag，output，grad，hessian] = fminunc(____)

将解 x 处目标函数的 Hessian 矩阵信息返回到 hessian 参数中。

参数描述如表 9.2.2 所示。

表 9.2.2 参数描述

<table>
<tr><th>变 量</th><th>描 述</th></tr>
<tr><td>fun</td><td>fun 函数是目标函数。fun 函数输入标量参数 x，返回函数值 f。可以将 fun 函数指定为命令行，如 x=fminbnd(inline(‘ ’,x0))。
同时 fun 函数也可以是一个包含函数名的字符串。对应的函数可以是 M 文件、内部函数或 MEX 文件。若 fun=‘myfun’，则 M 文件函数 myfun. m 必须满足：
function f=myfun(x)
f=
若 fun 函数的梯度可以算得，且 options. GradObj 设为'on'(用下式设定)，
options = optimset('GradObj','on')
则 fun 函数必须返回解 x 处的梯度向量 g 到第二个输出变量中去。注意，当被调用的 fun 函数只需要一个输出变量时(如算法只需要目标函数的值而不需要其梯度值时)，可以通过核对 nargout 的值来避免计算梯度值。
function [f,g]=myfun(x)
f=
if nargout>1
g=
end
如果 Hessian 矩阵也可以求得，并且 options. Hessian 设为‘on’即，options=optimset(‘Hessian’,‘on’)，则 fun 函数必须返回解 x 处的 Hessian 对称矩阵 H 到第三个输出变量。注意到当目标函数 fun 只需要一个或者两个输出变量时(即算法只需要目标函数值 f 和梯度值 g 而不需要 Hessian 矩阵 H 时)，可以通过检查 nargout 的值来避免计算 Hessian 矩阵
function [f,g,H]=myfun(x)
f=
if nargout>1
g=
if nargout>2
H=
end</td></tr>
<tr><td>options</td><td>优化参数选项。可以通过 optimset 函数设置或者改变参数。其中有的参数适用于所有的优化算法，有的则只适用于大型优化问题，另一些则只适用于中型问题。
首先描述适用于大型问题的选项。对于 fminunc 函数，必须提供梯度信息。
LargeScale-当设定为‘on’时使用大型算法，若设为‘off’则使用中型问题的算法。
适用于大型和中型算法的参数：
Diagnostics-打印最小化函数的诊断信息。
Display-显示水平。‘off’不显示输出；‘iter’显示每一步的迭代过程的输出；‘final’显示最终结果。
GradObj-用户定义的目标函数的梯度。对于大型问题此参数是必选的，中型问题是可选项。
MaxFunEvals-函数评价的最大次数。
MaxIter-最大允许迭代次数。
TolFun-函数的终止容限。
TolX-x 处的终止容限。
只用于大型算法的参数：
Hessian-用户定义的目标函数的 Hessian 矩阵。
HessPattern-用于有限差分的 Hessian 矩阵的稀疏形式。若不方便求 fun 函数的稀疏 Hessian 矩阵 H，可以通过用梯度的有限差分获得的 H 的稀疏结构(如非零值的位置等)来得到近似的 Hessian 矩阵 H。若连矩阵的稀疏结构都不知道，则可以将 HessPattern 设为密集矩阵，在每一次迭代过程中，都将进行密集矩阵的有限差分近似(这是缺省设置)。这非常麻烦，所以花一些力气得到 Hessian 矩阵的稀疏结构还是值得的。
MaxPCGIter-PCG 迭代的最大次数。
PrecondBandWidth-PCG 前处理的上带宽，默认时为零。对于有些问题，增加带宽可以减少迭代次数。
TolPCG-PCG 迭代的终止容限。
TypicalX-典型 x 值。
只适用于中型算法的参数：
DerivativeCheck-对用户提供的导数和有限差分求出的导数进行对比。
DiffMaxChange-变量有限差分梯度的最大变化。
DiffMinChange -变量有限差分梯度的最小变化。
LineSearchType-一维搜索算法的选择。</td></tr>
</table>

变　量	描　述
exitflag	描述退出条件： 1. >0 表示目标函数在 x 处收敛。 2. 0 表示已经达到函数评价或迭代的最大次数。 3. >0 表示目标函数不收敛。
output	该参数包含下列的优化信息： 1. output. iterations-迭代次数 2. output. algorithm-所采用的算法 3. output. funcCount-函数评价次数 4. output. cgiterations-PCG 迭代次数(只适用于大型规划问题) 5. output. stepsize-最终步长的大小(只适用于中型问题) 6. output. firstorderopt-一阶优化的度量;解 x 处梯度的范数

例 9.2.3　最小化多项式 $f(x)=3x_1^2+2x_1x_2+x_2^2-4x_1+5x_2$)。

```
>> fun = @(x)3 * x(1)^2 + 2 * x(1) * x(2) + x(2)^2 - 4 * x(1) + 5 * x(2);
>> x0 = [1,1];
>>[x,fval] = fminunc(fun,x0);
```

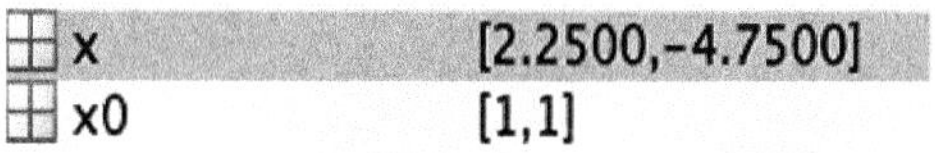

2. fminsearch-使用无导数法计算无约束的多变量函数的最小值

此 MATLAB 函数 在点 x0 处开始并尝试求 fun 中描述的函数的局部最小值 x。

(1) x = fminsearch (fun, x0)

初值为 x0,求 fun 函数的局部极小点 x。x0 可以是标量、向量或矩阵。

(2) x = fminsearch (fun, x0, options)

用 options 参数指定的优化参数进行最小化。

(3) x = fminsearch (fun, x0, options, P1, P2, …)

将问题参数 p1、p2 等直接输给目标函数 fun,将 options 参数设置为空矩阵,作为 options 参数的默认值。

(4) [x,fval] = fminsearch(____)

将 x 处的目标函数值返回到 fval 参数中。

(5) [x,fval,exitflag] = fminsearch(____)

返回 exitflag 值,描述函数的退出条件。

(6) [x,fval,exitflag,output] = fminsearch(____)

返回包含优化信息的输出参数 output。

9.2.4　二次规划问题

quadprog-求解二次规划问题

该 MATLAB 函数返回一个向量 x,该向量使 1/2 * x'* H * x + f'* x 最小化。

(1) x = quadprog (H, f, A, b)

返回向量 x,最小化函数 1/2 * x'* H * x + f'* x,其约束条件为 A * x <= b。

(2) x = quadprog (H, f, A, b, Aeq, beq)

仍然求解上面的问题,但添加了等式约束条件 Aeq * x = beq。

(3) x = quadprog (H, f, A, b, Aeq, beq, lb, ub)

定义设计变量的下界 lb 和上界 ub,使得 lb <= x <= ub。

(4) x = quadprog (H, f, A, b, Aeq, beq, lb, ub, x0)

同上,并设置初值 x0。

(5) x = quadprog (H, f, A, b, Aeq, beq, lb, ub, x0, options)

根据 options 参数指定的优化参数进行最小化。

(6) [x,fval] = quadprog(____)

返回解 x 处的目标函数值 fval = 0.5 * x' * H * x + f' * x。

(7) [x,fval,exitflag] = quadprog(____)

返回 exitflag 参数,描述计算的退出条件。

(8) [x,fval,exitflag,output] = quadprog(____)

返回包含优化信息的结构输出的 output。

(9) [x,fval,exitflag,output,lambda] = quadprog(H,f,…)

返回解 x 处包含拉格朗日乘子的 lambda 参数。

例 9.2.4　求解如下二次规划问题:

$$\begin{aligned} \min \quad & f(\boldsymbol{x})=\frac{1}{2}x_1^2+x_2^2-x_1x_2-2x_1-6x_2 \\ \text{subject to} \quad & x_1+x_2\leqslant 2 \\ & -x_1+2x_2\leqslant 2 \\ & 2x_1+x_2\leqslant 3 \\ & x_1,x_2\geqslant 0 \end{aligned}$$

解:首先我们把目标函数表示成如下矩阵形式:

$$f(\boldsymbol{x})=\frac{1}{2}\boldsymbol{x}^{\mathrm{T}}\boldsymbol{H}\boldsymbol{x}+\boldsymbol{f}^{\mathrm{T}}\boldsymbol{x},\quad \boldsymbol{x}=\begin{bmatrix}x_1\\x_2\end{bmatrix}$$

其次,向量 $\boldsymbol{f}$ 只与两个变量 x_1 和 x_2 的一次项有关,所以 $\boldsymbol{f}^{\mathrm{T}}\boldsymbol{x}=-2x_1-6x_2$,因此 $f=\begin{bmatrix}-2\\-6\end{bmatrix}$。

最后,矩阵 $\boldsymbol{H}$ 只与两个变量 x_1 和 x_2 的二次项有关,所以 $\frac{1}{2}\boldsymbol{x}^{\mathrm{T}}\boldsymbol{H}\boldsymbol{x}=\frac{1}{2}x_1^2+x_2^2-x_1x_2$。

$H(i,j)=\begin{bmatrix}1&-1\\-1&2\end{bmatrix}$,这是由于 x_1 的平方项(即 x_1^2)系数为 1/2,所以第 1 行第 1 列的元素为 1=2 * (1/2),x_2 的平方项(即 x_2^2)系数为 1,所以第 2 行第 2 列的元素为 2=2 * 1,x_1x_2 项(即 x_1x_2)的系数为−1,所以第 1 行第 2 列和第 2 行第 1 列的元素均为−1。

```
>> fun = @(x)3 * x(1)^2 + 2 * x(1) * x(2) + x(2)^2 - 4 * x(1) + 5 * x(2);
>> x0 = [1,1];
>>[x,fval] = fminunc(fun,x0);
Optimal solution found.
x =
    0.6667
    1.3333
```

```
fval =
     - 8.2222
     1
exitflag =
     1
       output =
包含以下字段的 struct：
       iterations：3
       message：'Minimum found that satisfies the constraints.'
     algorithm：'interior-point-convex'
firstorderopt：2.6645e - 14
constrviolation：0
     iterations：4
     cgiterations：[]
lambda =
包含以下字段的 struct：
ineqlin：[3 × 1 double]
     eqlin：[0 × 1 double]
     lower：[2 × 1 double]
     upper：[2 × 1 double]
```

9.2.5 有约束最小化

fmincon-求多变量有约束非线性函数的最小值

此 MATLAB 函数从 x0 开始，求能使具有线性不等约束 A * x ≤ b，目标函数为 fun 问题最小的变量 x。

(1) x = fmincon (fun，x0，A，b)

给定初值 x0，求解 fun 函数的最小值 x。fun 函数的约束条件为 A * x <= b，x0 可以是标量、向量或矩阵。

(2) x = fmincon (fun，x0，A，b，Aeq，beq)

最小化 fun 函数，约束条件为 Aeq * x = beq 和 A * x <= b。若没有不等式存在，则设置 A=[ ]、b=[ ]。

(3) x = fmincon (fun，x0，A，b，Aeq，beq，lb，ub)

定义设计变量 x 的下界 lb 和上界 ub，使得总是有 lb <= x <= ub。若无等式存在，则令 Aeq=[]、beq=[]。

(4) x = fmincon (fun，x0，A，b，Aeq，beq，lb，ub，nonlcon)

在上面的基础上，在 nonlcon 参数中提供非线性不等式 c(x)或等式 ceq(x)。fmincon 函数要求 c(x) <= 0 且 ceq(x) = 0。当无边界存在时，令 lb=[ ]和(或)ub=[ ]。

(5) x = fmincon (fun，x0，A，b，Aeq，beq，lb，ub，nonlcon，options)

用 options 参数指定的参数进行最小化。

(6) x = fmincon (fun，x0，A，b，Aeq，beq，lb，ub，nonlcon，options，P1，P2，…)

将问题参数 P1，P2 等直接传递给函数 fun 和 nonlcon。若不需要这些变量，则传递空矩阵到 A，b，Aeq，beq，lb，ub，nonlcon 和 options。

(7) [x,fval] = fmincon(____)

返回解 x 处的目标函数值。

(8) [x,fval,exitflag,output] = fmincon(____)

返回包含优化信息的输出参数 output。

(9) [x, fval, exitflag, output, lambda, grad, hessian] = fmincon(____)

返回解 x 处 fun 函数的 Hessian 矩阵。

参数描述如下：

nonlcon 参数

该参数用来计算非线性等式约束 ceq(x)=0 和非线性不等式约束 c(x)<=0。nonlcon 参数是一个包含函数名的字符串。该函数可以是 M 文件、内部文件或者 MEX 文件。函数要求输入向量 x，返回两个变量-解 x 处的非线性不等式向量 c 和非线性等式向量 ceq。例如，若 nonlcon='mycon'，则 M 文件 mycon.m 具有下面的形式：

```
function[c,ceq] = mycon(x)
c =                 %非线性不等式
ceq =               %非线性等式
```

若还计算了约束的梯度，即 options = optimset('GradConstr','on')，则 nonlcon 函数必须在第三个和第四个输出变量中返回 c(x)的梯度 GC 和 ceq(x)的梯度 Gceq。当被调用的 nonlcon 函数只需要两个输出变量(此时优化算法只需要 c 和 ceq 的值，而不需要 GC 和 Gceq)时，可以通过查看 nargout 的值来避免计算 GC 和 Gceq 的值。

```
function[c,ceq,GC,Gceq] = mycon(x)
c =                     %解 x 处的非线性不等式
ceq =                   % 解 x 处的非线性等式
if nargout > 2          %被调用的 nonlcon 函数,要求有 4 个输出变量
GC =                    %不等式的梯度
GCeq =                  %等式的梯度
end
```

若 nonlcon 函数返回 m 元素的向量 c 和长度为 n 的 x，则 c(x)的梯度 GC 是一个 n * m 的矩阵，其中 GC(i,j)是 c(j)对 x(i)的偏导数。同样，若 ceq 是一个 p 元素的向量，则 ceq(x)的梯度 Gceq 是一个 n * p 的矩阵，其中 Gceq(i,j)是 ceq(j)对 x(i)的偏导数。

* 其他参数意义同前。

例 9.2.5

$$
\begin{aligned}
\min\quad & f(\boldsymbol{x})=x_1^2+x_2^2+8 \\
\text{s.t.}\quad & x_1^2-x_2\geqslant 0 \\
& -x_1-x_2^2+2=0 \\
& x_1,x_2\geqslant 0
\end{aligned}
$$

```
function [g,ceq] = mycon(x)
g = - x(1)^2 + x(2);
ceq = - x(1) - x(2)^2 + 2
fun = @(x)x(1)^2 + x(2)^2 + 8
x0 = rand(2,1);
A = [];
b = [];
Aeq = [];
beq = [];
vlb = [0,0];
vub = [];
[x,fval,exitflag] = fmincon(fun.x0,A,b,Aeq,beq,vlb,vub,'mycon')
x =
      1.0000
      1.0000
fval =
      10.0000
exitflag =
      1
```

9.2.6 目标规划问题

fgoalattain-求解多目标达到问题

(1) x = fgoalattain (fun, x0, goal, weight)

尝试通过变化 x 来使目标函数 fun 达到 goal 指定的目标，根据 weight 对目标进行加权。这样做可以解决以下非线性问题：

$$\min_{x,GAMMA}\{GAMMA: f(x)-weight.*GAMMA\leqslant goal\}$$

fun 函数接受输入 x 并返回函数值 f 的向量(矩阵)，X0 可以是标量、向量或矩阵。

(2) x = fgoalattain (fun,X0,goal,weight,A,b)求解目标达到问题，约束条件为线性不等式 A * x <= b。

(3) x = fgoalattain (fun,x0,goal,weight,A,b,Aeq,beq) 求解目标达到问题，除提供上面的线性不等式外，还提供线性等式 Aeq * x = beq。当没有不等式存在时，设置 A=[ ]、b=[ ]。

(4) x = fgoalattain (fun, x0, goal, weight, A, b, Aeq, beq, lb, ub) 为设计变量 x 定义下界 lb 和上界 ub 集合，这样始终有 lb <= x <= ub。如果不存在界限，则对 lb 和 ub 使用空矩阵。如果 x(i) 在下面无界，则设置 lb(i) = -Inf; 如果 x(i) 无上界，则设置 ub(i)= Inf。

(5) x = fgoalattain (fun, x0, goal, weight, A, b, Aeq, beq, lb, ub, nonlcon) 将目标达到问题归结为 nonlcon 参数定义的非线性不等式 c(x)或非线性等式 ceq(x)。fgoalattain 函数优化的约束条件为(x) <= 0 和 ceq(x) = 0。若不存在边界，设置 lb=[ ]和(或)ub=[ ]。

(6) x = fgoalattain (fun, x0, goal, weight, A, b, Aeq, beq, lb, ub, nonlcon, … options) 用 options 中设置的优化参数进行最小化。

(7) x = fgoalattain (fun, x0, goal, weight, A, b, Aeq, beq, lb, ub, nonlcon, … options, P1, P2, …) 将问题参数 P1, P2 等直接传递给函数 fun 和 nonlcon。如果不需要参数 A, b, Aeq, beq, lb, ub, nonlcon 和 options,将它们设置为空矩阵。

(8) [x, fval] = fgoalattain(…)

返回解 x 处的目标函数值。

(9) [x, fval, attainfactor] = fgoalattain(…) 返回解 x 处的目标达到因子。

(10) [x, fval, attainfactor, exitflag] = fgoalattain(…)返回 exitflag 参数,描述计算的退出条件。

(11) [x, fval, attainfactor, exitflag, output] = fgoalattain(…)返回包含优化信息的输出参数 output。

(12) [x, fval, attainfactor, exitflag, output, lambda] = fgoalattain(…) 返回包含拉格朗日乘子的 lambda 参数。

参数描述如下:

(1) goal 变量

目标希望达到的向量值。向量的长度与 fun 函数返回的目标数 F 相等。fgoalattain 函数试图通过最小化向量 F 中的值来达到 goal 参数给定的目标。

(2) nonlcon 参数

该函数计算非线性不等式约束 c(x) <=0 和非线性等式约束 ceq(x)=0。nonlcon 函数是一个包含函数名的字符串,该函数可以是 M 文件、内部函数或 MEX 文件。nonlcon 函数需要输入向量 x,返回两个变量——x 处的非线性不等式向量 c 和 x 处的非线性等式向量 ceq。例如,若 nonlcon='mycon',则 M 文件的形式如下:

```
function[c,ceq] = mycon(x)
c =                % 非线性不等式
ceq =              % 非线性等式
```

若约束函数的梯度可以计算,且 options.GradConstr 设为'on',即 options = optimset('GradConstr','on'),则函数 nonlcon 也必须在第三个和第四个输出变量中输出 c(x)的梯度 GC 和 ceq(x)的梯度 Gceq。注意,可以通过核对 nargout 参数来避免计算 GC 和 Gceq。

```
function[c,ceq,GC,Gceq] = mycon(x)
c =                % 解 x 处的非线性不等式
ceq =              % 解 x 处的非线性等式
if nargout > 2     % 被调用的 nonlcon 函数,要求有 4 个输出
GC =               % 不等式的梯度
Gceq =             % 等式的梯度
end
```

若 nonlcon 函数返回 m 元素的向量 c 和长度为 n 的 x,则 c(x)的梯度 GC 是一个 n * m 的矩阵,其中 GC(i,j)是 c(j)对 x(i)的偏导数。同样,若 ceq 是一个 p 元素的向量,则 ceq(x)的梯度 Gceq 是一个 n * p 的矩阵,其中 Gceq(i,j)是 ceq(j)对 x(i)的偏导数。

(3) options 变量

优化参数选项可以用 optimset 函数设置如下参数的值：

DerivativeCheck-比较用户提供的导数(目标函数或约束函数的梯度)和有限差分导数。

Diagnostics-打印将要最小化或求解的函数的诊断信息。

DiffMaxChange-变量中有限差分梯度的最大变化。

DiffMinChange -变量中有限差分梯度的最小变化。

Display-显示水平。设置为' off '时不显示输出；设置为' iter '时显示每一次迭代的输出；设置为' final '时只显示最终结果。

GoalExactAchieve-使得目标个数刚好达到，不多也不少。

GradConstr-用户定义的约束函数的梯度。

GradObj-用户定义的目标函数的梯度。使用大型方法时必须使用梯度，对于中型方法则是可选项。

MaxFunEvals-函数评价的允许最大次数。

MaxIter - 函数迭代的允许最大次数。

MeritFunction-若设为' multiobj '，则使用目标达到或最大最小化目标函数的方法。若设置为' singleobj '，则使用 fmincon 函数计算目标函数。

TolCon-约束矛盾的终止容限。

TolFun-函数值处的终止容限。

TolX- x 处的终止容限。

(4) weight 变量

weight 变量为权重向量，可以控制低于或超过 fgoalattain 函数指定目标的相对程度。当 goal 的值都是非零值时，为了保证有效目标超过或低于的比例相当，将权重函数设置为 abs(goal) (有效目标为能够阻碍解处目标改进的目标集合)。

注意：

当目标值中的任意一个为零时，设置 weight＝abs(goal)将导致目标约束看起来更像硬约束，而不像目标约束。

当加权函数 weight 为正时，fgoalattain 函数试图使对象小于目标值。为了使目标函数大于目标值，将权重 weight 设置为负。为了使目标函数尽可能地接近目标值，使用 GoalsExactAchieve 参数，将 fun 函数返回的第一个元素作为目标。

(5) attainfactor 变量

attainfactor 变量是超过或低于目标的个数。若 attainfactor 为负，则目标已经溢出；若 attainfactor 为正，则目标个数还未达到。

* 其他参数意义同前。

例 9.2.6 某工厂生产甲和乙两种产品，已知生产甲产品 100 公斤需 6 个工时，生产乙产品 100 公斤需 8 个工时。假定每日可用的工时数为 48 工时。这两种产品每 100 公斤均可获利 100 元。乙产品较受欢迎，且若有个老顾客要求每日供应给他乙产品 500 公斤，问应如何安排生产计划？

解：设生产甲产品 x_1 百公斤，乙产品 x_2 百公斤，产品加工耗费工时 $f_1(x)$，获利 $f_2(x)$，满足老客户需求量 $f_3(x)$，则问题的数学模型为多目标规划：

$$\min \quad f_1=6x_1+8x_2 \ \min f_2=-100x_1-100x_2$$
$$\text{s.t.} \quad 6x_1+8x_2\leqslant 48$$
$$-x_2\leqslant 5$$
$$x_1,x_2\geqslant 0$$

```
function f = func(x)
f(1) = 6 * x(1) + 8 * x(2);
f(2) = - 100 * x(1) - 100 * x(2)
f(3) = - x(2);

goal = [48 - 800 - 5];
weight = [48 - 800 - 5];
x0 = [3;3];
A = [6 8;0 - 1];
b = [48; - 5];
lb = zeros(2,1);
[x,fval,attainfactor,exitflag] = fgoalattain(@func,x0,goal,weight,A,b,[],[],lb,[])
x =
      1.3333
      5.0000
fval =
      48.0000 - 633.3333   - 5.0000
attainfactor =
      9.9341e - 10
exitflag =
      4
```

9.2.7 最大最小化

fminimax-求解最大最小化问题。fminimax 使多目标函数中的最坏情况达到最小化。给定初值估计,该值必须服从一定的约束条件。

(1) x = fminimax (fun, x0)初值为 x0,找到 fun 函数的最大最小化解 x。fun 函数接收输入 x,返回一个向量(矩阵)。x0 可能是标量、向量或者矩阵。

(2) x = fminimax (fun, x0, A, b)给定线性不等式 A * x <= b,求解最大最小化问题。

(3) x = fminimax (fun, x, A, b, Aeq, beq) 给定线性等式,Aeq * x = beq,求解最大最小化问题。如果没有不等式存在,设置 A=[ ]、b=[ ]。

(4) x = fminimax (fun, x, A, b, Aeq, beq, lb, ub) 为设计变量定义一系列下限 lb 和上限 ub,使得总有 lb <= x <= ub。如果不存在界限,则可以对 lb 和 ub 使用空矩阵。如果 x(i)无下界,则设置 lb(i)= -Inf; 如果 x(i)无上界,则设置 ub(i)= Inf。

(5) x = fminimax (fun, x0, A, b, Aeq, beq, lb, ub, nonlcon) 在 nonlcon 参数中给定非线性不等式约束 c(x)或等式约束 ceq(x),fminimax 函数要求 c(x) <= 0 且 ceq(x) = 0。若没有边界存在,设置 lb=[ ]和(或)ub=[ ]。

(6) x = fminimax (fun, x0, A, b, Aeq, beq, lb, ub, nonlcon, options) 用 options 给定的参数进行优化。

(7) x = fminimax (fun, x0, A, b, Aeq, beq, lb, ub, nonlcon, options, P1, P2, …) 将问题参数 P1, P2 等直接传递给函数 fun 和 nonlcon。如果不需要变量 A, b, Aeq, beq, lb, ub, nonlcon 和 options,将它们设置为空矩阵。

(8)[x, fval] = fminimax (fun, x0, …) 返回解 x 处的目标函数值。

(9) [x, fval, maxfval] = fminimax (fun, x0, …) 返回解 x 处的最大函数值。

(10) [x, fval, maxfval, exitflag] = fminimax(…) 返回 exitflag 参数,描述函数计算的退出条件。下面列出了 exitflag 的可能值和相应的退出条件。

1-fminimax 收敛到了一个解。

4-计算的搜索方向太小。

5-最大化目标函数的预期变化太小。

0-函数的评估或迭代太多。

-1-被输出/绘图功能停止。

-2-找不到可行点。

(11) [x, fval, maxfval, exitflag, output] = fminimax(…) 返回描述优化信息的结构输出 output 参数。

(12) [x, fval, maxfval, exitflag, output, lambda] = fminimax(…) 返回包含解 x 处拉格朗日乘子的 lambda 参数。

参数描述如下:

maxfval 变量:解 x 处函数的最大值,即 maxfval=max{fun(x)}。

例 9.2.7 求解下列最优化问题,使得下面各目标函数中的最大值最小:

$$f(1)=2x_1^2+x_2^{\ 2}-48x_1-40x_2+304$$

$$f(2)=-x_1^2-3x_2^2$$

$$f(3)=x_1+3x_2-18$$

$$f(4)=-x_1-x_2$$

$$f(5)=x_1+x_2-8$$

```
function f = myfun(x)
f(1) = 2 * x(1)^2 + x(2)^2 - 48 * x(1) - 40 * x(2) + 304;
f(2) = - x(1)^2 - 3 * x(2)^2;
f(3) = x(1) + 3 * x(2) - 18;
f(4) = - x(1) - x(2);
f(5) = x(1) + x(2) - 8;
x0 = [0.1;0.1];
[x,fval] = fminimax(@myfun,x0)
```

```
x =
          4.0000
          4.0000
  fval =
      0.0000 -64.0000   -2.0000   -8.0000   -0.0000
```

第 10 章　CVX

10.1　CVX 简介

10.1.1　CVX 的定义

CVX 是基于 MATLAB 的一个工具箱，是用于构建和解决约束凸规划(disciplined convex programs，DCPs)的建模系统。但是 MATLAB 本身并不提供 CVX 工具箱，需要到 CVX 主页：http://cvxr.com/cvx/ 自行下载。

CVX 可以将 MATLAB 语言转变成建模语言，允许利用标准的 MATLAB 表示符号加入约束和特定的目标函数。它支持许多标准问题类型，包括线性和二次规划(LPs / QPs)，二阶锥规划(SOCPs)和半定规划(SDPs)。例如，考虑下列凸函数的最优化模型：

$$\begin{aligned} \min \quad & \boldsymbol{Ax}-\boldsymbol{b}_2 \\ \text{s.t.} \quad & \boldsymbol{Cx}=\boldsymbol{d} \\ & |\boldsymbol{x}|_\infty \leqslant \boldsymbol{e} \end{aligned} \tag{10.1.1}$$

用 CVX 工具箱提供的方法可以将 MATLAB 代码写为：

```
m = 20; n = 10; p = 4;
A = randn(m,n); b = randn(m,1);
C = randn(p,n); d = randn(p,1); e = rand;
cvx_begin
    variable x(n)
    minimize( norm( A * x - b, 2 ) )
    subject to
        C * x == d
        norm( x, Inf ) <= e
cvx_end
```

CVX 还可以解决更复杂的凸优化问题，其中包括许多涉及不可微函数的问题，如 ℓ_1-范数问题。此类问题可以使用 CVX 方便地建立并求解约束范数最小化、熵最大化、行列式最大化以及其他凸规划问题。从版本 2.0 开始，CVX 还解决了混合整数约束凸规划(MIDCP)，并具有整数求解程序。

10.1.2　约束凸优化

约束凸优化(DCP)是由 Michael Grant，Stephen Boyd 和 Yinyu Ye 提出的一种构造凸优

化问题的方法。它的目的是支持优化问题的制定和构建，且只支持凸优化问题。

DCP 提出了一套规则，我们称之为 DCP 规则集。遵循规则集的问题可以快速、自动地验证为凸优化问题并转化为可解形式。需要注意的是，DCP 规则集是凸性的一组充分条件，但并不是必要条件。因此即使问题是凸的，也有可能违反规则集。所以凸优化问题只要不符合规则集，CVX 就会拒绝执行。但这并不说明不能使用 DCP 解决此类问题，用户只需要按照符合 DCP 规则集的方式重写表达式即可。

本书 10.4 节给出了 DCP 规则集的详细说明。规则集是从凸优化分析的基本原理中得出的，很容易学习。作为接受规则集施加限制的回报，我们获得了相当多的好处。例如，CVX 将问题自动转换为可解形式，以及完全支持不可微函数。在实践中，我们发现 DCP 类似于它们的自然数学形式。

10.1.3 关于 CVX 的一些说明

CVX 并不是一个检查问题是否为凸优化问题的工具。通常还需要了解一些凸优化的知识以方便使用 CVX，否则效率会很低。如果不能确定输入 CVX 的问题是否为凸，那么很可能会出现错误。

CVX 不适用于解决非常大的问题，因此如果问题非常大(如大型图像处理或机器学习问题)，CVX 很可能出现错误或者根本无法执行。对于这样的问题，需要自己开发程序，以获得所需的效率。

CVX 可以解决许多大中型问题，只要它们具有可开发的结构(如稀疏性)，并避免在 MATLAB 中出现 for 循环以及需要逐次逼近的 log 和 exp 等函数。如果在解决大型问题时遇到困难，可以考虑将模型发布到 CVX 论坛，CVX 社区可能会为开发人员提供更有效处理的公式。

10.2 快速入门

安装 CVX 之后，就可以通过在 MATLAB 脚本或函数中输入 CVX 规范开始使用它，或直接在命令提示符下使用。为了将 CVX 规范与周围的 MATLAB 代码区分开，它们以语句 cvx_begin 开始，以语句 cvx_end 结束。规范可以包含任何普通的 MATLAB 语句，以及用于声明原始和对偶优化变量以及指定约束和目标函数的 CVX 专有命令。

在 CVX 规范中，优化变量没有数值；相反，它们是特殊的 MATLAB 对象。这使 MATLAB 能够区分普通命令与 CVX 目标函数和约束。当读取问题规范时，CVX 会建立优化问题的内部表示。如果遇到违反约束凸优化规则的情况(如无效使用组合规则或无效约束)，将生成错误消息。MATLAB 执行到 cvx_end 命令时，将完成 CVX 规范到规范形式的转换，并调用底层的核心求解器求解。

如果优化成功，CVX 规范中声明的优化变量将从对象转换为普通的 MATLAB 数值。此外，CVX 还分配了其他相关的 MATLAB 变量。例如，给出问题的状态(即，是否找到了最佳解决方案，或确定问题是否可行及是否无界)。再比如，给出问题的最优值。对偶变量也可以被分配。

随着我们介绍一些简单的示例，处理流程将变得更加清晰。通过运行 CVX 发行版的 examples 子目录中的 quickstart 脚本，在 MATLAB 中跟随这些示例进行操作。例如，如果使用 Windows 系统，并且已在目录 D:\Matlab\cvx 中安装了 CVX 发行版，则应在 MATLAB 命令提示符下输入：

```
cd D:\Matlab\cvx\examples
quickstart
```

该脚本将自动打印代码的关键摘录，并定时暂停，以便检查其输出。(按“ Enter”键或“ Return”键将恢复进程。)

10.2.1 最小二乘

我们首先考虑最基本的凸优化问题，最小二乘(也称为线性回归)。在一个最小二乘问题中，我们寻找最小化 $\|\boldsymbol{Ax}-\boldsymbol{b}\|_2$ 的 $\boldsymbol{x}\in\mathbf{R}^n$，其中 $\boldsymbol{A}\in\mathbf{R}^{m\times n}$ 是 skinny 并且满秩 (即，$m\geqslant n$，$\mathrm{Rank}(\boldsymbol{A})=n$)。让我们在 MATLAB 中创建一个小测试问题的数据：

```
m = 16; n = 8;
A = randn(m,n);
b = randn(m,1);
```

```
x_ls = A \ b;
```

然后，使用反斜杠运算符可以很容易地计算出最小二乘的解 $\boldsymbol{x}=(\boldsymbol{A}^{\mathrm{T}}\boldsymbol{A})^{-1}\boldsymbol{A}^{\mathrm{T}}\boldsymbol{b}$。

使用 CVX 同样可以解决这个问题，如下：

```
cvx_begin
    variable x(n)
    minimize( norm(A * x - b) )
cvx_end
```

(可根据个人习惯使用缩进。)让我们逐行检查此规范：

- cvx_begin 为新的 CVX 规范创建一个占位符，并准备 MATLAB 接受变量声明、约束、目标函数等。
- variable x(n) 声明 x 为 n 维优化变量。CVX 要求先声明所有问题变量，然后再将其用于目标函数或约束中。
- minimize(norm(A * x－b))指定要最小化的目标函数。
- cvx_end 标志着 CVX 规范的结束以及问题的解决。

显然，没有理由使用 CVX 来解决一个简单的最小二乘问题。但是此示例相当于 CVX 中的“Hello world!”程序，实际上是最简单而有用的代码段。

当 MATLAB 执行到 cvx_end 命令时，最小二乘问题已被解决，并且 MATLAB 变量 x 被最小二乘问题$(\boldsymbol{A}^{\mathrm{T}}\boldsymbol{A})^{-1}\boldsymbol{A}^{\mathrm{T}}\boldsymbol{b}$ 的解覆盖。现在 x 是一个长度为 n 的普通数值向量，且至少在求解器的精度范围内与传统方法得到的结果相同。此外，CVX 还创建了其他几个 MATLAB 变量，如

- cvx_optval 包含目标函数的值；
- cvx_status 包含描述计算状态的字符串(请参阅结果解释)。

所有这些量——x、cvx_optval 和 cvx_status 等，现在都可以像其他数值或字符串值一样在其他 MATLAB 语句中自由使用。

指定一个简单的最小二乘问题时，没有太多的空间容纳错误。若出现定义错误，则会收到 CVX 发出的警告消息。例如，如果将目标函数替换为

```
maximize( norm(A * x - b) );
```

它要求将范数最大化，那么将收到一条错误消息，指出凸函数无法最大化（至少在约束凸优化中）：

```
??? Error using ==> maximize
Disciplined convex programming error:
Objective function in a maximization must be concave.
```

10.2.2 有界约束下的最小二乘法

假设我们想要给上面的最小二乘问题增加一些简单的上界和下界：

$$\begin{aligned} \min \quad & \|\boldsymbol{Ax}-\boldsymbol{b}\|_2 \\ \text{s.t.} \quad & \boldsymbol{l}\le\boldsymbol{x}\le\boldsymbol{u} \end{aligned} \tag{10.2.1}$$

其中，数据向量 $\boldsymbol{l}$ 和 $\boldsymbol{u}$ 与 $\boldsymbol{x}$ 具有相同维数。矢量不等式 $\boldsymbol{u}\le\boldsymbol{v}$ 表示按分量表示，即，对于任意 i 都有 $u_i\leqslant v_i$。我们不能再使用简单的反斜杠表示法来解决此问题，而是可以将其转换为二次程序（QP），它可以使用标准 QP 解算器轻松解决。

让我们为 l 和 u 提供一些数值：

```
bnds = randn(n,2);
l = min( bnds, [], 2 );
u = max( bnds, [], 2 );
```

如果拥有 MATLAB Optimization Toolbox，则可以使用 quadprog 解决这个问题，如下所示：

```
x_qp = quadprog( 2 * A' * A, - 2 * A' * b, [], [], [], [], l, u );
```

实际上，这是范数平方的最小化，与范数最小化相同。而 CVX 规范表示如下：

```
cvx_begin
    variable x(n)
    minimize( norm(A * x - b) )
    subject to
        l <= x <= u
cvx_end
```

CVX 规范中添加了两行新的 CVX 代码：

- subject to 语句没有任何作用，CVX 提供这个语句只是为了使规范更具可读性。与缩进一样，它是可选的。
- l <= x <= u 表示 $2n$ 个不等式约束。

当执行到 cvx_end 命令时，问题求解完成，并将数值解分配给变量 x。另外，CVX 不会通过对目标的平方将这个问题转换为 QP，而是将其转换为 SOCP，结果相同，并且转换自动

完成。

在本例中，CVX 规范要比功能相同的 MATLAB 代码更长。另一方面，CVX 版本更容易阅读，并与原始问题相关联。不同的是，quadprog 版本要求我们提前知道 QP 的转换形式，包括诸如 2 * A' * A 和 −2 * A' * b 之类的计算。除最简单的情况外，CVX 规范比等效的 MATLAB 代码更简单，更具可读性且更紧凑。

10.2.3 其他范数和函数

本节将考虑最小二乘问题的一些替代方案。涉及 ℓ_∞ 和 ℓ_1 范数的范数最小化问题，可以被重新表示为 LP 问题，并使用线性规划求解器（如 MATLAB 优化工具箱中的 linprog）进行求解。但是，由于这些规范是 CVX 函数库的一部分，因此 CVX 可以直接处理这些问题。

例如，找到使切比雪夫范数 $\|\boldsymbol{Ax}-\boldsymbol{b}\|_\infty$ 最小化的 x 值，我们可以使用 MATLAB 优化工具箱中的 linprog 命令：

```
F = [ zeros(n,1); 1 ];
Ane = [ +A,          -ones(m,1) ; ...
        -A,          -ones(m,1) ];
Bne = [ +b;          -b ];
Xt = linprog(f,Ane,bne);
x_cheb = xt(1:n,:);
```

对于 CVX，相同问题被求解如下：

```
cvx_begin
    variable x(n)
    minimize( norm(A * x - b,Inf) )
cvx_end
```

基于 linprog 代码和 CVX 规范都将解决 Chebyshev 范数最小化问题，即，每个方法都会得出一个使 $\|\boldsymbol{Ax}-\boldsymbol{b}\|_\infty$ 最小的 x 值。然而，切比雪夫范数最小化问题可以有多个最优点，因此两种方法产生的 $\boldsymbol{x}$ 可能不同。但是，这两个点必须具有相同的 $\|\boldsymbol{Ax}-\boldsymbol{b}\|_\infty$ 值。

同样地，要最小化 ℓ_1 范数 $\|\cdot\|_1$，可以使用 linprog：

```
f    =  [ zeros(n,1); ones(m,1); ones(m,1) ];
Aeq  =  [ A, -eye(m), +eye(m) ];
lb   =  [ -Inf(n,1); zeros(m,1); zeros(m,1) ];
xzz  =  linprog(f,[],[],Aeq,b,lb,[]);
x_l1 =  xzz(1:n,:) - xzz(n+1:end,:);
```

用 CVX 规范可以写为：

```
cvx_begin
    variable x(n)
    minimize( norm(A * x - b,1) )
cvx_end
```

与 linprog 手动生成的问题类似,CVX 自动将这两个问题转换成 LPs 问题。

如果我们考虑那些比 ℓ_∞ 和 ℓ_1 范数更少为人所知的函数(及其产生的转换),那么自动转换提供的优势就会被放大。例如,考虑范数

$$\|\boldsymbol{Ax}-\boldsymbol{b}\|_{\mathrm{lgst},k}=|\boldsymbol{Ax}-\boldsymbol{b}|_{[1]}+\cdots+|\boldsymbol{Ax}-\boldsymbol{b}|_{[k]} \tag{10.2.2}$$

其中,$|\boldsymbol{Ax}-\boldsymbol{b}|_{[i]}$表示 $Ax-b$ 的第 i 大绝对值。这确实是一个范数,尽管相当深奥。(当 $k=1$ 时,它降为 ℓ_∞ 范数;当 $k=m$ 时,即 $Ax-b$ 的维数,它降为 ℓ_1 范数。)通过 $\boldsymbol{x}$ 最小化 $\|\boldsymbol{Ax}-\boldsymbol{b}\|_{\mathrm{lgst},k}$ 的问题可以转换为 LP 问题,但是转换并不明显,所以我们在这里省略它。但是这个范数在基础 CVX 库中提供,且被命名为 norm_largest,所以使用 CVX 来指定和解决问题很容易:

```
k = 5;
cvx_begin
    variable x(n);
    minimize( norm_largest(A * x - b,k) );
cvx_end
```

与 ℓ_1、ℓ_2 或 ℓ_∞ 范数不同,这个范数不是标准 MATLAB 分布的一部分。但是,一旦安装了 CVX,该范数就可以作为 CVX 规范之外的普通 MATLAB 函数使用。例如,一旦上面的代码被执行,x 就是一个数值向量,因此我们可以输入

```
cvx_optval
norm_largest(A * x - b,k)
```

第一行显示由 CVX 确定的最优值;第二行是根据 CVX 确定的最优向量 x 重新计算相同的值。

CVX 中支持的非线性函数列表远远超出了 norm 和 norm_largest。例如,考虑 Huber 惩罚最小化问题

$$\text{minimize} \sum_{i=1}^{m}\phi((\boldsymbol{Ax}-\boldsymbol{b})_i) \tag{10.2.3}$$

其中,$x\in\boldsymbol{R}^n$,ϕ 是 Huber 惩罚函数

$$\phi(z)=\begin{cases}|z|^2, & |z|\leqslant 1\\ 2|z|-1, & |z|\geqslant 1\end{cases} \tag{10.2.4}$$

Huber 惩罚函数是凸函数,已在 CVX 函数库中提供。因此,解决 CVX 中的 Huber 惩罚最小化问题很简单:

```
cvx_begin
    variable x(n);
    minimize( sum(huber(A * x - b)) );
cvx_end
```

CVX 自动地把这个问题转换成一个 SOCP 问题,然后被核心求解器求解。(CVX 用户不需要知道转换是如何进行的。)

10.2.4 其他约束

现在我们希望,添加简单的边界 $\ell\leq\boldsymbol{x}\leq\boldsymbol{u}$ 解决上述问题与在每个 CVX 规范的 cvx_end 语句之前插入 l <= x <= u 同样简单。实际上,CVX 也支持更复杂的约束。例如,在

MATLAB 中定义新矩阵 C 和 d，如下所示：

```
p = 4;
C = randn(p,n);
d = randn(p,1);
```

现在我们向原始的最小二乘问题添加一个等式约束和一个非线性不等式约束：

```
cvx_begin
    variable x(n);
    minimize( norm(A * x - b) );
    subject to
        C * x == d;
        norm(x,Inf) <= 1;
cvx_end
```

添加的这两个约束均符合 DCP 规则，因此会被 CVX 接受。执行完 cvx_end 命令之后，CVX 会将此问题转换为 SOCP 解决。

涉及 CVX 优化变量或由 CVX 优化变量构造表达式时，使用比较运算符(==、>=等)的表达式表现得与涉及简单数值时完全不同。例如，由于 x 是声明变量，所以表达式 C * x == d 导致约束被包含在 CVX 规范中，并且不返回任何值。在 CVX 规范之外，如果 x 具有合适的数值——例如，跟在 cvx_end 命令之后——相同表达式将返回一个 1s 和 0s 的向量，对应于等式的真假。同样，在 CVX 规范中，语句 norm(x,Inf)<=1 添加了非线性约束；在其外部，它返回 1 或 0，具体取决于 x 的数值(具体来说，取决于它的 ℓ_∞ 范数值小于、等于或者大于 1)。

由于 CVX 的设计初衷是支持凸优化，因此它必须能够验证问题是否为凸。为此，CVX 采用了一些规则来控制约束和目标表达式的构造方式。例如，CVX 要求等式约束的左、右两边是仿射的。因此，诸如

```
norm(x,Inf) == 1;
```

就会产生如下错误：

```
??? Error using ==> cvx.eq
Disciplined convex programming error:
Both sides of an equality constraint must be affine.
```

类似于 $f(\boldsymbol{x})\leqslant g(\boldsymbol{x})$ 或 $f(\boldsymbol{x})\geqslant g(\boldsymbol{x})$ 形式的不等式，只有在 f 被证明为凸，g 被证明为凹的情况下，才会被接受。所以约束条件

```
norm(x,Inf) >= 1;
```

会造成以下错误：

```
??? Error using ==> cvx.ge
Disciplined convex programming error:
The left-hand side of a ">=" inequality must be concave.
```

有关构造规则的细节在 DCP 规则集中有更详细的讨论。如果了解凸分析和凸优化的基础知识，那么这些规则会相对比较容易理解。

10.2.5 最佳权衡曲线

本节最后一个示例将展示如何将传统的 MATLAB 代码和 CVX 规范混合起来形成和解决多个优化问题。对于对数间隔向量的(正的)γ 值,下面的代码可以解决 $\|\boldsymbol{Ax}-\boldsymbol{b}\|_2+\gamma\|\boldsymbol{x}\|_1$ 最小化问题。它给出了 $\|\boldsymbol{Ax}-\boldsymbol{b}\|_2$ 和 $\|\boldsymbol{x}\|_1$ 之间最优权衡曲线上的点。这条曲线示例如图 10.2.1 所示。

```
gamma = logspace( -2, 2, 20 );
l2norm = zeros(size(gamma));
l1norm = zeros(size(gamma));
fprintf( 1,'gamma norm(x,1) norm(A * x - b)\n' );
fprintf( 1,'---------------------------------------\n' );
for k = 1:length(gamma),
    fprintf( 1,'%8.4e', gamma(k) );
    cvx_begin
        variable x(n);
        minimize( norm(A * x - b) + gamma(k) * norm(x,1) );
    cvx_end
    l1norm(k) = norm(x,1);
    l2norm(k) = norm(A * x - b);
    fprintf( 1,' %8.4e %8.4e\n', l1norm(k), l2norm(k) );
end
plot( l1norm, l2norm );
xlabel( 'norm(x,1)' );
ylabel( 'norm(A * x - b)' );
grid on
```

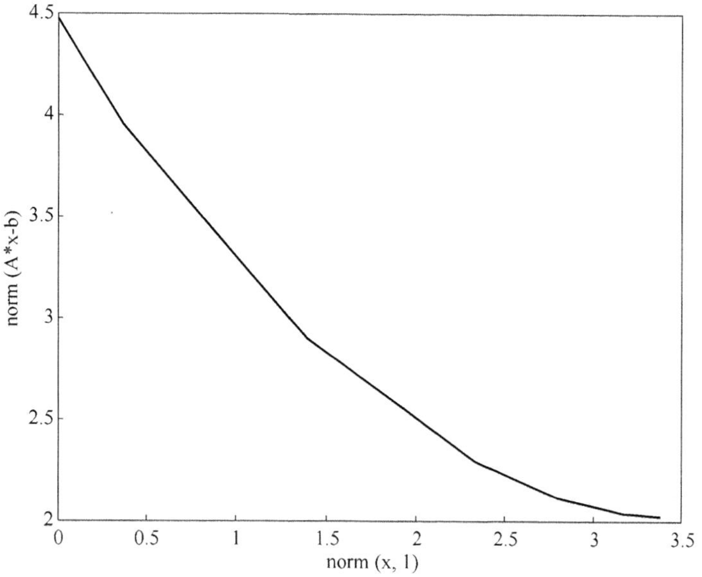

图 10.2.1 quickstart.m 得到的权衡曲线

上面的 minimize 语句说明了 DCP 规则集中要讨论的构造规则之一。凸分析的一个基本原理是，一个凸函数可以与一个非负标量相乘，也可以与另一个凸函数相加，从而得到凸函数。CVX 接受此类组合，并允许将其用于任何简单的凸函数——例如，要最小化的目标函数，或不等式约束的某一边。所以在我们的例子中，表达式

```
norm(A * x - b) + gamma(k) * norm(x,1)
```

被 CVX 识别为凸，只要 gamma(k)是正的或者 0。如果 gamma(k)是负的，那么这个表达式将变成一个凸项和一个凹项的和，导致 CVX 产生以下错误：

```
??? Error using ==> cvx.plus
Disciplined convex programming error:
Addition of convex and concave terms is forbidden.
```

10.3 CVX 基础

10.3.1 cvx_begin 和 cvx_end

所有的 CVX 建模必须以 cvx_begin 命令开始，以 cvx_end 命令结束。所有的变量声明、目标函数和约束都应该位于两者之间。cvx_begin 命令可能包含一个或多个修饰词：

```
cvx_begin quiet      防止模型在求解过程中产生任何屏幕输出
cvx_begin sdp        调用半正定规划模式
cvx_begin gp         调用几何规划模式
```

这些修饰词可适当组合使用。例如，cvx_begin sdp quiet 命令可以调用 SDP(半正定规划)模式，并使得求解器静默输出。

10.3.2 变量

所有的变量在使用前必须用 variable 命令(或者 variables 命令；见下文)申明。variable 命令包含变量名、可选的纬度列表、一个或者多个提供有关变量额外内容和结构信息的关键字。

变量可以是实的或复的标量、向量、矩阵或 n 维数组。例如，

```
variable X
variable Y(20,10)
variable Z(5,5,5)
```

总共声明了 326 个(标量型)变量：一个标量 X、一个 20×10 的矩阵 Y(包含 200 个变量)和一个 5×5×5 的数组 Z(包含 125 个变量)。

变量声明还可以使用一个或多个关键字来表示不同结构和条件的变量。例如，要声明复数变量，可以使用关键字 complex：

```
variable w(50) complex
```

非负变量以及对称/厄密半正定(PSD)矩阵可以分别用 nonnegative 和 semidefinite 关键

字来指定：

```
variable x(10) nonnegative
variable Z(5,5) semidefinite
variable Q(5,5) complex semidefinite
```

在这个例子中，x 是一个非负向量，Z 是一个实对称半正定矩阵，Q 是一个复厄密半正定矩阵(a complex Hermitian PSD matrix)。下面我们会看到，厄密半正定矩阵(hermitian semidefinite)对于第三种情况是等价的。

对于 MIDCPs，integer 和 binary 关键字分别用于声明整数和二进制变量：

```
variable p(10) integer
variable q binary
```

不同的关键字可以帮助构建诸如对称或者带状矩阵结构的变量，如下代码段：

```
variable Y(50,50) symmetric
variable Z(100,100) hermitian toeplitz
```

声明变量 Y 是一个 50×50 的实对称矩阵，变量 Z 是一个 100×100 的厄密托普利兹矩阵(注意 hermitian 关键词同时指定了矩阵是复矩阵)。目前支持的结构关键词有：

```
banded(lb,ub)        diagonal           hankel              hermitian
skew_symmetric       symmetric          toeplitz            tridiagonal
lower_bidiagonal     lower_hessenberg   lower_triangular
upper_bidiagonal     upper_hankel       upper_hessenberg    upper_triangular
```

下划线可以省略。例如，lower triangular 也能被接受。这些关键词都是不加说明的，但有两个例外：

(1) banded(lb,ub)

该矩阵的带宽下限是 lb，带宽上限是 ub。如果 lb 和 ub 都为零，则得到一个对角矩阵。ub 可以省略，在这种情况下它等于 lb。例如，banded(1,1) (或者 banded(1))是一个三对角矩阵。

(2) upper_hankel

该矩阵是汉克尔矩阵(即，反对角上都是常数)，中心反对角线以下全为 0，即 $i+j>n+1$。

使用多个关键字时，矩阵结构由它们的交集决定。例如，symmetric tridiagonal 就是一个有效的组合。当一个更合理的选择 diagonal 存在时，CVX 会拒绝 symmetric 与 lower_triangular 的组合。此外，如果关键字完全冲突将会导致错误，例如满足所有关键字的 emph{no} 非零矩阵。

矩阵专用的关键字也可以应用于 n 维数组：每个二维数组“切片(slice)”都有给定的固有结构。比如，以下声明

```
variable R(10,10,8) hermitian semidefinite
```

构造了 8 个 10×10 的厄密半正定矩阵，并被存储在 R 的二维切片中。

尽管 variable 语句很灵活，但是它只能用于声明单个变量，如果需要声明很多变量，这就很不方便。因此，CVX 提供了 variables 语句来声明多个变量，即：

```
variables x1 x2 x3 y1(10) y2(10,10,10);
```

variables 命令的缺点是不能声明复数、整数或者结构化变量。这些必须使用 variable 命令单独声明。

10.3.3 目标函数

声明目标函数需要根据情况使用 minimize 或 maximize 函数(也可以使用它们的同义词 minimise 和 maximise)。调用 minimize 的目标函数必须是凸的,调用 maximize 的目标函数必须是凹的。例如:

```
minimize( norm( x, 1 ) )
maximize( geo_mean( x ) )
```

在 CVX 规范中最多可以声明一个目标函数,并且它必须具有标量值。

如果不指定目标函数,问题将被解释成可行性问题,如果可行性点找到,cvx_optval 将设定为 0,否则将为+Inf。

10.3.4 约束

CVX 支持下列约束类型:

- 等式约束==,等式左、右两边都是仿射表达式。
- 小于等于不等式约束<=,左边表达式是凸的,右边表达式是凹的。
- 大于等于约束>=,左边表达式是凹的,右边表达式是凸的。

不等号(~=)不能用于约束。在任何情况下,这样的约束很少是凸的。CVX 最新版本允许把不等式连接起来;例如 1 <= x <= u(之前的版本不允许。)

注意=和==的重要区别:前者是赋值,后者表示相等。

严格不等式<和>也能被接受,但是它们的解释与非严格不等式完全相同。应尽量避免它们的使用,CVX 的未来版本很可能删去这样的用法。

不等式和等式约束以元素化方式应用,与 MATLAB 本身的行为相匹配。例如,如果 A 和 B 都是 $m\times n$ 的矩阵,那么 A<=B 就等价于 mn 个(标量)不等式约束 A(i,j)<=B(i,j)。当等式一边是标量时,该值会被复制,例如,A>0 等价于 A(i,j)>=0。

半正定规划模式下可以改变不等式的元素化处理。更多细节请参见相关部分。CVX 还支持集合关系约束,参见 10.3.6 小节。

10.3.5 函数

基本 CVX 函数库包括各种凸函数、凹函数和仿射函数,它们接受 CVX 变量或表达式作为参数。许多是常见的 MATLAB 函数,如 sum、trace、diag、sqrt、max 和 min,需要重新实现以支持 CVX;其他函数则是 MATLAB 中不存在的新函数。基本库中函数的完整列表可以在参考指南中找到,也可以根据需求自己定义新函数。

基本库中的一个函数示例是 quadratic-over-linear 函数 quad_over_lin:

$$f:\mathbb{R}^n\times\mathbb{R}\to\mathbb{R},\quad f(\boldsymbol{x},y)=\begin{cases}\boldsymbol{x}^{\mathrm{T}}\boldsymbol{x}/y, & y>0\\ +\infty, & y\leqslant 0\end{cases}\tag{10.3.1}$$

(该函数也允许 x 是复数,但为了简单起见,我们只考虑实数情况。)二次超线性函数在 x

和 y 上是凸的，因此可以在适当的约束下，或在更复杂的表达式中，作为目标函数使用。使用如下语句对自变量为$(Ax-b,\ c^{T}x+d)$的二次超线性函数最小化：

```
minimize(quad_over_lin(A * x - b,c' * x + d));
```

在此 CVX 规范中，假设优化变量 x 是向量，A 是一个矩阵，b 和 c 是向量，d 是标量。CVX 会将这个目标表达式识别为一个凸函数，因为它是一个凸函数（二次超线性函数）与一个仿射函数的组合。

在 CVX 规范之外也可以使用 quad_over_lin 函数。在本例中，它只是根据给定的（数值）参数计算（数值上的）值。如果 c' * x+d 为正，则其结果在数值上等价于：

```
((A * x - b)' * (A * x - b))/(c' * x + d)
```

但是，quad_over_lin 函数还会执行定义域检查，因此如果 c' * x+d 为 0 或负数，结果将返回 Inf。

10.3.6 集合关系

CVX 支持凸集的定义和使用。基本库包括 $n\times n$ 矩阵的半正定的锥、二阶锥、者洛伦兹锥以及各种范数锥。

不幸的是，MATLAB 语言没有集合关系操作符，例如用 x in S 来表示 $x\in S$。所以在 CVX 中，我们使用稍微有些不同的语法来表示一个表达式包含在一个集合中：使用返回一个未命名变量的函数表示一个集合，该变量需要在集合中。例如，考虑 $n\times n$ 矩阵的正半定对称锥 S_+^n。在 CVX 中，我们用函数 semidefinite(n)来表示这个函数，它返回一个未命名的新变量，并且被约束为半正定的。为了让矩阵表达式 X 是对称正半定的，我们使用语法：

```
X == semidefinite(n)
```

它的字面意思是，约束 X 与某个未命名变量相等，并且它必须是一个 $n\times n$ 半正定对称矩阵。这当然相当于说 X 本身必须是对称半正定的。

举个例子，变量 X(矩阵)的约束条件是一个相关矩阵，即它是对称的，有单位对角元素，并且是半正定的。在 CVX 中，我们可以使用以下命令声明这样一个变量并强制执行这些约束

```
variable X(n,n) symmetric;
X == semidefinite(n);
diag(X) == 1;
```

第二行语句是 X 的半正定约束。（在这里可以将“==”作为“is”或“is in”，所以第二行可以被解释为 X 是半正定矩阵）。第三行的左边是一个包含 X 对角线元素的向量，要求这个向量的元素等于一。

如果这种使用等式约束来表示集合关系的方法仍然令人困惑，或者仅仅不美观，那么可以使用“伪运算符”<In>来替代它。例如，上面的半正定约束可以替换为

```
X < In > semidefinite(n);
```

这与使用等式约束操作符完全相同，可以随意使用。实现这个运算符需要一些 MATLAB 技巧，所以不要期望能够在 CVX 模型之外使用它。

集合可以在仿射表达式中组合，并且可以将仿射表达式约束在凸集中。例如，我们可以用

这个形式施加约束

```
A * X * A' - X <In> B * semidefinite(n) * B';
```

其中,X 是一个 $n\times n$ 对称变量矩阵,A 和 B 是 $n\times n$ 常数矩阵。这个约束条件要求对于 $Y\in S_+^n$ 满足 $AXA^{\mathrm{T}}-X=BYB^{\mathrm{T}}$。

CVX 还支持其元素是有序数量数列的集合。以二阶或洛伦兹锥为例,

$$\mathbf{Q}^m=\{(\boldsymbol{x},y)\in\mathbf{R}^m\times\mathbf{R}\mid \|x\|_2\leqslant y\}=\mathbf{epi}\|\cdot\|_2 \tag{10.3.2}$$

其中,**epi** 表示上境图(epigraph)。$\mathbf{Q}^m$ 的元素是一个有序数列,包含两个元素:第一个是 m 维向量,第二个是标量。我们可以用这个锥来表示简单的最小二乘问题(以一种相当复杂的方式),如下所示:

$$\begin{aligned}&\min\quad y\\&\text{s.t.}\quad (\boldsymbol{Ax}-\boldsymbol{b},y)\in\mathbf{Q}^m\end{aligned} \tag{10.3.3}$$

CVX 使用 MATLAB 的单元数组工具来模拟这个符号:

```
cvx_begin
    variables x(n) y;
    minimize( y );
    subject to
        { A * x - b, y } <In> lorentz(m);
cvx_end
```

函数调用 lorentz(m)返回一个未命名变量(即,由一个向量和一个标量组成的变量对),被约束在长度为 m 的洛伦兹锥中。因此,该规范中的约束要求变量对{a * x－b, y}位于适当大小的洛伦兹锥中。

10.3.7 对偶变量

在求解约束凸规划的同时,也解决了相应的对偶问题。(在本书中,原问题被称为 primal problem。)每一个优化对偶变量都与原问题的约束相关,并提供关于原问题的有用信息,如关于扰动约束的敏感性。要访问优化对偶变量,只需声明它们,并将它们与约束关联起来。

以一个 LP 问题为例

$$\begin{aligned}&\min\quad \boldsymbol{c}^{\mathrm{T}}\boldsymbol{x}\\&\text{s.t.}\quad \boldsymbol{Ax}\leq b\end{aligned} \tag{10.3.4}$$

其中,变量 $\boldsymbol{x}\in\mathbb{R}^n$,有 m 个不等式约束。为了将对偶变量 y 与不等式约束 $\boldsymbol{Ax}\leq\boldsymbol{b}$ 联系起来,使用下列语法:

```
n = size(A,2);
cvx_begin
variable x(n);
    dual variable y;
    minimize( c' * x );
    subject to
        y : A * x <= b;
cvx_end
```

其中，语句 dual variable y 告诉 CVX y 是对偶变量。语句 y : A * x <= b 将 y 与不等式约束关联起来。注意冒号(:)运算符的使用方式与标准 MATLAB 不同，后者用于构造 1 : 10 这样的数字序列。这种新行为只有对偶变量存在时才有效，因此没有混淆或冲突。没有给出 y 的维数；它们根据与之关联的约束自动确定。例如，若 m = 20，则在 cvx_end 之前的 MATLAB 命令提示符处输入 y

```
y =
    cvx dual variable (20x1 vector)
```

对偶变量不是必须放在约束左侧；例如，上面的一行也可以这样写：

```
A * x <= b : y;
```

此外，不等式约束的对偶变量总是非负的，这意味着不等式可以在不改变对偶变量值的情况下逆转；即

```
b >= A * x : y;
```

会得出相同的结果。对于等式约束，交换等式约束的左、右两边会使对偶变量的最优值无效。处理完 cvx_end 语句后，假设优化成功，CVX 会将最优初值和最优对偶变量值分别赋给 x 和 y。这个 LP 问题的最优初始和最优对偶变量值必须满足互补松弛条件：

$$y_i\ (\boldsymbol{b}-\boldsymbol{Ax})_i=0,\quad i=1,\cdots,m \tag{10.3.5}$$

在 MATLAB 中可以用下面这一行语句：

```
y .* (b - A * x)
```

检查它是否满足互补松弛条件。这个语句可以打印出 y 和 b－A * x 的乘积，结果应该接近于零。这一行必须在 cvx_end 命令(该命令将数值赋给 x 和 y)之后执行；如果在 CVX 规范中执行，会生成一个错误，因为此时 y 和 b－A * x 仍然只是抽象表达式。

如果因为问题的不可行或者无界，导致优化不成功，那么 $\boldsymbol{x}$、$\boldsymbol{y}$ 会有不同的值。在无界情况下，$\boldsymbol{x}$ 将包含一个无界方向，即，点 $\boldsymbol{x}$ 满足

$$\boldsymbol{c}^{\mathrm{T}}\boldsymbol{x}=-1,\quad \boldsymbol{Ax}\leq 0 \tag{10.3.6}$$

并且 y 被 NaN 值填充，反映了对偶问题不可行的事实。在不可行时，x 为 NaN 值，y 包含无界对偶方向，即点 $\boldsymbol{y}$ 满足

$$\boldsymbol{b}^{\mathrm{T}}\boldsymbol{y}=-1,\quad \boldsymbol{A}^{\mathrm{T}}\boldsymbol{y}=0,\quad \boldsymbol{y}\geq 0 \tag{10.3.7}$$

当然，对初值、对偶点以及方向的精确解释还取决于问题的结构。

CVX 还支持索引对偶变量的声明。当模型中约束的数量(以及对偶变量的数量)取决于参数本身时，这些方法是有用的。

10.3.8 赋值语句与表达式持有者/表达式定义

任何熟悉 C 或 MATLAB 的人都能理解赋值运算符＝与双等号运算符＝＝之间的区别。这种区别在 CVX 中也非常重要，CVX 采取一些措施来避免赋值被不恰当使用。例如，考虑以下代码段：

```
variable X(n,n) symmetric;
X = semidefinite(n);
```

表述 X = semidefinite(n);看起来是用于 X 的半正定约束。但是由于使用了赋值运算符,X 实际上是被匿名半正定变量覆盖。

```
??? Error using ==> cvx_end
The following cvx variable(s) have been overwritten:
    X
This is often an indication that an equality constraint was
written with one equals '=' instead of two '=='. The model
must be rewritten before cvx can proceed.
```

幸运的是,CVX 禁止以这种方式覆盖已声明的变量;当执行到 cvx_end 时,该模型将发出以下错误:

我们希望这个检查可以避免模型因为排版错误产生不被期待的结果。

尽管有这样的警告,但使用正确的话,赋值运算符是没有问题的,因此我们鼓励适当地谨慎使用它们。例如,考虑下面的语句:

```
variables x y
z = 2 * x - y;
square( z ) <= 3;
quad_over_lin( x, z ) <= 1;
```

其中,z=2 * x-y 并不是一个等式约束,而是一个赋值语句。用于存储中间计算表达式 2 * x-y,这个放射表达式可以在之后的两个不同约束中使用。我们称 z 为表达式持有者,以区别于正式声明的 CVX 变量。

通常,将一个表达式数组累积成一个 MATLAB 变量是很有用的。但是 MATLAB 对象模型的一些技术细节可能会在这种情况下造成问题。考虑以下构造:

```
variable u(9);
x(1) = 1;
for k = 1 : 9,
    x(k+1) = sqrt( x(k) + u(k) );
end
```

这似乎足够合理:x 是一个向量,且第一个值是 1,其后续值是凹的 CVX 表达式。但如果在 CVX 模型中运行它,MATLAB 将发出一个相当神秘的错误提示:

```
??? The following error occurred converting from cvx to double:
Error using ==> double
Conversion to double from cvx is not possible.
```

出现这种情况的原因是,当执行到赋值语句 x(1)=1 时,MATLAB 变量 x 被初始化为一个数字数组,而 MATLAB 不允许 CVX 对象随后被插入到数字数组。

解决方案是在赋值之前显式地将 x 声明为表达式持有者。CVX 提供了表达式和关键字表达式,用于声明单个或多个表达式持有者,以便将来分配。一旦声明表达式持有者,就可以自由地将数值表达式和 CVX 表达式插入其中。例如,对前面的示例进行如下修改:

```
variable u(9);
expression x(10);
x(1) = 1;
for k = 1 : 9,
    x(k+1) = sqrt( x(k) + u(k) );
end
```

CVX 将成功地接受这一构造。可以以任何适当的方法使用凹表达式 x(1),…, x(10)。例如,可以使 x(10)最大化。

变量对象和表达式对象之间的差异非常显著。变量对象包含一个优化变量,且不能在 CVX 规范中被重写或赋值。(问题求解完成后,CVX 会用最优值覆盖优化变量。)表达式对象被初始化为 0,且应该将其视为存储 CVX 表达式的临时空间;它可以被赋值,也可以被自由地重新赋值,并在 CVX 规范重写。

当然,正如我们的第一个例子所示,在创建或使用表达式持有者之前并不需要每次都声明。但是这样可以使模型更清晰,因此 CVX 强烈建议这样做。

10.4 DCP 规则集

CVX 遵循由约束凸优化规则集(简称 DCP 规则集)约定的规则。在遇到任何违反规则的情况时,CVX 都会发出错误消息,因此在开始构建模型之前理解它们很重要。

之前提到过 DCP 规则集是凸性的一组充分条件,但并不是必要条件。因此,有些构造上违反规则集的表达式,实际上是凸的。举个例子,考虑熵函数,$-\sum_{i=1}^{n} x_i \log x_i$,它定义在 $\boldsymbol{x}>\boldsymbol{0}$ 上,且凹。如果它被表示为

```
- sum( x .* log( x ) )
```

CVX 会拒绝执行,因为它的凹性不符合任何组成规则(composition rules)。然而,涉及熵的问题可以通过显式地使用熵函数来解决,

```
sum( entr( x ) )
```

它位于 CVX 的基本库中,因此会被 CVX 识别为凹。如果一个凸(或凹)函数没有被 CVX 识别为凸或凹,它可以作为一个新原子被添加到原子库中。

另一个例子,考虑凸函数 $\sqrt{x^2+1}=\|[x \quad 1]\|_2$。如果写成

```
norm( [ x 1 ] )
```

(假设 x 是一个标量变量或仿射表达式),它将被 CVX 识别为一个凸表达式,并且能够用在(适当的)约束和目标中。但如果写成

```
sqrt ( x^2 + 1 )
```

CVX 将拒绝执行,因为这个函数的凸性并不遵循 CVX 规则集。

10.4.1 曲率分类

在约束凸优化中,标量表达式根据其曲率进行分类。有四种类型的曲率:常曲率、仿射曲

率、凸曲率和凹曲率。对于定义在整个$\mathbb{R}^n$上的函数 $f:\mathbb{R}^n\to\mathbb{R}$，类别具有以下含义：

constant	$f(\alpha\boldsymbol{x}+(1-\alpha)\boldsymbol{y})=f(\boldsymbol{x})$	$\forall\,\boldsymbol{x},\boldsymbol{y}\in\mathbb{R}^n,\ \alpha\in\mathbb{R}$	(10.4.1)
affine	$f(\alpha\boldsymbol{x}+(1-\alpha)\boldsymbol{y})=\alpha f(\boldsymbol{x})+(1-\alpha)f(\boldsymbol{y})$	$\forall\,\boldsymbol{x},\boldsymbol{y}\in\mathbb{R}^n,\alpha\in\mathbb{R}$	(10.4.2)
convex	$f(\alpha\boldsymbol{x}+(1-\alpha)\boldsymbol{y})\leqslant\alpha f(\boldsymbol{x})+(1-\alpha)f(\boldsymbol{y})$	$\forall\,\boldsymbol{x},\boldsymbol{y}\in\mathbb{R}^n,\alpha\in[0,1]$	(10.4.3)
concave	$f(\alpha\boldsymbol{x}+(1-\alpha)\boldsymbol{y})\geqslant\alpha f(\boldsymbol{x})+(1-\alpha)f(\boldsymbol{y})$	$\forall\,\boldsymbol{x},\boldsymbol{y}\in\mathbb{R}^n,\alpha\in[0,1]$	(10.4.4)

当然，在这些类别之间有很多的重叠。例如，常量表达式也是仿射的，(实数)仿射表达式同时是凸的和凹的。

根据定义，凸和凹表达式是实数表达式。虽然可以构造复常量和仿射表达式，但它们的使用较为有限。例如，它们不能作为不等式约束的左边项或右边项出现。

10.4.2　顶级规则

CVX 支持三种不同类型的约束凸规划：

- 最小化问题，由一个凸目标函数和零个或多个约束组成。
- 最大化问题，由一个凹目标函数和零个或多个约束组成。
- 可行性问题，由一个或多个约束组成，没有目标函数。

10.4.3　约束

约束凸规划支持以下三种类型的约束：

- 等式约束，使用==构造，其中等式两边都是仿射的。
- 小于不等式约束，使用<=构造，其中左侧是凸的，右侧是凹的。
- 大于不等式约束，使用>=构造，其中左侧是凹的，右侧是凸的。

不允许使用~=构造的不等式约束。(这种约束不是凸的。)

等式约束的左、右两项都可以是复数形式。不等式约束必须是实数形式。复等式约束相当于两个实等式约束：一个是实部约束；另一个是虚部约束。一个左、右两边分别为实数项和复数项的等式约束，具有将复数项虚部约束为零的能力。

正如 10.3.6 小节讨论的，CVX 使用等式约束来强化集合关系约束(例如，用 x in S 来表示 $\boldsymbol{x}\in S$)。等式约束的两边必须是仿射的，这一规则，同样适用于集合关系约束。实际上，因为像 semidefinite()和 lorentz()这样的集合原子的返回值是仿射的，所以只需验证集合关系约束的其他部分就足够了。对于像{x,y}这样的组合值，要求每一个元素都必须是仿射的。

10.4.4　严格不等式

正如 10.3.4 小节提到的，严格不等式>、<与非严格不等式>=、<=的解释方式相同。需要注意的是，CVX 并不能保证计算出的解严格满足不等式。这不仅仅是 CVX 的问题，也是基础数学和凸优化求解器设计产生的自然结果。因此，我们强烈建议不要在 CVX 中使用严格不等式，未来的版本可能会彻底取消对严格不等式的使用。

当严格不等式对模型至关重要时，可能需要采取额外的措施来确保遵从性。在某些情况下，这可以通过归一化来实现。例如，考虑一组齐次方程和不等式：

$$\boldsymbol{A}\boldsymbol{x}=0,\quad \boldsymbol{C}\boldsymbol{x}\leq 0,\quad \boldsymbol{x}>0 \tag{10.4.5}$$

如果不考虑严格不等式，$\boldsymbol{x}=\boldsymbol{0}'$会是一个可行解。事实上，避免严格不平等的使用才是解决问题的根本。另外需要注意的是，如果给定的 $\boldsymbol{x}$ 满足这些约束条件，那么 $\alpha\boldsymbol{x}$，$\alpha>0$ 也会满足。通过利用归一化消除自由度的方式，实现消除严格不等式的目的。例如：

$$\boldsymbol{Ax}=0, \quad \boldsymbol{Cx}\leq 0, \quad \boldsymbol{x}>0, \quad \boldsymbol{1}^{\mathrm{T}}\boldsymbol{x}=1 \tag{10.4.6}$$

如果归一化对模型而言并不是一个有效的方法，可能需要通过增加一个小偏移量来将严格不等式转换成非严格不等式。例如，将 x >= 0 转换成比如 x >= 1e−4。注意，边界必须足够大，以便底层求解器认为它在数值上很重要。

最后，对于一些函数，如 log(x)和 inv_pos(x)，它们的域由严格不等式定义，它们的域限制由函数本身处理。不需要为模型添加明确的约束 x > 0 来保证解是正确的。

10.4.5 表达式规则

到目前为止，所述的规则并没有特别的限制，因为所有的凸规划(符合规则的或其他的)通常都遵守这些规则。符合规则的凸规划与更一般的凸规划的区别在于用于构造目标函数和约束中使用的表达式的规则。

约束凸优化通过递归地应用以下规则来确定标量表达式的曲率。虽然这个列表看起来很长，但它在很大程度上是凸、凹和仿射形式结合的凸分析基本规则的枚举：求和、标量乘法等。

- 常量表达式的有效形式可以是
  - ➢ 任何一个计算结果为有限值的符合语法规则的 MATLAB 表达式。
- 仿射表达式的有效形式可以是
  - ➢ 一个有效的常量表达式；
  - ➢ 一个声明的变量；
  - ➢ 一个对原子库中具有仿射结果的函数的有效调用；
  - ➢ 几个仿射表达式的和或差；
  - ➢ 一个仿射表达式与一个常数的乘积。
- 凸表达式的有效形式可以是
  - ➢ 一个有效的常量或仿射表达式；
  - ➢ 对原子库中具有凸的结果的函数的一个有效调用；
  - ➢ 一个仿射标量的常指数形式，指数幂 $p\geq 1, p\neq 3,5,7,9,\cdots$ ；
  - ➢ 一个凸的标量二次型；
  - ➢ 两个或多个凸表达式的和；
  - ➢ 一个凸表达式和一个凹表达式的差；
  - ➢ 一个凸表达式和一个非负常数的乘积；
  - ➢ 一个凹表达式和一个非正数的乘积；
  - ➢ 对一个凹表达式加负号。
- 凹表达式的有效形式可以是
  - ➢ 一个有效的常量或仿射表达式；
  - ➢ 对原子库中具有凹的结果的函数的一个有效调用；
  - ➢ 一个凹标量的 p 次式，$p\in(0,1)$；
  - ➢ 一个凹的标量二次型；
  - ➢ 两个或多个凹表达式的和；
  - ➢ 一个凹表达式和一个凸表达式的差；
  - ➢ 一个凹表达式和一个非负常数的乘积；

➢ 一个凸表达式和一个非正数的乘积;

➢ 对一个凹表达式加负号。

如果一个表达式不能在这个规则集中找到分类,那它将会被 CVX 拒绝。对于矩阵和数组表达式,这些规则将在其元素基础上应用。可以注意到上面列出的规则有些冗余,实际上还有与之等价的小得多的规则集。

特别值得注意的是,这些表达规则通常不支持非常量表达式之间的乘积,标量二次型除外。例如,表达式 x * sqrt(x)恰好是 x 的凸函数,但是它的凸性无法使用 CVX 规则集进行验证,因此会被拒绝。(将它表示为 pow_p(x,3/2)是可行的)。我们称之为无乘积规则,了解这个规则有助于确保构造的表达式有效。

10.4.6 函数

在 CVX 中,函数有两种属性:曲率(常量、仿射、凸或凹)和单调性(非递减、非递增或非单调)。根据上面给出的表达式规则,曲率决定了它们在表达式中出现的条件。单调性决定了它们如何用于函数组合中,10.4.7 小节将会提到。

对于只有一个自变量的函数,分类很简单。表 10.4.1 给出了一些例子。

表 10.4.1 单变量函数的分类

Function	Meaning	Curvature	Monotonicity
sum(x)	$\sum_i x_i$	affine	nondecreasing
abs(x)	$\lvert x \rvert$	convex	nonmonotonic
log(x)	$\log x$	concave	nondecreasing
sqrt(x)	$\sqrt{x}$	concave	nondecreasing

根据凸分析的标准惯例,当自变量在函数的定义域之外时,凸函数被解释为$+\infty$,凹函数被解释为$-\infty$。换句话说,此时凸函数和凹函数在 CVX 中被解释为广义值扩充。

它的作用是将参数自动地限制在函数定义域中。例如,我们在 CVX 中输入 sqrt(x + 1),其中自变量为 x,那么 x 将被自动约束为大于或等于-1 的值。没有必要添加单独的约束 x >= -1 来强制执行此操作。

函数的单调性在广义上是确定的,即包括定义域之外的值。例如,对于函数 sqrt(x),当自变量 x 取负值时,结果是$-\infty$;然后在 x 取零时,结果跳为 0;x 取正值时,结果随着自变量的增加而增加,所以 sqrt(x)被确定为非递减函数。

如果函数仅仅定义在定义域的一部分,CVX 不认为这个函数是凸的或凹的,即使自变量被约束在这些部分之一。举个例子,考虑函数 $1/x$。这个函数在 $x>0$ 上是凸的,在 $x<0$ 上是凹的。但是,即使已经施加了约束条件(如 x >= 1),将 x 限制在函数 $1/x$ 凸的部分,也不能在 CVX 中写入 1 / x(除非 x 是常量)。可以使用 CVX 函数 inv_pos(x),将 $1/x$ 定义在 $x>0$ 或者∞上,以此对应 $1/x$ 凸的部分,然后 CVX 会识别到这个函数是非递增的凸函数。在 CVX 中,可以使用-inv_pos(-x)来表示 $1/x$ 凹的部分,其中 x 是负的,然后它会被正确识别为非递增的凹函数。

对于具有多个自变量的函数,曲率需要共同考虑,但是单调性可以单独考虑。例如,函数 quad_over_lin(x,y)

$$f_{\text{quad\_over}}(x,y)=\begin{cases}|x|^2/y, & y>0\\ +\infty, & y\leqslant 0\end{cases} \tag{10.4.7}$$

在 x 和 y 上都是凸的，但是只在 y 上单调（非递增）。

有些函数对于其自变量的子集来说是凸、凹或仿射的。例如，函数 norm(x,p)，其中 p \geq 1 只在它的第一个自变量上是凸的。无论何时在 CVX 规范中使用此函数，其余自变量必须是常量，否则 CVX 将发出错误消息。这些自变量对应于数学术语中的函数参数。例如，

$$f_p(\boldsymbol{x}):\mathbb{R}^n\to\mathbb{R}, \quad f_p(\boldsymbol{x})\triangleq\|\boldsymbol{x}\|_p \tag{10.4.8}$$

因此，在这种情况下，应该将这些自变量称为参数似乎也是合适的。因此之后的内容中，只要提及 CVX 函数是凸的、凹的的或仿射的，都已经假定它的参数已知，且已赋予适当的常数值。

10.4.7 组合

凸分析的一个基本规则是，在仿射映射的组合下凸性是封闭的。这也是 DCP 规则集的一部分：

- 凸、凹或仿射函数可以接受一个仿射表达式（大小一致）作为自变量。结果分别是凸的、凹的和仿射的。

例如，考虑 CVX 原子库中提供的函数 square(x)。这个函数是对其自变量进行平方，即计算 x. * x（对于数组型的自变量，它独立地对每个元素进行平方）。它在 CVX 原子库中，且已知为凸函数，假设它的自变量是实数。如果 x 是维数 n 的实变量，a 是一个 n 维常数向量，b 是一个常量，那么表达式

```
square(a ' * x + b)
```

会被 CVX 接受，且被认为是凸函数。

上述仿射组合规则是更复杂的组合规则的一个特例，我们现在来描述这组更复杂的组合规则。考虑一个已知曲率和单调性的函数，它允许多个自变量。对于凸函数，它对应的规则是：

- 如果函数在某个自变量上是非递减的，那么这个自变量必须是凸的。
- 如果函数在某个自变量上是非递增的，那么这个自变量必须是凹的。
- 如果函数在某个自变量上既不是非递减的也不是非递增的，那么这个自变量必须是仿射的。

如果函数的所有自变量都满足这些规则，则表达式被 CVX 接受，并被归类为凸。回想一下，常量表达式和仿射表达式既凸又凹，因此任何参数都可以是仿射的，包括作为特例的常量。

凹函数的对应规则如下：

- 如果函数在某个自变量上是非递减的，那么这个自变量必须是凹的。
- 如果如果函数在某个自变量上是非递增的，那么这个自变量必须是凸的。
- 如果函数在某个自变量上既不是非递减的也不是非递增的，那么这个自变量必须是仿射的。

在这种情况下，表达式被 CVX 接受，并被归类为凹。

有关这些组合规则的更多背景知识，请参阅“Convex Optimization”中的第 3.2.4 小节。事实上，除标量二次表达式外，整个 DCP 规则集可以看作是这六个规则的特例。

让我们来看一些例子。极大值函数在每个自变量上都是凸的和非递减的，因此它可以接受任何凸表达式作为实参。例如，如果变量 x 是一个向量，那么

```
max( abs( x ) )
```

遵循六个组合规则中的第一个，因此会被 CVX 接受，并被归类为凸。再看一个和函数的例子，它既是凸的又是凹的（因为它是仿射的），并且在每个自变量上都是非递减的。因此，表达式

```
sum( square( x ) )
sum( sqrt( x ) )
```

在 CVX 中均被视为有效表达式，且分别被归类为凸、凹。第一个表达式遵循凸函数的第一条规则，第二个表达式遵循凹函数的第一条规则。

大多数了解基本凸分析的人习惯用更具体的规则来考虑这些例子：凸函数的极大值仍然是凸函数，凸（凹）函数的和仍然是凸（凹）函数。但是上面这些规则只是一般组合规则中的特殊情况。其他广为人知的遵循一般组成规则的基本规则是：

- 凸（凹）函数的非负倍数是凸（凹）的。
- 凸（凹）函数的非正倍数是凹（凸）的。

现在我们深入研究一个更复杂的例子。假设变量 x 是一个向量，a、b 和 f 是具有适当维数的常量。CVX 认为表达式

```
sqrt(f'*x) + min(4,1.3 - norm(A*x - b))
```

是凹的。考虑 sqrt(f'* x)项，CVX 判别到 sqrt 是凹的，f'* x 是仿射的，从而得出 sqrt(f'* x)是凹的；再考虑表达式第二项 min(4,1.3－norm(A * x－b))，CVX 判别到 min 是凹的和非递减的，所以它可以接受凹参数。因为 1.3－norm(A * x－b)是一个常数与与一个凸函数的差，所以 CVX 判别 1.3－norm(A * x－b)是凹的。因此得出表达式第二项也是凹的。所以整个表达式被认为是凹的，因为它是两个凹函数的和。

这些组合规则是保证正确分类的充分条件但并不是必要条件，因此一些表达式，虽然是凸的或凹的，但并不能满足这些条件，所以会被 CVX 拒绝。例如，表达式

```
sqrt( sum( square( x ) ) )
```

会被 CVX 拒绝，其中变量 x 是一个向量。因为一个非递减凹函数与一个凸函数的组合没有规律可循。当然，在这种情况下解决方法很简单：使用 norm(x)代替，因为 norm 在原子库中，并且 CVX 知道它是凸的。

10.4.8 非线性组合的单调性

单调性是非线性组合规则的一个重要方面。这有一些不是很明显的后果，我们将在这里举例说明。考虑表达式

```
square( square( x ) + 1 )
```

其中，x 是一个标量。这个表达式实际上是凸的，因为 $(x^2+1)^2=x^4+2x^2+1$ 是凸的。但是 CVX 会拒绝这个表达式，因为外层 square 不接受凸的自变量。实际上，凸函数的平方通常不

是凸的:比如,$(x^2-1)^2=x^4-2x^2+1$。

有几种方法可以修改上面的表达式以符合规则集。一种方法是将其写为 x^4 + 2 * x^2 + 1,CVX 会认为它是凸的,因为 CVX 允许正偶数幂使用 ^ 运算符。(注意,不能对函数 $(x^2-1)^2$ 应用相同的方法,因为它的第二项为凹。)

另一种方法是使用可选的外部函数 square_pos,它包含在 CVX 库中,表示函数 $(x_+)^2$,其中,$x_+=\max\{0,x\}$。显然,当 square 和 square_pos 的自变量是非负的时候,它们是一致的。但是 square_pos 是非递减的,所以它可以接受一个凸的自变量。因此,表达式

```
square_pos( square( x ) + 1 )
```

在数学上等价于上述被拒绝的表达式(因为外层函数自变量的值总是正的),但是它满足 DCP 规则集,因此被 CVX 接受。

这就是 CVX 原子库中的几个函数有两种形式的原因:"自然"形式,以及一种被修改为单调的形式,以至于可以在组合中使用。其他类似的"单调扩展"形式,包括 sum_square_pos 和 quad_pos_over_lin。如果正在实现一个新的函数,可能希望考虑该函数的单调扩展是否也有用。

10.4.9 标量二次型

在其纯粹形式中,DCP 规则集甚至禁止使用简单的二次表达式,如 x * x(假设 x 是标量)。出于实际原因,我们选择对规则集进行例外处理,以允许识别某些特定的二次型,这些二次型直接映射到 CVX 原子库中的某些凸二次函数(或者对它的凹函数加负号)。

CVX 对表 10.4.2 左侧所示的二次表达式进行检查(detects),并确定它们的凸凹性。如果确实是凸的或者凹的,则将其转换右侧所示的等价函数调用。

表 10.4.2 二次型映射到 CVX 原子库中的凸二次函数

x . * x	square(x) (real x)
conj(x) . * x	square_abs(x)
y' * y	sum_square_abs(y)
(A * x−b)' * Q * (Ax−b)	quad_form(A * x − b, Q)

CVX 检查(examines)每个仿射表达式的单个乘积和单个平方,以此来检验(checking)凸性。它并不会对所有的运算(比如,仿射表达式乘积的和)进行检查。例如,给定标量型变量 x 和 y,表达式

```
x ^ 2 + 2 * x * y + y ^2
```

将会在 CVX 中引起一个错误,因为三项中的第二项 2 * x * y 既非凸又非凹。但是它的等价表达式

```
( x + y ) ^ 2
( x + y ) * ( x + y )
```

可以被 CVX 接受。

实际上,CVX 碰到一个标量二次形式时,执行的是平方运算,所以形式上不需要是对称的。例如,如果变量 z 是一个向量,a、b 是常量,Q 是正定的,则

```
( z + a )' * Q * ( z + b )
```

会被 CVX 判定为凸。一旦某个表达式被 CVX 验证为二次型，就可以以任何正常的凸凹表达式的方式自由地使用它，如本书 10.4.5 小节所述。

实际上与传统的数学优化框架相比，二次型在约束凸优化中应该使用得更少一些，在传统的数学优化框架中，通常用平滑二次型来替代人们真正想要得到的非平滑形式。在 CVX 中，这样的替换几乎不必要，因为它支持非光滑函数。例如，约束

```
sum( ( A * x - b ) .^ 2 ) <= 1
```

可以用 Euclidean 范数等价地表示为：

```
norm( A * x - b ) <= 1
```

对于现代求解器，第二种形式使用更自然的二阶锥约束表示，因此第二种形式实际上更高效。事实上，根据经验，非平方形式通常被处理得更准确。因此，我们强烈建议根据约束凸优化提供的新功能，重新评估模型中二次型的使用。

10.5 半正定规划模式

熟悉半正定规划(SDP)的人都知道，在上面集合关系的讨论中，利用集合 semidefinite(n)的约束实际上通常是用线性矩阵不等式(LMI)表示法表示的。例如，给定 $\boldsymbol{X}=\boldsymbol{X}^{\mathrm{T}}\in\mathbb{R}^{n\times n}$，约束 $\boldsymbol{X}\geq 0$ 表示 $\boldsymbol{X}\in\mathbf{S}_{+}^{n}$，也就是说 X 是半正定的。

CVX 提供特殊的 SDP 模式，它允许 LMI 符号在 CVX 模型中使用 MATLAB 标准不等式运算符>=和<=。使用该模式时，需以语句 cvx_begin sdp 或 cvx_begin SDP 作为模型的开始，而只不是简单的 cvx_begin。

开始使用 SDP 模式时，CVX 会以不同的方式解释某些不等式约束。具体说明如下：

- 等式约束的解释是相同的〔即，元素化的(elementwise)〕。
- 包含向量和标量的不等式约束具有相同的解释，即元素化的。
- 不等式约束不允许包含非方阵；试图使用它们会导致错误。如果想对矩阵 X 和 Y 进行真正的元素比较，请使用向量化操作 X(:) <= Y(:)或 vec(X) <= vec(Y)。(vec 是 CVX 提供的一个函数，相当于冒号操作。)
- 涉及实数方阵的不等式约束可以按表 10.5.1 解释。

表 10.5.1 实数方阵的不等式约束解释

X >= Y	becomes	X - Y == semidefinite(n)
X <= Y	becomes	Y - X == semidefinite(n)

如果表达式两边都是复数，则不等式可以按表 10.5.2 解释。

表 10.5.2 复数方阵的不等式约束解释

X >= Y	becomes	X - Y ==hermitian_semidefinite(n)
X <= Y	becomes	Y - X == hermitian_semidefinite(n)

- 还有一个附加限制(如表 10.5.3 所示):X 和 Y 大小必须相同,或者其中一个是标量 0。例如,如果 X 和 Y 是大小为 n 的矩阵。

表 10.5.3 不等式约束的附加限制

X >= 1	or	1 >= Y	illegal
X >= ones(n,n)	or	ones(n,n) >= Y	legal
X >= 0	or	0 >= Y	legal

实际上,CVX 对 LMI 约束的不等式运算符进行了更严格的解释。

- 注意,LMI 约束对它们的输入进行强制对称(适当的话,是实的或厄密的)。与 SDPSOL 不同,CVX 并不提取对称的部分:使用时必须自己检查对称性。由于 CVX 支持对称矩阵的声明,这是相当直接的。如果 CVX 不能确定 LMI 在一个合理的数字容差范围内是对称的,会发出一个警告。CVX 给出了求方阵对称部分的 sym(X)函数;也就是说,sym(X) = 0.5 * (X+X)。
- 对偶变量被应用于转换后的等式约束。如果找到一个最优点,将会得到一个半正定的值。

例如,closest_toeplitz_sdp. m 文件中建立的 CVX 模型,

```
cvx_begin
    variable Z(n,n) hermitian toeplitz
    dual variable Q
    minimize( norm( Z - P,'fro') )
    Z == hermitian_semidefinite( n ) : Q;
cvx_end
```

也可以被写为:

```
cvx_begin sdp
    variable Z(n,n) hermitian toeplitz
    dual variable Q
    minimize( norm( Z - P,'fro') )
    Z >= 0 : Q;
cvx_end
```

CVX 示例库中还有许多其他利用半定约束的例子,它们都使用 SDP 模式。要找到它们,只需使用文件搜索工具在 examples/子目录中搜索文本 cvx_begin sdp。

由于半正定规划应用广泛,很多人好奇为什么 SDP 模式不是默认行为。CVX 这样做的原因是,维护 MATLAB 原生行为与 CVX 原生行为之间的一致性。使用>=、<=、>、<等操作符来创建 LMIs 以表示与理想模型之间的偏差。上例中,表达式 Z >= 0 将变量 Z 约束为半正定矩阵。但在模型求解完成后,矩阵 Z 会被一个数值替代,表达式 Z >= 0 会验证 Z 的元素非负性。为了验证 Z,事实上是验证半正定,必须执行一个类似于 min (eig (Z)) > = 0 的检验。

10.6　几何规划模式

几何规划(GPs)是一种特殊的数学规划,可以通过变量变换将其转换为凸形式。GPs 的凸形式可以表示为 DCPs,但 CVX 还提供了一个允许 GP 被指定为原始形式的特殊模式。CVX 将自动执行必要的变换并计算数值解,最后将结果转换为原问题的解。

要使用 GP 模式,必须使用命令 cvx_begin gp 或 cvx_begin GP 而不是简单的 cvx_begin 来开始您的 CVX 规范。例如,在 gp/max_volume_box.m 示例库中找到的如下代码可确定受到不同面积和比例约束的长方体最大容积:

```
cvx_begin gp
    variables w h d
    maximize( w * h * d )
    subject to
    2 * (h * w + h * d) <= Awall;
    w * d <= Afloor;
    alpha <= h/w >= beta;
    gamma <= d/w <= delta;
cvx_end
```

如上例所示,CVX 支持使用加法、乘法、除法(如果适用)和幂来构造单项式和正项式。此外,CVX 支持广义几何规划(GGPs)的构建,只要在允许使用正项式的标准 GP 中允许使用广义正项式即可。

这个版本的 CVX 中使用的求解器本身并不支持几何规划。相反,它们使用逐次逼近技术来求解。这意味着 GPs 的解算速度可能很慢,但对于中小型问题,这种方法很有效。

在本节的其余部分,我们将描述在 GP 模式下构建模型时适用的特定规则。

10.6.1　顶级规则

CVX 支持三种类型的几何规划:

- 最小化问题,由一个广义的正项目标和零个或多个约束组成。
- 最大化问题,由一个单项目标和零个或多个约束组成。
- 可行性问题,由一个或多个约束组成。

特别是最小化和最大化问题之间的不对称性,即后者只允许单项目标,这是 GPs 和 GGPs 几何结构中不可避免的产物。

10.6.2　约束

在几何规划中可以指定以下三种类型的约束:

- 等式约束,使用==构造,两边都是单项式。
- 小于等于(<=)不等式约束,其中左边是广义正项式,右边是单项式。
- 大于等于(>=)不等式约束,其中左边是单项式,右边是广义正项式。

与 DCPs 相同,这里不允许非相等约束;虽然支持严格不等式<、>,但 CVX 将它们视为非严格不等式,应当尽量避免使用。

10.6.3 表达式

广义几何规划的基本构件是单项式、正项式和广义正项式。一个有效的单项式为

- 一个声明变量；
- 两个或两个以上单项式的乘积；
- 两个单项式的比；
- 一个单项式的实数幂；
- 对 prod、cumprod、geo_mean、sqrt 之一的调用，并且使用单项式参数。

一个有效的正项表达式为

- 一个有效的单项式；
- 两个或两个以上正项式的和；
- 两个或两个以上正项式的乘积；
- 一个正项式与一个单项式的比；
- 一个正项式的正整数次幂；
- 对 sum、cumsum、mean、prod、cumprod 之一的调用，并且参数是正项式。

一个有效的广义正项表达式为

- 一个有效的正项式；
- 两个或两个以上广义正项式的和；
- 两个或两个以上广义正项式的乘积；
- 一个广义正项式与一个单项式的比；
- 一个广义正项式的正整数次幂；
- 对 sum、cumsum、mean、prod、cumprod、geo_mean、sqrt、norm、sum_largest、norm_largest 之一的调用，且以广义正项式作为参数。

在 CVX 中完全可以创建和操作数组型的单项式、正项式或广义正项式。在这种情况下，以上规则会进行扩展。例如，两个单项矩阵的乘积产生一个其项为正项式的矩阵（在特殊情况下是单项式）。

10.7 求 解 器

10.7.1 求解器支持

这个版本(2.1 版本)的 CXV 支持四种求解器，每个求解器都有不同的功能，如表 10.7.1 所示。

表 10.7.1 四种求解器的功能

Solver name	LP	QP	SOCP	SDP	GP	Integer	MATLAB	Octave
SeDuMi	Y	Y	Y	Y	E	N	Y	soon
SDPT3	Y	Y	Y	Y	E	N	Y	soon
Gurobi	Y	Y	Y	N	N	Y	P	soon
MOSEK	Y	Y	Y	Y*	E	Y	P	soon
GLPK	Y	N	N	N	N	Y	N	soon

注：Y = Yes, N = No, E = Experimental, P = CVX Professional license required, * = Mosek 7 or later is required.

每个求解器都有不同功能和不同性能级别。例如，SeDuMi 、SDPT3 和 MOSEK 7 支持 CVX 的所有连续(非整数)模型，而 Gurobi 支持的模型更有限，因为它不支持半正定约束，GLPK 的限制甚至更多。另一方面，Gurobi、GLPK、和 MOSEK 支持整数的约束，而 SeDuMi 和 SDPT3 则不支持。

SeDuMi 和 SDPT3 包含在 CVX 的标准发行版本中，因此不需要进行额外下载。

10.7.2　求解器选择

当前默认的求解器是 SDPT3。虽然 SeDuMi 可以更快速地求解大多数问题，但它并不可靠。然而，没有一个求解器是完美的，对于不同的应用程序，首选的求解器也不同。

要查看当前选择的求解器，只需键入

```
cvx_solver
```

要更改当前的求解器，只需在 cvx_solver 后面加上选择的求解器名称即可。例如，选择 SeDuMi 求解器，则键入

```
cvx_solver sedumi
```

cvx_solver 命令不区分大小写，因此使用 cvx_solver SeDuMi 也可行。

如果在模型中发出这个命令(也就是在 cvx_begin 和 cvx_end 之间)，它将只为该模型更改求解器；下一个模型会继续使用前面选择的求解器。如果在模型之外发出 cvx_solver 命令，它将更改用于 MATLAB 会话其余部分的求解器。

如果想要永久地更改默认求解器，也就是说，即使退出并重新启动 MATLAB，它仍然是默认的求解器，那么请确保设置正确，然后发出命令

```
cvx_save_prefs
```

该命令不仅可以保存求解器选择，还可以保存 cvx_expert、cvx_power_warning 和 cvx_precision 的设置。

10.7.3　控制屏幕输出

一旦熟悉了 CVX，并开始将其整合到更大型的算法和程序中，可能会希望将其传递到屏幕的消息静默。为此，需将 quiet 关键字添加到 cvx_begin 命令中，

```
cvx_begin quiet
    ...
cvx_end
```

以前的 CVX 版本使用单独的 cvx_quiet 命令即可实现此功能，该命令在这个版本中仍然可用。输入 cvx_quiet true 将禁止求解器的屏幕输出，而输入 cvx_quiet false 将恢复屏幕输出。如果在一个模型中输入这些命令，将只作用于该模型。如果在模型外部输入它，将影响所有后续的模型。输入没有参数的 cvx_quiet 会返回当前设置。

10.7.4　结果解释

输入完整的 CVX 规范并发出 cvx_end 命令后，求解器将被调用生成数值结果。它会用计

算得到的数值替换模型中的变量，并创建包含目标函数值的变量 cvx_optval。它还会以字符串 cvx_status 的形式对结果进行说明。cvx_status 的可能值如下所示：

Solved 找到一个互补(原始和对偶)的解。原始和对偶变量被替换为它们的计算值，并且将问题的最优值放置在 cvx_optval 中(按照惯例，对于可行性问题，值为 0)。

Unbounded 问题被求解器确定为无界。cvx_optval 的值被设置为－Inf(用于最小化)和＋Inf(用于最大化)。(通过构造，可行性问题永远不会产生无界状态。)用 NaN 代替所有对偶变量的值，因为对偶问题实际上是不可行的。

对于无界问题，CVX 将无界方向存储到问题的变量中。这个方向是可行集无界且最优值趋近于$+\infty$的方向。重要的是，这个值很可能不是一个可行点。如果需要一个可行点，则通过省略目标的方式将问题重新定义为可行性问题。从数学上讲，给定一个无界方向 v 和一个可行点 x，$x+tv$ 对所有的 $t\geqslant 0$ 都是可行的，且当 $t\to+\infty$时目标趋于$-\infty$(对于最小化问题；最大化问题的目标值趋近于$+\infty$)。

Infeasible 如果检查到无界方向，则证明这个问题不可行。不可行问题的变量值用 NaN 填充，cvx_optval 的值设置为＋Inf(用于最小化和可行性问题)，或者－Inf(用于最大化问题)。

无界对偶方向与可被证明的不可行问题相关。此方向的构成部分存储在对偶变量中。与无界情况类似，重要的是要理解无界对偶方向很可能不是一个可行对偶点。

Inaccurate/Solved、Inaccurate/Unbounded、Inaccurate/Infeasi－ble 这三个状态值表明，求解器无法在默认的数值容差范围内做出决定。然而，它可以决定得到的结果满足一个“宽松的”容差级别，因此可能仍然适合进一步使用。如果发生这种情况，在进一步的计算中，应该测试计算得到的解的有效性。有关求解器容差和如何进行调整的更深入的讨论，请参阅“控制精度”。

Suboptimal 状态仅适用于混合整数问题。当分支算法发现至少一个可行的整数解时，就会返回这个状态值，但它无法将搜索过程继续到全局最优。如果由于时间限制或强制中断(例如，用户键入“Ctrl＋C”)而使求解程序终止，则会发生这种情况。

Faile 即使在“宽松的”容差范围内下，求解器也未能在求解上取得足够进展。cvx_optval 值、原始值和对偶变量值用 NaN 填充。这个结果可能是由于 SeDuMi 中的数值问题造成的，通常因为这个问题某些方法表现得特别糟糕(例如，一个非零的对偶间隙)。

Overdetermined 前求解器结果表明，该问题具有比变量更多的等式约束，这意味着等式约束的系数矩阵是奇异的。在实践中，这类问题常常是不可行的，但也不总是不可行的。求解器通常无法处理此类问题，因此无法得出准确的结论。

10.7.5 控制精度

注意：我们认为求解器精度的修改是一个高级功能，要谨慎使用(如果有的话)，并且只有在 CVX 中建立模型后才可以使用。

凸优化的数值方法得出的结果并不准确；它们只将结果计算到预定的数值精度或公差范围内。在解决模型问题时，求解器达到的容差级别返回到 cvx_slvtol 变量中。不建议尝试从任何绝对意义上解释容差级别。一方面，每个求解器的计算方式不同。另一方面，它严重依赖于 CVX 将模型交付给求解器之前应用于模型的大量转换。所以尽量避免在应用中依赖容差级别。

CVX 默认选择的容差级别是从一些底层求解器继承而来的，只需稍作修改即可。求解一个模型时，CVX 实际上会考虑三个不同的容差级别 $\delta_{solver} \leqslant \delta_{standard} \leqslant \delta_{reduced}$：

- 求解器容差 δ_{solver} 是要求求解器达到的级别。求解器一旦达到这个级别就会停止，或者不再执行下一步。
- 标准容差 $\delta_{standard}$ 是 CVX 认为模型被求解到完全精度的级别。
- 降低容差 $\delta_{reduced}$ 是 CVX 认为模型被“不准确”求解的级别，返回一个带有前缀 Inaccurate/的状态。如果无法实现此容差，CVX 将返回 Failed 状态，并且变量值被视为不可靠值。

通常，$\delta_{solver}=\delta_{standard}$，但是 $\delta_{standard}<\delta_{solver}$ 设置有一个有用的解释：它允许求解器搜索更准确的解，如果它没有完成任务也不会导致 Inaccurate/或者 Faile 状态。$[\delta_{solver},\delta_{standard},\delta_{reduced}]$ 的默认值为 $[\delta^{1/2},\delta^{1/2},\delta^{1/4}]$，其中机器精度为 $\delta=2.22\times10^{-16}$。这对于大部分应用而言足够精确。

如果要对容差进行修改，可以使用 cvx_precision 命令。调用此命令有三种方法。在没有参数的情况下调用，它会将当前容差级别打印到屏幕上；或者作为函数调用，它将以一个长度为 3 的行向量形式返回这些级别。

使用字符串参数调用 cvx_precision 允许您从一组预定精度模式中进行选择：

- cvx_precision low：$[\delta^{3/8},\delta^{1/4},\delta^{1/4}]$
- cvx_precision medium：$[\delta^{1/2},\delta^{3/8},\delta^{1/4}]$
- cvx_precision default：$[\delta^{1/2},\delta^{1/2},\delta^{1/4}]$
- cvx_precision high：$[\delta^{3/4},\delta^{3/4},\delta^{3/8}]$
- cvx_precision best：$[0,\delta^{1/2},\delta^{1/4}]$

在函数模式中，这些类似于 cvx_precision(‘low’) 的调用。请注意，best 精度设置中将求解器目标设置为零，这意味着只要能够取得进展，求解器就会继续工作。它通常要比 default 慢，但同样可靠，有时还能生成更精确的解。

最后，可以使用标量、长度为 2 的向量或长度为 3 的向量调用 cvx_precision 命令。如果传递一个标量，求解器和标准容差会被设置为该值，并计算出一个默认的降低精度值。粗略地说，降低精度是标准精度的平方根，并施加一些界限以确保其保持合理性。如果提供两个值，较小的将用于求解器和标准容差，较大的用于降低容差。如果提供三个值，它们将被排序，并且分别设置每个公差。cvx_precision 命令可以在 CVX 模型内部或外部使用；它的行为在每一种情况下都是不同的。如果从一个模型中调用它，例如，

```
cvx_begin
    cvx_precision high
    …
cvx_end
```

然后，选择的设置将只适用于 cvx_end 结束。如果在模型之外调用它，例如，

```
cvx_precision high
cvx_begin
    …
cvx_end
```

那么这些设置将适用于全局；也就是说，对任何后续创建和解决的模型都适用。在以不同

精度构建和求解多个模型的应用程序时，应该首选局部方法。

如果在函数模式下调用 cvx_precision，不管是使用字符串还是数字值，都将返回之前的精度向量作为输出——这与不使用参数调用时所得到的结果相同。这看起来可能会让人感到困惑，但是这样做是为了可以将以前的值保存在变量中，并在计算结束时进行恢复。例如，

```
cvxp = cvx_precision( 'high' );
cvx_begin
    …
cvx_end
cvx_precision( cvxp );
```

在更大型的应用程序中(可以使用多个精度级别的 CVX 模型)，这被认为是良好的编码习惯，当然，一个更简单但同样被提倡的方法是，在 CVX 模型中调用 cvx_precision 命令，如前所述，但它只对该模型有效。

10.7.6 求解器高级设置

警告：这是一个高级主题，适用于对正在使用的底层求解器有深入了解的用户，或者已经从求解器开发人员那里获得了关于改进性能的具体建议的用户。不恰当地使用 cvx_solver_settings 命令会导致不可预知的结果。

求解器可以通过多种方式进行调整和调节。求解器供应商试图选择默认设置，这些设置将在各种各样的问题上提供良好的性能。但是没有求解器，也没有设置选项，可以很好地处理每一个可能的模型。有时，为特定应用程序提供特定的特殊指令以改进其性能是很有必要的。不幸的是，这些设置因求解器而异，因此 CVX 无法以可验证的、可靠的、全局性的方式提供这种能力。

虽然，使用新的 cvx_solver_settings 命令，可以在特定模型需要时为它制定求解器设置。我们必须强调，这是一个只有经验丰富的建模人员才能使用的专业特性。事实上，如果是专业人员，就会明白这些警告是必不可少的：

- CVX 不检查设置的正确性。如果求解器拒绝设置，CVX 将失败，直到改变或删除这些设置。
- 不能保证设置的改变会提高性能，无论以任何方式；实际上，它也许会使性能变得更差。
- CVX Research 没有提供关于每个求解器可用具体设置的文档；对此，必须参考求解器自己的文档。
- 这里设置的 settings 会覆盖 CVX 为每个求解器选择的默认值。因此，在某些情况下，使用这个特性实际上可能混淆 CVX，并导致结果解释错误。因此，我们不能支持所有可能的自定义设置组合。

如果自定义设置还在生效中，除非完全关闭求解器输出，否则每次求解模型时，CVX 都发出警告。

要去除警告，可以引用 cvx_solver_settings 命令。键入

```
cvx_solver_settings -all
```

它将提供所有求解器支持的自定义设置完整列表。

要为当前求解器创建新的自定义设置,使用以下语法:

```
cvx_solver_settings( '{name}', {value} )
```

{name}必须是一个有效的 MATLAB 变量/字段名称。{value}可以是任何有效的 MATLAB 对象;CVX 不会以任何方式检查它的值。

要清除活动求解器的所有自定义设置,键入

```
cvx_solver_settings -clear
```

要清除单个设置,键入

```
cvx_solver_settings -clear {<name>}
cvx_solver_settings -clearall
```

要清除所有求解器的所有设置,键入

由 cvx_solver_settings 创建的设置与 cvx_solver、cvx_precision 等具有相同的作用域。例如,如果在 cvx_begin 和 cvx_end 之间的模型中使用此命令,则更改仅应用于该特定模型。如果在特定模型之外发出该命令,则更改将持续到 MATLAB 会话结束(或直到再次更改为止)。最后,如果使用 cvx_save_prefs 命令,那么所添加的任何自定义设置都将在下一次启动 MATLAB 时保存并恢复。

第 3 部分　应用案例

第 11 章　认知无线电系统

11.1　研 究 背 景

随着无线通信技术的不断发展，大量新兴的无线通信业务不断涌现，无线电频谱需求呈爆炸式增长。新一代信息技术的飞速发展也使得当前频谱资源匮乏成为亟需解决的问题。同时，随着无线业务的飞速发展以及环境问题的日益严峻，无线通信系统中的能量消耗问题也逐渐变得不可忽视。有效提高无线通信系统的能量效率已经成为业界关注的焦点问题，并且已有相关理念被提出（如“绿色通信”）。

认知无线电作为缓解无线频谱资源紧缺问题的有效途径之一，可实现动态的频谱接入，近些年受到了广泛关注。作为新兴的无线技术，认知无线电有望通过伺机频谱接入（opportunistic spectrum access）的方式使用授权用户（licensed users）的频谱资源，解决频谱稀缺的问题。然而，有别于传统无线通信系统的是，认知无线电系统中频谱感知以及系统信息采集等功能可能会使认知无线电设备消耗更多的能量。因此，认知无线电系统中的能量效率问题比传统无线通信系统更加严重，以至于高能效的频谱共享技术一直是该领域研究的热点问题。

基于能量采集（energy harvesting）技术，通过可再生能源进行供电也是能够有效缓解当前无线通信系统中能量短缺问题的有效途径，并且得到了广泛的关注。不同于传统的通过电池供电的通信系统，能量采集技术可以从环境中以更加便捷安全的方式获取无限的能量，这对于传统的能量受限无线通信系统（如无线传感器网络）是非常有益的。因此，本节围绕基于能量采集技术的认知无线电系统，着重研究相关的优化设计问题。

11.2　基于能量采集的认知无线电系统中的频谱感知与数据传输

本节主要专注时隙传输模式下认知无线电系统中能量采集、频谱感知以及数据传输之间的折中（tradeoff）问题。由于当前无线电硬件上的技术限制，认知无线电设备在同一时间只能进行能量采集、频谱感知或数据传输中的一个。因此，如何合理地分配有限的时间和能量资源，兼顾能量采集、频谱感知和数据传输效率，优化认知无线电设备的有效传输速率是本节要研究的主要问题。

11.2.1　问题规划

本节关注一个具有 N 个信道的认知无线电系统，其中认知用户通过能量采集技术从外界摄取能量。为避免和授权用户发生冲突，授权用户需要在数据传输前对每个信道进行感知

(sense)以确保授权用户没用使用该信道。假设认知用户按能量采集、信道感知、数据传输的顺序工作。在每个时隙内(设时隙长度为 T),整个时隙的一部分(用 ρ 表示,以下称为“能量采集时间比”)首先被用来采集外界的能量,然后一部分时间被用来进行信道感知(时间长短和消耗的能量取决于被感知信道的数量),最后剩下的时间被用来在可用的信道上进行数据传输。整个时隙结构如图 12.2.1 所示,具体包括如下步骤:

(1) 能量采集:在时间$(0,\rho T]$内,认知用户从周围环境收集能量并存储到其储能设备中。

(2) 信道感知:在时间$(\rho T,\rho T+nT_s]$内,认知用户停止收集能量并打开感知接收机来对 n 个信道进行感知,其中 T_s 为感知一个信道消耗的时间代价。

(3) 数据传输:在时间$(\rho T,\rho T+nT_s]$内,认知用户停止信道感知并使用收集的能量在可用的授权信道上进行数据传输。

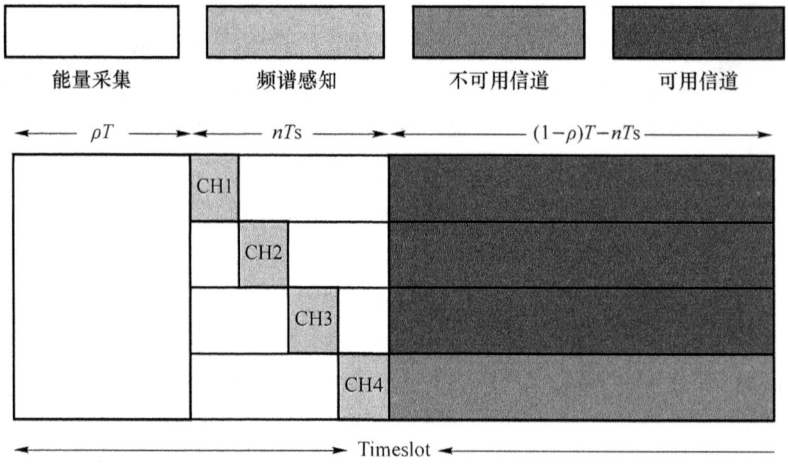

图 11.2.1 认知用户能量采集、信道感知、数据传输的时隙结构

根据图 11.2.1 中的时隙结构,认知用户在一个时隙内的有效速率可以表示为

$$R=\frac{M}{T}\left[(1-\rho)T-nT_s)\log\left(1+\frac{h(X\rho T-nE_s)}{\delta((1-\rho)T-nT_s)}\right]\right. \tag{11.2.1}$$

其中,X 表示能量采集效率(单位时间内采集的能量),h 表示信道增益,E_s 表示噪声功率,M 表示感知 n 个信道后实际可用的信道数量($M\leqslant n$)。式(11.2.1)体现了前文提到得能量采集、信道感知和数据传输三者之间的相互制约关系。设置更高的 ρ 值可以带来更多的能量,但会减少数据传输的时间而降低有效传输速率。相似地,感知更多的信道有可能获得更多的可用信道,但同时也会消耗更多的时间和能量资源而而降低有效传输速率。如果假设每个信道是否被授权用户占用这一事件服从以概率 p 为参数的 Bernoulli 分布,则 M 为一个以 n 和 p 为参数多项分布的随机变量,其数学期望为

$$E[M]=np \tag{11.2.2}$$

这里,$E[\cdot]$为数学期望(expectation)操作符。由式(11.2.1)和式(11.2.2)可知,认知用户在每个时隙内的有效传输速率同样是一个随机变量。因此,实际的优化目标是认知用户的期望有效传输速率。

为了简化模型,可定义 $\alpha=T_s/T$ 和 $\beta=E_s/XT$ 分别作为感知一个信道的归一化时间和能量代价,很明显其取值范围均为 0 到 1 之间。则式(11.2.1)可以被简化为

$$R=\frac{M}{T}(1-\rho-n\alpha)\log\left(1+\frac{hX(\rho-n\beta)}{\delta(1-\rho-n\alpha)}\right) \tag{11.2.3}$$

结合式(11.2.2)和式(11.2.3)，认知用户平均有效传输速率优化问题可以被建模成

$$\begin{aligned}\max_{\rho,n}\quad & f_S(\rho,n)=n(1-\rho-n\alpha)\log\left(1+\frac{X(\rho-n\beta)}{1-\rho-n\alpha}\right)\\ \text{s. t.}\quad & \rho-n\beta\geqslant 0\\ & 1-\rho-n\alpha\geqslant 0\\ & 0\leqslant\rho\leqslant 1\\ & n\in\{0,1,\cdots\}\end{aligned} \tag{11.2.4}$$

这里为简化表达式，将常参数 h，δ 和 p 去掉，这样做并影响该问题的求解方法。在式(11.2.4)中，前两个约束条件规定用于能量采集与信道感知的时间与能量代价不能超过所有的时间与能量资源。此外，将式(11.2.4)中前两个约束条件相加可以得到 $n\leqslant 1/(\alpha+\beta)$，即能够感知的最大信道数量。

11.2.2　期望有效传输速率优化

严格来讲，式(11.2.4)属于混合整数规划问题，因为其最后一个约束条件规定 n 为正整数，可以应用经典的整数规划算法(如分支定界发、割平面法等)，但以下部分我们还是会通过分析该问题的凹凸性来设计相应的求解方法。

很明显，如果将 n 松弛为正连续型变量，式(11.2.4)中的约束条件全部关于 ρ 和 n 为仿射函数。因此，只需要通过分析式(11.2.4)的中目标函数来判断其是否为凸。根据函数的保凸性定理可以证明，式(11.2.4)的目标函数关于 ρ 和 n 为一凹函数。这样，可以通过求解 KKT 最优条件方程组来求解式(11.2.4)。

用 $n\geqslant 0$ 来替换式(11.2.4)中的最后一个约束条件后，式(11.2.4)的 KKT 最优条件方程组可以表示为

$$\begin{cases}\dfrac{\mathrm{d}f}{\mathrm{d}\rho}+\lambda_1-\lambda_2+\lambda_3-\lambda_4=0\\ \dfrac{\mathrm{d}f}{\mathrm{d}n}-\beta\lambda_1-\alpha\lambda_2+\lambda_5=0\\ \rho-n\beta\geqslant 0,1-\rho-n\alpha\geqslant 0\\ 0\leqslant\rho\leqslant 1,\quad n\geqslant 0\\ \lambda_1(\rho-n\beta)=0,\quad \lambda_2(1-\rho-n\alpha)=0\\ \lambda_3\rho=0,\quad \lambda_4(1-\rho)=0,\quad \lambda_5 n=0\end{cases} \tag{11.2.5}$$

其中，$\lambda_i(i=1,\cdots,5)$为对偶变量。很明显，$n=0$、$\rho=0$、$\rho=1$、$\rho-n\beta=0$ 以及 $1-\rho-n\alpha=0$ 均会导致期望有效速率为零而不可能为最优解，故可以排除互补松弛条件中的这些情况，则有 $\lambda_i=0(i=1,\cdots,5)$。换句话说，可以通过求解

$$\begin{cases}\dfrac{\mathrm{d}f}{\mathrm{d}\rho}=0\\ \dfrac{\mathrm{d}f}{\mathrm{d}n}=0\end{cases} \tag{11.2.6}$$

来求解式(11.2.4)。因此，式(11.2.6)的解可以表示为

$$
\begin{cases}
\rho^{**}=\dfrac{1-\dfrac{\alpha}{2(\alpha+\beta)}-\left(1-\dfrac{\alpha+X\beta}{2(\alpha+\beta)}\right)\dfrac{W\left(\dfrac{X-1}{e}\right)}{X-1}}{W\left(\dfrac{X-1}{e}\right)+1} \\
n^{**}=\dfrac{1}{2(\alpha+\beta)}
\end{cases}
\tag{11.2.7}
$$

其中，$W(\cdot)$为 lamber W 函数。具体的证明过程可以参考文献[16]。此外，根据文献[16]中的分析过程可以验证式(11.2.7)中的最优解一定满足式(11.2.4)中的前三个约束条件和$n\geqslant 0$。

由式(11.2.7)表示的最优解虽然是全局最优，但对于原问题(11.2.4)不一定可行，因为式(11.2.7)中的n^{**}不一定是整数。因此，需要通过比较n^{**}相邻的两个整数来得到实际的最优解。用n_l和n_h分别表示n^{**}的上取整和下取整。根据文献[16]中的证明过程，ρ和n的最优解一定具有如下关系：

$$
\rho=\frac{1-n\alpha-(1-(\alpha+X\beta)n)m}{m(X-1)+1}
\tag{11.2.8}
$$

其中，m定义为

$$
m=\frac{W\left(\dfrac{X-1}{e}\right)}{X-1}
\tag{11.2.9}
$$

则可令ρ_l和ρ_h分别表示n_l和n_h根据式(11.2.8)对应的最优ρ值。定义n的全局最优值与其下取整之间的距离为

$$
\delta=n^{**}-n_l=1-(n_h-n^{**})
\tag{11.2.10}
$$

且可以看出$0<\delta<1$。则根据文献[19]中的推导，ρ_l和n_l一定为可行解，而ρ_h和n_h则不一定为可行解。可以通过比较$(\alpha+\beta)(1-\delta)$和0.5的大小来判断ρ_h和n_h是否为可行解，整个流程如图11.2.2所示。

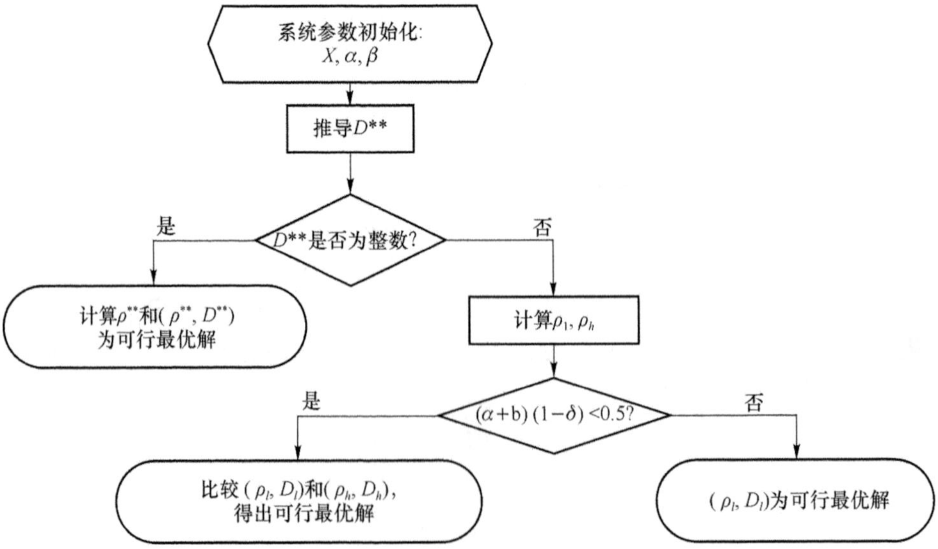

图 11.2.2 求解最优可行解的流程

11.3 基于能量采集的认知无线电系统中的协作策略

协作通信系统中可以通过部署中继节点能够有效扩展无线网络的覆盖范围。在认知无线电系统中，认知用户在授权用户占用信道时可以不必等其结束传输，而是作为中继节点协助授权用户通信并增强其传输性能，使授权用户较早完成传输而使授权信道空闲，从而增加认知用户的传输机会。

本节关注基于能量采集的认知无线电系统中认知用户为授权用户进行协作通信的应用场景，重点研究权衡认知用户能量采集、中继转发以及数据传输之间的关系，并以最大化认知用户的有效传输速率为目标分析认知用户的最优协作决策(是否为授权用户进行协作传输)。

11.3.1 问题规划

本节关注一个具有一对授权用户收发信机和一对认知用户收发信机的典型认知无线电系统，如图 11.3.1 所示。授权用户在其发射机缓存中有一定量的数据并在发送时占用授权信道。当授权用户的数据全部发送完成后，其关闭发射机使信道进入空闲状态。认知用户从环境中采集能量，在授权用户未占用信道时才可以进行传输。授权用户可以选择与授权用户协作来提前完成其数据传输来为自己争取更多的传输机会。

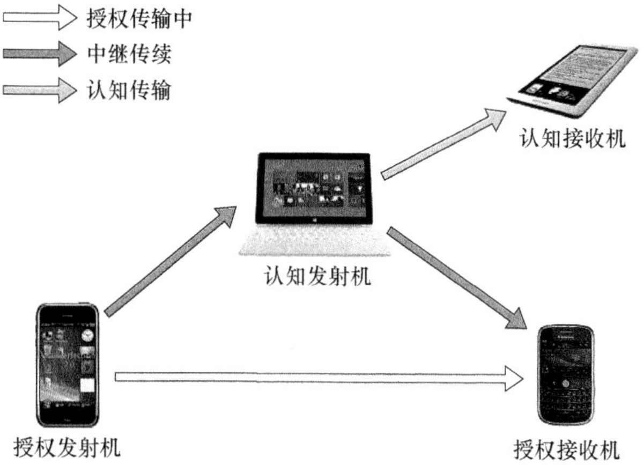

图 11.3.1 认知用户与授权用户协作的认知无线电系统

为获得更多的传输机会，认知用户可以选择使用一部分其采集的能量来作为中继协助授权用户传输，使其尽早完成传输而不再占用信道。本节关注转发放大(decode-and-forward, DF)协作模式，即认知用户首先解码来自授权用户发射机的信息，然后对其再次编码并发送给授权用户接收机。在非协作模式下，授权用户的实时传输速率可以表示为

$$R_p = \log_2(1+\gamma_p) \tag{11.3.1}$$

其中，γ_p 为授权用户收发信机之间直连链路的信噪比。接下来，我们将讨论授权用户和认知用户之间的协作模式和非协作模式。

如图 11.3.2 所示，用 Q 表示授权用户需传输的数据量，则在非协作模式下，授权用户首先在$[0, Q/R_p]$时间段内进行独立传输并在$[Q/R_p, T]$时间段将信道空闲出来。用 ρ 来表示认知用户能量采集时间比，则认知用户在$[0, \rho T]$时间段内从环境中收集能量。由于认知用户必

须在信道被空闲出来以后才能传输数据，故一定有 $\rho \geq Q/R_pT$，即在信道被空闲出来以前只能持续进行能量采集，并在随后的 $[\rho T, T]$ 时间段内进行数据传输。

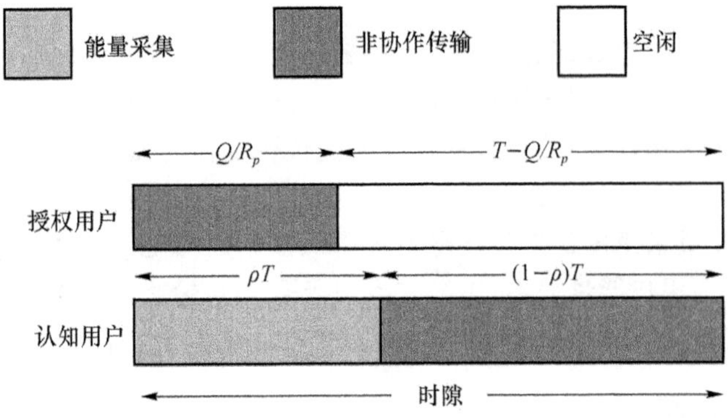

图 11.3.2　非协作模式下的时隙结构

如图 11.3.3 所示，在协作模式下，对授权用户和认知用户来说一个时隙都可以被划分为三个部分。在 $[0, \rho T]$ 时间段，认知用户进行能量采集，授权用户独立进行数据传输。用 X 表示能量采集效率(单位时间收集的能量)，认知用户收集的能量总计 $X\rho T$。同时，授权用户完成传输的数据量为 $R_p\rho T$，剩余 $Q-R_p\rho T$ 的数据量待传输。在 $[\rho T, \rho T+t_c]$ 时间段，认知用户协助授权用户进行数据传输来提高其传输速率，其中，

$$t_c=\frac{Q-R_p\rho T}{R_c} \tag{11.3.2}$$

表示协作传输的时间。这里规定 $R_pT \geq Q$，即授权用户在没有认知用户协助的情况下依然能够完成所需要的数据传输，则一定有 $0 \leq \rho \leq Q/R_pT$。设认知用户的协作功率为 w，则其用于协助授权用户通信的能量为 wt_c，剩余能量为 $X\rho T - wt_c$。由于半双工硬件限制，DF 协作通信为时分模式，在前半个协作时间段 $[\rho T, \rho T+t_c/2]$ 授权用户发射机向其接收机与认知用户发送信息，在后半个协作时间段 $[\rho T+t_c/2, \rho T+t_c]$ 授权用户转发该信息到授权用户接收机。因此，根据文献[17]中的结论，授权用户的协作传输速率为

$$R_c=\frac{1}{2}\min\{\log_2(1+\gamma_s), \log_2(1+\gamma_p+wr_p)\} \tag{11.3.3}$$

随后，在 $[0, \rho T]$ 时间段，授权用户完成传输使信道空闲，认知用户用剩余能量 $X\rho T - wt_c$ 进行其数据传输。

在非协作模式下，认知用户的有效传输速率为

$$R_0(\rho)=(1-\rho)\log_2\left(1+\frac{X\rho r_s}{1-\rho}\right) \tag{11.3.4}$$

其中，r_s 为认知用户收发信机之间信道功率增益噪声比，式(11.3.4)已经用 $1/T$ 对有效传输速率进行归一化。这样，最大化认知用户有效传输速率就是寻找最佳的能量采集时间比 ρ，问题可以表示为

$$\begin{aligned} &\max_{\rho} \ R_0(\rho) \\ &\text{s.t.} \quad \frac{Q}{R_pT} \leq \rho \leq 1 \end{aligned} \tag{11.3.5}$$

式(11.3.5)中的约束条件表明认知用户只有在授权用户传输结束后才能开始传输。在协作模式下，认知用户的有效传输速率为

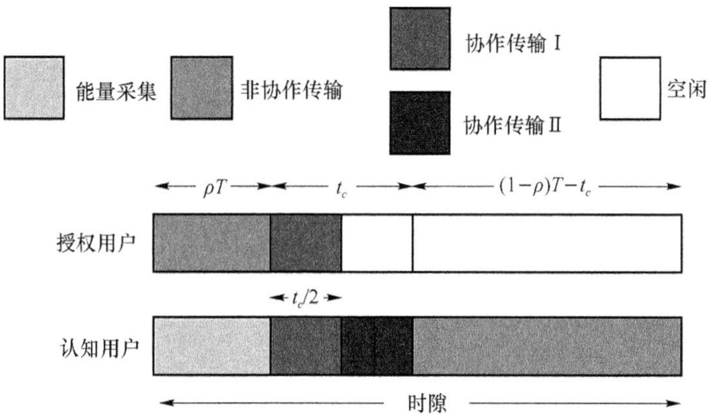

图 11.3.3 协作模式下的时隙结构

$$R_1(\rho,w)=[(1-\rho)T-t_c]\log_2\left[1+\frac{(X\rho T-wt_c)r_s}{(1-\rho)T-t_c}\right] \tag{11.3.6}$$

则最大化认知用户有效传输速率就是寻找最佳的能量采集时间比 ρ 和协作功率 w，问题可以表示为

$$\begin{aligned}\max\quad & _{\rho,w} R_1(\rho,w)\\ \text{s.t.}\quad & (1-\rho)T-t_c\geqslant 0\\ & X\rho T-wt_c\geqslant 0\\ & 0\leqslant\rho\leqslant\frac{Q}{R_p T}\\ & w\geqslant 0\end{aligned} \tag{11.3.7}$$

式(11.3.7)中的前两个约束条件保证了认知用户协作通信后仍有时间和能量剩余。

11.3.2 有效传输速率最大化

1. 非协作模式

首先需分析式(11.3.5)是否为凸问题，即其目标函数式(11.3.4)是否为凹，可以通过分析式(11.3.4)的二阶导数确定。式(11.3.4)的一阶导数为

$$\frac{\partial R_0}{\partial\rho}=-\log_2\left(1+\frac{Xr_s\rho}{1-\rho}\right)+\frac{Xr_s}{\ln 2((Xr_s-1)\rho+1)} \tag{11.3.8}$$

相应地，式(11.3.4)的二阶导数可以表示为

$$\begin{aligned}\frac{\partial^2 R_0}{\partial\rho^2}&=-\frac{1}{\ln 2}\left[\frac{Xr_s}{(1-\rho)((Xr_s-1)\rho+1)}-\frac{Xr_s(Xr_s-1)}{((Xr_s-1)\rho+1)^2}\right]\\ &=\frac{-(Xr_s)^2}{\ln 2(1-\rho)[(Xr_s-1)\rho+1]^2}\end{aligned} \tag{11.3.9}$$

可以看出，由于 $X>0$，在可行域 $0\leqslant\rho\leqslant 1$ 内，必有$\partial^2 R_0/\partial\rho^2<0$，即式(11.3.4)关于 ρ 为一凹函数，则式(11.3.5)为一凸问题。

这样，可以通过求解$\partial R_0/\partial\rho=0$ 来找到全局最优解，可以表示为

$$\rho_{nc}=\frac{Xr_s-1-W\left(\frac{Xr_s-1}{e}\right)}{(Xr_s-1)\left[W\left(\frac{Xr_s-1}{e}\right)+1\right]} \tag{11.3.10}$$

其中,$W(\cdot)$为 Lambert W 函数。式(11.3.10)的具体推导过程详见文献[18]中的附录 B。由于 ρ 的可行域为$[Q/R_pT,1]$,且式(11.3.4)关于 ρ 为一凹函数,则认知用户的最优能量采集时间比可以表示为

$$\rho_{nc}^*=\max\left\{\rho_{nc},\frac{Q}{R_pT}\right\} \tag{11.3.11}$$

2. 协作模式

在协作模式下,同样先对问题式(11.3.7)是否为凸进行分析。可以证明,问题式(11.3.7)在 $0\leqslant\rho\leqslant Q/R_pT$ 和 $w\geqslant(\gamma_s-\gamma_p)/r_p$ 条件下为一凸问题,当 $w<(\gamma_s-\gamma_p)/r_p$ 时则为一准凸问题。具体的证明过程可以参考文献[21]中的附录 C 和附录 D。

当 $w\geqslant(\gamma_s-\gamma_p)/r_p$ 时,$t_c\geqslant0$ 且独立于 w,对于任意的 $0\leqslant\rho\leqslant Q/R_pT$,$R_1(\rho,w)$关于 w 为非增函数。因此,$R_1(\rho,w)$在 $w=(\gamma_s-\gamma_p)/r_p$ 时取得最大值。根据式(11.3.3),授权用户的实时协作传输速率可以被重新写成

$$R_c=\begin{cases}\frac{1}{2}\log_2(1+\gamma_p+wr_p), & w<\frac{\gamma_s-\gamma_p}{r_p}\\ \frac{1}{2}\log_2(1+\gamma_s), & \text{其他}\end{cases} \tag{11.3.12}$$

很明显,R_c 是关于 $w\geqslant0$ 的连续函数。这样,式(11.3.7)可以被重新写成

$$\begin{aligned}\max_{\rho,w}\quad & R_1(\rho,w)\\ \text{s. t.}\quad & (1-\rho)T-t_c\geqslant0\\ & X\rho T-wt_c\geqslant0\\ & 0\leqslant\rho\leqslant\frac{Q}{R_pT}\\ & 0\leqslant w\leqslant\frac{\gamma_s-\gamma_p}{r_p}\end{aligned} \tag{11.3.13}$$

根据之前的分析,式(11.3.13)为准凸问题。因此,式(11.3.13)的全局最优值存在并可以通过比较所有的候选 KKT 点得到。式(11.3.13)的 KKT 最优条件方程组为

$$\begin{cases}\frac{\partial R_1}{\partial\rho}=0, & \frac{\partial R_1}{\partial w}-\lambda_1+\lambda_2=0\\ (1-\rho)T-t_c>0, & X\rho T-wt_c>0\\ 0<\rho<\frac{Q}{R_pT}, & 0\leqslant w\leqslant\frac{\gamma_s-\gamma_p}{r_p}\\ \lambda_1(w-\frac{\gamma_s-\gamma_p}{r_p})=0, & \lambda_2 w=0\\ \lambda_1, & \lambda_2\geqslant0\end{cases} \tag{11.3.14}$$

注意其中 $\rho=0$,$(1-\rho)T-t_c=0$,$X\rho T-wt_c=0$ 以及 $\rho=Q/R_pT$ 同样可能为候选 KKT 点。但容易看出,$\rho=0$,$(1-\rho)T-t_c=0$ 和 $X\rho T-wt_c=0$ 会导致认知用户的传输速率为零,而 $\rho=Q/R_pT$ 属于非协作模式。因此,可以将这些情况相关的互补松弛条件去掉,并对多个候选 KKT 点进行讨论。

当 $\lambda_1=\lambda_2=0$ 时,求解最优的 ρ 和 w 等效于求解

$$\begin{cases}\dfrac{\partial R_1}{\partial \rho}=0\\[2mm]\dfrac{\partial R_1}{\partial w}=0\end{cases}\tag{11.3.15}$$

最优解可以表示为

$$\begin{cases}\rho_{c1}=\dfrac{R_{c1}T-Q}{(R_{c1}-R_p)T(W_1+1)}-\dfrac{C_1W_1}{K_1(W_1+1)}\\[3mm]w_{c1}=\dfrac{Xr_p-\gamma_p-1}{r_pW\left(\dfrac{Xr_p-\gamma_p-1}{\mathrm{e}\,(1+\gamma_p)^2}\right)}-\dfrac{\gamma_p+1}{r_p}\end{cases}\tag{11.3.16}$$

其中,有

$$\begin{cases}R_{c1}=\dfrac{1}{2}\log_2(1+\gamma_p+w_{c1}r_p)\\[2mm]K_1=((Xr_s-1)R_{c1}+(w_{c1}r_s+1)R_p)T\\[2mm]C_1=R_{c1}T-(w_{c1}r_s+1)Q\\[2mm]W_1=W\left(\dfrac{K_1}{\mathrm{e}(R_{c1}-R_p)T}\right)\end{cases}\tag{11.3.17}$$

式(11.3.16)的具体推导过程见文献[18]中的附录E。

当 $\lambda_2=0$ 且 $\lambda_1\geqslant 0$ 时,可以得出

$$w_{c2}=\frac{\gamma_s-\gamma_p}{r_p}\tag{11.3.18}$$

与式(11.3.16)的证明相似,可以定义

$$V_{c2}\Big|_{w=\frac{\gamma_s-\gamma_p}{r_p}}=\frac{(K_a+K_b)\rho+C_a+C_b}{K_a\rho+C_a}\tag{11.3.19}$$

以及

$$\begin{cases}R_{c2}=\dfrac{1}{2}\log_2(1+\gamma_s)\\[2mm]K_2=((Xr_s-1)R_{c2}+\left(\dfrac{(\gamma_s-\gamma_p)r_s}{r_p}+1\right)R_p)T\\[2mm]C_2=R_{c2}T-\left(\dfrac{(\gamma_s-\gamma_p)r_s}{r_p}+1\right)Q\\[2mm]W_2=W\left(\dfrac{K_2}{\mathrm{e}(R_{c2}-R_p)T}\right)\end{cases}\tag{11.3.20}$$

可以得到候选 ρ 值为

$$\rho_{c2}=\frac{R_{c2}T-Q}{(R_{c2}-R_p)T(W_2+1)}-\frac{C_2W_2}{K_2(W_2+1)}\tag{11.3.21}$$

当 $\lambda_1=0$ 且 $\lambda_2\geqslant 0$ 时,可知 $w_{c3}=0$。与式(11.3.16)的证明相似,可以定义

$$V_{c3}\Big|_{w=0}=\frac{(K_a+K_b)\rho+C_a+C_b}{K_a\rho+C_a}\tag{11.3.22}$$

以及

$$\begin{cases} R_{c3}=\dfrac{1}{2}R_p \\ K_3=\dfrac{Xr_s+1}{2}R_pT \\ C_3=\dfrac{1}{2}R_pT-Q \\ W_3=W\left(\dfrac{-Xr_s-1}{\mathrm{e}}\right) \end{cases} \tag{11.3.23}$$

可以得到候选 ρ 值为

$$\rho_{c3}=\frac{2Q-R_pT}{R_pT(W_3+1)}-\frac{C_3W_3}{K_3(W_3+1)} \tag{11.3.24}$$

根据 Lambert W 函数的性质，W_3 一定为一复数。因此，w_{c3} 和 ρ_{c3} 一定是不可行的。此外，由 $w_{c3}=0$ 表示认知用户不使用任何能量进行协作传输也可以明显看出，w_{c3} 和 ρ_{c3} 不可能为最优。

因此，可以通过比较前两个候选 KKT 点 $R_1(\rho_{c1},w_{c1})$ 和 $R_1(\rho_{c2},w_{c2})$ 来得到协作模式下 ρ 和 w 的最优值，即

$$(\rho_c^*,w_c^*)=\underset{(\rho,w)\in\{(\rho_{c1},w_{c1}),(\rho_{c2},w_{c2})\}}{\operatorname{argmax}} R_1(\rho,w) \tag{11.3.25}$$

第 12 章 信息与能量协同传输系统

12.1 研究背景

随着无线技术的飞速发展以及环境问题的日益严峻，无线通信系统中的能耗问题已经得到了广泛关注。基于电池的储能技术在过去的十余年间的发展相对缓慢，有限的电池能量使得移动通信设备逐渐无法满足由无线技术发展所带来的更高的能量需求，并逐渐成为制约无线新业务（如多媒体通信等高速高能耗业务）发展以及用户体验提升的瓶颈。

由于无线信号同时携带信息和能量，“无线信息与能量传输”（wireless information and energy transfer）的概念也在近几年被提出并备受关注，相关理论及其在无线通信中的潜在应用也被广泛研究。相比以往无线能量与信息单独传输的方式，在一个无线信号中同时传输信息和能量具有以下优势：首先，这种信息和能量同时传输的方式能够使信号接收终端充分利用无线信号中的信道带宽和能量；其次，这种方式能够有效避免单独进行无线能量传输对无线通信系统中信息链路带来的干扰。

将无线信息与能量传输技术引入移动通信系统，能够赋予无线信号同时传输信息和能量的双重能力，为改善无线通信系统能量效率提供了全新的思路，也是能量采集相关技术在无线通信系统中的应用拓展。因此，本节围绕着重研究信息与能量传输技术的相关方案以及系统设计中的优化问题。

12.2 协作通信系统中基于功率分离的信息与能量传输技术

本节主要关注协作通信应用场景下的信息与能量传输技术的一个典型方案：功率分离（power splitting），即接收机接收到的无线电信号在功率层面被划分为两部分，一部分用于能量采集，另一部分用于转发。因此，如何合理地设计信息与能量传输技术的功率分离方案来提高协作通信系统性能是本节要研究的主要问题。

12.2.1 问题规划

本节关注具有一个源节点、目的节点和中继节点的典型协作通信系统，如图 12.2.1 所示，其中中继节点由来自源节点的无线电信号供电，并工作在时分双工模式下，即前半个时隙由源节点向中继节点和目的节点发送信号，后半个时隙由中继节点向目的节点转发信号。假设中继节点具有能量采集单元与信号处理单元，来实现信息与能量传输技术，如图 12.2.2 所示。在中继节点接收到的信号在前半个时隙被分成两部分，分别用于能量采集与信息接收，其中定义功率分离比为用于信息接收的功率比例，用 ρ 表示。中继节点从来自源节点的无线电信号中收集能量，用于后半个时隙的信号转发。为了简化后面的表达式和推导，在此不考虑能量采集效率。能量采集效率是作为系统参数的常数,忽略后不影响优化问题的求解。

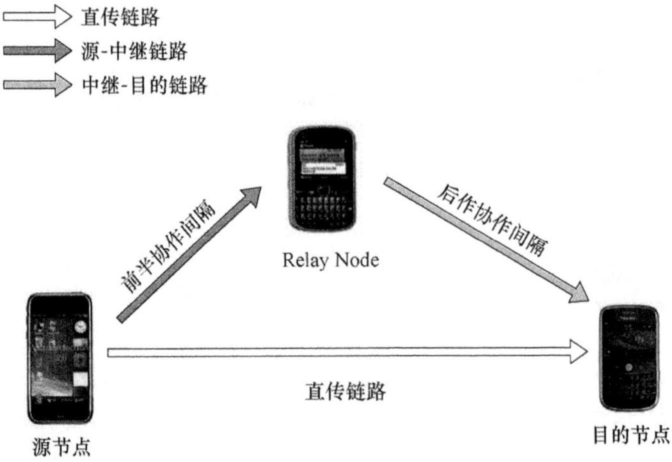

图 12.2.1 基于时分双工的协作通信系统

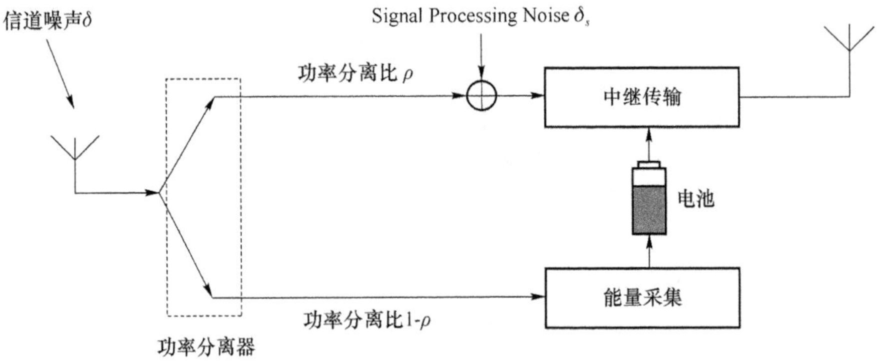

图 12.2.2 中继节点信息与能量传输接收机框图

设信道噪声功率和中继节点的信号处理噪声功率分别为δ和δ_s且设$\delta_s=a\delta$,则中继节点信号处理单元功率分离后的信噪比为$k_1P_s\rho/(\rho+a)$,其中P_s为源节点的发送功率,k_1为源节点和中继节点之间的信道功率增益与噪声功率比。由于中继节点采集的能量包括来自源节点的信息以及信号噪声两个部分,因此,源节点与目的节点之间链路的信噪比为$(k_1P_s+1)k_2\delta(1-\rho)$,其中$k_2$为中继节点和目的节点之间的信道功率增益与噪声功率比。

根据文献[19]中的结论,在AF协作模式下,协作传输速率最大化问题可以写成

$$\max_{0\leqslant\rho\leqslant1}\frac{1}{2}\log_2\left(1+K_3+\frac{\dfrac{K_1K_2\rho(1-\rho)}{\rho+a}}{1+\dfrac{K_1\rho}{\rho+a}+K_2(1-\rho)}\right)\tag{12.2.1}$$

其中,k_3为源节点和目的节点之间的信道功率增益与噪声功率比,为简化后面的推导过程定义$K_1=k_1P_s$,$K_3=k_3P_s$以及$K_2=(K_1+1)k_2\delta$,且假设信道带宽与信道噪声功率均被归一化。显然式(12.2.1)可以被改写成

$$\max_{0\leqslant\rho\leqslant1}\frac{-K_1K_2\rho^2+K_1K_2\rho}{-K_2\rho^2+(K_1-(a-1)K_2+1)\rho+a(K_2+1)}\tag{12.2.2}$$

与AF协作模式相似,根据文献[19]中的结论,DF协作模式下协作传输速率最大化问题可以

写成

$$\max_{0\leqslant\rho\leqslant 1}\frac{1}{2}\min\left\{\log_2\left(1+\frac{K_1\rho}{\rho+a}\right),\log_2(1+K_3+K_2(1-\rho))\right\} \tag{12.2.3}$$

或者简化为

$$\max_{0\leqslant\rho\leqslant 1}\min\left\{\frac{K_1\rho}{\rho+a},K_3+K_2(1-\rho)\right\} \tag{12.2.4}$$

在后面的部分，我们主要关注 AF 协作问题(12.2.2)和 DF 协作问题(12.2.4)的求解方法。

12.2.2　AF 模式

为简化推导过程，首先定义

$$\begin{cases} m=aK_2-K_1-1 \\ n=a(K_2+1) \end{cases} \tag{12.2.5}$$

明显有 $n>0$ 以及 $n-m>0$。这样，式(12.2.2)可以被等效为

$$\max_{0\leqslant\rho\leqslant 1} K_1(1+\theta) \tag{12.2.6}$$

其中，

$$\theta=\frac{m\rho-n}{-K_2\rho^2+(K_2-m)\rho+n} \tag{12.2.7}$$

可以看出，式(12.2.6)把原问题转化为最大化 θ，且根据其定义一定有 $\theta\geqslant-1$。

由于最大化 θ 是一个典型的分式规划问题，可以依据文献[20]中的定理来求解式(12.2.6)而无须讨论该问题是否为凸问题，即给定 θ，先求解

$$\max_{0\leqslant\rho\leqslant 1} f(\theta)=K_2\theta\rho^2+((m-K_2)\theta+m)\rho-(\theta+1)n \tag{12.2.8}$$

然后通过求解方程 $f(\theta)=0$ 得到 ρ 和 θ 的最优值。

由于式(12.2.8)只是关于 ρ 的二次函数，可以首先讨论其凹凸性。很明显，当 $\theta\geqslant0$ 时，$f(\theta)$ 为关于 ρ 的凸函数，其在 $\rho=0$ 或 $\rho=1$ 时取得最大值。经观察可以发现，$\rho=0$ 或 $\rho=1$ 均会导致式(12.2.6)的目标值为零。因此，可以推断出式(12.2.6)不可能在 $\theta\geqslant0$ 时取得最大值。

因此，可以把范围缩小到 $\theta\geqslant0$，这时式(12.2.8)中的 $f(\theta)$ 为关于 ρ 的凹函数。同样，$\rho=0$ 或 $\rho=1$ 有可能是最优解，但在此情况下，均会导致式(12.2.6)的目标值为零。式(12.2.8)的驻点为

$$\rho^*=-\frac{(m-K_2)\theta+m}{2K_2\theta} \tag{12.2.9}$$

当其可行时($0\leqslant\rho^*\leqslant1$)就是式(12.2.8)的最优解。根据式(12.2.9)，可行条件可以写成

$$\begin{cases} (m-K_2)\theta+m\geqslant0 \\ (m+K_2)\theta+m\leqslant0 \end{cases} \tag{12.2.10}$$

式(12.2.8)的最大值可以写作

$$f(\theta)=-\frac{\Delta_1(\theta)}{4K_2\theta} \tag{12.2.11}$$

其中，$\Delta_1(\theta)$为 式(12.2.8)目标函数的判别式，即

$$\Delta_1(\theta)=[(m-K_2)^2+4nK_2]\theta^2+[2m(m-K_2)+4nK_2]\theta+m^2 \tag{12.2.12}$$

这样，θ 的最大值可以通过求解 $f(\theta)=0$ 得到，即 $\Delta_1(\theta)=0$。因此，只有得到满足式(12.2.10)的可行解时 θ 才能最大值。

很明显，$\Delta_1(\theta)$是关于 θ 的二次函数，且 $\Delta_1(\theta)=0$ 的两个解为

$$\begin{cases} \theta_1=\dfrac{-m(m-K_2)-2nK_2-2K_2\sqrt{n(n-m)}}{(m-K_2)^2+4nK_2} \\ \theta_2=\dfrac{-m(m-K_2)-2nK_2+2K_2\sqrt{n(n-m)}}{(m-K_2)^2+4nK_2} \end{cases} \tag{12.2.13}$$

可以证明，θ 在 $\theta=\theta_1$ 时取得最大，$\theta=\theta_2$ 时为不可行解（具体的证明过程请参考文献[21]中的定理 1）。因此，结合式(12.2.9)与式(12.2.13)中的第一个等式，AF 协作模式下的最优功率分离比可以表示为

$$\rho^*=\frac{m((m-K_2)^2+4nK_2)}{2K_2(m(m-K_2)+2nK_2+2K_2\sqrt{n(n-m)})}-\frac{m-K_2}{2K_2} \tag{12.2.14}$$

可以发现，式(12.2.14)也可以被写成

$$\rho^*=\frac{n-\sqrt{n(n-m)}}{m} \tag{12.2.15}$$

式(12.2.15)实际是$\partial\theta/\partial\rho=0$ 中的一个解，这间接说明式(12.2.6)中的目标函数在 $0\leqslant\rho\leqslant1$ 条件下为一凹函数，这一结论很难通过其二阶导数的正负号进行判断。

12.2.3　DF 模式

在 DF 协作模式下，需要比较式(12.2.15)中的 $K_1\rho/(\rho+a)$ 和 $K_3+K_2(1-\rho)$，即判断

$$f(\rho)=K_2\rho^2+(K_1+(a-1)K_2-K_3)\rho-a(K_2+K_3) \tag{12.2.16}$$

的正负号。可以看出，式(12.2.16)是关于 ρ 的凸函数，$f(\rho)=0$ 的判别式可以写作

$$\Delta_2=[(a+1)K_2+K_3-K_1]^2+4aK_1K_2 \tag{12.2.17}$$

且一定有 $\Delta_2>0$。由于 $f(0)=-a(K_2+K_3)<0$，式(12.2.16)一定有一对正负根，如图 12.2.3 所示，其正根可以表示为

$$\rho_0=\frac{K_3-K_1-(a-1)K_2+\sqrt{\Delta_2}}{2K_2} \tag{12.2.18}$$

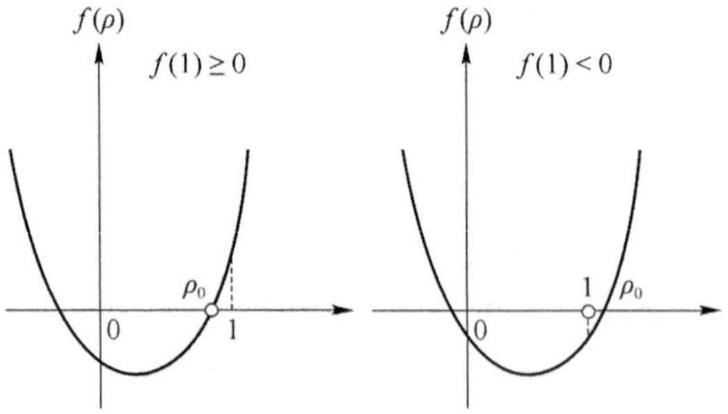

图 12.2.3　式(12.2.16)正负号的图像化解释(空心圆圈表示两种情况的最优功率分离比)

因此，需要进一步分析 $f(1)$的正负号，可以表示为

$$f(1)=K_1-(a+1)K_3 \tag{12.2.19}$$

如图 12.2.3 左侧所示，当 $f(1)\geqslant0$ 时，一定有 $0<\rho_0\leqslant1$，且可以推出 $0<\rho\leqslant\rho_0$ 时 $f(\rho)\leqslant0$ 而 $\rho_0<\rho\leqslant1$ 时 $f(\rho)>0$。由于 $K_1\rho/(\rho+a)$ 和 $K_3+K_2(1-\rho)$关于 ρ 分别单调递增与单调递减，当 $f(1)\geqslant0$ 时，最大协作通信速率在 $\rho=\rho_0$ 时取得。如图 12.2.3 右侧所示，当 $f(1)<0$ 时，由 $\rho_0>1$ 一定有 $f(\rho)<0$。因此，当 $f(1)<0$ 时，最大协作通信速率在 $\rho=1$ 时取得。这样，结合

式(12.2.18)和式(12.2.19)，DF 协作模式下的最优功率分离比可以表示为

$$\begin{cases} \dfrac{K_3-K_1-(a-1)K_2+\sqrt{\Delta_2}}{2K_2}, & K_1\geqslant(a+1)K_3 \\ 1, & K_1<(a+1)K_3 \end{cases} \tag{12.2.20}$$

可以看出，当时源节点与中继节点之间的信道质量相对于源节点与目的节点之间的直连信道质量不够好时($k_1<(a+1)k_3$)，最优信息与能量传输方案仅相当于半时隙模式的非协作通信($\rho=1$)。

12.3　基于信息与能量传输的多用户 OFDM 系统中的资源分配

本节主要关注多用户正交频分复用(orthogonal frequency dirvision mutiplexing，OFDM)系统中的资源分配问题，其中用户从基站的下行无线信号中同时收集能量。引入信息与能量传输技术后，为最大化系统的下行性能，不仅要考虑用下行功率分配，还需要考虑子载波的分工，即用作信息传输或者能量传输，这是该系统与传统多用户 OFDM 系统的主要区别。

协作通信应用场景下的信息与能量传输技术的一个典型方案：功率分离(power splitting)，即接收机接收到的无线电信号在功率层面被划分为两部分，一部分用于能量采集，另一部分用于转发。因此，如何合理地设计信息与能量传输技术的功率分离方案来提高协作通信系统性能是本节要研究的主要问题。

12.3.1　问题规划

如图 12.3.1 所示，考虑一个具有 K 个用户的 OFDM 下行系统。整个下行频谱被划分为 N 个等间隔的子载波，其集合表示为 $S=\{1,\cdots,N\}$。假设信道条件在短时间内保持不变，且基站可以获得信道条件信息，以 $h_{k,n}$ 表示用户 k 在载波 n 上的功率增益，且基站下行总功率受限，其总功率用 P 表示。每个用户在专门的载波上采集能量，并在分配好的信道上接收下行信息，用于能量采集的信道用 S^P 表示，用于为用户 k 传输信息的载波用 S_k^I 表示。由于硬件的限制，每个载波不可以同时用于能量与信息传输，只能二者取一，即满足 $S_k^I\cap S^P=\phi$。规定每个用户对能量采集量有最小的需求，用 B_k 表示，且每个载波只能够分配给一个用户进行信息传输。

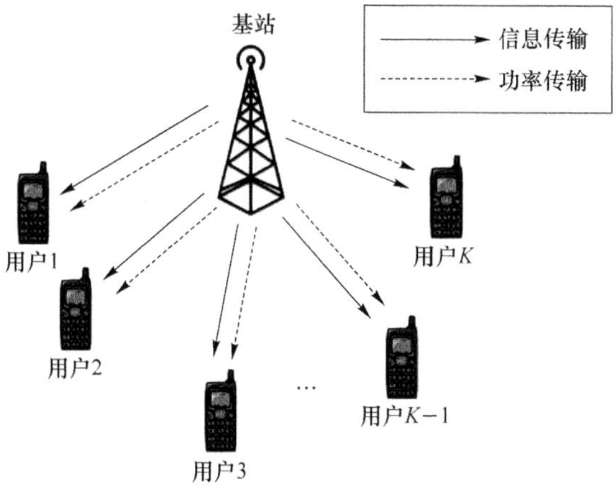

图 12.3.1　基于信息与能量传输的多用户 OFDM 下行系统

为优化这样一个下行通信系统的总传输速率，必须对资源分配（载波与功率分配）进行精细化设计。用 p_n 表示载波 n 上分配的功率，则总传输速率优化问题可以表示为

$$\begin{aligned}\max_{S^P,S_k^I,p_n}\quad & \sum_{k=1}^{K}\sum_{n\in S_k^I}\log(1+h_{k,n}p_n)\\ \text{s.t.}\quad & \sum_{n\in S^P}h_{k,n}p_n\geqslant B_k,\quad \forall k=1,\cdots,K\\ & \sum_{n\in S}p_n=P,p_n\geqslant 0\\ & S_{k_1}\cap S_{k_2}=\varnothing,k_1\neq k_2,\quad \forall k_1,k_2=1,\cdots,K\\ & S^P\cup S^I=S,S_k^I\cap S^P=\varnothing,\quad \forall k=1,\cdots,K\end{aligned}\tag{12.3.1}$$

其中，$S^I=\bigcup_{k=1}^{K}S_k^I$ 为所有用于信息传输的载波集合，这里假设载波带宽，信道噪声以及能量传输效率均为归一化常量。

12.3.2 问题求解

由于式(12.3.1)中既有连续变量也有组合变量，对其进行求解并不容易。最直观的方法是对组合变量进行蛮力搜索，即枚举载波分配的所有可能情况并进行相应的功率分配优化，再从所有的情况中挑选最佳。但值得注意的是，这种方法在实际应用中仅适用于小规模问题，对于大规模问题会造成较大的计算代价。

给定信息与能量传输的载波分配 S^I 和 S^P 时，只需要关注用于信息传输的载波分配 S_k^I 以及每个载波上的功率分配 p_n。这样，式(12.3.1)可以被简化为

$$\begin{aligned}\max_{S_k^I,p_n}\quad & \sum_{k=1}^{K}\sum_{n\in S_k^I}\log(1+h_{k,n}p_n)\\ \text{s.t.}\quad & \sum_{n\in S^P}h_{k,n}p_n\geqslant B_k,\quad \forall k=1,\cdots,K\\ & \sum_{n\in S}p_n=P,p_n\geqslant 0,n\in S\\ & S_{k_1}\cap S_{k_2}=\phi,k_1\neq k_2,\quad \forall k_1,k_2=1,\cdots,K\end{aligned}\tag{12.3.2}$$

尽管式(12.3.2)仍同时包含连续变量和组合变量，但不难发现能量传输与信息传输在功率预算方面有一定的联系。用 P^P 和 P^I 分别表示用于能量传输与信息传输的功率预算，则最优总传输速率一定与 P^I 呈递增关系，且由于总功率受限一定有 $P^I=P-P^P$。因此，给定 S^P，用于能量传输的最佳载波一定是能够用最小功率预算就能达到用户能量传输需求的载波。这样，在给定 S^P 的条件下，式(12.3.2)可以被分解为两个能量传输与信息传输的子问题，且这两个子问题相互关联，即用于能量传输的最小功率预算 P^{P*} 可以作为信息传输子问题的输入，来在给定功率预算 $P-P^{P*}$ 条件最大化下行总传输速率。

在给定 S^P 的条件下，功率预算最小化问题可以表示为

$$\begin{aligned}\min_{p_n\geqslant 0}\quad & P^P=\sum_{n\in S^P}p_n\\ \text{s.t.}\quad & \sum_{n\in S^P}h_{k,n}p_n\geqslant B_k,\quad \forall k=1,\cdots,K\end{aligned}\tag{12.3.3}$$

很明显，式(12.3.3)是一个典型的线性规划问题，可以通过经典方法（如单纯形法）进行求解。此外，式(12.3.3)的解可以用来验证式(12.3.2)是否存在可行解。可以看出，当 $P^{P*}<P$ 时式(12.3.2)无可行解，这意味着即使用尽全部的下行功率也无法满足最小的能量传输需求。

通过对式(12.3.3)进行求解，式(12.3.2)可以被简化为

$$\begin{aligned}\max_{S_k^I, p_n \geqslant 0} \quad & \sum_{k=1}^{K} \sum_{n \in S_k^I} \log(1 + h_{k,n} p_n) \\ \text{s. t.} \quad & \sum_{k=1}^{K} \sum_{n \in S_k^I} p_n = P - P^{P*}, \quad \bigcup_{k=1}^{K} S_k^I = S^I \\ & S_{k_1}^I \cap S_{k_2}^I = \phi, k_1 \neq k_2, \quad \forall k_1, k_2 = 1, \cdots, K\end{aligned} \tag{12.3.4}$$

尽管式(12.3.4)同样包括连续和组合变量，由于在一个载波上获得的速率总是和该载波上的信道功率增益呈递增关系，式(12.3.4)可以被简化为一个功率分配问题。因此，可以推断出信息传输载波分配的最佳策略总是将一个载波分配给在该载波上具有最大信道功率增益的用户，即

$$n \in S_k^I, k = \underset{i \in \{1, \cdots, K\}}{\arg\max} h_{i,n} \tag{12.3.5}$$

这样，就能充分利用用于信息传输的功率来最大化下行总传输速率。一旦通过式(12.3.5)确定 S_k^I 后，式(12.3.4)可以被简化为

$$\begin{aligned}\max_{p_n \geqslant 0} \quad & \sum_{n \in S^I} \log(1 + h_{k_n,n} p_n) \\ \text{s. t.} \quad & \sum_{n \in S^I} p_n = P - P^{P*}\end{aligned} \tag{12.3.6}$$

其中，k_n 表示为载波 n 分配的用户，由式(12.3.5)确定。可以看出，式(12.3.6)是典型的OFDM 系统下行功率分配问题，其最优解可以通过注水(water-filling)法得到，即

$$p_n^* = \max\left\{0, \frac{1}{\nu} - \frac{1}{h_n}\right\} \tag{12.3.7}$$

其中，ν 为式(12.3.6)中的功率预算约束条件对应的对偶变量，可以该等式约束唯一确定。

第 13 章　无人机通信系统

13.1　研究背景

由于无人机(unmanned aerial vehicles,UAVs)具有高机动性和灵活部署的特点,在过去几年中已成为各种商业和民用应用中极具吸引力的解决方案。随着成本的降低和尺寸的小型化,小型无人机在近些年逐渐以各式各样的形式被民用化,其应用涉及交通控制、货物运输、空中监视、空中检查,救援和搜索、视频传输、精准农业控制等。

最近,将无人机用作空中无线电收发设备来辅助地面无线通信网络进行信息传输的想法被提出并引起了广泛的关注,无人机可用于辅助现有的地面通信基础设施,并为所在服务区域提供无缝的无线覆盖。在这种情况下,无人机通常作为基站在服务区域上方保持准静止运行状态,其中两个典型场景分别是自然灾害导致基础设施损坏后通信业务的快速恢复服务和热点区域中基站的业务分流(offloading)。这两个重要的场景是第五代无线通信系统(5G)要攻克的主要技术问题。本章主要关注无人机作为空中基站辅助地面用户进行无线传输,在系统的优化设计方面控制主要集中在资源分配以及无人机的部署和路径规划方面。

13.2　基于无线能量传输的无人机通信系统中的资源分配与无人机部署

尽管在无线通信系统网络中有着大量的潜在应用,以无人机为手段进行通信辅助仍然存在着全新的挑战。由于小型化的设计需求,无人机背负的电池能够携带的能量非常有限,这也成为无人机通信技术有待解决的一个实际问题。因此,已有相关研究大多集中在增强系统的能量效率(energy efficiency)。无线能量传输因其能够同时利用无线电信号(如能够传播数百米的微波)中的能量而受到广泛关注,且已有的相关技术已经具备为无电池无人机持续供电的能力。

因此,本节主要关注由地面无线充电站提供能量的无人机作为空中基站为地面用户提供无线传输服务的应用场景,针对时分多址(time-division multi-access,TDMA)和频分多址(frequency-division multi-access,FDMA)两种资源复用方式,通过联合优化下行资源(时间、频率)和无人机的部署位置来最大化系统的下行共有吞吐量(common throughput)。

13.2.1　问题规划

本节关注一个蜂窝网络的下行链路,由悬停在高度 H 的无人机作为空中基站为 N 个用户提供无线传输。该无人机的能量全部由地面的一个无线充电站按时隙提供,即每个时隙的前 τ_0 时间段进行无线能量传输,剩下的时间用来下行传输。TDMA 和 FDMA 两种复用方式的时隙结构如图 13.2.1 所示，在 TDMA 模式下每个用户占用不同的时间段（时间长度由 τ_n 表示），在 FDMA 模式下每个用户占用不同的信道。

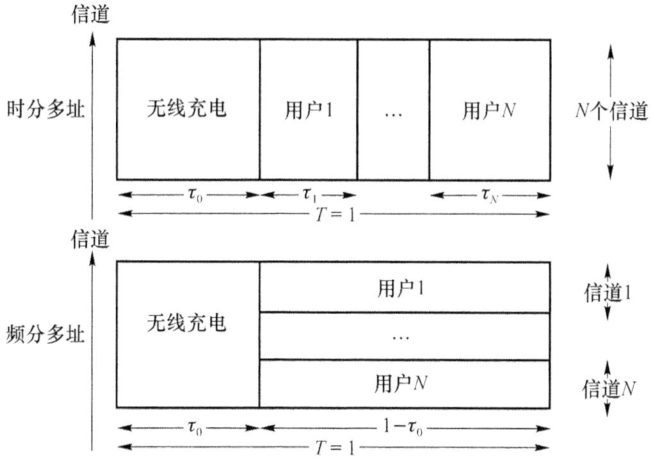

图 13.2.1 TDMA 和 FDMA 模式下的时隙结构

不失一般性，假设无线充电站位置原点，$[x,y,H]$和$[x_n,y_n,0]$分别表示无人机和位置和用户 n 的位置。因此，无人机和之间用户 n 的信道增益表示为

$$h_n=\frac{\beta}{(d_n)^\alpha}=\frac{\beta}{[(x_n-x)^2+(y_n-y)^2+H^2]^{\alpha/2}} \tag{13.2.1}$$

无线充电站和无人机之间的信道增益表示为

$$h_0=\frac{\beta_0}{(d_0)^\alpha}=\frac{\beta_0}{[x^2+y^2+H^2]^{\alpha/2}} \tag{13.2.2}$$

其中，β 和 β_0 分别表示用户-无人机与无线充电信道的参考功率增益，$\alpha\geqslant 2$ 表示路径损耗指数，d_n 表示无人机到用户 n 的距离，d_0 表示无人机到无线充电站的距离。

我们的目标是最大化下行共有吞吐量（即所有用户能够获得的最小有效吞吐量），则针对 TDMA 与 FDMA 模式的优化问题可以分别用如下公式表示：

$$\begin{aligned}&\max_{p_n,\tau_n,[x,y]} \quad N\min_{n=1,\cdots,N}\tau_n\log\left(1+\frac{p_nh_n}{N\sigma}\right)\\ &\text{s.t.}\quad P_h+\sum_{n=1}^{N}p_n\tau_n\leqslant P_wh_0\tau_0,\ \sum_{n=0}^{n}\tau_n\leqslant 1\\ &\qquad\ p_n\geqslant 0,\tau_n\geqslant 0,\quad \forall n=0,\cdots,N\end{aligned} \tag{13.2.3}$$

和

$$\begin{aligned}&\max_{p_n,\tau_0,[x,y]} \quad \min_{n=1,\cdots,N}(1-\tau_0)\log\left(1+\frac{p_nh_n}{\sigma}\right)\\ &\text{s.t.}\quad P_h+(1-\tau_0)\sum_{n=1}^{N}p_n\leqslant P_wh_0\tau_0\\ &\qquad\ 0\leqslant\tau_0\leqslant 1,p_n\geqslant 0,\quad \forall n=1,\cdots,N\end{aligned} \tag{13.2.4}$$

其中，P_w 和 P_h 分别表示无线充电站的传输功率和无人机悬停的功率消耗，σ 表示信道噪声功率密度。式(13.2.3)和式(13.2.4)中的第一个约束条件规定无人机用于传输的总能量不能超过无线充电站为其传输的能量。可以明显看出，式(13.2.3)和式(13.2.4)均为非凸问题。因此，可以使用变量轮换优化法（alternating optimization）进行求解，即将原问题分解为两个自问题：给定无人机位置优化资源分配和给定资源分配优化无人机位置。迭代求解这两个子问题能够不断提高原问题的目标值直至收敛。

13.2.2　资源分配

1. TDMA 模式

在无人机位置给定的前提下，引入松弛变量 r，式(13.2.3)可以被等效表示成：

$$\begin{aligned}
&\max_{p_n,\tau_n,r} r\\
&\text{s.t.}\quad P_h+\sum_{n=1}^{n}p_n\tau_n=P_wh_0\tau_0,\ \sum_{n=0}^{n}\tau_n=1\\
&\qquad r\leqslant\tau_n\log\left(1+\frac{p_nh_n}{N\sigma}\right),\quad\forall n=1,\cdots,N\\
&\qquad p_n\geqslant 0,\tau_n\geqslant 0,\quad \forall n=0,\cdots,N
\end{aligned}\tag{13.2.5}$$

这里由于必须将所有的时间和功率资源用尽来最大化共有吞吐量，式(13.2.5)中的不等式约束在该问题取得最优时必然等号成立。显然式(13.2.5)在当前形式下仍为非凸问题。但是，式(13.1.5)可以通过定义能量分配变量 $e_n=p_n\tau_n$ 等效转化为一凸问题：

$$\begin{aligned}
&\max_{e_n,\tau_n,r} r\\
&\text{s.t.}\quad P_h+\sum_{n=1}^{n}e_n=P_wh_0\left(1-\sum_{n=1}^{N}\tau_n\right),\ \sum_{n=1}^{n}\tau_n\leqslant 1\\
&\qquad r\leqslant\tau_n\log(1+e_ng_n/\tau_n),\quad\forall n=1,\cdots,N\\
&\qquad e_n\geqslant 0,\tau_n\geqslant 0,\quad \forall n=1,\cdots,N
\end{aligned}\tag{13.2.6}$$

其中，$g_n=h_n/(N\sigma)$，τ_0 可以通过 $\tau_0=1-\sum_{n=1}^{N}\tau_n$ 消除。

很明显，式(13.2.6) 中第三组约束条件的右边是凹函数 $f(e_n)=\log(1+e_ng_n)$ 的透视函数，由于透视函数的保凸(凹)性，式(13.2.6)为一凸问题，可以通过构建 KKT 最优条件进行求解。式(13.2.6)的 KKT 最优条件如下：

$$\begin{cases}
\sum_{n=1}^{N}\lambda_n=1\\
-\dfrac{\lambda_ng_n}{1+p_ng_n}+\nu=0,\quad\forall n=1,\cdots,N\\
-\lambda_n\log(1+p_ng_n)+\dfrac{\lambda_np_ng_n}{1+p_ng_n}+P_wh_0\nu=0\\
\lambda_n(r-\tau_n\log(1+p_ng_n))=0,\quad\forall n=1,\cdots,N\\
P_h+\sum_{n=1}^{n}e_n=P_wh_0\left(1-\sum_{n=1}^{N}\tau_n\right)
\end{cases}\tag{13.2.7}$$

其中，ν 和 λ_n 分别为式(13.2.6) 中第一和第三个约束条件的对偶变量。

结合式(13.2.7)中第二、三式，可以得到

$$(1+p_ng_n)\log(1+p_ng_n)=p_ng_n+P_wh_0g_n\tag{13.2.8}$$

根据文献[2]中的引理 1，最优功率分配可以表示为

$$p_n^* = \frac{P_w h_0 g_n - 1}{g_n W\left(\frac{P_w h_0 g_n - 1}{e}\right)} - \frac{1}{g_n} \tag{13.2.9}$$

其中，$W(\cdot)$为 Lambert W 函数。根据 Lambert W 函数的性质，对 $x \geqslant -1/e$ 有 $x/W(x) \geqslant 1/e$，式(13.2.9)中的最优功率分配必为可行解($p_n \geqslant 0$)。结合式(13.2.9)与式(13.2.7)中的前两式，可以得到

$$\lambda_n = \frac{\dfrac{P_w h_0 g_n - 1}{g_n W\left(\frac{P_w h_0 g_n - 1}{e}\right)}}{\sum_{n=1}^{N} \dfrac{P_w h_0 g_n - 1}{g_n W\left(\frac{P_w h_0 g_n - 1}{e}\right)}} \tag{13.2.10}$$

同样，λ_n 也一定满足 $\lambda_n > 0$。因此，根据中的第四式，式(13.2.6) 中第三组约束条件一定等号成立，即

$$\tau_n = r/\log(1 + p_n^* g_n) \tag{13.2.11}$$

这意味着取得最大共有吞吐量时每个用户具有相等的有效传输速率。这样，根据式(13.2.11)可以得到最优共有吞吐量的表达式

$$r^* = (P_w h_0 - P_h) \Big/ \sum_{n=1}^{N} \frac{p_n^* + P_w h_0}{\log(1 + p_n^* g_n)} \tag{13.2.12}$$

则用户的最优时间分配可以写成

$$\tau_n^* = \frac{P_w h_0 - P_h}{\log(1 + p_n^* g_n) \sum_{n=1}^{N} \dfrac{p_n^* + P_w h_0}{\log(1 + p_n^* g_n)}} \tag{13.2.13}$$

2. FDMA 模式

在无人机位置给定的前提下，式(13.1.4)中的第一个约束条件可以写成

$$\tau_0 \geqslant \left(P_h + \sum_{n=1}^{N} p_n\right) \Big/ \left(P_w h_0 + \sum_{n=1}^{N} p_n\right) \tag{13.2.14}$$

由于式(13.1.4)的目标函数关于 τ_0 递减，取得最大共有吞吐量时式(13.2.14)一定等号成立。因此，可以消除 τ_0 并将式(13.2.4)写成

$$\max_{p_n \geqslant 0} \frac{P_w h_0 - P_h}{P_w h_0 + \sum_{n=1}^{N} p_n} \min_{n=1,\cdots,N} \log(1 + p_n g_n) \tag{13.2.15}$$

其中，$g_n = h_n/\sigma$。显然，式(13.2.15)为一个分式规划问题，可以首先求解

$$\max_{p_n \geqslant 0} f(p_n) = \min_{n=1,\cdots,N} \log(1 + p_n g_n) - \theta\left(P_w h_0 + \sum_{n=1}^{N} p_n\right) \tag{13.2.16}$$

给定 θ，式(13.1.16)的最优解是 θ 的函数，进而可以通过求解等式 $f(p_n^*(\theta)) = 0$ 得到最优共有吞吐量。

与 TDMA 相似，式(13.2.16)可以写成如下凸问题：

$$\begin{aligned} &\max_{p_n, r} r - \theta \sum_{n=1}^{N} p_n \\ &\text{s.t.} \quad r \leqslant \log(1 + p_n g_n), \quad \forall n = 1, \cdots, N \\ &\qquad\;\; p_n \geqslant 0, \quad \forall n = 1, \cdots, N \end{aligned} \tag{13.2.17}$$

由于式(13.2.17)的目标函数关于递增并关于递减，在共有吞吐量最优时其第一组约束条件一定等号成立。式(13.2.17)的KKT最优条件如下：

$$\begin{cases}\sum_{n=1}^{N}\lambda_n = 1 \\ \lambda_n g_n/(1+p_n g_n) = \theta, \quad \forall n = 1,\cdots,N \\ r = \log(1+p_n g_n), \quad \forall n = 1,\cdots,N\end{cases} \tag{13.2.18}$$

则最优功率分配可以写成

$$p_n^*(\theta) = (\lambda_n/\theta) - (1/g_n) \tag{13.2.19}$$

其中，

$$\lambda_n = 1\Big/\left(g_n \sum_{n=1}^{N} \frac{1}{g_n}\right) \tag{13.2.20}$$

因此，可以得到

$$f^*(\theta) = -\log\left(\theta\sum_{n=1}^{N}\frac{1}{g_n}\right)+\theta\left(\sum_{n=1}^{N}\frac{1}{g_n} - P_w h_0\right)-1 \tag{13.2.21}$$

通过求解 $f^*(\theta)=0$，θ 的最优值可以写成

$$\theta^* = \frac{W\left(\dfrac{P_w h_0 - \sum_{n=1}^{N}\dfrac{1}{g_n}}{\mathrm{e}^{1+\sum_{n=1}^{N}\frac{1}{g_n}}}\right)}{P_w h_0 - \sum_{n=1}^{N}\dfrac{1}{g_n}} \tag{13.2.22}$$

最终，最优功率分配的表达式可以通过结合式(13.2.19)、式(13.2.20)和 式(13.2.22)得到，τ_0 最优值的表达式可以通过对式(13.2.14)取等号得到。

13.2.3　无人机部署

在给定资源分配的条件下，式(13.2.3)和式(13.2.4)均可以被写成如下一般形式：

$$\begin{aligned}&\max_{[x,y]}\min_{n=1,\cdots,N} c_n\log\left(1+\frac{p_n\gamma}{(d_n)^\alpha}\right)\\ &\text{s.t.}\quad K(d_0)^\alpha\leqslant 1\end{aligned} \tag{13.2.23}$$

其中，TDMA 模式下 $\gamma=\beta/(N\sigma)$，$c_n=N\tau_n$，$K=\left(P_h+\sum_{n=1}^{n}p_n\tau_n\right)/(P_w\gamma\tau_0)$，FDMA 模式下 $\gamma=\beta/\sigma$，$c_n=1-\tau_0$，$K=\left[P_h+(1-\tau_0)\sum_{n=1}^{n}p_n\right]/(P_w\gamma\tau_0)$。

可以通过连续凸优化来求解式(13.2.23)，即迭代最大化其下界，用$[x_l,y_l]$和$[\Delta x_l,\Delta y_l]$分别表示 l 轮迭代后无人机的位置和位置偏移，即进行 l 轮位置更新后 $x_{l+1}=x_l+\Delta x_l$，$y_{l+1}=y_l+\Delta y_l$。考虑 $z>-A$ 条件下的凸函数 $f(z)=1/(A+z)^{\alpha/2}$，则根据凸函数一阶 Taylor 级数展开的性质有 $f(z)\geqslant 1/A^{\alpha/2}-\alpha z/[2A^{(\alpha+2)/2}]$。因此，给定无人机的当前位置$[x_l,y_l]$，如下不等式

$$1/(d_{0,l+1})^\alpha\geqslant 1/(d_{0,l})^\alpha-\alpha\Delta_{0,l}/[2\,(d_{0,l})^{\alpha+2}] \tag{13.2.24}$$

一定成立。其中，$\Delta_{0,l}=\Delta x_l^2+\Delta y_l^2+2x_l\Delta x_l+2y_l\Delta y_l$。相似地，在 $z>-A$ 条件下，一定有 $\log(1+\gamma/(A+z)^{\alpha/2})\geqslant\log(1+\gamma/A^{\alpha/2})-\alpha\gamma z/[2A(A^{\alpha/2}+\gamma)]$，这样有如下关系：

$$\log\left[1+\frac{p_n\gamma}{(d_{n,l+1})^{\alpha}}\right]\geqslant\log\left(1+\frac{p_n\gamma}{(d_{n,l})^{\alpha}}\right)-\frac{\alpha\gamma\Delta_{n,l}}{2\,(d_{n,l})^2[(d_{n,l})^{\alpha}+\gamma]} \tag{13.2.25}$$

其中，$\Delta_{n,l}=\Delta x_l^2+\Delta y_l^2+2(x_l-x_n)\Delta x_l+2(y_l-y_n)\Delta y_l$。因此，在给定无人机当前位置的条件下，凸问题

$$\max_{[\Delta x,\Delta y]}\min_{n=1,\cdots,N} c_n\left[\log\left(1+\frac{p_n\gamma}{(d_{n,l})^{\alpha}}\right)-\frac{\alpha\gamma\Delta_{n,l}}{2\,(d_{n,l})^2[(d_{n,l})^{\alpha}+\gamma]}\right] \tag{13.2.26}$$

$$\text{s.t.}\quad 1/(d_{0,l})^{\alpha}-\alpha\Delta_{0,l}/[2(d_{0,l})^{\alpha+2}]\geqslant K$$

一定是原问题式(13.2.23)的下界。这样，可以通过迭代求解式(13.2.25)来不断更新无人机的位置并提高式(13.2.25)的目标值，从而最终逼近式(13.2.23)的最优目标值。基于连续凸优化求解问题式(13.2.23)的整体算法如表13.2.1所示。

表13.2.1　基于连续凸优化的无人机位置优化算法

初始化无人机位置$[x_l, y_l]$并令$l=0$；
循环：
求解式(13.1.26)得到最优位置偏移$[\Delta^* x_l, \Delta^* y_l]$；
更新无人机位置$[x_{l+1}, y_{l+1}]=[x_l+\Delta^* x_l, y_l+\Delta^* y_l]$；
令$l=l+1$
直到式(13.1.26)的最优目标值与式(13.1.23)对应的真实共有吞吐量相差小于某一阈值；
输出$[x_l, y_l]$作为无人机的最优位置。

13.2.4　交替优化

基于之前资源分配和无人机部署两个子问题的求解方法，可以通过迭代交替求解两个子问题来不断提高原问题式(13.2.3)和式(13.2.4)的目标值，具体算法如表13.2.2所示。很明显，该算法在每次迭代中只涉及闭型表达式的计算和凸问题的求解，其实际的迭代次数只与算法停止条件有关，即每次迭代对目标值的改变程度。值得注意的是，该算法实质上是一种局部搜索，无法保证目标值的全局最优性。因此，实际得到的最优目标值和无人机的初始位置有较大关系。

表13.2.2　交替优化算法

初始化无人机位置；
循环：
优化资源分配：TDMA模式下基于式(13.1.9)和式(13.1.13)，FDMA模式下基于式(13.1.19)和式(13.1.22)；
无人机部署：基于表13.1.1中的算法求解式(13.1.23)；
直到共有吞吐量的迭代增量小于某一阈值；
输出资源分配变量与无人机位置的最优解。

13.3　基于携能传输的无人机协作通信系统中的功率控制与轨迹设计

除为已有通信基础设施提供传输覆盖外，在协作通信系统张充当可移动中继也是无人机

在无线通信中的一个重要应用。由于具有较高的移动性，在协作通信系统中无人机能够通过动态调整其位置获得最佳的信道条件，即使在源节点和目的节点之间的直连链路被严重干扰的情况下，仍然能够有效提高协作通信性能。信息与能量协同传输技术（simultaneous wireless information and power transfer，SWIPT）因其能够充分利用无线电信号中的信息与能量而备受关注，其有望为能量受限的小型化无人机提供有意的能量补充。

与 13.2 节相似，为应对无人机电池能量受限这一实际问题，本节在无人机协作通信系统中引入基于功率分离（power-splitting）的信息与能量协同传输技术，即无人机从源节点发送的无线电信号中摄取能量，并以此作为中继协助源节点到目的节点之间的无线传输，通过优化无人机的轨迹、功率分配以及信息与能量协同传输策略，来最大化放大转发（amplify-and-forward，AF）与编码转发（decode-and-forward，DF）两种模式下协作通信系统的端到端吞吐量。

13.3.1　问题规划

如图 13.3.1 所示，本节关注具有处于地面固定位置的单一源节点和目的节点的典型协作通信系统，两者之间的直连链路由于障碍物的影响，信道条件较差而无法提供良好的传输性能。因此，可以通过部署无人机作为中继来协助源节点和目的节点之间的无线传输。通过引入信息与能量传输技术，无人机无线传输所需的能量全部由来自源节点的无线电信号提供，其在空中移动所需的能量仍由其板载电池提供。

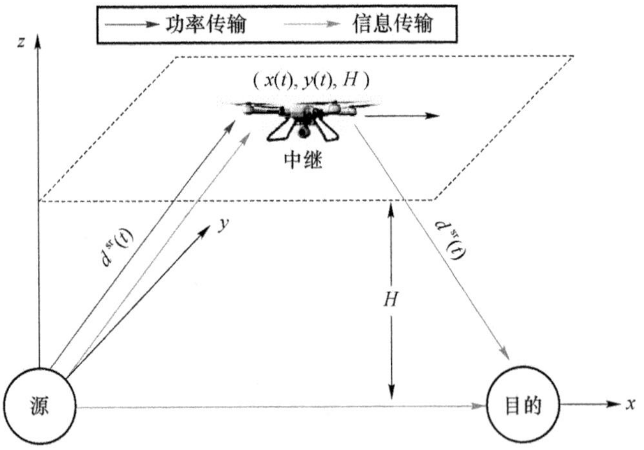

图 13.3.1　基于信息与能量传输的无人机协作通信系统

不失一般性，我们考虑坐标系，设处于地面的源节点和目的节点位置分别为$[S_x, S_y, 0]$和$[D_x, D_y, 0]$。无人机在高度 H 从一起始点飞行至终止点（如维护站点），在有限时间段 T 内用于中继传输。为简化问题模型，无人机的起飞和降落的时间不算在内，仅考虑其在空中飞行的时间。这样，无人机在任一时间点 t 的实时位置课可表示为$[x(t), y(t), H]$，并且其起始位置$[x_s, y_s, H]$和终止位置$[x_e, y_e, H]$已知。因此，无人机在时间段 T 内至少要能够移动距离 $d_{\min}=\sqrt{(x_e-x_s)^2+(y_e-y_s)^2}$，无人机的最大速率满足 $\overline{V}\geqslant d_{\min}/T$，即无人机至少能找到一条可行路径（从起始点到终止点的直线）。

无人机通常会沿着特定轨迹飞行，其不断变化的位置使得即时协作速率同样随时间连续变化，这使得端到端协作吞吐量本应该被定义为即时协作速率相对于时间的积分。然而，这种积分的闭型表达式很难得到。因此,我们通过离散化时间来对积分做近似,即将时间段 T 离散化成 N 个等间距长度为 δ_t 的时隙($T=N\delta_t$)。通过选取较小的 δ_t 来保证一定的时间分辨率,这样无人机的位置在每个时隙内可以被认为近似不变,其整个空中移动轨迹$[x_t, y_t]$可以被近似为一个时间序列$[x_n, y_n]$($n=1,\cdots,N$)因此,由于无人机的飞行速率有限,其移动轨迹应该满足如下约束条件:

$$\begin{cases}(x_1-x_s)^2+(y_1-y_s)^2\leqslant V^2\\ (x_{n+1}-x_n)^2+(y_{n+1}-y_n)^2\leqslant V^2, \quad \forall n=1,\cdots,N-1\\ (x_e-x_N)^2+(y_e-y_N)^2\leqslant V^2\end{cases} \tag{13.3.1}$$

其中,$V=\overline{V}\delta_t$ 为无人机在一个时隙内的最大飞行距离。

在每个时隙内,无线信道功率增益遵循自由空间路径损耗模型,则时隙 n 中源节点、目的节点与无人机之间的信道功率增益分别为

$$h_n^{sr}=\frac{\beta_0}{(d_n^{sr})^2}=\frac{\beta_0}{(x_n-S_x)^2+(y_n-S_y)^2+H^2} \tag{13.3.2}$$

和

$$h_n^{rd}=\frac{\beta_0}{(d_n^{rd})^2}=\frac{\beta_0}{(x_n-D_x)^2+(y_n-D_y)^2+H^2} \tag{13.3.3}$$

其中,β_0 表示参考信道功率增益,d_n^{sr} 和 d_n^{rd} 分别表示源节点、目的节点与无人机之间的距离。

由于现有无线电双工技术的限制,无人机以时分半双工的方式进行中继传输,即在前半个时隙源节点向目的节点和无人机发送数据,在后半个时隙无人机向目的节点转发数据[19]。在无线信息与能量传输方面,无人机具有功率分离方式的接收机结构,包括能量采集单元和信号处理单元,如图 13.3.2 所示。在时隙 n 中,无人机在前半个时隙接收到的无线电信号被分成两部分,分别用于信息与能量的接收,其中信息接收的功率比例用 ρ_n 表示($0\leqslant\rho_n\leqslant1$)无人机在后半个时隙用采集的能量进行中继传输。

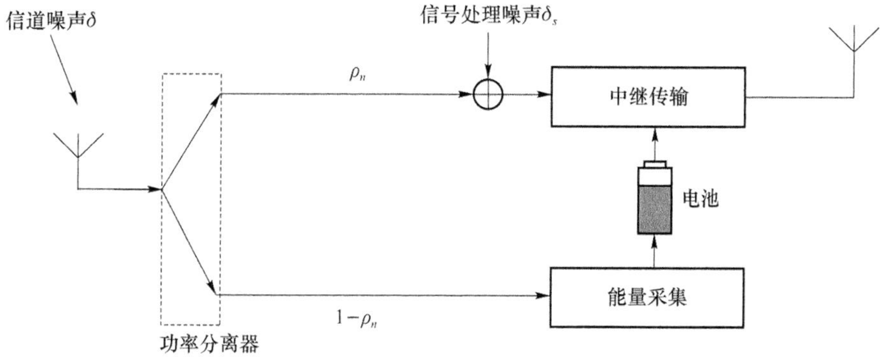

图 13.3.2 功率分离方式信息与能量传输的接收机结构图

设源节点的发送功率为 P_s,用 δ 和 δ_s 来表示信道噪声功率和功率分离器的信号处理噪声,并定义 $\gamma_0=\beta_0/\delta$ 为参考信噪比,同时为方便下文推导定义 $a=\delta_s/\delta$。这样,在时隙 n 中,在无人机信号处理单元接收到的信号功率为 $P_s\beta_0\rho_n/(d_n^{sr})^2$,噪声(包括信道噪声与信号处理噪声)功率为 $\rho_n\delta+\delta_s$,则无人机信号处理单元的信噪比为 $P_s\gamma_0\rho_n/[(\rho_n+a)(d_n^{sr})^2]$。无人机在时隙 n 中采集的总能量为$[P_s\beta_0/(d_n^{sr})^2+\delta](1-\rho_n)$,包括来自源节点的信号与信道噪声。根据文献[19]的结论,时隙 n 中 AF 和 DF 模式下的即时协作速率分别为

$$r_n=\frac{1}{2}\log\left[1+P_s\gamma+\frac{\frac{P_s\gamma_0^2p_n\rho_n}{(\rho_n+a)(d_n^{sr}d_n^{rd})^2}}{1+\frac{P_s\gamma_0\rho_n}{(\rho_n+a)(d_n^{sr})^2}+\frac{p_n\gamma_0}{(d_n^{rd})^2}}\right] \tag{13.3.4}$$

和

$$r_n=\frac{1}{2}\min\left\{\log\left(1+\frac{P_s\gamma_0\rho_n}{(\rho_n+a)(d_n^{sr})^2}\right),\quad \log\left(1+P_s\gamma+\frac{p_n\gamma_0}{(d_n^{rd})^2}\right)\right\} \tag{13.3.5}$$

其中,表示 γ 源节点和目的节点之间的参考信噪比,p_n 表示无人机在时隙 n 中的中继功率。此外,由于无人机只能使用之前采集的能量,其还应满足如下因果约束条件[3]:

$$\sum_{i=1}^{n}p_i\leqslant B+\sum_{i=1}^{n}\left(1+\frac{P_s\gamma_0}{(d_i^{sr})^2}\right)\delta(1-\rho_i),\quad \forall n \tag{13.3.6}$$

其中,B 表示无人机的初始板载能量。

本节的目标是通过优化无人机每个时隙的发送功率 p_n、信息与能量传输功率分离比 ρ_n 以及移动轨迹$[x_n,y_n]$来最大化系统的端到端协作吞吐量。这一问题可以被表示成

$$\begin{aligned}\max_{p_n,\rho_n,[x_n,y_n]}\quad & \sum_{n=1}^{N}r_n\\ \text{s.t.}\quad & \sum_{i=1}^{n}p_i\leqslant B+\sum_{i=1}^{n}\left(1+\frac{P_s\gamma_0}{(d_i^{sr})^2}\right)\delta(1-\rho_i)\\ & p_n\geqslant 0,\quad 0\leqslant\rho_n\leqslant 1,\quad \forall n\\ & (x_1-x_s)^2+(y_1-y_s)^2\leqslant V^2\\ & (x_{n+1}-x_n)^2+(y_{n+1}-y_n)^2\leqslant V^2,\quad \forall n\\ & (x_e-x_N)^2+(y_e-y_N)^2\leqslant V^2\end{aligned} \tag{13.3.7}$$

很明显,式(13.3.7)是一个非凸问题而无法直接用凸优化方法进行求解。在接下来的部分,我们同样应用交替优化法,将该问题分解成两个子问题:给定无人机移动轨迹优化功率分配和功率分离比,以及给定无人机功率分配和功率分离比优化其移动轨迹。迭代求解这两个子问题能够不断提高原问题的目标值直至收敛。

13.3.2 功率分配与功率分离比

给定无人机移动轨迹的条件下,式(13.3.7)可以被改写成

$$\begin{aligned}\max_{p_n,\rho_n}\quad & \sum_{n=1}^{N}r_n\\ \text{s.t.}\quad & \sum_{i=1}^{n}p_i\leqslant B+\sum_{i=1}^{n}(1+\frac{P_s\gamma_0}{(d_i^{sr})^2})\delta(1-\rho_i),\quad \forall n\\ & p_n\geqslant 0,\quad 0\leqslant\rho_n\leqslant 1,\quad \forall n\end{aligned} \tag{13.3.8}$$

可以证明,式(13.3.8)中的目标函数在 AF 和 DF 模式下关于 p_n 和 ρ_n 均是凹函数(证明过程详见文献[4]中附录 B)。

1. AF 模式

在 AF 模式下,式(13.3.8)满足 Slater 强对偶性条件,其最优解可以通过求解其对偶问题得到。式(13.3.8)的拉格朗日函数为

$$L_a(p_n,\rho_n,\lambda_n)=\sum_{n=1}^{N}r_n+\lambda_n\left[B+\sum_{i=1}^{n}\left(1+\frac{P_s\gamma_0}{(d_i^{sr})^2}\right)\delta(1-\rho_i)-p_i\right]$$
$$=\sum_{n=1}^{N}\left[r_n+B\lambda_n+\alpha_n\left(\left(1+\frac{P_s\gamma_0}{(d_n^{sr})^2}\right)\delta(1-\rho_n)-p_n\right)\right] \tag{13.3.9}$$

其中，λ_n 为式(13.3.8)中第一组约束条件的对偶变量，α_n 被定义为

$$\alpha_n=\sum_{i=n}^{N}\lambda_n \tag{13.3.10}$$

则拉格朗日对偶函数可以被表示为

$$\max_{p_n\geqslant 0,0\leqslant\rho_n\leqslant 1} g(\lambda_n)=L_a(p_n,\rho_n,\lambda_n) \tag{13.3.11}$$

且求解式(13.3.8)等效于求解其对偶问题，即$\min\limits_{\lambda_n\geqslant 0} g(\lambda_n)$。应首先在给定对偶变量的条件下求解式(13.3.11)，然后再找到能够最小化式(13.3.8)的对偶问题的最优对偶变量。

由式(13.3.9)可以看出，在给定对偶变量 λ_n 的条件下，式(13.3.11)可以被分解成 N 个并行自问题：

$$\max_{p_n\geqslant 0,0\leqslant\rho_n\leqslant 1} f(p_n,\rho_n)=r_n+B\lambda_n+\alpha_n\left[\left(1+\frac{P_s\gamma_0}{(d_n^{sr})^2}\right)\delta(1-\rho_n)-p_n\right] \tag{13.3.12}$$

基于之前的分析，式(13.3.12)的目标函数具有“凹减仿射”的形式。因此，式(13.2.12)是一个凸问题，其全局最优解 p_n^* 和 ρ_n^* 唯一存在，且满足

$$p_n^*=\max\{p_n^c,0\} \tag{13.3.13}$$

以及

$$\rho_n^*=\begin{cases}\rho_n^c, & 0\leqslant\rho_n^c\leqslant 1\\ \underset{\rho_n\in\{0,1\}}{\arg\max} f(p_n^*,\rho_n), & \text{其他}\end{cases} \tag{13.3.14}$$

这里候选最优解 p_n^c 和 ρ_n^c 被定义为

$$p_n^c=\frac{b_{n,4}+\sqrt{b_{n,4}^2+\dfrac{2b_{n,1}b_{n,2}b_{n,4}}{b_{n,5}}}}{2b_{n,1}b_{n,2}}-\frac{b_{n,3}}{b_{n,2}} \tag{13.3.15}$$

和

$$\rho_n^c=\frac{c_{n,4}+\sqrt{c_{n,4}^2+\dfrac{2c_{n,1}c_{n,2}c_{n,4}}{c_{n,5}}}}{2c_{n,1}c_{n,2}}-\frac{c_{n,3}}{c_{n,2}} \tag{13.3.16}$$

详细的推导过程以及式(13.3.15)和式(13.3.16)中各个变量的定义请参考文献[4]。这里可以不必直接求解式(13.3.13)和式(13.3.14)组成的方程组，而是同样应用交替优化的方法，即给定 ρ_n 基于式(13.3.13)更新 p_n 以及给定 p_n 基于式(13.3.14)更新 ρ_n。由于式(13.3.12)中的每个子问题均为凸问题，交替优化一定能够得到式(13.3.12)的全局最优解。

给定对偶变量 λ_n 得到 p_n 和 ρ_n 的最优解后，可以通过基于子梯度的方法[5]求解对偶问题，可选取

$$d_n=B+\sum_{i=1}^{n}\left(1+\frac{P_s\gamma_0}{(d_i^{sr})^2}\right)\delta(1-\rho_i^*)-p_i^* \tag{13.3.17}$$

作为子梯度。

2. DF 模式

在 DF 模式下，可以通过引入松弛变量 $\bar{r}_n$ 将式(13.3.8)重写为

$$\begin{aligned}
\max_{p_n,\rho_n,\bar{r}_n} \quad & \sum_{n=1}^{N}\bar{r}_n \\
\text{s.t.} \quad & \bar{r}_n \leqslant \frac{1}{2}\log(1+\frac{P_s\gamma_0\rho_n}{(\rho_n+a)\ (d_n^{sr})^2}), \quad \forall n \\
& \bar{r}_n \leqslant \frac{1}{2}\log(1+P_s\gamma+\frac{p_n\gamma_0}{(d_n^{rd})^2}), \quad \forall n \\
& \sum_{i=1}^{n}p_i \leqslant B+\sum_{i=1}^{n}(1+\frac{P_s\gamma_0}{(d_i^{sr})^2})\delta(1-\rho_i), \quad \forall n \\
& p_n \geqslant 0, \quad 0\leqslant \rho_n \leqslant 1, \quad \forall n
\end{aligned} \tag{13.3.18}$$

与AF模式相似,式(13.3.18)的拉格朗日函数可以表示为

$$\begin{aligned}
L_d(p_n,\rho_n,\bar{r}_n,\lambda_n,\theta_n^1,\theta_n^2) = \sum_{n=1}^{N}\Big[&(1-\theta_n^1-\theta_n^2)\bar{r}_n+B\lambda_n+\alpha_n\Big(\Big(1+\frac{P_s\gamma_0}{(d_n^{sr})^2}\Big)\delta(1-\rho_n)-p_n\Big)+ \\
&\frac{\theta_n^1}{2}\log\Big(1+\frac{P_s\gamma_0\rho_n}{(\rho_n+a)\ (d_n^{sr})^2}\Big)+\frac{\theta_n^2}{2}\log\Big(1+P_s\gamma+\frac{p_n\gamma_0}{(d_n^{rd})^2}\Big)\Big]
\end{aligned} \tag{13.3.19}$$

其中,θ_n^1 和 θ_n^2 表示式(13.3.18)中前两组约束条件的对偶变量。这样,式(13.3.18)的拉格朗日对偶函数为

$$\max_{p_n\geqslant 0,0\leqslant\rho_n\leqslant 1,\bar{r}_n} g(\lambda_n,\theta_n^1,\theta_n^2)=L_d(p_n,\rho_n,\bar{r}_n,\lambda_n,\theta_n^1,\theta_n^2) \tag{13.3.20}$$

且求解式(13.3.18)等效于求解其对偶问题,即$\min_{\lambda_n,\theta_n^1,\theta_n^2\geqslant 0} g(\lambda_n,\theta_n^1,\theta_n^2)$。应首先在给定对偶变量的条件下求解式(13.3.20),然后再找到能够最小化式(13.3.18)的对偶问题的最优对偶变量。

可以看出,$\theta_n^1+\theta_n^2=1$ 一定成立,否则会导致无限大的最优协作吞吐量。因此,式(13.3.19)可以被改写为

$$\begin{aligned}
L_d(p_n,\rho_n,\bar{r}_n,\lambda_n,\theta_n) = \sum_{n=1}^{N}\Big[&B\lambda_n+\alpha_n\Big(\Big(1+\frac{P_s\gamma_0}{(d_n^{sr})^2}\Big)\delta(1-\rho_n)-p_n\Big)+ \\
&\frac{\theta_n}{2}\log\Big(1+\frac{P_s\gamma_0\rho_n}{(\rho_n+a)\ (d_n^{sr})^2}\Big)+\frac{1-\theta_n}{2}\log\Big(1+P_s\gamma+\frac{p_n\gamma_0}{(d_n^{rd})^2}\Big)\Big]
\end{aligned} \tag{13.3.21}$$

其中,$\theta_n=\theta_n^1=1-\theta_n^2$。给定对偶变量 λ_n 和 θ_n,式(13.2.20)可以被分解为 $2N$ 个并行子问题:

$$\begin{cases}
\max\limits_{p_n\geqslant 0} f_1(p_n)=\dfrac{1-\theta_n}{2}\log\Big(1+P_s\gamma+\dfrac{p_n\gamma_0}{(d_n^{rd})^2}\Big)-\alpha_n p_n \\
\max\limits_{0\leqslant\rho_n\leqslant 1} f_2(\rho_n)=\alpha_n\Big(1+\dfrac{P_s\gamma_0}{(d_n^{sr})^2}\Big)\delta(1-\rho_n)+\dfrac{\theta_n}{2}\log\Big(1+\dfrac{P_s\gamma_0\rho_n}{(\rho_n+a)(d_n^{sr})^2}\Big)
\end{cases} \tag{13.3.22}$$

很明显,式(13.3.22)中的两个问题均为凸问题,其最优解 p_n^* 和 ρ_n^* 同样可以表示为

$$p_n^* = \max\{p_n^c,0\} \tag{13.3.23}$$

以及

$$\rho_n^* = \begin{cases}
\rho_n^c, & 0\leqslant\rho_n^c\leqslant 1 \\
\operatorname*{argmax}\limits_{\rho_n\in\{0,1\}} f(p_n^*,\rho_n), & \text{其他}
\end{cases} \tag{13.3.24}$$

其中,候选最优解 p_n^c 和 ρ_n^c 被定义为

$$p_n^c = \frac{1-\theta_n}{2\alpha_n} - \frac{(1+P_s\gamma)(d_n^{rd})^2}{\gamma_0} \tag{13.3.25}$$

和

$$\rho_n^c = \frac{\frac{\alpha_n \delta a P_s \gamma_0}{\theta_n (d_n^{sr})^2} + \sqrt{\left(\frac{\alpha_n \delta a P_s \gamma_0}{\theta_n (d_n^{sr})^2}\right)^2 + \frac{2\alpha_n \delta a P_s \gamma_0}{\theta_n (d_n^{sr})^2}}}{\frac{2\alpha_n \delta}{\theta_n}\left(1+\frac{P_s\gamma_0}{(d_n^{sr})^2}\right)} - a \tag{13.3.26}$$

式(13.3.23)和式(13.3.4)的详细推导过程请参考文献[4]。

与 AF 模式相似,可以通过基于子梯度的方法求解对偶问题,可选取

$$d_n = \begin{cases} B + \sum_{i=1}^{n}\left(1+\frac{P_s\gamma_0}{(d_i^{sr})^2}\right)\delta(1-\rho_i^*) - p_i^*, & \forall n = 1,\cdots,N \\ \frac{1}{2}\left[\log\left(1+\frac{P_s\gamma_0\rho_n^*}{(\rho_n^*+a)(d_n^{sr})^2}\right) - \log\left(1+P_s\gamma+\frac{p_n^*\gamma_0}{(d_n^{rd})^2}\right)\right], & \forall n = N+1,\cdots,2N \end{cases} \tag{13.3.27}$$

作为子梯度。

无人机功率分配与功率分离比优化的整体算法如表 13.3.1 所示。

表 13.3.1 无人机功率分配与功率分离比优化算法

初始化对偶变量 $\lambda_n \geqslant 0$ 以及 $0 \leqslant \theta_n \leqslant 1$(仅对 DF 模式);
循环:
分别根据式(13.3.13)和式(13.3.14)(对于 AF 模式),或者式(13.3.23)和式(13.3.24)(对于 DF 模式)来得到最优的无人机功率分配和功率分离比;
分别根据式(13.3.17)(对于 AF 模式)和式(13.3.27)(对于 DF 模式)计算子梯度;
基于子梯度方法得到最优对偶变量 λ_n^* 和 θ_n^*;
直到最优对偶变量 λ_n^* 和 θ_n^* 收敛;
输出 p_n^* 和 ρ_n^* 作为无人机的最优功率分配与功率分离比。

13.3.3 无人机移动轨迹设计

这一部分关注在给定无人机的功率分配与功率分离比的条件其移动轨迹的优化设计,则式(13.3.7)可以被重新写作

$$\begin{aligned} \max_{[x_n, y_n]} \quad & \sum_{n=1}^{N} r_n \\ \text{s.t.} \quad & \sum_{i=1}^{n} p_i \leqslant B + \sum_{i=1}^{n} \delta(1-\rho_i)\left[1+\frac{P_s\gamma_0}{(d_n^{sr})^2}\right], \quad \forall n \\ & (x_1 - x_s)^2 + (y_1 - y_s)^2 \leqslant V^2 \\ & (x_{n+1} - x_n)^2 + (y_{n+1} - y_n)^2 \leqslant V^2, \quad \forall n = 1,\cdots,N-1 \\ & (x_e - x_N)^2 + (y_e - y_N)^2 \leqslant V^2 \end{aligned} \tag{13.3.28}$$

由于在 AF 和 DF 模式下,目标函数关于无人机轨迹变量$[x_n, y_n]$均不是凹函数,式(13.3.28)并不是一个凸问题。因此,可以同样应用连续凸优化的方法。规定 l 次迭代后无人机的轨迹和协作速率分别为$[x_{n,l}, y_{n,l}]$和 $r_{n,l}$,用$[\Delta x_{n,l}, \Delta y_{n,l}]$来表示轨迹增量,即满足

$$x_{n,l+1} = x_{n,l} + \Delta x_{n,l} \text{ 及 } y_{n,l+1} = y_{n,l} + \Delta y_{n,l}$$

引入 $A>0$ 条件下的凸函数 $f(z)=1/(A+Z)$，根据凸函数一阶泰勒级数展开的性质一定有 $f(z)\geqslant 1/A-Z/A^2$。因此，给定无人机当前轨迹，则

$$\frac{1}{(d_{n,l+1}^{sr})^2}\geqslant\frac{1}{(d_{n,l}^{sr})^2}-\frac{\Delta_{n,l}^{sr}}{(d_{n,l}^{sr})^4} \tag{13.3.29}$$

一定成立，其中，$\Delta_{n,l}^{sr}=\Delta x_{n,l}^2+\Delta y_{n,l}^2+2(x_{n,l}-S_x)\Delta x_{n,l}+2(y_{n,l}-S_y)\Delta y_{n,l}$。式(13.3.29)的项目证明请参考文献[4]。

1. AF 模式

为便于推导，先定义函数 $f(z_1,z_2)$ 为

$$f(z_1,z_2)=\log\left[\omega+\frac{\dfrac{r_1r_2}{(A_1+z_1)(A_2+z_2)}}{1+\dfrac{r_1}{A_1+z_1}+\dfrac{r_2}{A_2+z_2}}\right] \tag{13.3.30}$$

其中，$\omega>0,z_1>-A_1,z_2>-A_2,r_1>0,r_2>0$。可以证明，$f(z_1,z_2)$ 关于 z_1 和 z_2 为一凸函数，具体的证明过程详见文献[6]中的附录 E。基于凸函数的性质，如下关系

$$r_{n,l+1}\geqslant r'_{n,l+1}\overset{\Delta}{=}r_{n,l}-\mu_{n,l}(\Delta x_{n,l}^2+\Delta y_{n,l}^2)-\delta_{n,l}\Delta x_{n,l}-\eta_{n,l}\Delta y_{n,l} \tag{13.3.31}$$

一定成立。式(13.3.31)的证明过程以及 $\mu_{n,l}$、$\delta_{n,l}$、$\eta_{n,l}$ 的定义可以参考文献[4]中的附录 F。可以看出，式(13.3.31)中的 $r'_{n,l+1}$ 为一凹二次函数。因此，给定无人机的当前轨迹 $[x_{n,l},y_{n,l}]$，AF 模式下问题

$$\begin{aligned}
\max_{[\Delta x_{n,l},\Delta y_{n,l}]}\quad & \sum_{n=1}^{N}r'_{n,l+1}\\
\text{s. t.}\quad & \sum_{i=1}^{n}p_i\leqslant B+\sum_{i=1}^{n}\delta(1-\rho_i)\left[1+P_s\gamma_0\left(\frac{1}{(d_{n,l}^{sr})^2}-\frac{\Delta_{n,l}^{sr}}{(d_{n,l}^{sr})^4}\right)\right],\quad \forall n\\
& (x_{1,l}+\Delta x_{1,l}-x_s)^2+(y_{1,l}+\Delta y_{1,l}-y_s)^2\leqslant V^2\\
& (x_{n+1,l}+\Delta x_{n+1,l}-x_{n,l}-\Delta x_{n,l})^2+(y_{n+1,l}+\Delta y_{n+1,l}-y_{n,l}-\Delta y_{n,l})^2\leqslant V^2,\quad \forall n=1,\cdots,N-1\\
& (x_e-x_{N,l}-\Delta x_{N,l})^2+(y_e-y_{N,l}-\Delta y_{N,l})^2\leqslant V^2
\end{aligned} \tag{13.3.32}$$

的最优目标值一定为式(13.3.28)最优目标值的下界。

很明显，式(13.3.32)是一个关于轨迹增量 $[\Delta x_{n,l},\Delta y_{n,l}]$ 的凸问题，可以应用已有的凸优化方法进行求解。通过不断求解式(13.3.32)并更新无人机的移动轨迹，可以近似得到 AF 模式下式(13.3.28)的最优目标值。

2. DF 模式

与 AF 模式相似，首先将式(13.3.5)中的两项定义为 $r_{n,l}^1$ 和 $r_{n,l}^2$ 以简化推导过程。根据文献[6]中的引理 2，给定无人机的当前轨迹 $[x_{n,l},y_{n,l}]$，$r_{n,l+1}^1$ 和 $r_{n,l+1}^2$ 均满足

$$r_{n,l+1}^i\geqslant r_{n,l+1}^{i'}\overset{\Delta}{=}r_{n,l}^i-\mu_{n,l}^i(\Delta x_{n,l}^2+\Delta y_{n,l}^2)-\delta_{n,l}^i\Delta x_{n,l}-\eta_{n,l}^i\Delta y_{n,l} \tag{13.3.33}$$

其中，$i\in\{1,2\}$，$\mu_{n,l}^i$、$\delta_{n,l}^i$、$\eta_{n,l}^i$ 定义为

$$\begin{cases}
\mu_{n,l}^1=\dfrac{P_s\gamma_0\rho_n}{(\rho_n+a)(d_{n,l}^{sr})^2\left[\dfrac{P_s\gamma_0\rho_n}{\rho_n+a}+(d_{n,l}^{sr})^2\right]}\\
\mu_{n,l}^2=\dfrac{p_n\gamma_0}{(d_{n,l}^{rd})^2[p_n\gamma_0+(1+P_s\gamma)(d_{n,l}^{rd})^2]}\\
\delta_{n,l}^1=2\mu_{n,l}^1(x_{n,l}-S_x),\quad \delta_{n,l}^2=2\mu_{n,l}^2(x_{n,l}-D_x)\\
\eta_{n,l}^1=2\mu_{n,l}^1(y_{n,l}-S_y),\quad \eta_{n,l}^2=2\mu_{n,l}^2(y_{n,l}-D_y)
\end{cases} \tag{13.3.34}$$

则给定无人机的当前轨迹$[x_{n,l},y_{n,l}]$，DF 模式下问题

$$
\begin{aligned}
\max_{[\Delta x_{n,l},\Delta y_{n,l}]} \quad & \sum_{n=1}^{N} \min\{r_{n,l+1}^{1'}, r_{n,l+1}^{2'}\} \\
\text{s. t.} \quad & \sum_{i=1}^{n} p_i \leqslant B + \sum_{i=1}^{n} \delta(1-\rho_i)\left[1 + P_s\gamma_0\left(\frac{1}{(d_{n,l}^{sr})^2} - \frac{\Delta_{n,l}^{sr}}{(d_{n,l}^{sr})^4}\right)\right], \quad \forall n \\
& (x_{1,l} + \Delta x_{1,l} - x_s)^2 + (y_{1,l} + \Delta y_{1,l} - y_s)^2 \leqslant V^2 \\
& (x_{n+1,l} + \Delta x_{n+1,l} - x_{n,l} - \Delta x_{n,l})^2 + (y_{n+1,l} + \Delta y_{n+1,l} - y_{n,l} - \Delta y_{n,l})^2 \leqslant V^2, \quad \forall n = 1,\cdots,N-1 \\
& (x_e - x_{N,l} - \Delta x_{N,l})^2 + (y_e - y_{N,l} - \Delta y_{N,l})^2 \leqslant V^2
\end{aligned} \tag{13.3.35}
$$

的最优目标值一定为式(13.3.28)最优目标值的下界。

与式(13.3.32)相似，式(13.3.35)同样是一个关于轨迹增量$[\Delta x_{n,l},\Delta y_{n,l}]$的凸问题，可以应用已有的凸优化方法进行求解。通过不断求解式(13.3.35)并更新无人机的移动轨迹，可以近似得到 DF 模式下式(13.3.28)的最优目标值。

无人机移动轨迹优化设计的整体算法如表 13.3.2 所示。

表 13.3.2 无人机移动轨迹优化算法

初始化无人机轨迹$[x_{n,l},y_{n,l}]$并设 $l=0$；

循环：

  在 AF 和 DF 模式下，分别求解式(13.3.32)和式(13.3.3)来得到最优的轨迹增量$[\Delta^* x_{n,l},\Delta^* y_{n,l}]$；

  更新无人机移动轨迹：$x_{n,l+1}=x_{n,l}+\Delta^* x_{n,l}$，$y_{n,l+1}=y_{n,l}+\Delta^* y_{n,l}$；

  设 $l=l+1$；

直到协作吞吐量的下界与实际值的差距小于某一阈值；

输出$[x_{n,l},y_{n,l}]$作为无人机的最优移动轨迹。

13.3.4 交替优化

基于以上两个子问题的求解方法，可以通过迭代交替求解两个子问题来不断提高原问题的目标值，具体算法如表 13.3.3 所示。

表 13.3.3 交替优化算法

初始化无人机的移动轨迹；

循环：

  基于表 13.3.1 中的算法优化无人机的功率分配和功率分离比；

  基于表 13.3.2 中的算法优化无人机的移动轨迹；

直到协作吞吐量的迭代增量小于某一阈值；

输出无人机的功率分配、功率分离比以及移动轨迹作为最优解。

根据表 13.3.1 和表 13.3.2，该算法在每次迭代中只涉及凸问题的求解，其实际的迭代次数只与算法停止条件有关。同样，该算法实质上是一种局部搜索，无法保证目标值的全局最优性。因此，实际得到的最优协作吞吐量与无人机的初始移动轨迹设置有较大关系。

参考文献

[1] YIN S,ZHAO Y, LI L. Resource Allocation and Basestation Placement in Cellular Networks With Wireless Powered UAVs [J]. IEEE Transactions on Vehicular Technology, 2019, 68(1):1050-1055.

[2] YIN SIXING, ZHANG ERQING, LI JI, et al. IEEE Wireless Communications and Networking Conference (WCNC) on Throughput optimization for self-powered wireless communications with variable energy harvesting rate, April,2013 [C]. [S. l.]:[s. n.],2013.

[3] OZEL O, TUTUNCUOGLU K, YANG J, et al. Transmission with energy harvesting nodes in fading wireless channels: Optimal policies[J]. IEEE Journal on Selected Areas in Communications, 2011,29(8): 1732-1743.

[4] YIN S, ZHAO Y, LI L, et al. UAV-Assisted Cooperative Communications With Power-Splitting Information and Power Transfer[J]. IEEE Transactions on Green Communications and Networking, 2019, 4(3):1044-1057.

[5] ZHOU X, ZHANG R, HO C K. Wireless information and power transfer in multiuser ofdm systems[J]. IEEE Transactions on Wireless Communications, 2014, 13(4): 2282-2294.

[6] ZENG Y, ZHANG R, LIM T J. Throughput maximization for uavenabled mobile relaying systems [J]. IEEE Transactions on Communications, 2016, 64 (12): 4983-4996.

[7] GILL P E, MURRAY W, WRIGHT M H. Practical optimization[M]. New York-London:Academic Press Inc. , 1981.

[8] FLETCHER R. Practical methods of optimization, Vol. 1: Unconstrained optimization[M]. New York:John Wiley & Sons, 1980.

[9] AVRIEL M. Nonlinear programming: analysis and methods[M]. [S. l.]: Prentice-Hall Inc. , 1976.

[10] GILL P E, MURRAY W, WRIGHT M H. Practical optimization[M]. New York-London: Academic Press Inc. ,1981.

[11] FLETCHER R. Practical methods of optimization, Vol. 1: Unconstrained optimization [M]. New York, John Wiley & Sons, 1980.

[12] LUENBERGER D G. Linear and nonlinear programming[M]. [S. l.]: Addison-Wesley, 1984.

[13] MCCORMICK G P. Nonlinear programming: Theory, algorithms and application. New York: John Wiley & Sons, 1983.

[14] 邓乃扬.无约束最优化方法[M].北京:科学出版社,1982.
[15] 席少霖,赵凤治.最优化计算方法[M].上海:上海科学技术出版社,1983.
[16] ZHAO Z, YIN S, LI L, et al. Optimal-Stopping Spectrum Sensing in Energy Harvesting Cognitive Radio Systems[J]. Journal of Signal Processing Systems volume, 2018, 90: 807-825.
[17] LANEMAN J N, TSE D N C, WORNELL G W. Cooperative diversity in wireless networks: Efficient protocols and outage behavior [J]. IEEE Transactions on Information Theory, 2004,50(12):3062-3080.
[18] YIN S, ZHANG E, QU Z, et al. Optimal Cooperation Strategy in Cognitive Radio Systems with Energy Harvesting [J]. IEEE Transactions on Wireless Communications, 2014,13(9);4693-4707.
[19] LANEMAN J N, TSE D N C, WORNELL G W. Cooperative diversity in wireless networks: Efficient protocols and outage behavior [J]. IEEE Transactions on Information Theory, 2004,50(12):3062-3080.
[20] DINKELBACH W. On nonlinear fractional programming[J]. Management Science, 1967,13:492-498.
[21] YIN S, QU Z, ZHANG L. 2015 IEEE Global Communications Conference (GLOBECOM) on Wireless Information and Power Transfer in Cooperative Communications with Power Splitting,2015[C]. San Diego, CA:[s. n.],2015.
[22] YIN S, QU Z. Resource Allocation in Multiuser OFDM Systems With Wireless Information and Power Transfer[J]. IEEE Communications Letters, 2016, 20(3): 594-597.
[23] BERTSEKAS D P. Convex Optimization Theory[M]. Belmont: Athena Scientific, 2009.
[24] BRANDWOOD D. A Complex Gradient Operator and its Application in Adaptive Array Theory[J]. IEE Proceedings F-Communications, Radar and Signal Processing, 1983, 130(1):11-16.
[25] HAYES M H. Statistical Digital Signal Processing and Modeling[M]. New York: John Wiley & Sons, Inc. , 1996.
[26] SCHREIER P J. Statistical Signal Processing of Complex-Valued Data[M]. Cambridge: Cambridge University Press, 2010.
[27] BOYD S, VANDENBERGHE L. Convex Optimization[M]. Cambridge: Cambridge University Press, 2004.
[28] ANDERSON T W. Asymptotic Theory for Principal Component Analysis[J]. Annals of Mathematical Statistics, 1963,34(1): 122-148.
[29] CHAN T H, MA W K, CHI C Y, et al. A convex Analysis Framework for Blind Separation of Non-negative Sources[J]. IEEE Transactions on Signal Processing, 2008, 56(10):5120-5134.
[30] KAY S. Fundamentals of Statistical Signal Processing, Volume III: Practical Algorithm Development[M]. New York :Pearson Education, 2013.
[31] MA W K , CHAN T H, CHI C Y, et al. Convex Analysis for Non-negative Blind Source Separation with Application in Imaging [M]. Cambridge : Cambridge

University Press, 2010.

[32] MENDEL J M. Lessons in Estimation Theory for Signal Processing, Communications, and Control[M]. New York : Pearson Education, 1995.

[33] WRIGHT J , ARVIND G , RAO S , et al. Robust Principal Component Analysis: Exact Recovery of Corrupted Low-rank Matrices Via Convex Optimization [J]. Advances in Neural Information Processing Systems, 2009,22: 2080-2088.

[34] DUNN J C. Global and Asymptotic Convergence Rate Estimates for a Class of Projected Gradient Processes [J]. SIAM Journal on Control And Optimization, 1981, 19 (3): 368-400.